普通高等职业教育建筑工程类“十三五”规划教材

建筑工程测量

（含实训指导书）

主　编　马华宇　张文明　张敬伟
副主编　柴伟杰　陈春红　翟银凤

黄河水利出版社
·郑州·

内容提要

本书是介绍了建筑工程测量中普遍采用的水准仪、经纬仪和钢尺等常规测绘技术，还详细介绍了电子经纬仪、光电测距仪、全站仪和 GNSS 定位测量等现代测绘技术。本书主要内容有绪论、水准仪及其应用、经纬仪及其应用、距离测量与直线定向、测量误差基础、小地区控制测量、地形测量、建筑施工测量、变形观测和竣工测量、线路工程测量，以及全站仪与 GNSS 概述等。

本书适用于高职高专院校土木工程、道路工程、桥梁工程、城乡规划、市政工程、工程监理、园林工程、建筑设备等专业师生使用，也可以供相关的工程技术人员参考。

图书在版编目(CIP)数据

建筑工程测量：含实训指导书/马华宇，张文明，张敬伟主编. —郑州：黄河水利出版社，2017.7

ISBN 978-7-5509-1737-8

Ⅰ. ①建… Ⅱ. ①马…②张…③张… Ⅲ. ①建筑测量 Ⅳ. ①TU198

中国版本图书馆 CIP 数据核字(2017)第 086233 号

组稿编辑：贾会珍　电话：0371-66028027　E-mail：110885539@qq.com

出 版 社：黄河水利出版社

地址：河南省郑州市顺河路黄委会综合楼 14 层　　邮政编码：450003

发行单位：黄河水利出版社

发行部电话：0371-66026940、66020550、66028024、66022620(传真)

E-mail：hhslcbs@126.com

承印单位：河南承创印务有限公司

开本：787 mm×1 092 mm　1/16

印张：22.25

字数：542 千字　　印数：1—4 000

版次：2017 年 7 月第 1 版　　印次：2017 年 7 月第 1 次印刷

定价：45.00 元

前 言

本书是根据高等职业院校土木工程类专业的培养目标和教学大纲的要求编写的系列教材之一。本书充分总结了教学与实践经验,对基本理论的讲授以应用为目的,教学内容以必需、够用为度,突出实训、实例,紧跟时代和行业发展步伐,力求体现高职高专应用型教育、注重职业能力培养的特点;注重测量基本计算和测绘仪器的基本操作,使学生学完本课程后能够理论联系实践,学会分析和解决建筑工程测量中的实际问题。

本书介绍了建筑工程测量中普遍采用的水准仪、经纬仪和钢尺等常规测绘技术,还详细介绍了电子经纬仪、光电测距仪、全站仪和GNSS定位测量等现代测绘技术,主要内容包括绪论、水准仪及其应用、经纬仪及其应用、距离测量与直线定向、测量误差基础、小地区控制测量、地形测量、建筑施工测量、变形观测和竣工测量、线路工程测量,以及全站仪与GNSS概述等内容。每个单元的最后设置了小结和课后习题,用于课下自行练习,部分实践性比较强的单元还设置了技能训练,主要内容包括训练的目的要求、准备工作、实习内容与方法、应交成果资料、实习总结报告等项;全书的最后在课堂作业与技能训练的基础上,通过建筑工程测量综合实习将各项内容进一步系统化,以培养学生运用新学知识分析和解决实际问题的能力,还可以训练学生基本的工作能力。

同时,本书在编写过程中查阅了大量的教材和工程测量的最新规范,并吸取其精华,在总结近几年高职院校课堂教学和综合实训经验的基础上,结合我国实际情况,按土木工程专业的特点编写成书。本书可供高职高专院校土木工程、道路工程、桥梁工程、城乡规划、市政工程、工程监理、园林工程、建筑设备等专业师生使用,也可供相关的工程技术人员参考。

本书共11个单元,教学时数建议按72学时安排,其中28学时为课堂实习和习题课。

本书由河南建筑职业技术学院马华宇、张文明、张敬伟担任主编,由河南建筑职业技术学院柴伟杰、陈春红、翟银凤担任副主编。本书参编人员有河南建筑职业技术学院刘延伦,河南省交通规划设计研究院股份有限公司杜红飞,中铁工程设计咨询集团有限公司席海鹏、李晓京,中铁隧道集团有限公司杜志刚。其中单元1由张敬伟编写,单元2由陈春红编写,单元3由张文明编写,单元4由柴伟杰编写,单元5由刘延伦编写,单元6由翟银凤编写,单元7由杜红飞编写,单元8由杜志刚编写,单元9由席海鹏编写,单元10由李晓京编写,单元11、附录由马华宇编写。全书由马华宇统稿。

由于时间较紧,加之编者水平有限,书中难免存在缺点和不妥之处,恳请使用本书的教师与工程技术人员批评指正。

编 者

2017年5月

目　录

单元1　绪　论

【引言】

本单元主要介绍测量学的基本概念。重点讲述测量学的研究内容和任务，简述地球表面特征及研究方法，介绍测量常用的坐标系统及地球表面点位置的确定方法和测量原理，分析用水平面代替水准面的限度，测量工作的原则和程序。

课题1　建筑工程测量的任务

一、测量学的定义、研究内容与作用

测量学是研究地球的形状和大小以及确定地面点空间位置的科学。它的内容包括测定和测设两部分。测定是指使用测量仪器和工具，通过测量和计算，得到一系列测量数据，再把地球表面的形状缩绘成地形图，供经济建设、国防建设及科学研究使用。测设（放样）是指用一定的测量方法和精度，把图纸上规划设计好的建（构）筑物的位置标定在实地上，作为施工的依据。

测量学是一门历史悠久的学科。早在几千年前，由于当时社会生产发展的需要，中国、埃及和希腊等国家的劳动人民就开始创造与运用测量工具进行测量。我国在古代就发明了指南针、浑天仪等测量仪器，为天文、航海及测绘地图做出了重要贡献。随着人类社会的需求和近代科学技术的发展，测量技术已由常规的大地测量发展到空间卫星大地测量，由航空摄影测量发展到应用航天遥感技术测量；测量对象由地球表面扩展到空间星球，由静态发展到动态；测量仪器已广泛趋向于精密化、电子化和自动化。新中国成立60多年来，我国测绘事业得到了蓬勃发展，在天文大地测量、人造卫星大地测量、航空摄影与遥感、精密工程测量、近代平差计算、测量仪器研制、地球南北极科学考察以及测绘人才培养等方面，都取得了令人鼓舞的成就。我国的测绘科学技术已跃居世界先进行列。

测量技术是了解自然、改造自然的重要手段，也是国民经济建设中一项基础性、前期和超前期的信息性工作。在当前信息社会中，测绘资料是重要的基础信息之一，测绘成果也是信息产业的重要内容。测量技术及成果的应用面很广，对国民经济建设、国防建设和科学研究有着十分重要的作用。国民经济建设的发展总体规划，城市建设与改造，工矿企业建设，公路、铁路的修建，各种水利工程和输电线路的兴建，农业规划和管理，森林资源的保护和利用，矿产资源的勘探和开采等都需要测量资料。在国防建设中，测量技术对国防工程建设、作战战役部署和现代化诸兵种协同作战都起着重要的作用。测量技术在空间技术研究、地壳形变、地震预报、地球动力学等科学研究方面是不可缺少的工具。

二、测量学的分类

测量学按照研究对象及采用技术的不同，分为多个学科分支，如大地测量学、普通测量

学、工程测量学、摄影(遥感)测量学、海洋测量学、地图制图学等。其中:

大地测量学——研究地球的形状和大小,解决大范围的控制测量和地球重力场问题。近年来随着空间技术的发展,大地测量正在向空间大地测量和卫星大地测量方向发展与普及。

普通测量学——研究小范围地球表面形状的测量问题,是不顾及地球曲率的影响,把地球局部表面当作平面看待来解决测量问题的理论和方法。

工程测量学——研究各种工程在规划设计、施工放样、竣工验收及运营中测量的理论和方法。

摄影(遥感)测量学——研究利用摄影或遥感技术获取被测物体的信息,以确定物体的形状、大小与空间位置的理论和方法。由于获得像片的方式不同,摄影测量又分为航空摄影测量、水下摄影测量、地面摄影测量和航空遥感测量等。

海洋测量学——以海洋和陆地水域为研究对象,研究港口、码头、航道及水下地形测量的理论和方法。

地图制图学——研究各种地图的制作理论、原理、工艺技术和应用的一门学科。研究内容主要包括地图编制、地图投影学、地图整饰、印刷等。现代地图制图学已发展到了制图自动化、电子地图制作以及地理信息系统(GIS)阶段。

三、建筑工程测量的任务和作用

建筑工程测量是面向土木建筑类工程的勘测、规划、设计、施工与管理等专业的测量学,属于普通测量学和工程测量学范畴。其主要任务是:

(1)研究测绘大比例尺地形图的理论和方法。

大比例尺地形图是工程勘察、规划、设计的依据。测量学是研究确定地面局部区域建筑物、构筑物、天然地物及地貌的空间三维坐标的原理和方法,研究局部地区地图投影理论,以及将测绘资料按比例绘制成地形图或电子地图的原理和方法。

(2)研究在地形图上进行规划、设计的基本原理和方法。

在地形图上进行土地平整、土方计算、道路选线、房屋设计与区域规划的基本原理和方法。

(3)研究建(构)筑物施工放样及施工质量检验的技术与方法。

研究将规划设计在图纸上的建筑物、构筑物准确地放样和标定在地面上的技术与方法。研究施工过程中的监测技术,以保证施工的质量和安全。

(4)对大型建(构)筑物的安全性进行位移和变形监测。

在大型建筑物施工过程中或竣工后,为确保工程施工和使用的安全,应对建筑物进行位移和变形监测。主要讲述位移和变形监测的技术与方法。

测量工作贯穿于工程建设的整个过程之中。离开了测绘资料,就难以进行科学合理的规划、设计;离开了施工测量,就不能安全、优质地施工;离开了位移和变形观测,就不能有效地研究规划设计和施工的技术质量,不能及时采取有效的安全措施,也不能为研究新的科学的设计理论和方法提供依据。因此,从事土木建筑类专业的技术人员和相关的管理人员,必须掌握测量的基本知识和技能。

课题2　地面点位的确定

一、地球的自然形状和大小

测量工作是在地球的自然表面上进行的，而地球自然表面是极不平坦和不规则的。它上面有高山、平原、江河和湖泊，有位于我国青藏高原上高于海平面 8 844.43 m 的珠穆朗玛峰(原发布的数字为 8 848.13 m)，有位于太平洋西部低于海平面 11 022 m 的马里亚纳海沟，形状十分复杂。但是这样的高低差距与地球平均半径 6 371 km 相比起伏很微小，所以仍可以将地球作为球体看待。地球自然表面大部分是海洋，面积占地球表面的 71%，陆地仅占 29%。因此，人们设想将静止的海水面向整个陆地延伸，用所形成的封闭曲面代替地球表面，这个曲面称为大地水准面。大地水准面所包含的形体称为大地体，它代表了地球的自然形状和大小。

二、大地体的形状表达式及其元素值

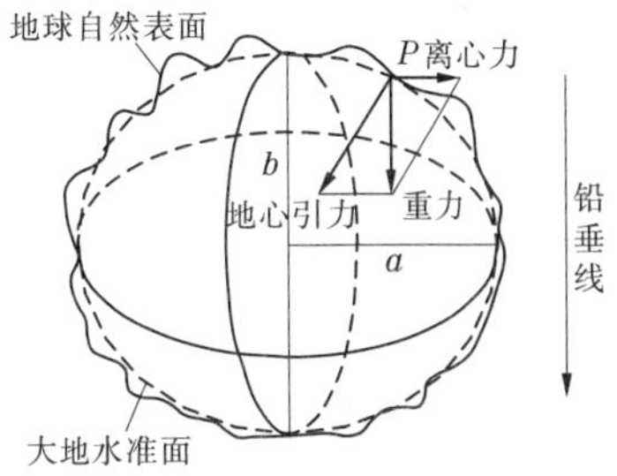

图 1-1　地球重力线

地球是太阳系中的一颗行星，它围绕着太阳旋转，又绕着自己的旋转轴自转。地球上的各种物体都受到地心引力、地球自转的离心力及太阳、月亮等星体的引力作用。这里主要考虑地心引力和离心力作用，这两个力的合力称为重力(见图 1-1)。一条细绳系一个垂球，细绳在重力作用下形成的下垂线称为铅垂线。铅垂线方向即重力的方向，铅垂线是测量工作的基准线。

水是均质流体，而地球表面的水受重力的作用，其表面就形成了一个处处与重力方向垂直的连续曲面，称为水准面。水准面是重力等位面，是一个曲面，而与水准面相切的平面称为水平面。自由、静止的海洋和湖泊等的水面都是水准面。水准面因其高度不同而有无穷多个，但水准面之间因高度不同不会相交。

大地水准面是水准面中的一个特殊的水准面，即在海洋中与静止海水面重合。静止的海水面是难以找到的，所以测量中便将与平均海水面相吻合，并延伸穿过大陆和岛屿而形成的封闭曲面，作为大地水准面。它最接近地球的真实形态和大小。所以，我们常把大地水准面作为测量工作的基准面。

由于地球内部物质构造分布的不均匀，地球表面起伏不平，所以大地水准面各处重力线方向是不规则的，地球重力场是不均匀的。重力方向会偏离低密度物体，偏向高密度物体，为此大地水准面是一个起伏变化的不规则曲面。这样的曲面很难在其上面进行测量数据的处理，见图 1-2。

为了便于正确地计算测量成果，准确表示地面点的位置，测量中选用一个大小和形状接近大地体的旋转椭球体作为地球的参考大小和形状。这个旋转椭球体称为参考椭球体，它是一个规则的曲面体。可以用数学公式来表示，即

$$\frac{X^2}{a^2}+\frac{Y^2}{a^2}+\frac{Z^2}{b^2}=1 \tag{1-1}$$

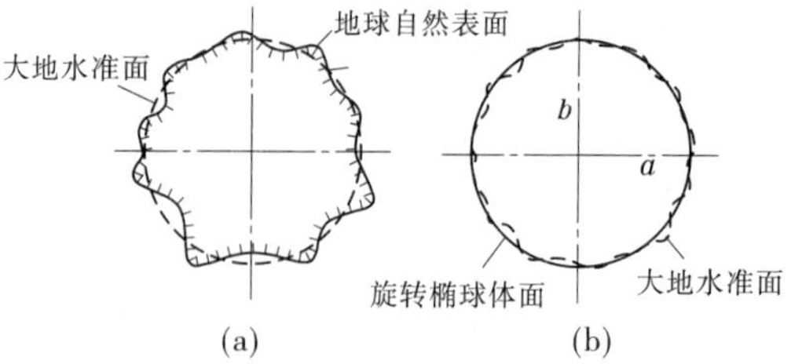

图 1-2　大地水准面与地球旋转椭球体面示意图

式中：a、b 为参考椭球体的几何参数。a 为长半径，b 为短半径。参考椭球体扁率 α 应满足下式：

$$\alpha = \frac{a-b}{a} \tag{1-2}$$

旋转椭球体参数值见表 1-1。我国采用的参考椭球体几何参数为 1980 年国家大地坐标系，采用国际大地测量协会与地球物理联合会在 1975 年推荐的 IUGG－75 地球椭球。其参数为

$$a = 6\ 378\ 140\ \text{m}, b = 6\ 356\ 755.3\ \text{m}, \alpha = 1/298.257$$

表 1-1　旋转椭球体参数值

坐标系名称	椭球体名称	长半轴 a(m)	参考椭球体扁率 α	推算年代和国家
1954 北京坐标系	克拉索夫斯基	6 378 245	1:298.3	1940 年苏联
1980 西安坐标系	IUGG－75	6 378 140	1:298.257	1975 年国际大地测量与地球物理联合会
2000 国家大地坐标系(GPS)	CGCS2000	6 378 137	1:298.257 223 563	2008 年中国
WGS－84 坐标系(GPS)	WGS－84	6 378 137	1:298.257 223 563	1984 年美国

由于参考椭球体扁率很小，所以在测量精度要求不高的情况下，可以近似地把地球当作圆球体，其平均半径 $R = \frac{1}{3}(2a+b)$，R 的近似值可取 6 371 km。

三、确定地面点位的基本方法

（一）高程系统

新中国成立以来，我国曾以青岛验潮站 1950～1956 年的观测资料求得的黄海平均海水面位置，作为我国的大地水准面（高程基准面），由此建立了“1956 年黄海高程系统”，并于 1954 年在青岛市观象山上建立了国家水准基点，基点高程 H＝72.289 m。此后，根据 1953～1979 年验潮站观测资料的计算，更加精确地确定了黄海平均海水面，于是在 1987 年启用“1985 国家高程基准”，此时测定的国家水准基点高程 H＝72.260 m。根据国家测绘总局国测发〔1987〕198 号文件通告，此后全国都应以“1985 国家高程基准”作为统一的国家高程系统。现在仍在使用的“1956 年黄海高程系统”及其他高程系统的，均应统一到“1985 国家高程基准”的高程系统上。在实际测量中，尚应根据业务性质执行相应的规范标准。

所谓地面点的高程（绝对高程或海拔）就是地面点到大地水准面的铅垂距离，一般用 H

表示，如图 1-3 所示。图中地面点 A、B 的高程分别为 H_A、H_B。

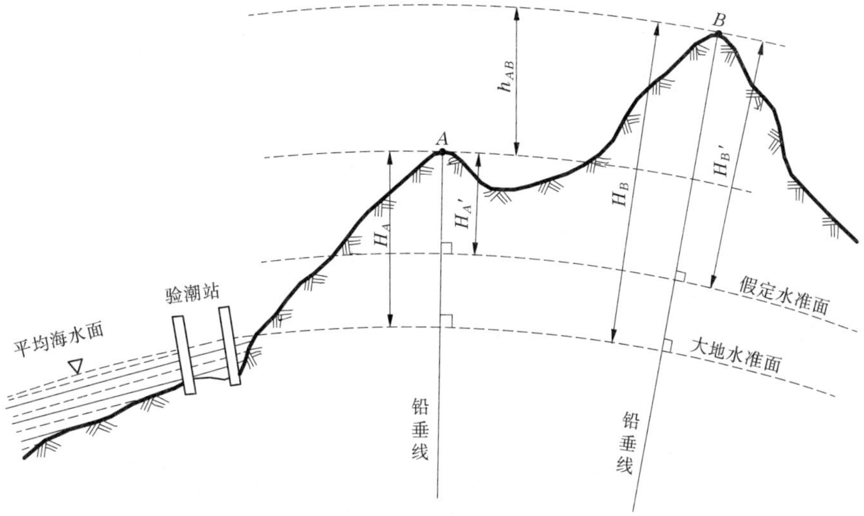

图 1-3　高程和高差

在个别的局部测区，若远离已知国家高程控制点或为便于施工，也可以假设一个高程起算面（即假定水准面），这时地面点到假定水准面的铅垂距离，称为该点的假定高程或相对高程。如图 1-3 中 A、B 两点的相对高程为 H'_A、H'_B。

地面上两点间的高程之差称为高差，一般用 h 表示。图 1-3 中 A、B 两点高差 h_{AB} 为

$$h_{AB} = H_B - H_A = H'_B - H'_A \tag{1-3}$$

式中：h_{AB}有正有负，下标 AB 表示该高差是从 A 点至 B 点方向的高差。上式也表明两点间的高差与高程起算面无关。

（二）坐标系统

1. 地理坐标

地面点在球面上的位置用经度和纬度表示的，称为地理坐标。按照基准面和基准线及求算坐标方法的不同，地理坐标又可分为天文地理坐标和大地地理坐标两种。图 1-4（a）为天文地理坐标，其基准是铅垂线和大地水准面，它表示地面点 A 在大地水准面上的位置，用天文经度 λ 和天文纬度 φ 表示。天文经、纬度是用天文测量的方法直接测定的。

大地地理坐标的基准是法线和参考椭球面，是表示地面点在地球椭球面上的位置，用大地经度 L 和大地纬度 B 表示。大地经度、纬度是根据大地测量所得数据推算得到的。

图 1-4（b）表示以 O 为球心的参考椭球体，N 为北极、S 为南极，NS 为短轴。过中心 O 并与短轴垂直且与椭球相交的平面为赤道面，P 为地面点，含有短轴的平面为子午面。过 P 点沿法线 PK_P 投影到椭球体面上，得到 P' 点。NP'S 是过 P 点子午面在椭球体面上投影的子午线。过格林尼治天文台的子午线称为本初子午线或首子午线。NP'S 子午面与本初子午面所夹的两面角 L_P 称为 P 点的大地经度。法线 PK_P 与赤道平面的交角 B_P 称为 P 点的大地纬度。P 点沿法线到椭球体面的距离 PP'称为 P 点的大地高 H_P。

国际规定：过格林尼治天文台的子午面为零子午面，经度为 0°，以东为东经，以西为西经，其值域均为 0°～180°；纬度以赤道面为基准面，以北为北纬，以南为南纬，其值均为 0°～90°。

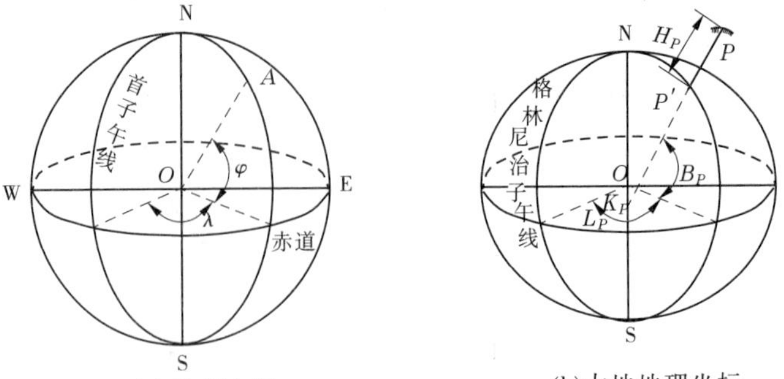

(a)天文地理坐标　　(b)大地地理坐标

图 1-4　地理坐标

椭球体面上的大地高为零。沿法线在椭球体面外为正,在椭球体面内为负。我国处于东经 74°~135°,北纬 3°~54°。如北京位于北纬 40°、东经 116°,用 $B=40°\mathrm{N}$,$L=116°\mathrm{E}$ 表示。

地面点位也用空间直角坐标(X,Y,Z)表示,如 GPS 中使用的 WGS－84 系统(见图 1-5)。WGS 即 World Geodetic System 的缩写,它是美国国防局为进行 GPS 导航定位于 1984 年建立的地心坐标系。该坐标系统以地心 O 为坐标原点,ON 即旋转轴,为 Z 轴方向;格林尼治子午线与赤道面交点与 O 的连线为 X 轴方向;过 O 点与 XOZ 面垂直,并与 X、Z 构成右手坐标系者为 Y 轴方向。点 P 的空间直角坐标为(X_P,Y_P,Z_P),它与大地坐标 B、L、H 之间可用公式转换。

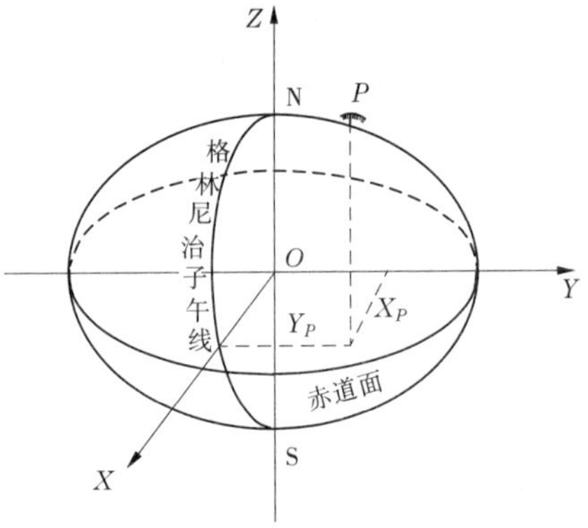

图 1-5　空间直角坐标系

2. 高斯平面直角坐标

1)测量问题的提出

大地坐标系是大地测量的基本坐标。常用于大地问题的解算,研究地球形状和大小,编制地图,火箭和卫星发射及军事方面的定位与运算,若将其直接用于工程建设规划、设计、施工等很不方便。所以,要将球面上的大地坐标按一定数学法则归算到平面上,即采用地图投影的理论绘制地形图,才能用于规划建设。

上述地理坐标只能确定地面点在大地水准面或地球椭球面上的位置,不能直接用来测图。测量上的计算最好是在平面上进行。

2)解决问题的方案

椭球体面是一个不可直接展开的曲面,故将椭球体面上的元素按一定条件投影到平面上总会产生变形。测量上常以投影变形不影响工程要求为条件选择投影方法。地图投影有等角投影、等面积投影和任意投影三种,一般常用等角投影。

等角投影又称为正形投影,它保证在椭球体面上的微分图形投影到平面后将保持相似。这是地形图的基本要求。正形投影有两个基本条件:

(1)保角条件,即投影后角度大小不变。

(2)长度变形固定性,即长度投影后会变形,但是在一点上各个方向的微分线段变形比 m 是个常数 k:

$$m = \frac{ds}{dS} = k \tag{1-4}$$

式中：ds 为投影后的长度；dS 为球面上的长度。

3) 高斯平面直角坐标

(1) 高斯投影的概念。

高斯是德国杰出的数学家、测量学家。在 1820～1830 年间，为解决德国汉诺威地区大地测量投影问题，提出了横椭圆柱投影方法(即正形投影方法)。从 1912 年起，德国学者克吕格将高斯投影公式加以整理和扩充并导出了实用的计算公式，所以该方法又称为高斯－克吕格正形投影。它是将一个横椭圆柱面套在地球椭球体上，见图 1-6。椭球体中心 O 在椭圆柱中心轴上，椭球体南北极与椭圆柱相切，并使某一子午线与椭圆柱相切。此子午线称中央子午线。然后将椭球体面上的点、线按正形投影条件投影到椭圆柱面上(假想在地心置一个点光源，向周围放射，则地球表面上与椭圆柱面相关的点，均可投影到椭圆柱面上)，再沿椭圆柱 N、S 点的母线割开，展成平面，即成为高斯投影平面。在此平面上：

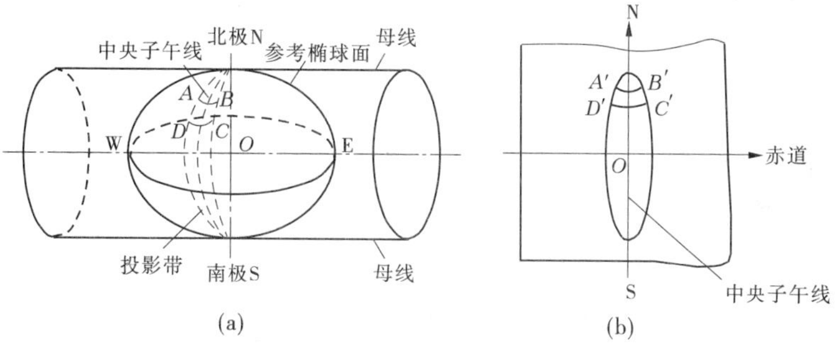

图 1-6　高斯投影

◆ 中央子午线是直线，其长度不变形，离开中央子午线的其他子午线是弧形，凹向中央子午线。离开中央子午线越远，变形越大。

◆ 投影后赤道是一条直线，赤道与中央子午线保持正交。

◆ 离开赤道的纬线是弧线，凸向赤道。

高斯投影可以将椭球面变成平面，但是离开中央子午线越远变形越大，这种变形将会影响测图和施工精度。为了对长度变形加以控制，测量中采用了限制投影宽度的方法，即将投影区域限制在靠近中央子午线的两侧狭长地带。这种方法称分带投影。投影带宽度是以相邻两个子午线的经差 δ 来划分的，有 6°、3°、1.5°带等。6°带投影是从英国格林尼治子午线开始，自西向东，每隔 6°投影一次。这样将椭球分成 60 个带，编号为 1～60 带，见图 1-7。各带中央子午线经度(L_0^6)可用下式计算：

$$L_0^6 = 6N - 3 \tag{1-5}$$

式中：N 为 6°带的带号。已知某点大地经度 L，可按下式计算该点所属的带号：

6°带：
$$N = \frac{L}{6}(\text{取整}) + 1(\text{有余数时}) \tag{1-6}$$

3°带：
$$n = \frac{L}{3}(\text{四舍五入}) \tag{1-7}$$

3°带是在 6°带基础上划分的，其中央子午线在奇数带时与 6°带中央子午线重合，每隔

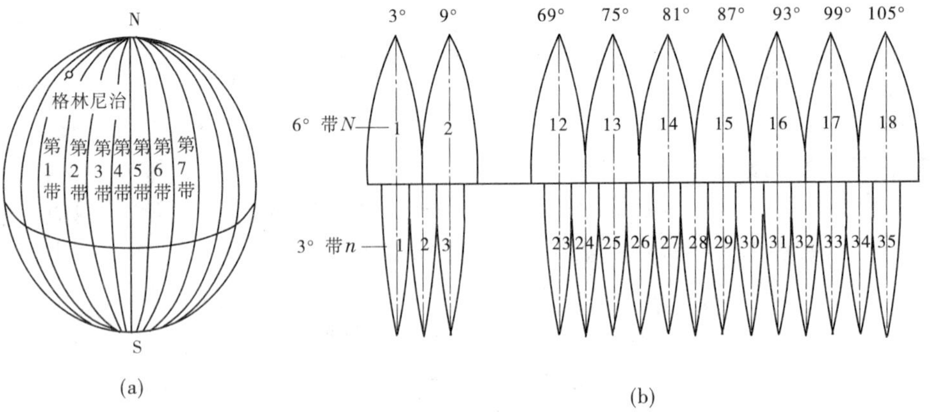

图 1-7　6°带和 6°带投影

3°为一带,共 120 带,各带中央子午线经度为:

$$L_0^3 = 3n \tag{1-8}$$

式中:n 为 3°带的带号。

我国幅员辽阔,含有 11 个 6°带,即从 13 ~ 23 带(中央子午线从 75° ~ 135°),21 个 3°带,从 25 ~ 45 带。北京位于 6°带的第 20 号带,中央子午线经度为 117°。

(2)高斯平面直角坐标系的建立。

在高斯投影平面上,中央子午线和赤道的投影是两条相互垂直的直线。因此规定:中央子午线的投影为高斯平面直角坐标系的 x 轴,赤道的投影为高斯平面直角坐标系的 y 轴,两轴交点 O 为坐标原点,并令 x 轴上原点以北为正,y 轴上原点以东为正,象限按顺时针Ⅰ、Ⅱ、Ⅲ、Ⅳ排列,由此便建立了高斯平面直角坐标系,见图 1-8。

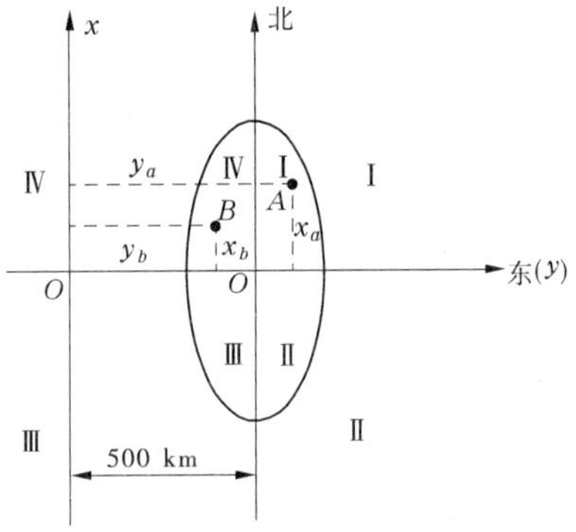

图 1-8　高斯平面直角坐标

由于我国国土全部位于北半球(赤道以北),故我国国土上全部点位的 x 坐标值均为正值,而 y 坐标值则有正有负。为了避免 y 坐标值出现负值,我国规定将每带的坐标原点向西移 500 km。由于各投影带上的坐标系采用相对独立的高斯平面直角坐标系,为了能正确区分某点所处投影带的位置,规定在横坐标 y 值前面冠以投影带的带号。例如,图 1-8 中 B 点位于高斯投影 6°带第 20 号带内($n = 20$),其真正横坐标 y_b = −113 424.690 m,按照上述规定 y 值应改写为 y_b = 20(−113 424.690 + 500 000) = 20 386 575.310(m)。反之,人们从这个 y_b 值中可以知道,该点是位于第 20 号 6°带,其真正横坐标 y_b = 386 575.310 − 500 000 = −113 424.690(m)。

高斯投影是正形投影,一般只需将椭球面上的方向、角度及距离等观测值经高斯投影的方向改化和距离改化后,归化为高斯投影平面上的相应观测值,然后在高斯平面坐标系内进行平差计算,从而求得地面点位在高斯平面直角坐标系内的坐标。

高斯平面直角坐标系与数学中的笛卡儿坐标系不同(见图 1-9)。高斯直角坐标系纵坐标为 x 轴,横坐标为 y 轴。坐标象限为顺时针方向编号。角度起算是从 x 轴的北方向开始,顺时针计算。这些定义都与数学中的定义不同，目的是定向方便，并能将数学上的几何公式直接应用到测量计算中，而无须作任何变更。

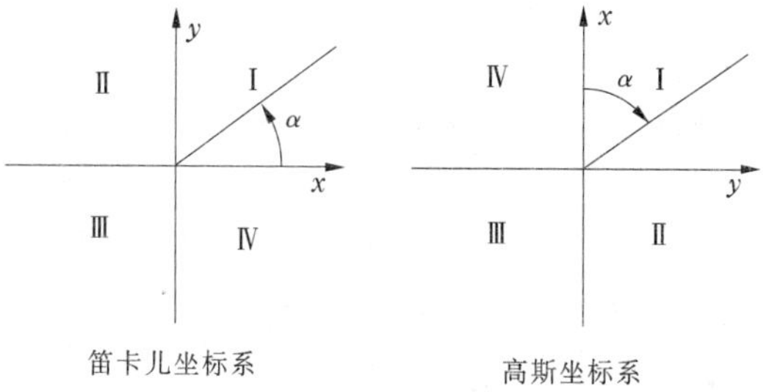

图 1-9　笛卡儿坐标系和高斯直角坐标系

3. 独立（假定）平面直角坐标

《城市测量规范》（CJJ 8—2011）规定，面积小于 25 km^2 的城镇，可不经投影，采用假定平面直角坐标系统在平面上直接进行计算。

实际测量中，一般将坐标原点选在测区的西南角，使测区内的点位坐标均为正值（第一象限），与高斯平面直角坐标系的特点一样，以该测区的子午线的投影为 x 轴，向北为正，与之相垂直的为 y 轴，向东为正，象限顺时针编号。由此便建立了该测区的独立平面直角坐标系，如图 1-10 所示。

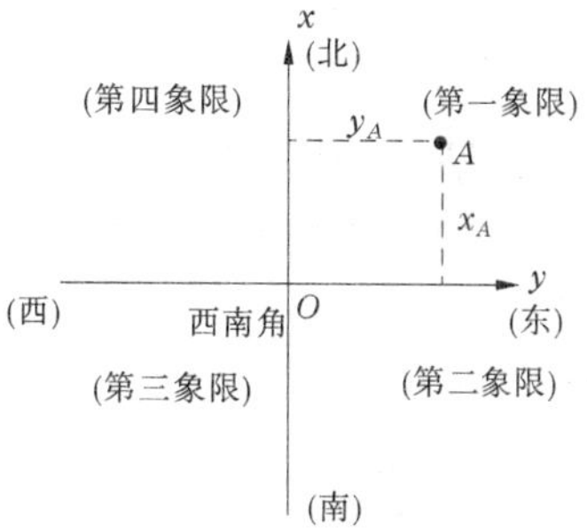

图 1-10　独立平面直角坐标

上述三种坐标系统之间也是相互联系的，例如地理坐标与高斯平面直角坐标之间可以互相换算，独立平面直角坐标也可与高斯平面直角坐标（国家统一坐标系）之间联测和换算。它们都是以不同的方式来表示地面点的平面位置。

我国选择陕西泾阳县永乐镇某点为大地原点，进行大地定位。利用高斯平面直角坐标的方法建立了全国统一坐标系，即现在使用的“1980 年国家大地坐标系”，简称“80 系”或“西安系”。以前使用的是“1954 北京坐标系”，其原点位于苏联列宁格勒天文台中央，是与苏联 1940 年普尔科夫坐标系联测，经东北传递过来的坐标。我国自 2008 年 7 月 1 日起启用 2000 国家大地坐标系。

综上所述，当通过测量与计算，求得表示地面点位置的三个量，即 x、y、H，那么地面点的空间位置也就可以确定了。

课题 3　用水平面代替水准面的限度

一、对距离的影响

如图 1-11 所示，设球面（水准面）P 与水平面 P' 在 A 点相切，A、B 两点在球面上弧长为 D，在水平面上的距离（水平距离）为 D'，即

$$D = R\theta \qquad D' = R\tan\theta$$

式中：R 为球面 P 的半径；θ 为弧长 D 所对的圆心角。

以 ΔD 表示用水平面的距离 D' 代替球面上弧长 D 后所产生的误差，则

$$\Delta D = D' - D = R(\tan\theta - \theta) \tag{1-9}$$

将式(1-9)中 $\tan\theta$ 按级数展开，并略去高次项，得

$$\tan\theta = \theta + \frac{1}{3}\theta^3 + \frac{2}{15}\theta^5 + \cdots$$

因此

$$\Delta D = R\left[\left(\theta + \frac{1}{3}\theta^3 + \frac{2}{15}\theta^5 + \cdots\right) - \theta\right] = R \cdot \frac{1}{3}\theta^3$$

以 $\theta = \frac{D}{R}$ 代入上式，得

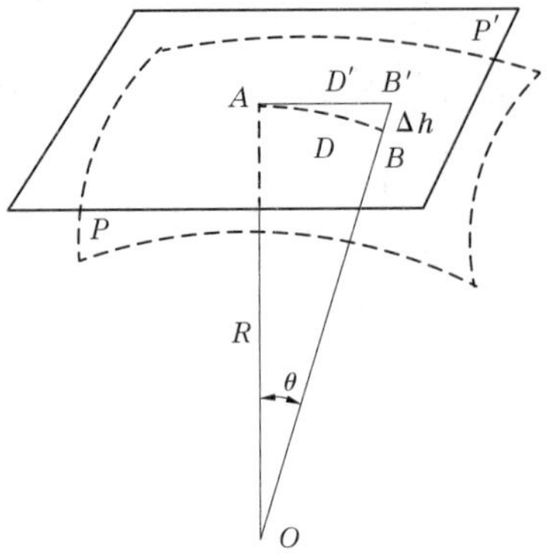

图 1-11　水平面代替水准面的影响

$$\Delta D = \frac{D^3}{3R^2} \tag{1-10}$$

$$\frac{\Delta D}{D} = \frac{1}{3}\left(\frac{D}{R}\right)^2 \tag{1-11}$$

若取地球平均曲率半径 R = 6 371 km，并以不同的 D 值代入式(1-10)或式(1-11)，则可得出距离误差 ΔD 和相应的相对误差 $\Delta D/D$，如表 1-2 所列。

表 1-2　水平面代替水准面的距离误差和相对误差

距离 D(km)	距离误差 ΔD(mm)	相对误差 $\Delta D/D$
10	8	1/1 220 000
25	128	1/200 000
50	1 026	1/49 000
100	8 212	1/12 000

由表 1-2 可知，当距离为 10 km 时，用水平面代替水准面(球面)所产生的距离相对误差为 1/1 220 000，这样小的距离误差与常规量距的允许误差 1/3 000 ~ 1/150 000 相比是微不足道的，即使是在地面上进行最精密的距离测量也是允许的。因此，可以认为在半径为 10 km 的范围内(相当于面积 320 km^2)，用水平面代替水准面所产生的距离误差可忽略不计，也就是可不考虑地球曲率对距离的影响。当精度要求较低时，还可以将测量范围的半径扩大到 25 km。

二、对高差的影响

在图 1-11 中，A、B 两点在同一球面(水准面)上，其高程应相等(即高差为零)。B 点投影到水平面上得 B' 点，则 BB' 即为水平面代替水准面产生的高差误差。设 $BB' = \Delta h$，则

$$(R + \Delta h)^2 = R^2 + D'^2 \tag{1-12}$$

即

$$2R\Delta h + \Delta h^2 = D'^2$$

$$\Delta h = \frac{D'^2}{2R + \Delta h}$$

上式中，可以用 D 代替 D'，同时 Δh 与 $2R$ 相比可略去不计，则

$$\Delta h = \frac{D^2}{2R} \tag{1-13}$$

以不同的 D 代入式(1-13),取 $R=6\ 371$ km,则得相应的高差误差值,见表 1-3。

表 1-3　水平面代替水准面的高差误差

距离 D(km)	0.1	0.2	0.3	0.4	0.5	1	2	5	10
Δh(mm)	0.8	3	7	13	20	78	314	1 962	7 848

由表 1-3 可知,用水平面代替水准面,在 1 km 的距离上高差误差就有 78 mm,即使距离为 0.1 km(100 m),高差误差也有 0.8 mm。所以,在进行水准(高程)测量时,即使是很短的距离,都应考虑地球曲率对高差的影响,即应当用水准面作为高程测量的基准面。

三、对水平角测量的影响

从球面三角测量(见图1-12)中可知,球面上多边形内角之和比平面上多边形内角之和多一个球面角超 ε。其值可用多边形面积求得:

$$\varepsilon = \rho \frac{P}{R^2} \tag{1-14}$$

式中:P 为球面多边形面积;R 为地球半径;ρ 为一弧度相应的秒值,$\rho=206\ 265''$。

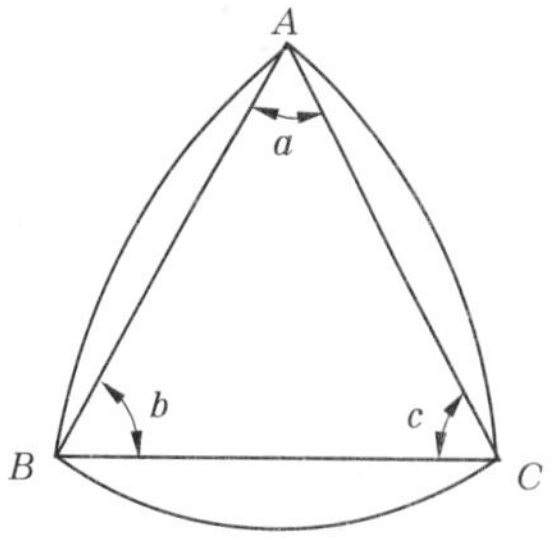

图 1-12　球、平面三角形

以不同的面积代入,可求出球面角超如表 1-4 所示。

表 1-4　球面角超计算

P(km²)	10	50	100	300	2 000
ε($''$)	0.05	0.25	0.51	1.52	10.17

当测区面积为 300 km² 时,用水平面代替水准面,对角度影响最大仅为 1.52″,所以在这样的测区进行测量,其误差影响很小。

综上所述,当测区半径小于 10 km 时,用水平面代替水准面,对距离和角度的影响都很小,可以忽略不计;而对于高程的影响却很大,不可以用水平面代替水准面!

课题 4　测量工作概述

一、测量的工作过程简述

地形图测量实际上是在地物和地貌上选择一些有其特征代表性的点进行测量,再将测量点投影到平面上,然后用点、折线、曲线连接起来成为地物和地貌的形状图,如房屋,用房屋底面轮廓折线围成的图形表示,如图 1-13 所示。测绘该房屋时,可在此房屋附近与房屋通视且坐标已知的点(如 A 点)上安置测量仪器,选择另一坐标已知的点(如 B 点)作为定向方向,即可利用这些点之间的几何关系,测量出这栋房屋角点的坐标。地貌形态虽然复杂,但仍可以将其看成是由许多不同坡度、不同方向的面组成的,见图 1-13。只要选择坡度变化点、山顶、鞍部、坡脚等能表现地貌特征的点进行测量，然后投影到平面上，将同等高度的线用曲线连起来，就可将地貌的形态表现出来。这些能表现地物和地貌特征的点称为特征点。特征点的测量方法有卫星定位和几何测量定位方法，如图 1-14、图 1-15 所示。

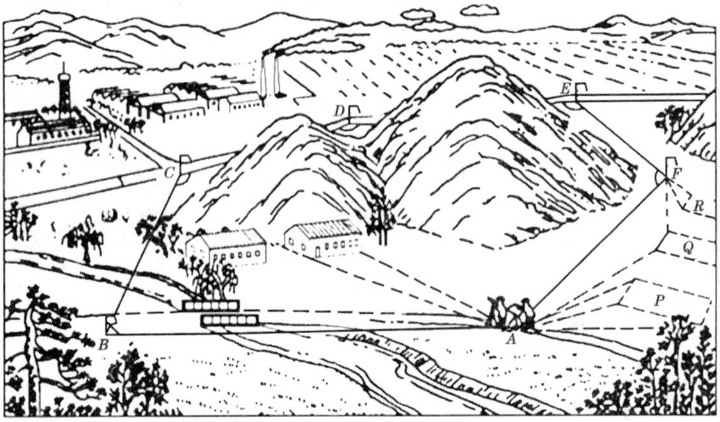

(a)

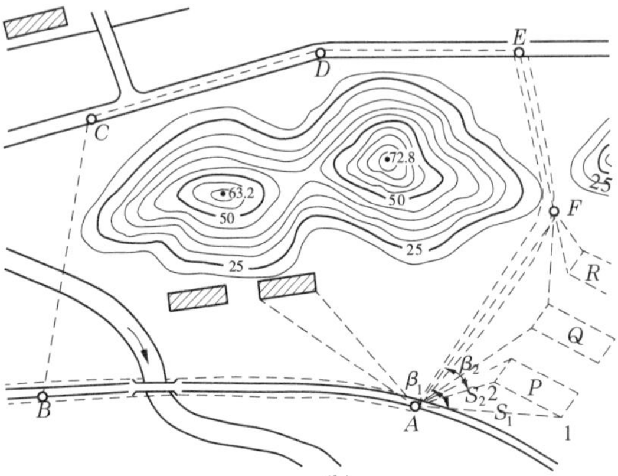

(b)

图 1-13　地形图测绘方法

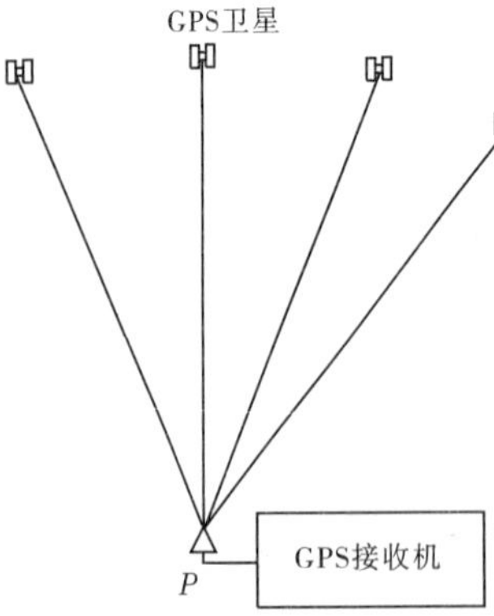

图 1-14　卫星定位原理

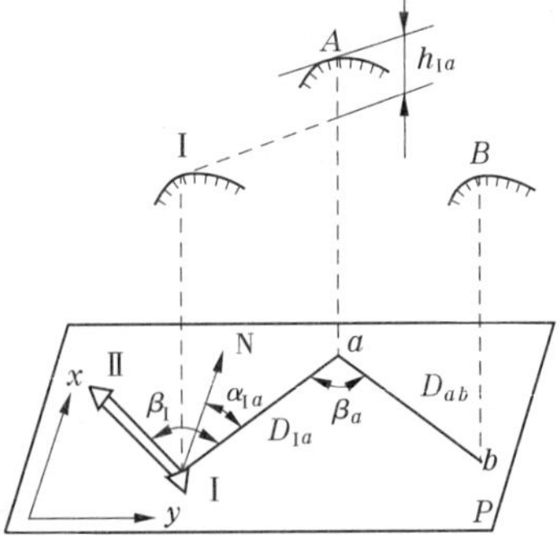

图 1-15　平面坐标几何测量方法

放样则是先计算好放样地物特征点的平面坐标与高程作为放样数据，然后根据放样数据即可用卫星定位和几何测量定位的方法测出点位，用放样标志在地面上表示出来，再根据地物的形状和细部尺寸，在实地上画线或拉线，即可进行施工了。

本书在后面单元中，将重点讲述几何测量定位的理论方法，简述卫星定位的理论。

二、测量工作的基本内容

地形测量中，常用几何测量法。如图1-15所示，地面点 A、B 在投影面上的位置是 a 和 b，Ⅰ、Ⅱ点是已知点。实际测量时，并不能直接测出 A 点和 B 点的高程与坐标，而是通过观测相关的水平角 β_{I}、β_a 和水平距离 $D_{\mathrm{I}a}$、D_{ab}，以及高差 $h_{\mathrm{I}a}$，再根据已知点Ⅰ的平面坐标、方向和高程 H_{I}，推算出 A 点和 B 点的平面坐标与高程，以确定它们的点位。

测量的实践说明，不论测图还是放样，地面点间的位置关系是以其相对的水平距离、水平角和高差来确定的。因此，距离测量、角度测量和高差测量是测量的三项基本工作，而角度、距离和高差是确定地面点位的三个基本要素。测量人员应当掌握这三项测量的基本功。

三、测量工作的程序和原则

（一）程序

测量中，仪器要经过多次迁移才能完成测量任务。为了使测量成果坐标一致，减少累积误差，应先在测区内选择若干有控制作用的点组成控制网，见图1-13。先确定这些点的坐标（称为控制测量，所确定的点为控制点）。再以控制点坐标为依据，在控制点上安置仪器进行地物、地貌测量（称为碎部测量）。控制点测量精度高，又经过统一的严密数据处理，在测量中起着控制误差积累的作用。有了控制点，就可以将大范围的测区工作进行分幅、分组测量。所以，测量工作的程序是“先控制后碎部”，即先做控制测量，再在控制点上进行碎部测量。

（二）原则

为了保证测量工作的质量，必须遵守以下原则：

（1）在布局上——“从整体到碎部”。在测量前制订方案时，必须站在整体和全局的角度，科学分析实际情况，制订切实可行的施测方案。

（2）在精度上——“由高级到低级”。测图工作是根据控制点进行的，控制点测量的精度必须符合使用的要求。为保证测量成果的质量，等级高、控制范围大的控制点的精度必须更高。只有处于施工放样时，才会出现放样碎部点的精度有时更高的情况。

（3）在程序上——“先控制后碎部”。由上述可知，违反程序进行的测量不仅误差难以控制，还会使工作量加大、效率降低，甚至会使成果失去价值，造成返工现象。

（4）在管理上——“严格检核”。测量中要严格进行检核工作，即对测量的每项成果必须检核，保证前一步工作无误后，方可进行下一步工作，以确保成果的正确性。

测量的原则和程序不仅是测量工作质量的保证，即使对于人生的成长和工作事业，都有宝贵的参考价值。

课题5　测量实验与实习的作业方法和要求

一、实验与实习的目的和基本要求

(1)测量实验与实习的目的一方面是验证、巩固在课堂上所学的知识;另一方面是熟悉测量仪器的构造和使用方法,培养学生进行测量工作的基本操作技能,使学到的理论与实践紧密结合。

(2)在实验或实习之前,必须复习教材中的有关内容,认真仔细地预习实验或实习指导书,明确实验的要求、方法步骤及注意事项,以保证按时完成实验和实习任务。

(3)实验或实习分小组进行,组长负责组织协调工作,以及人员和仪器设备的安全和维护。每人都必须认真、仔细地操作,培养学生的独立工作能力和严谨的科学态度,同时要发扬互相协作精神。

(4)实验或实习结束时,应提交书写工整、规范的实验报告或实习记录,经指导教师审阅同意后,方可结束实验或实习工作。

二、测量仪器、工具的正确使用和维护

(一)领取仪器时必须检查

(1)仪器箱盖是否关妥、锁好。

(2)背带、提手是否牢固。

(3)脚架与仪器是否相配,脚架各部分是否完好,脚架腿伸缩处的连接螺旋是否滑丝。要防止因脚架未架牢而摔坏仪器,或因脚架不稳而影响作业。

(二)打开仪器箱时的注意事项

(1)仪器箱应平放在地面上或其他台子上才能开箱,不要托在手上或抱在怀里开箱,以免将仪器摔坏。

(2)开箱后未取出仪器前,要注意仪器安放的位置与方向,以免用毕装箱时因安放位置不正确而损伤仪器。

(三)自箱内取出仪器时的注意事项

(1)不论何种仪器,在取出前一定要先放松制动螺旋,以免取出仪器时因强行扭转而损坏制动、微动装置,甚至损坏轴系。

(2)自箱内取出仪器时,应一手握住照准部支架,另一手扶住基座部分,轻拿轻放,不要用一只手抓仪器。

(3)自箱内取出仪器后,要随即将仪器箱盖好,以免沙土、杂草等不洁之物进入箱内。还要防止搬动仪器时丢失附件。

(4)取仪器和使用过程中,要注意避免触摸仪器的目镜、物镜,以免玷污,影响成像质量。不允许用手指或手帕等物去擦仪器的目镜、物镜等光学部分。

(四)架设仪器时的注意事项

(1)伸缩式脚架三条腿抽出后,要把固定螺旋拧紧,但不可用力过猛而造成螺旋滑丝。要防止因螺旋未拧紧而使脚架自行收缩而摔坏仪器。三条腿拉出的长度要适中。

(2)架设脚架时，三条腿分开的跨度要适中；并得太靠拢容易被碰倒，分得太开容易滑开，都会造成事故。若在斜坡上架设仪器，应使两条腿在坡下（可稍放长），一条腿在坡上（可稍缩短）。若在光滑地面上架设仪器，要采取安全措施（例如用细绳将脚架三条腿连接起来），防止脚架滑动摔坏仪器。

(3)在脚架安放稳妥并将仪器放到脚架上后，应一手握住仪器，另一手立即旋紧仪器和脚架间的中心连接螺旋，避免仪器从脚架上掉下摔坏。

(4)仪器箱多为薄型材料制成，不能承重，因此严禁蹬、坐在仪器箱上。

（五）仪器在使用过程中的注意事项

(1)在阳光下观测必须撑伞，防止日晒和雨淋（包括仪器箱）。雨天应禁止观测。对于电子测量仪器，在任何情况下均应撑伞防护。

(2)任何时候仪器旁必须有人守护。禁止无关人员拨弄仪器，注意防止行人、车辆碰撞仪器。

(3)如遇目镜、物镜外表面蒙上水汽而影响观测（在冬季较常见），应稍等一会或用纸片扇风使水汽散发。如镜头上有灰尘应用仪器箱中的软毛刷拂去。严禁用手帕或其他纸张擦拭，以免擦伤镜面。观测结束应及时套上物镜盖。

(4)操作仪器时，用力要均匀，动作要准确、轻捷。制动螺旋不宜拧得过紧，微动螺旋和脚螺旋宜使用中段螺纹，用力过大或动作太猛都会造成对仪器的损伤。

(5)转动仪器时，应先松开制动螺旋，然后平稳转动。使用微动螺旋时，应先旋紧制动螺旋。

（六）仪器迁站时的注意事项

(1)在远距离迁站或通过行走不便的地区时，必须将仪器装箱后再迁站。

(2)在近距离且平坦地区迁站时，可将仪器连同三脚架一起搬迁。首先检查连接螺旋是否旋紧，松开各制动螺旋，再将三脚架腿收拢，然后一手托住仪器的支架或基座，一手抱住脚架，稳步行走。搬迁时切勿跑行，防止摔坏仪器。严禁将仪器横扛在肩上搬迁。

(3) 迁站时，要清点所有的仪器和工具，防止丢失。

（七）仪器装箱时的注意事项

(1)仪器使用完毕，应及时盖上物镜盖，清除仪器表面的灰尘和仪器箱、脚架上的泥土。

(2)仪器装箱前，要先松开各制动螺旋，将脚螺旋调至中段并使大致等高。然后一手握住仪器支架或基座，另一手将中心连接螺旋旋开，双手将仪器从脚架上取下放入仪器箱内。

(3)仪器装入箱内要试盖一下，若箱盖不能合上，说明仪器未正确放置，应重新放置，严禁强压箱盖，以免损坏仪器。在确认安放正确后再将各制动螺旋略微旋紧，防止仪器在箱内自由转动而损坏某些部件。

(4)清点箱内附件，若无缺失则将箱盖盖上，扣好搭扣，上锁。

（八）测量辅助工具的使用

(1)使用钢尺时，应防止扭曲、打结，防止行人踩踏或车辆碾压，以免折断钢尺。携尺前进时，不得沿地面拖曳，以免钢尺尺面刻划磨损。使用完毕，应将钢尺擦净并涂油防锈。

(2)使用皮尺时应避免沾水，若受水浸，应凉干后再卷入皮尺盒内。收卷皮尺时，切忌扭转卷入。

(3)水准尺和花杆，应注意防止受横向压力，不得将水准尺和花杆斜靠在墙上、树上或电线杆上，以防倒下摔断，也不允许在地面上拖曳或用花杆作标枪投掷。

(4)小件工具如垂球、尺垫等，应用完即收，防止遗失。

三、测量资料的记录要求

(1)观测记录必须直接填写在规定的表格内，不得用其他纸张记录再行转抄。

(2)凡记录表格上规定填写的项目应填写齐全。

(3)所有记录与计算均用铅笔(2H 或 3H)记载。字体应端正清晰，字高应稍大于格子的一半。一旦记录中出现错误，便可在留出的空隙处对错误的数字进行更正。

(4)观测者读数后，记录者应立即回报读数，经确认后再记录，以防听错、记错。

(5)禁止擦拭、涂改与挖补。发现错误应在错误处用横线划去，将正确数字写在原数上方，不得使原字模糊不清。淘汰某整个部分时可用斜线划去，保持被淘汰的数字仍然清晰。所有记录的修改和观测成果的淘汰，均应在备注栏内注明原因(如测错、记错或超限等)。

(6)禁止连环更改，若已修改了平均数，则不准再改计算得此平均数之任何一原始数。若已改正一个原始读数，则不准再改其平均数。假如两个读数均错误，则应重测重记。

(7)读数和记录数据的位数应齐全。如在普通测量中，水准尺读数 0325；度盘读数 4°03′06″，其中的“0”均不能省略。

(8)数据计算时，应根据所取的位数，按“4 舍 6 入，5 前单进双不进”的规则进行凑整。如 1. 314 4，1. 313 6，1. 314 5，1. 313 5 等数，若取三位小数，则均记为 1. 314。

(9)每测站观测结束，应在现场完成计算和检核，确认合格后方可迁站。

小　结

1. 定义：测量学是一门研究地球表面的形状和大小、确定地面点之间相对位置的科学。

2. 建筑工程测量的主要任务（见表 1-5）。

表 1-5　建筑工程测量的主要任务

阶段	任务	主要工作内容
勘测	测图	控制测量、测绘地形图
设计	用图	地形图的综合应用
施工	放样	定位、放线、抄平、变形观测

3. 基准面(见表 1-6)。

表 1-6　基准面的定义、性质及用途

名称	定义	性质	用途
水准面	自由平静的水面	处处与重力方向线正交	作假定高程的起算面
大地水准面	自由平静的平均海水面	处处与重力方向线正交	能代表地球形状和大小，作高程基准面
高程基准面	地面点高程的起算面	随选择的面不同而异	作高程计算的零点
参考椭球面	以椭圆绕其短轴旋转的球面	处处与法线正交	充当地球的数学模型，作测量数据处理的基准面

4. 坐标轴系(见表1-7)。

表1-7 坐标轴系

名称	定义	方式	用途
地理坐标	用经纬度表示地面点位的球面坐标	首子午面向东、向西0°～180°为东经、西经;由赤道面向北、向南0°～90°为北纬、南纬	适用于全球性的球面坐标系;确定点的绝对位置
平面直角坐标	用平面上的长度值表示地面点位的直角坐标	以南北方向纵轴为x轴,自坐标原点向北为正,向南为负。以东西方向横轴为y轴,自坐标原点向东为正,向西为负。象限按顺时针编号	适用于小范围的平面直角坐标系;确定点的相对位置

5. 高程。

绝对高程:地面上任意一点到大地水准面的铅垂距离,称为该点的绝对高程,简称高程。

相对高程:地面点到假定水准面的铅垂距离,称为该点的相对高程。

建筑标高:建筑物各部位的高度以±0.000作为高程起算面的相对高程,称为建筑标高。

高差:两个地面点之间的高程之差称为高差。

习　题

一、填空题

1. 测量工作的基本内容有________、________和________。

2. 我国位于北半球,x坐标均为________,y坐标则有________。为了避免出现负值,将每带的坐标原点向________km。

二、简答题

1. 测定与测设有何区别?

2. 何谓大地水准面?它有什么特点和作用?

3. 何谓绝对高程、相对高程及高差?

4. 为什么高差测量(水准测量)必须考虑地球曲率的影响?

5. 测量上的平面直角坐标系和数学上的平面直角坐标系有什么区别?

6. 高斯平面直角坐标系是怎样建立的?

三、计算题

1. 已知某点位于高斯投影6°带第20号带,若该点在该投影带高斯平面直角坐标系中

的横坐标 $y = -306\ 579.210$ m，写出该点不包含负值且含有带号的横坐标 y 及该带的中央子午线经度 L_0。

2. 某宾馆首层室内地面 ±0.000 的绝对高程为 45.300 m，室外地面设计标高为 -1.500 m，女儿墙设计标高为 +88.200 m，问室外地面和女儿墙的绝对高程分别是多少？

单元 2　水准仪及其应用

【引言】

了解测定地面点高程的几种方法和原理,理解在建筑工程测量中被广泛应用的水准测量方法、水准点和测站的意义。掌握微倾式水准仪的操作方法、读数方法、记录计算和水准路线的几种作业形式;掌握各项检验校正操作方法、水准测量误差来源及注意事项。

课题 1　水准仪的认识和使用

一、水准测量原理

水准测量是利用水准仪提供的水平视线,借助水准尺读数来测定地面点之间的高差,从而由已知点的高程推算出待测点的高程。

如图 2-1 所示,欲测定 A、B 两点间的高差 h_{AB},可在 A、B 两点分别竖立水准尺,在 A、B 之间安置水准仪。利用水准仪提供的水平视线,分别读取 A 点水准尺上的读数 a 和 B 点水准尺上的读数 b,则 A、B 两点高差为

$$h_{AB} = a - b \tag{2-1}$$

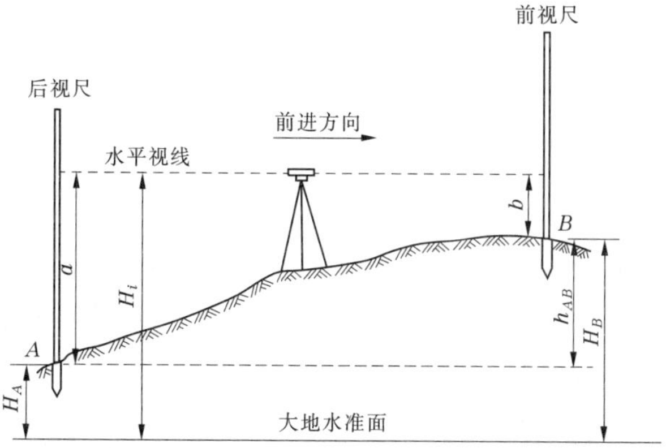

图 2-1　水准测量原理

水准测量方向是由已知高程点开始向待测点方向行进的。在图 2-1 中,A 为已知高程点,B 为待测点,则 A 尺上的读数 a 称为后视读数,B 尺上的读数 b 称为前视读数。由此可见,两点之间的高差一定是“后视读数”减“前视读数”。如果 $a > b$,则高差 h_{AB} 为正,表示 B 点比 A 点高;如果 $a < b$,则高差 h_{AB} 为负,表示 B 点比 A 点低。

在计算高差 h_{AB} 时,一定要注意 h_{AB} 下标 AB 的写法:h_{AB} 表示 A 点至 B 点的高差,h_{BA} 则表示 B 点至 A 点的高差,两个高差应该是绝对值相等而符号相反,即

$$h_{AB} = -h_{BA} \tag{2-2}$$

测得 A、B 两点间的高差 h_{AB} 后,则未知点 B 的高程 H_B 为

$$H_B = H_A + h_{AB} = H_A + (a - b) \tag{2-3}$$

由图 2-1 可以看出，B 点高程也可以通过水准仪的视线高程 H_i（也称为仪器高程）来计算，视线高程 H_i 等于 A 点的高程加 A 点水准尺上的后视读数 a，即

$$H_i = H_A + a \tag{2-4}$$

则

$$H_B = (H_A + a) - b = H_i - b \tag{2-5}$$

一般情况下，用式(2-3)计算未知点 B 的高程 H_B，称为高差法（或叫中间水准法）。当安置一次水准仪需要同时求出若干个未知点的高程时，则用式(2-5)计算较为方便，这种方法称为视线高程法。此法是在每一个测站上测定一个视线高程作为该测站的常数，分别减去各待测点上的前视读数，即可求得各未知点的高程，这在土建工程施工中经常用到。

二、水准仪的构造及其使用

水准测量使用的仪器为水准仪，按仪器精度分，有 DS_{05}、DS_1、DS_3、DS_{10} 四种型号的仪器。D、S 分别为"大地测量"和"水准仪"的汉语拼音第一个字母；数字 05、1、3、10 表示该仪器的精度（见表 2-1）。如 DS_3 型水准仪，表示该型号仪器进行水准测量每千米往、返测高差精度可达 ±3 mm。DS_3 型水准仪是土木工程测量中常用的仪器。图 2-2 是我国生产的 DS_3 型微倾式水准仪。

表 2-1　常用水准仪系列及精度

水准仪系列型号	DS_{05}	DS_1	DS_3	DS_{10}
每千米往返测高差中数的中误差	≤0.5 mm	≤1 mm	≤3 mm	≤10 mm

（一）DS_3 型水准仪的构造

DS_3 型微倾式水准仪，主要由望远镜、水准器和基座三部分组成。

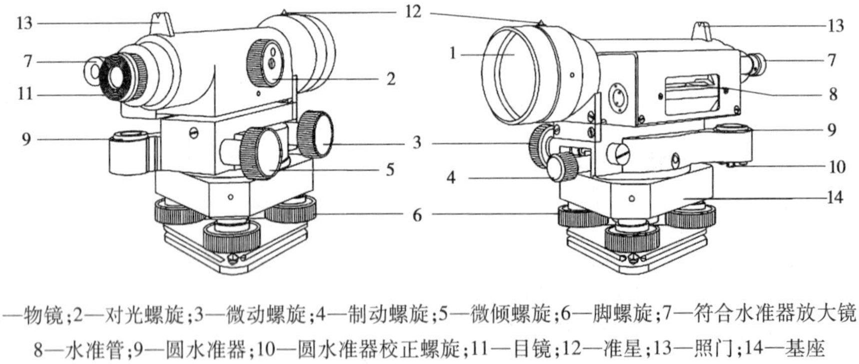

1—物镜；2—对光螺旋；3—微动螺旋；4—制动螺旋；5—微倾螺旋；6—脚螺旋；7—符合水准器放大镜；8—水准管；9—圆水准器；10—圆水准器校正螺旋；11—目镜；12—准星；13—照门；14—基座

图 2-2　DS_3 型微倾式水准仪

1. 望远镜

望远镜的作用是能使我们看清不同距离的目标，并提供一条照准目标的视线。

图 2-3 是 DS_3 型水准仪望远镜的构造图，主要由物镜、镜筒、调焦透镜、十字丝分划板、目镜等部件构成。物镜、调焦透镜和目镜多采用复合透镜组。物镜固定在物镜筒前端，调焦透镜通过调焦螺旋可沿光轴在镜筒内前后移动。十字丝分划板是安装在物镜与目镜之间的

一块平板玻璃，上面刻有两条相互垂直的细线，称为十字丝。中间横的一条称为中丝（或横丝）。与中丝平行的上、下两短丝称为视距丝，用来测距离。十字丝分划板通过压环安装在分划板座上，套入物镜筒后再通过校正螺钉与镜筒固连。

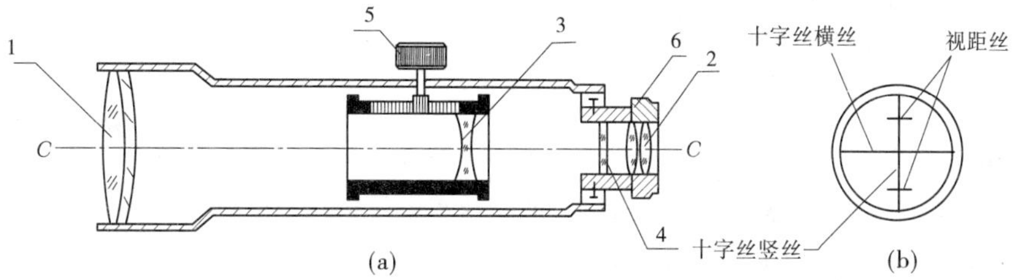

1—物镜；2—目镜；3—对光凹透镜；4—十字丝分划板；5—物镜对光螺旋；6—目镜对光螺旋

图 2-3　DS_3 型水准仪望远镜的构造

物镜光心与十字丝中丝交点的连线称为视准轴（见图 2-3 中的 $C—C$）。视准轴是水准测量中用来读数的视线。

物镜和目镜采用多块透镜组合而成，调焦透镜由单块透镜或多块透镜组合而成。望远镜成像原理如图 2-4 所示，望远镜所瞄准的目标 AB 经过物镜的作用形成一个倒立而缩小的实像 ab，调节物镜对光螺旋即可带动调焦透镜在望远镜筒内前后移动，从而将不同距离的目标都能清晰地成像在十字丝平面上。调节目镜对光螺旋可使十字丝成像清晰，再通过目镜，便可看到同时放大了的十字丝和目标影像 $a'b'$。通过目镜所看到的目标影像的视角 β 与未通过望远镜直接观察目标的视角 α 之比，称为望远镜的放大率，即放大率 $V=\beta/\alpha$。DS_3 型水准仪望远镜放大率为 28。

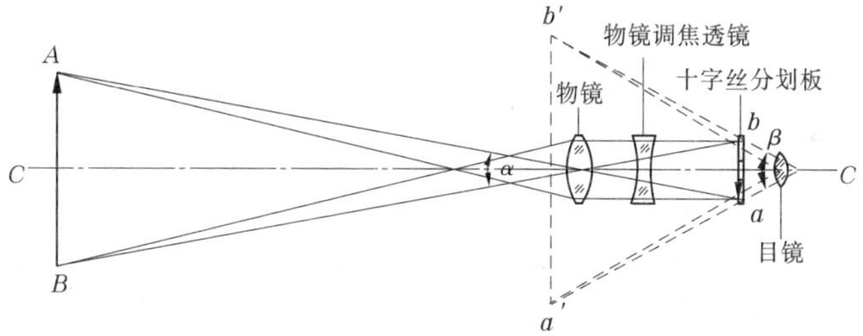

图 2-4　望远镜成像原理

由于物镜调焦螺旋调焦不完善，可能使目标形成的实像 ab 与十字丝分划板平面不完全重合，此时当观测者眼睛在目镜端做上、下少量移动时，就会发现目标的实像 ab 与十字丝平面之间有相对移动，这种现象称为视差。在检查视差是否存在时，观测者眼睛应处于松弛状态，不宜紧张，且眼睛在目镜上下移动量不宜大，仅做很少量移动，否则会引起错觉而误认为视差存在。

2. 水准器

水准器是水准仪上的重要部件，它是利用液体受重力作用后使气泡居于最高处的特性，指示水准器的水准轴位于水平或竖直位置的一种装置，从而使水准仪获得一条水平视线。水准器分管水准器和圆水准器两种。

1) 管水准器

管水准器是由玻璃管制成的，又称“水准管”，其纵向内壁研磨成具有一定半径的圆弧(圆弧半径一般为 7 ~ 20 m)，内装酒精和乙醚的混合液，加热密封冷却后形成一个小长气泡，因气泡较轻，故处于管内最高处。

水准管顶面刻有 2 mm 间隔的分划线，分划线的中点 O 称为水准管零点，通过零点 O 的圆弧切线 LL 称为水准管轴，如图 2-5(a)所示。当水准管的气泡中点与零点重合时，称为气泡居中，表示水准管轴水平。若保持视准轴与水准管轴平行，则当气泡居中时，视准轴也应位于水平位置。通常根据水准管气泡两端距水准管两端刻划的格数相等的方法来判断水准管气泡是否精确居中，如图 2-5(b)所示。

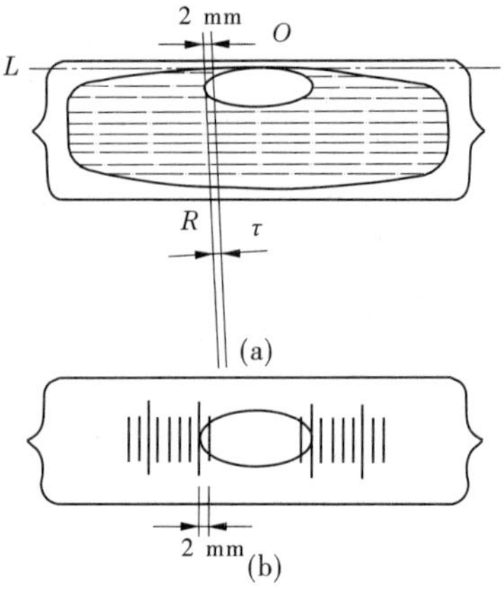

图 2-5　管水准器

水准管上两相邻分划线间的圆弧(弧长为 2 mm)所对的圆心角称为水准管分划值 τ。用公式表示为

$$\tau = \frac{2}{R}\rho \qquad (2\text{-}6)$$

式中：$\rho = 206\ 265''$；R 为水准管圆弧半径，mm。

式(2-6)说明分划值 τ 与水准管圆弧半径 R 成反比。R 愈大，τ 愈小，水准管灵敏度愈高，则定平仪器的精度也愈高，反之定平精度就低。DS_3 型水准仪水准管的分划值一般为 $20''/2$ mm，表明气泡移动一格(2 mm)，水准管轴倾斜 $20''$。

为了提高水准管气泡居中精度，DS_3 型水准仪的水准管上方安装有一组符合棱镜，如图 2-6 所示。通过符合棱镜的反射作用，把水准管气泡两端的影像反映在望远镜旁的水准管气泡观察窗内，当气泡两端的两个半像符合成一个圆弧时，就表示水准管气泡居中；若两个半像错开，则表示水准管气泡不居中，此时可转动位于目镜下方的微倾螺旋，使气泡两端的半像严密吻合(即居中)，达到仪器的精确置平。这种配有符合棱镜的水准器，称为符合水准器。它不仅便于观察，同时可以使气泡居中精度提高 1 倍。

2) 圆水准器

圆水准器是一个圆柱形的玻璃盒子，如图 2-7 所示。圆水准器顶面的内壁磨成圆球面，顶面中央刻有一个小圆圈，其圆心 O 称为圆水准器的零点，过零点 O 的法线 $L'L'$ 称为圆水准器轴。由于它与仪器的旋转轴(竖轴)平行，所以当圆气泡居中时，圆水准器轴处于竖直(铅垂)位置，表示水准仪的竖轴也大致处于竖直位置了。DS_3 型水准仪圆水准器分划值一般为 $8'$ ~ $10'$，由于分划值较大，则灵敏度较低，只能用于水准仪的粗略整平，为仪器精确置平

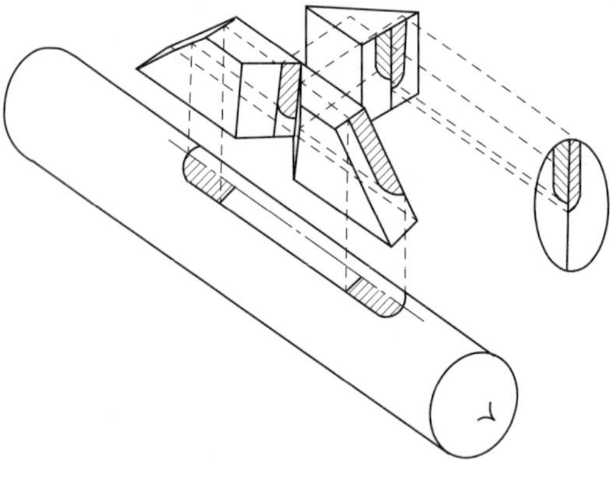

图 2-6　水准管与符合棱镜

创造条件。

3. 基座

基座主要由轴座、脚螺旋和连接板构成。仪器上部通过竖轴插入轴座内，由基座托承。整个仪器用连接螺旋与三脚架连结。

（二）水准尺、尺垫和三脚架

水准尺是水准测量时使用的标尺，其质量的好坏直接影响水准测量的精度，因此水准尺是用不易变形且干燥的优良木材或玻璃钢制成的，要求尺长稳定，刻划准确，长度从 2 m 至 5 m 不等。

根据它们的构造，常用的水准尺可分为直尺（整体尺）和塔尺两种，如图 2-8 所示。直尺中又有单面分划尺和双面（红黑面）分划尺。

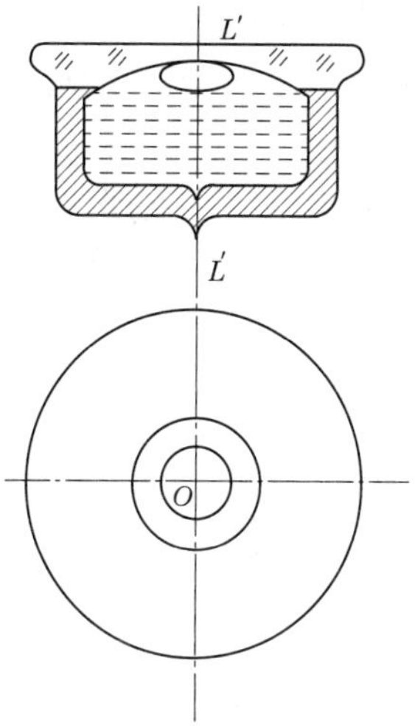

图 2-7　圆水准器

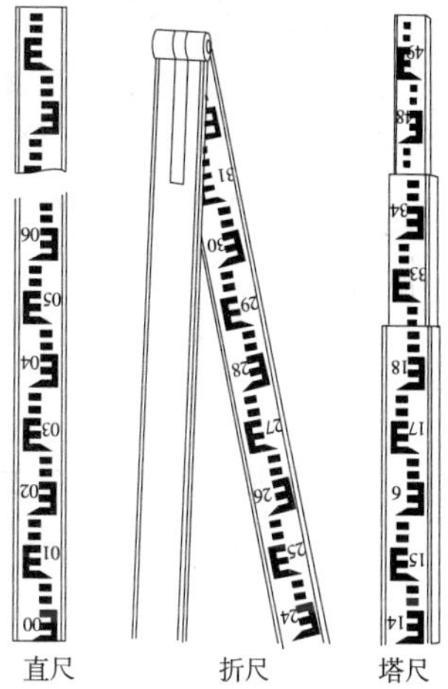

图 2-8　水准尺

水准尺尺面每隔 1 cm 涂有黑白或红白相间的分格，每分米处注有数字，数字一般是倒写的，以便观测时从望远镜中看到的是正像字。

双面水准尺的两面均有刻划，一面为黑白分划，称为“黑面尺”（也称主尺），另一面为红白分划，称为“红面尺”。通常用两根尺组成一对进行水准测量，两根尺的黑白尺尺底读数均从零开始，而红面尺尺底，一根从固定数值 4.687 m 开始，另一根从固定数值 4.787 m 开始，此数值称为零点差（或红黑面常数差）。水平视线在同一根水准尺上的黑面与红面的读数之差称为尺底的零点差，可作为水准测量时读数的检核。

塔尺是由三节小尺套接而成的，不用时套在最下一节之内，长度仅 2 m。如把三节全部拉出，可达 5 m。塔尺携带方便，但应注意塔尺的连接处，务必使套接准确、稳固，塔尺一般用于地形起伏较大、精度要求较低的水准测量。

如图 2-9 所示，尺垫一般由三角形的铸铁制成，下面有三个尖脚，便于使用时将尺垫踩入土中，使之稳固。上面有一个突起的半球体，水准尺竖立于球顶最高点。在精度要求较高的水准测量中，转点处应放置尺垫，以防止观测过程中水准尺下沉或位置发生变化而影响读数。

三脚架是水准仪的附件，用以安置水准仪，由木材（或金属）制成。脚架一般可伸缩，便于携带及调整仪器高度,使用时用中心连接螺旋与仪器固紧。

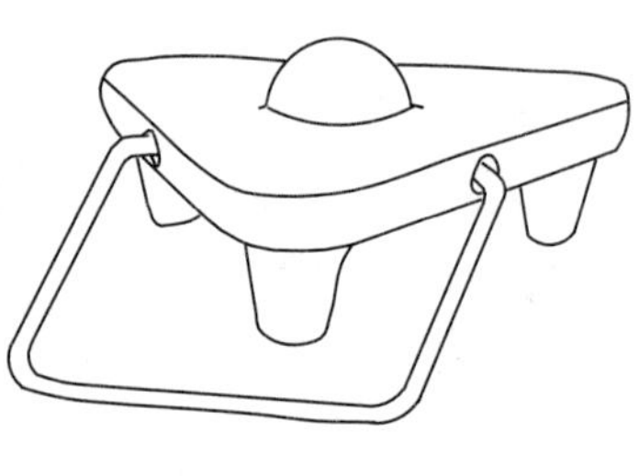
图 2-9　尺垫

(三)水准仪的使用

水准仪的操作包括安置仪器、粗略整平(粗平)、瞄准水准尺、精确整平(精平)和读数等步骤。

1. 安置仪器

在测站上安置三脚架,调节架脚使高度适中,目估使架头大致水平,检查脚架伸缩螺旋是否拧紧。然后用连接螺旋把水准仪安置在三脚架头上,应用手扶住仪器,以防仪器从架头滑落。

2. 粗略整平(粗平)

粗平即初步整平仪器,通过调节三个脚螺旋使圆水准器气泡居中,从而使仪器的竖轴大致铅垂。具体做法是:如图 2-10(a)所示,外围三个圆圈为脚螺旋,中间为圆水准器,虚线圆圈代表气泡所在位置,首先用双手按箭头所指方向转动脚螺旋①、②,使圆气泡移到这两个脚螺旋连线方向的中间,然后按图 2-10(b)中箭头所指方向,用左手转动脚螺旋③,使圆气泡居中(即位于黑圆圈中央)。在整平的过程中,气泡移动的方向与左手大拇指转动脚螺旋时的移动方向一致。

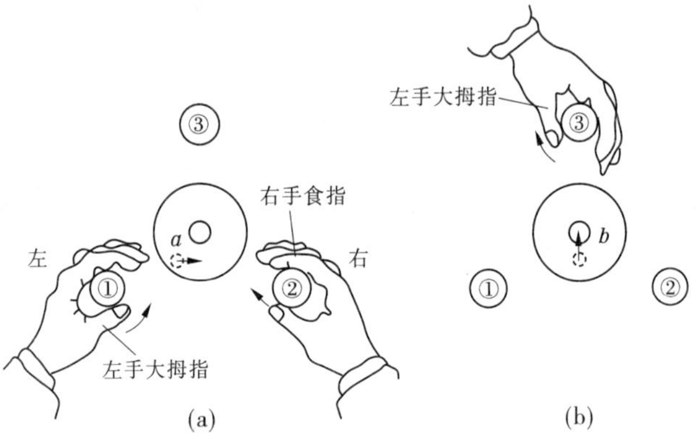

图 2-10　圆水准器整平

3. 瞄准水准尺

先将望远镜对着明亮背景,转动目镜调焦螺旋使十字丝成像清晰。然后松开制动螺旋,转动望远镜,用望远镜筒上部的准星和照门大致对准水准尺后,拧紧制动螺旋。再从望远镜内观察目标,调节物镜调焦螺旋,使水准尺成像清晰。最后用微动螺旋转动望远镜,使十字丝竖丝对准水准尺的中间稍偏一点,以便读数。瞄准时应注意消除视差。

产生视差的原因是目标通过物镜所成的像没有与十字丝平面重合。视差的存在将影响观测结果的准确性,应予消除。消除视差的方法是仔细地反复进行目镜和物镜调焦。如图 2-11 所示。

4. 精确整平(精平)

精确整平是调节微倾螺旋,使目镜左边观察窗内的符合水准器的气泡两个半边影像完全吻合,这时视准轴处于精确水平位置。由于气泡移动有一个惯性,所以转动微倾螺旋的速度不能太快。只有符合水准气泡两端影像完全吻合而又稳定不动后,气泡才居中。

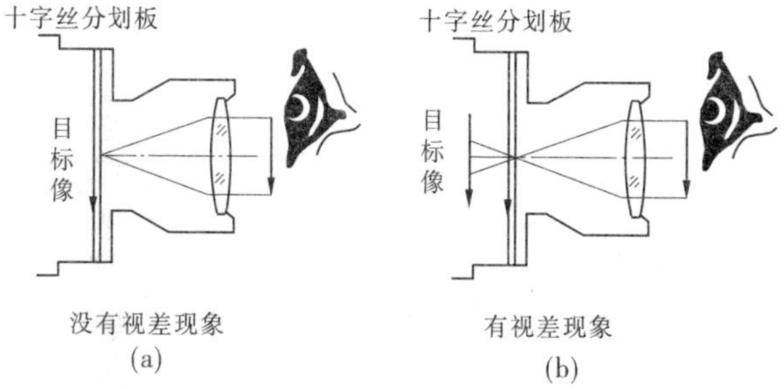

图 2-11　视差现象

5. 读数

符合水准气泡居中后，即可读取十字丝中丝截在水准尺上的读数。直接读出米、分米和厘米，估读出毫米（见图 2-12）。读数时应从小数向大数读。观测者应先估读水准尺上毫米数（小于一格的估值），然后读出米、分米及厘米值，一般应读出四位数。读数应迅速、果断、准确，读数后应立即重新检视符合水准气泡是否仍旧居中，如仍居中，则读数有效，否则应重新使符合水准气泡居中后再读数。

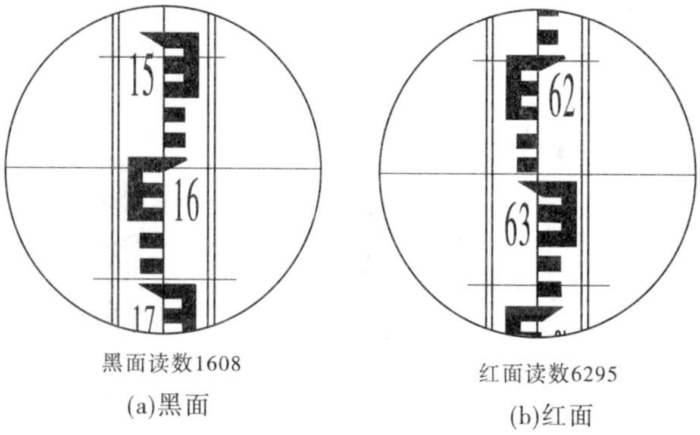

图 2-12　水准尺读数

课题 2　水准测量的施测与检核

一、水准点与水准路线

用水准测量方法测定的高程控制点称为水准点（Bench Make.，记为 BM.）。水准点的位置应选在土质坚实、便于长期保存和使用方便的地方。水准点按其精度分为不同的等级。国家水准点分为四个等级，即一、二、三、四等水准点，按国家规范要求埋设永久性标石标志。地面水准点按一定规格埋设，在标石顶部设置有不易腐蚀的材料制成的半球状标志（见图 2-13(a)）；墙上水准点应按规格要求设置在永久性建筑物的墙角上（见图 2-13(b)）。

地形测量中的图根水准点和一些施工测量使用的水准点，常采用临时性标志，可用木桩或道钉打入地面，也可在地面上突出的坚硬岩石或房屋四周水泥面、台阶等处用油漆做出标志。

水准测量是按一定的路线进行的。将若干个水准点按施测前进的方向连接起来，称为

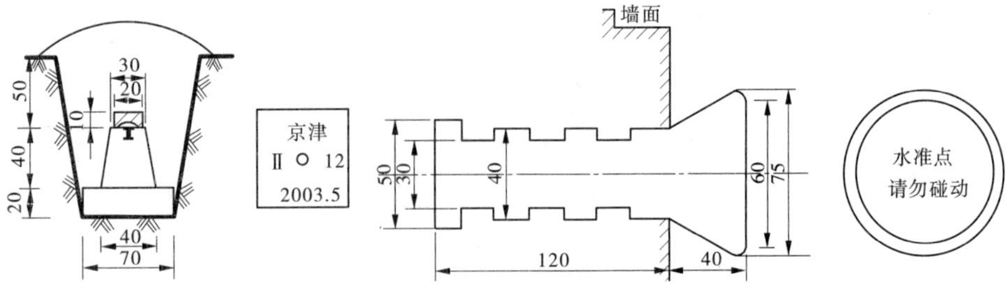

(a)混凝土普通水准标石　　(b)墙角水准标志埋设

图 2-13　二、三等水准点标石埋设图　(单位:mm)

水准路线。水准路线有附合路线、闭合路线和支水准路线(往返路线)。

二、水准测量实施

当已知水准点与待测高程点的距离较远或两点间高差很大,安置一次仪器无法测到两点高差时,就需要把两点间分成若干测站,连续安置仪器测出每站的高差,然后依次推算高差和高程。

如图 2-14 所示,水准点 BM. A 的高程为 158. 365 m,现拟测定 B 点高程,施测步骤如下:

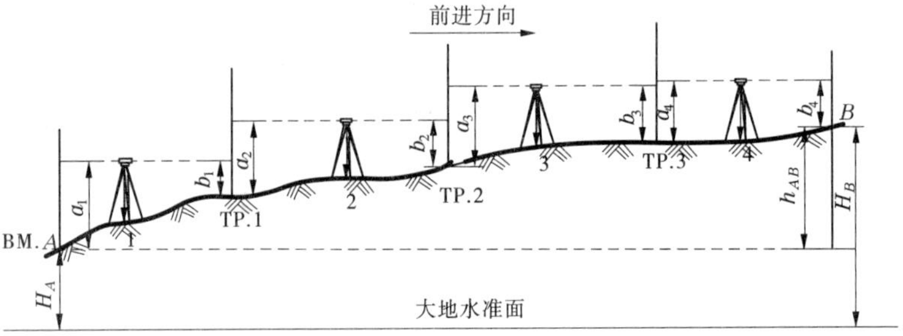

图 2-14　水准测量施测

在离 A 适当距离处选择点 TP. 1,安放尺垫,在 A、1 两点分别竖立水准尺。在距 A 点和 1 点大致等距离处安置水准仪,瞄准后视点 A,精平后读得后视读数 a_1 为 1. 568,记入水准测量手簿(见表 2-2)。旋转望远镜,瞄准前视点 1,精平后读得前视读数 b_1 为 1. 245,记入手簿。计算出 A、1 两点高差为 +0. 323。此为一个测站的工作。

点 1 的水准尺不动,将 A 点水准尺立于点 2 处,水准仪安置在 1、2 点之间,用与上述相同的方法测出 1、2 点的高差,依次测至终点 B。

每一测站可测得前、后视两点间的高差,即

$$h_1 = a_1 - b_1$$
$$h_2 = a_2 - b_2$$
$$h_3 = a_3 - b_3$$
$$h_4 = a_4 - b_4$$

各式相加,得

$$h_{AB} = \sum h = \sum a - \sum b$$

B 点高程为

$$H_B = H_A + h_{AB} \tag{2-7}$$

表 2-2 水准测量手簿

观测	测点	水准尺读数		高差	高程	备注
		后视 a	前视 b			
1	BM. *A*	1.568		+0.323	158.365	已知高程
	TP. 1		1.245			
2	*TP*. 1	1.689		+0.344		
	TP. 2		1.345			
3	TP. 2	2.025		+0.527		
	TP. 3		1.498			
4	TP. 3	1.258		+0.194		
	B		1.064		159.753	
计算检核	$\sum$	6.540	5.152	$\sum h = +1.388$	$H_B - H_A = +1.388$	
		$\sum a - \sum b = +1.388$				

在上述施测过程中，点 TP. 1、TP. 2、TP. 3 是临时的立尺点，作为传递高程的过渡点，称为转点（Turning Point，简记为 TP.）。转点无固定标志，无须算出高程。

在 A、B 两点间增设的这些转点起着传递高程的作用。为了保证高程传递的正确性，在连续水准测量过程中，不仅要选择土质稳固的地方作为转点位置（须安放尺垫），而且在相邻测站的观测过程中，要保持转点（尺垫）稳定不动；同时要尽可能保持各测站的前后视距大致相等；还要通过调节前、后视距离，尽可能保持整条水准路线中的前视视距之和与后视视距之和相等，这样有利于消除（或减弱）地球曲率和某些仪器误差对高差的影响。

注意：在每站观测时，应尽量保持前后视距相等，视距可由上、下丝读数之差乘以 100 求得。每次读数时均应使符合水准气泡严密吻合，每个转点均应安放尺垫，但所有已知水准点和待求高程点上不能放置尺垫。

三、水准测量的检核

（一）测站检核

在水准测量每一站测量时，任何一个观测数据出现错误，都将导致所测高差不正确。为保证观测数据的正确性，通常采用变动仪高法或双面尺法进行测站检核。

1. 变动仪高法

在每测站上测出两点高差后，改变仪器高度再测一次高差，两次高差之差不超过容许值（如图根水准测量容许值为 ±6 mm），取其平均值作为最后结果；若超过容许值，则需重测。

2. 双面尺法

在每测站上，仪器高度不变，分别测出两点的黑面尺高差和红面尺高差。若同一水准尺红面读数与黑面读数之差，以及红面尺高差与黑面尺高差均在容许值范围内，取平均值作为最后结果，否则应重测。

(二)成果检核

测站检核能检查每测站的观测数据是否存在错误，但有些错误，例如在转站时转点的位置被移动，测站检核是查不出来的。此外，每一测站的高差误差如果出现符号一致性，随着测站数的增多，误差积累起来，就有可能使高差总和的误差积累过大。因此，还必须对水准测量进行成果检核，其方法是将水准路线布设成如下几种形式。

1. 附合水准路线

如图 2-15(a)所示，从一个已知高程的水准点 BM.1 起，沿各水准点进行水准测量，最后联测到另一个已知高程的水准点 BM.2，这种形式称为附合水准路线。附合水准路线中各测站实测高差的代数和应等于两已知水准点间的高差。由于实测高差存在误差，使两者之间不完全相等，其差值称为高差闭合差 f_h，即

$$f_h = \sum h_{测} - (H_{终} - H_{始}) \tag{2-8}$$

式中：$H_{终}$ 为附合路线终点高程；$H_{始}$ 为附合路线起点高程。

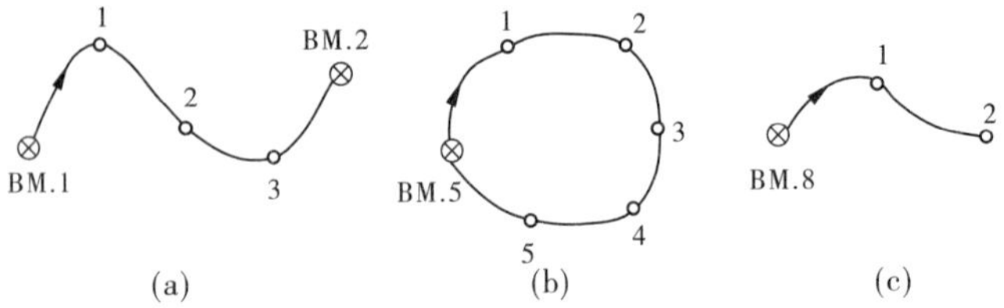

图 2-15　水准路线的布设形式

2. 闭合水准路线

如图 2-15(b)所示，从一已知高程的水准点 BM.5 出发，沿环形路线进行水准测量，最后测回到水准点 BM.5，这种形式称为闭合水准路线。闭合水准路线中各段高差的代数和应为零，但实测高差总和不一定为零，从而产生闭合差 f_h，即

$$f_h = \sum h_{测} \tag{2-9}$$

3. 支水准路线

如图 2-15(c)所示，从已知高程的水准点 BM.8 出发，最后没有联测到另一已知水准点上，也未形成闭合，称为支水准路线。支水准路线要进行往、返测，往测高差总和与返测高差总和应大小相等、符号相反。但实测值两者之间存在差值，即产生高差闭合差 f_h：

$$f_h = \sum h_{往} - \sum h_{返} \tag{2-10}$$

往返测量即形成往返路线，其实质已与闭合路线相同。可按闭合路线计算。

高差闭合差是各种因素产生的测量误差，故闭合差的数值应该在容许值范围内，否则应检查原因，返工重测。

图根水准测量高差闭合差容许值为：

$$\left.\begin{aligned} &平地 \quad f_{h容} = \pm 40\sqrt{L}\,(\text{mm}) \\ &山地 \quad f_{h容} = \pm 12\sqrt{n}\,(\text{mm}) \end{aligned}\right\} \tag{2-11}$$

四等水准测量高差闭合差容许值为：

平地 $$f_{h容} = \pm 20\sqrt{L}(\text{mm})$$
山地 $$f_{h容} = \pm 6\sqrt{n}(\text{mm}) \quad (2\text{-}12)$$

式(2-11)和式(2-12)中：L 为水准路线总长(以 km 为单位)；n 为测站数。

课题 3　水准测量内业计算

一、附合水准路线测量成果计算

水准测量的成果计算，首先要算出高差闭合差，它是衡量水准测量精度的重要指标。当高差闭合差在容许值范围内时，再对闭合差进行调整，求出改正后的高差，最后求出待测水准点的高程。下面通过实例介绍内业成果计算的方法与步骤。

【例 2-1】　图 2-16 是根据水准测量手簿整理得到的观测数据，各测段高差和测站数如图所示。A、B 为已知高程水准点，1、2、3 点为待求高程的水准点。列表 2-3 进行高差闭合差的调整和高程计算。其步骤如下：

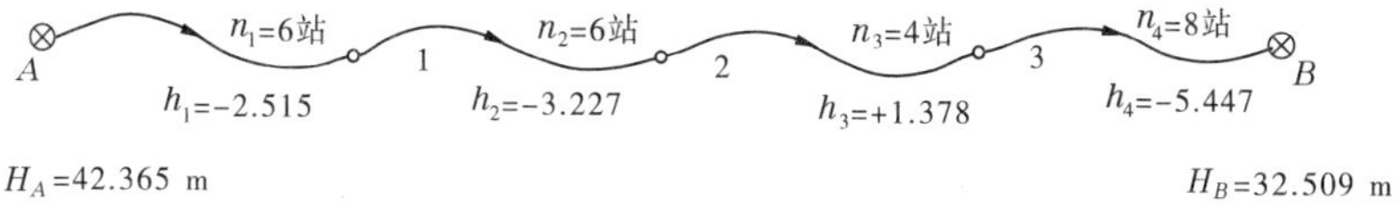

图 2-16　附合水准路线计算图

表 2-3　附合水准路线成果计算

测点	测站数	实测高差(m)	高差改正数(m)	改正后的高差(m)	高程(m)	说明
A					42.365	
	6	−2.515	−0.011	−2.526		
1					39.839	
	6	−3.227	−0.011	−3.238		
2					36.601	
	4	+1.378	−0.008	+1.370		
3					37.971	
	8	−5.447	−0.015	−5.462		
B					32.509	
Σ	24	−9.811	−0.045	−9.856		
辅助计算	$f_h = +45$ mm $f_{h容} = \pm 12\sqrt{24} = \pm 58.8$(mm)					

(1)高差闭合差的计算。

由式(2-8)可得：$f_h = \sum h_{测} - (H_B - H_A) = -9.811 - (32.509 - 42.365) = +0.045$(m) $= +45$ mm

按山地及图根水准精度计算闭合差容许值为：

$$f_{h容} = \pm 12\sqrt{n} = \pm 12\sqrt{24} = \pm 58.8(\text{mm})$$

$|f_h| < |f_{h容}|$，符合图根水准测量技术要求。

(2)闭合差的调整。

闭合差的调整是按与距离或与测站数成正比例反符号分配到各测段高差中。第 i 测段高差改正数按下式计算：

$$V_i = -\frac{f_h}{\sum n} \cdot n_i \quad (i = 1,2,\cdots,n) \text{ 或 } V_i = -\frac{f_h}{\sum L} \cdot l_i \quad (i = 1,2,\cdots,n) \qquad (2\text{-}13)$$

式中：n 为路线总测站数；n_i 为第 i 段测站数；L 为路线总长；l_i 为第 i 段距离。

由式(2-13)算出第 1 测段(A—1)的改正数为

$$V_1 = -\frac{0.045}{24} \times 6 = -0.011(\text{m})$$

其他各测段改正数按式(2-13)算出后列入表 2-3 中。改正数的总和与高差闭合差大小相等、符号相反。每测段实测高差加相应的改正数便得到改正后的高差，即

$$h_{i改} = h_{i测} + V_i \qquad (2\text{-}14)$$

(3)计算各点高程。

用每段改正后的高差，由已知水准点 A 开始，逐点算出各点高程，见表 2-3。由计算得到的 B 点高程应与 B 点的已知高程相等，以此作为计算检核。

二、闭合水准路线的成果计算

闭合水准路线高差闭合差按式(2-9)计算，若闭合差在容许值范围内，按上述与附合水准路线相同的方法调整闭合差，并计算高程。

课题 4　微倾式水准仪的检验与校正

水准仪检验就是查明仪器各轴线是否满足应有的几何条件，只有这样，水准仪才能真正提供一条水平视线，正确地测定两点间的高差。如果不满足几何条件，且超出规定的范围，则应进行仪器校正，所以校正的目的是使仪器各轴线满足应有的几何条件。

一、水准仪的轴线及其应满足的几何条件

如图 2-17 所示，水准仪的轴线主要有视准轴 CC、水准管轴 LL、圆水准轴 $L'L'$和仪器竖轴 VV。

根据水准测量原理，水准仪必须提供一条水平视线(即视准轴水平)，而视线是否水平是根据水准管气泡是否居中来判断的，如果水准管气泡居中，而视线不水平，则不符合水准测量原理。因此，水准仪在轴线构造上应满足水准管轴平行于视准轴这个主要的几何条件。

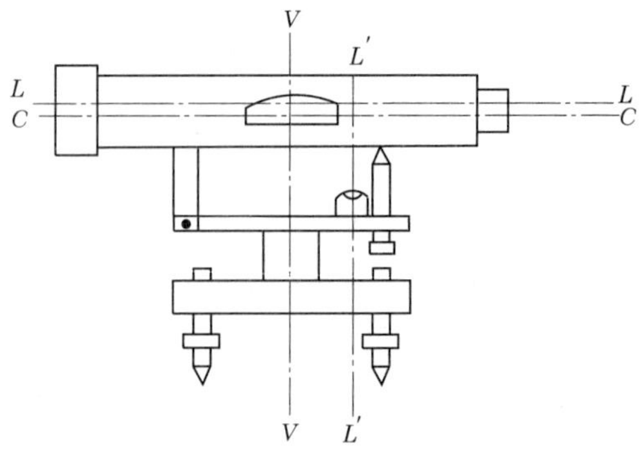

图 2-17　水准仪的轴线

此外，为了便于迅速有效地用微倾螺旋使符合气泡精确置平，应先用脚螺旋使圆水准器气泡居中，使仪器粗略整平，仪器

竖轴基本处于铅垂位置，故水准仪还应满足圆水准器轴平行于仪器竖轴的几何条件；为了准确地用横丝（中丝）进行读数，当水准仪的竖轴铅垂时，中丝应当水平。

综上所述，水准仪轴线应满足的几何条件为：

（1）圆水准器轴应平行于仪器竖轴（$L'L' /\!/ VV$）；

（2）十字丝横丝应垂直于仪器竖轴（即中丝应水平）；

（3）水准管轴应平行于视准轴（$LL /\!/ CC$）。

二、水准仪的检验与校正

（一）圆水准器轴平行于仪器竖轴的检验校正

1. 检验

安置仪器后，用脚螺旋调节圆水准器气泡居中，然后将望远镜绕竖轴旋转 180°，如气泡仍居中，表示此项条件满足要求；若气泡不再居中，则应进行校正。

检验原理如图 2-18 所示。当圆水准器气泡居中时，圆水准器轴处于铅垂位置，若圆水准器轴与竖轴不平行，使竖轴与铅垂线之间出现倾角 δ（见图 2-18（a））。当望远镜绕倾斜的竖轴旋转 180°后，仪器的竖轴位置并没有改变，而圆水准器轴却转到了竖轴的另一侧。这时，圆水准器轴与铅垂线夹角为 2δ，则圆气泡偏离零点，其偏离零点的弧长所对的圆心角为 2δ（见图 2-18（b））。

2. 校正

根据上述检验原理，校正时，用脚螺旋使气泡向零点方向移动偏离长度的一半，这时竖轴处于铅垂位置（见图 2-18（c））。然后用校正针调整圆水准器下面的三个校正螺钉，使气泡居中。这时，圆水准器轴便平行于仪器竖轴了（见图 2-18（d））。

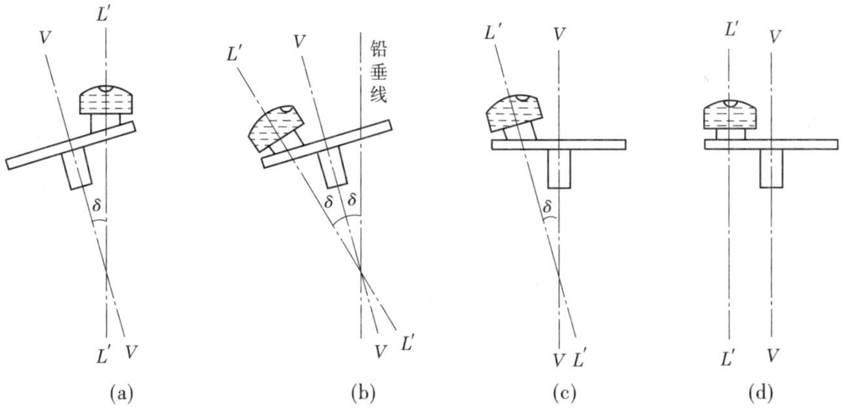

图 2-18　圆水准器检验校正原理

圆水准器下面的校正螺丝构造如图 2-19 所示。校正时，一般要反复进行数次，直到仪器旋转到任何位置圆水准器气泡都居中。

（二）十字丝横丝垂直于仪器竖轴的检验与校正

1. 检验

水准仪整平后，先用十字丝横丝的一端对准一个点状目标，如图 2-20（a）的 P 点，拧紧制动螺旋，然后用微动螺旋缓缓地转动望远镜。若 P 点始终在横丝上移动（见图 2-20（b）），说明此条件满足;若 P 点移动的轨迹离开了横丝(见图 2-20(c)、(d)),则条件不满足,需要校正。

2. 校正

校正方法因十字丝分划板座安置的形式不同而异。其中一种十字丝分划板的安置将其固定在目镜筒内,目镜筒插入物镜筒后,再由三个固定螺钉与物镜筒连接。校正

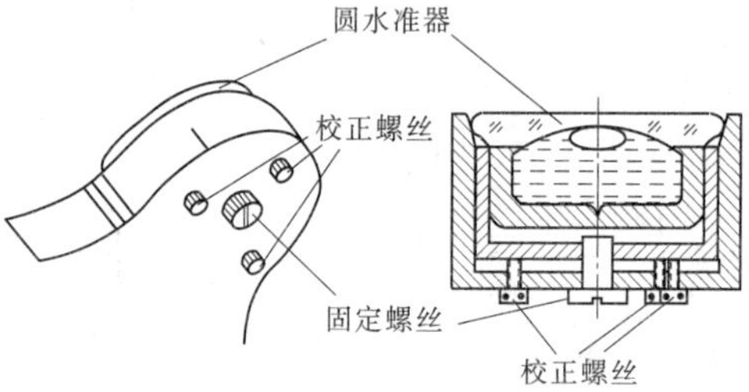

图 2-19 圆水准器校正螺丝

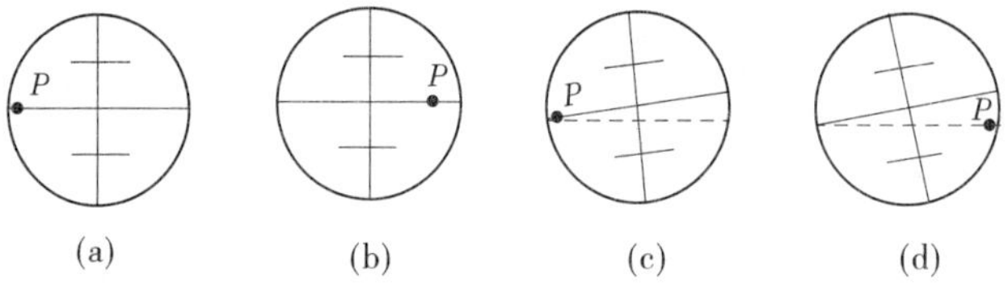

图 2-20 望远镜十字丝检验校正原理

时,用螺丝刀放松三个固定螺钉,然后转动目镜筒,使横丝水平(见图 2-21)。最后将三个固定螺钉拧紧。

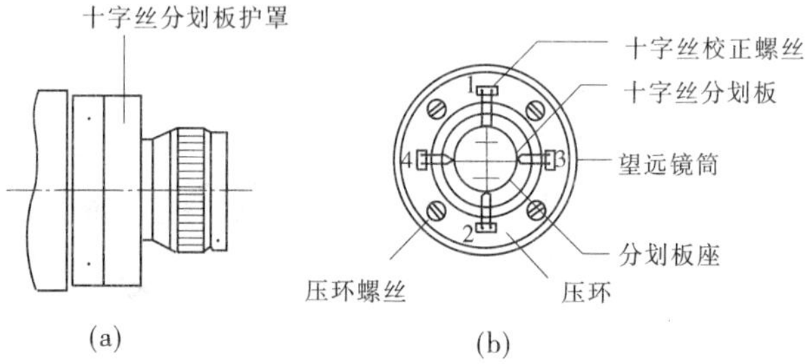

图 2-21 十字丝的校正

(三)水准管轴平行于视准轴的检验与校正

1. 检验原理与方法

设水准管轴不平行于视准轴,它们在竖直面内投影的夹角为 i,如图 2-22 所示。当水准管气泡居中时,视准轴相对于水平线方向向上(有时向下)倾斜了 i 角,则视线(视准轴)在尺上读数偏差为 x,当前后视距相等时,则所求高差不受影响。前后视距的差距增大,则 i 角误差对高差的影响也会随之增大。基于这种分析,提出如下检验方法:

(1)在平坦地区选择相距约 80 m 的 A、B 两点(可打下木桩或安放尺垫),并在 A、B 两点中间处选择一点 C,且使 $S_1=S_2$。

(2)将水准仪安置于 C 点处,分别在 A、B 两点上竖立水准尺,读数为 a_1 和 b_1,因 $S_1=S_2$,故 A、B 两点处 x 值相等,则 A、B 两点间的正确高差为

$$h_{AB}=(a_1-x)-(b_1-x)=a_1-b_1 \tag{2-15}$$

为了确保观测的正确性,也可用两次仪器高法测定高差 h_{AB},若两次测得高差之差不超过 3 mm,则取平均值作为最后结果。

(3)将水准仪搬到靠近 B 点处,整平仪器后,瞄准 B 点水准尺,读数为 b_2,再瞄准 A 点水准尺,读数为 a_2,则 A、B 间高差 h'_{AB} 为

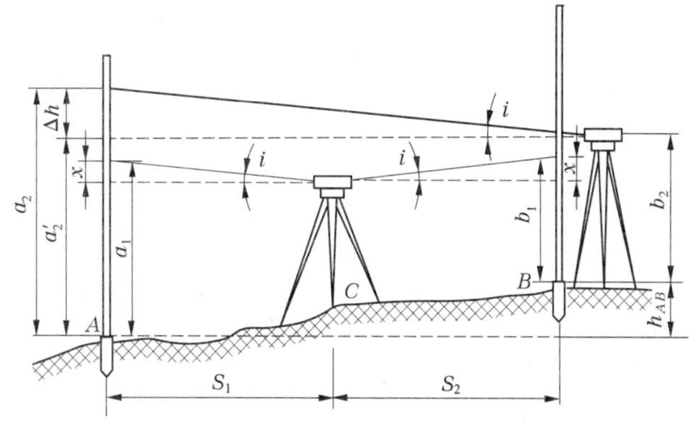

图 2-22 水准管轴平行于视准轴的检验

$$h'_{AB} = a_2 - b_2 \tag{2-16}$$

若 $h'_{AB} = h_{AB}$，则表明水准管轴平行于视准轴，几何条件满足。若 $h'_{AB} \neq h_{AB}$，则计算

$$i = \frac{h'_{AB} - h_{AB}}{D_{AB}}\rho \tag{2-17}$$

如果 i 角大于 20″，则需要进行校正。

2. 校正方法

水准仪不动，先计算视线水平时 A 尺（远尺）上应有的正确读数 a'_2，即

$$a'_2 = b_2 + h_{AB} = b_2 + (a_1 - b_1) \tag{2-18}$$

若 $a_2 > a'_2$，说明视线向上倾斜；反之向下倾斜。瞄准 A 尺，旋转微倾螺旋，使十字丝中丝对准 A 尺上的正确读数 a'_2，此时符合水准气泡就不再居中了，但视线已处于水平位置。用校正针拨动位于目镜端的水准管上、下两个校正螺丝，如图 2-23 所示，使符合水准气泡严密居中。此时，水准管轴也处于水平位置，达到了水准管轴平行于视准轴的要求。

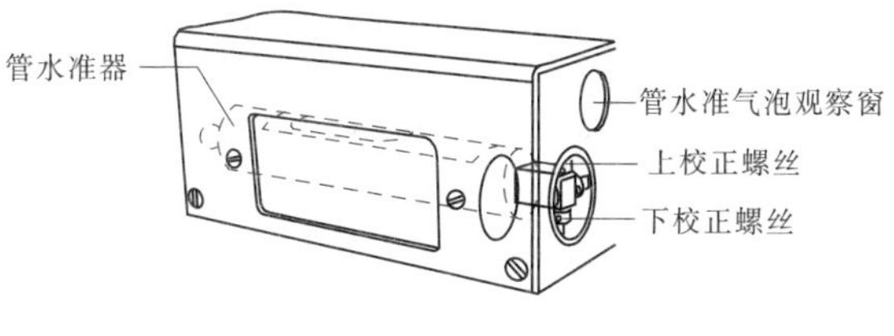

图 2-23 水准管轴的校正

校正时，应先松动左右两个校正螺丝，再根据气泡偏离情况，遵循“先松后紧”规则，拨动上、下两个校正螺丝，使符合气泡居中，校正完毕后，再重新紧固左右两个校正螺丝。

课题 5 水准测量误差分析及注意事项

测量人员总是希望在进行水准测量时能够得到非常准确的观测数据，但由于使用的水准仪不可能完美无缺，观测人员的感官也有一定的局限，再加上野外观测必定要受到外界环境的影响，使水准测量中不可避免地存在着误差。为了保证应有的观测精度，测量人员应对水准测量误差产生的原因以及如何将误差控制在最小范围内的方法有所了解，尤其要避免读错、听错、错记、碰动脚架或尺垫等观测错误。

水准测量误差按其来源可分为仪器误差、观测与操作者的误差以及外界环境的影响三个方面。

一、仪器误差

(一)仪器校正后的残余误差

水准仪经过校正后,不可能绝对满足水准管轴平行视准轴的条件,因而使读数产生误差。此项误差与仪器至立尺点距离成正比。在测量中,使前、后视距离相等,在高差计算中就可消除该项误差的影响。

(二)水准尺误差

该项误差包括水准尺长度变化、刻划误差和零点误差等。此项误差主要会影响水准测量的精度,因此不同精度等级的水准测量对水准尺有不同的要求。精密水准测量应对水准尺进行检定,并对读数进行尺长误差改正。零点误差在成对使用水准尺时,可采取设置偶数测站的方法来消除;也可在前、后视中使用同一根水准尺来消除。

二、观测误差

(一)水准尺读数误差

此项误差主要由观测者瞄准误差、符合水准气泡居中误差以及估读误差等综合影响所致,这是一项不可避免的偶然误差。对于 DS_3 型水准仪,望远镜放大率 V 一般为 28 倍,水准管分划值 $\tau = 20''/2$ mm,当视距 $D = 100$ m 时,其照准误差 m_1 和符合水准气泡居中误差 m_2 可由下式计算

$$m_1 = \pm \frac{60''}{V} \frac{D}{\rho} = \pm \frac{60''}{28} \times \frac{100 \times 10^3}{206\ 265''} = \pm 1.04(\text{mm})$$

$$m_2 = \pm \frac{0.15\tau}{2\rho} D = \pm \frac{0.15 \times 20''}{2 \times 206\ 265''} \times 100 \times 10^3 = 0.73(\text{mm})$$

若取估读误差 $m_3 = \pm 1.5$ mm,则水准尺上读数误差为

$$m = \sqrt{m_1^2 + m_2^2 + m_3^2} = \pm 2\ \text{mm}$$

因此,观测者应认真读数与操作,以尽量减少此项误差的影响。

(二)水准尺竖立不直(倾斜)的误差

根据水准测量的原理,水准尺必须竖直立在点上,否则总会使水准尺上读数增大。这种影响随着视线的抬高(即读数增大)也随之增大。例如,当水准尺竖立不直,倾斜角 $\alpha = 3°$,视线离开尺底(即尺上读数)为 2 m 时,则对读数影响为

$$\delta = 2\ \text{m} \times (1 - \cos\alpha) \approx 2.7\ \text{mm}$$

因此,一般在水准尺上安装有圆水准器,扶尺者操作时应注意使尺上圆气泡居中,表明水准尺竖直。如果水准尺上没有安装圆水准器,可采用摇尺法,使水准尺缓缓地向前、后倾斜,当观测者读取到最小读数时,即为水准尺竖直时的读数。水准尺左右倾斜可由仪器观测者指挥司尺员纠正。

三、外界条件影响

(一)仪器下沉

仪器安置在土质松软的地方,在观测过程中会产生下沉。若观测程序是先读后视再读

前视，显然前视读数比应读数减小了。用双面尺法进行测站检核时，采用“后、前、前、后”的观测顺序，可减小其影响。此外，应选择坚实的地面作测站，并将脚架踏实。

（二）尺垫下沉

仪器搬站时，尺垫下沉会使后视读数比应读数增大。所以，转点也应选在坚实地面并将尺垫踏实。

（三）地球曲率的影响

如图 2-24 所示，水准测量时，水平视线在尺上的读数 b，理论上应改算为相应水准面截于水准尺的读数 b'，两者的差值 c 称为地球曲率差。

$$c = \frac{D^2}{2R} \tag{2-19}$$

式中：D 为视线长；R 为地球半径，取 6 371 km。

水准测量中，当前、后视距相等时，通过高差计算可消除该误差对高差的影响。

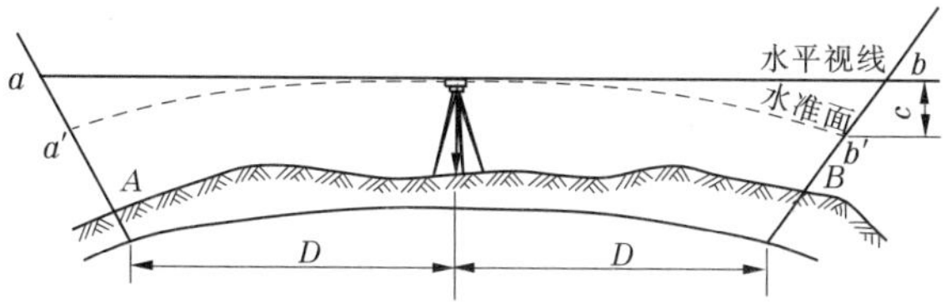

图 2-24　地球曲率差的影响

（四）大气折光影响

由于地面上空气密度不均匀，使光线发生折射。因而水准测量中，实际的尺读数不是水平视线的读数，而是一向下弯曲视线的读数。两者之差称为大气折光差，用 γ 表示。在稳定的气象条件下，大气折光差约为地球曲率差的 1/7，即

$$\gamma = \frac{1}{7}c = 0.07 \times \frac{D^2}{R} \tag{2-20}$$

这项误差对高差的影响，也可采用前、后视距相等的方法来消除。精密水准测量还应选择良好的观测时间（一般认为在日出后或日落前 2 h 为好），并控制视线高出地面一定距离，以避免视线发生不规则折射引起的误差。

地球曲率差和大气折光差是同时存在的，两者对读数的共同影响可用下式计算

$$f = c - \gamma = 0.43 \times \frac{D^2}{R} \tag{2-21}$$

（五）温度的影响

温度的变化会引起大气折光变化，造成水准尺影像在望远镜内十字丝面内上、下跳动，难以读数。烈日直晒仪器会影响水准管气泡居中，造成测量误差。因此，水准测量时，应撑伞保护仪器，选择有利的观测时间。

四、水准测量注意事项

水准测量是一项集观测、记录及扶尺为一体的测量工作，只有全体参加人员认真负责，按规定要求仔细观测与操作，才能取得良好的成果。归纳起来应注意如下几点。

（一）观测

（1）观测前应认真按要求检校水准仪，检定水准尺。

(2)仪器应安置在土质坚实处,并踩实三脚架。

(3)水准仪至前、后视水准尺的视距应尽可能相等。

(4)每次读数前,注意消除视差,只有当符合水准气泡居中后,才能读数,读数应迅速、果断、准确,特别应认真估读毫米数。

(5)晴好天气,仪器应打伞防晒,操作时应细心认真,做到“人不离仪器”,使之安全。

(6)只有当一测站记录计算合格后方能搬站。搬站时先检查仪器连接螺旋是否固紧,一手扶托仪器,一手握住脚架稳步前进。

(二)记录

(1)认真记录,边记边复报数字,准确无误地记入记录手簿相应栏内,严禁伪造和转抄。

(2)字体要端正、清楚,不准在原数字上涂改,不准用橡皮擦改。按规定可以改正时,应在原数字上画线后再在上方重写。

(3)每站应当场计算,检查符合要求后,才能通知观测者搬站。

(三)扶尺

(1)扶尺员应认真竖立水准尺,注意保持尺上圆水准器气泡居中。

(2)转点应选择土质坚实处,并将尺垫踩实。

(3)水准仪搬站时,要注意保护好原前视点尺垫位置不受碰动。

课题6　其他水准仪简介

一、自动安平水准仪和激光扫平仪

(一)自动安平水准仪的基本原理

自动安平水准仪是用设置在望远镜内的自动补偿器代替水准管,观测时,只需将水准仪上的圆水准器气泡居中,便可通过中丝读到水平视线在水准尺上的读数。由于仪器不用调节水准管气泡居中,从而简化了操作,提高了观测速度。

自动安平水准仪原理如图2-25所示。当视准轴水平时,设在水准尺上的正确读数为a,因为没有管水准器和微倾螺旋,依据圆水准器将仪器粗平后,视准轴相对于水平面将有微小的倾斜角α。如果没有补偿器,此时在水准尺上的读数设为a';当在物镜和目镜之间设置有补偿器后,进入到十字丝分划板的光线将全部偏转β角,使来自正确读数a的光线经过补偿器后正好通过十字丝分划板的横丝,从而读出视线水平时的正确读数。

(二)自动安平补偿器

补偿器的结构形式较多,我国生产的DSZ_3型自动安平水准仪采用悬吊棱镜组借助重力作用达到补偿。

图2-26为该仪器的补偿结构图。补偿器装在对光透镜和十字丝分划板之间,其结构是将一个屋脊棱镜固定在望远镜镜筒上,在屋脊棱镜下方用交叉金属丝悬吊着两块直角棱镜。当望远镜有微小倾斜时,直角棱镜在重力P的作用下,与望远镜作相反的偏转。空气阻尼器的作用是使悬吊的两块直角棱镜迅速处于静止状态(在1~2 s内)。

当仪器处于水平状态、视准轴水平时,水平光线与视准轴重合,不发生任何偏转。如图2-26所示,水平光线进入物镜后经第一个直角棱镜反射到屋脊棱镜,在屋脊棱镜内作三

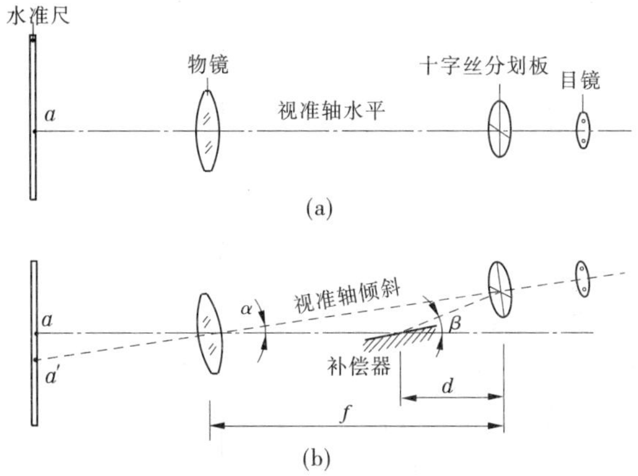

图 2-25　自动安平水准仪原理

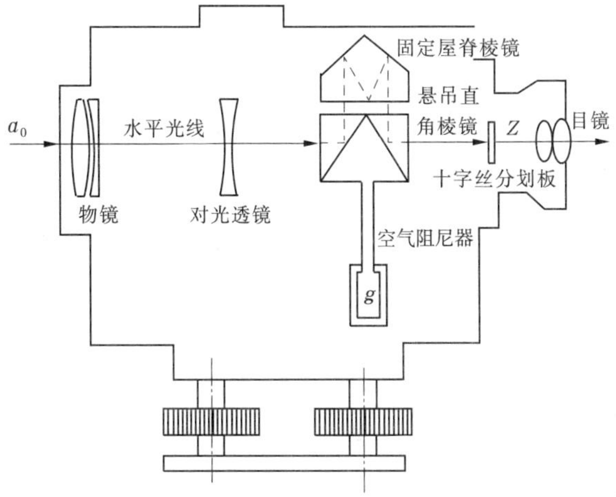

图 2-26　DSZ_3 型自动安平水准仪构造

次反射，到达另一个直角棱镜，又被反射一次，最后水平光线通过十字丝交点 Z，这时可读到视线水平时的读数 a_0。

当望远镜倾斜了一个小角 α（见图 2-27、图 2-28）时，屋脊棱镜也随之倾斜 α 角，两个直角棱镜在重力作用下，相对望远镜的倾斜方向沿反方向偏转 α 角。这时，经过物镜的水平光线经过第一个直角棱镜后产生 2α 的偏转，再经过屋脊棱镜，在屋脊棱镜内作三次反射，到达另一个直角棱镜后又产生 2α 的偏转，水平光线通过补偿器产生两次偏转的和为 $\beta = 4\alpha$。要使通过补偿器偏转后的光线经过十字丝交点 Z，将补偿器安置在距十字丝交点 Z 的 $f/4$ 处，便可使水平视线的读数 a_0 正好落在十字丝交点上，从而达到自动安平的目的。使用自动安平水准仪观测时，在安置好仪器、将圆水准器气泡居中后，即可瞄准水准尺，直接读出水准尺读数。

（三）激光扫平仪

激光扫平仪是一种新型的自动安平平面的定位仪器。这种仪器根据置在仪器内的激光器发射橙红色激光束进行扫描，从而形成一个可见的激光水平面，用专用测尺可测定任意点的标高，特别适用于施工测量中各垫层或层面的抄平工作。

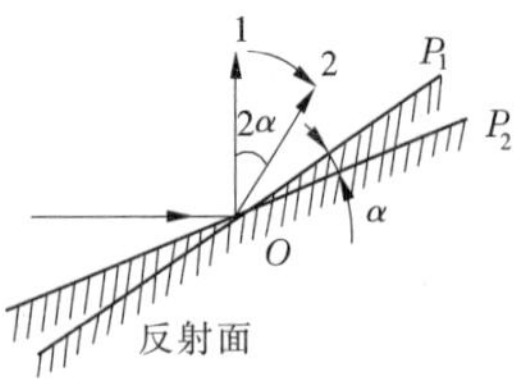

图 2-27　平面镜全反射原理

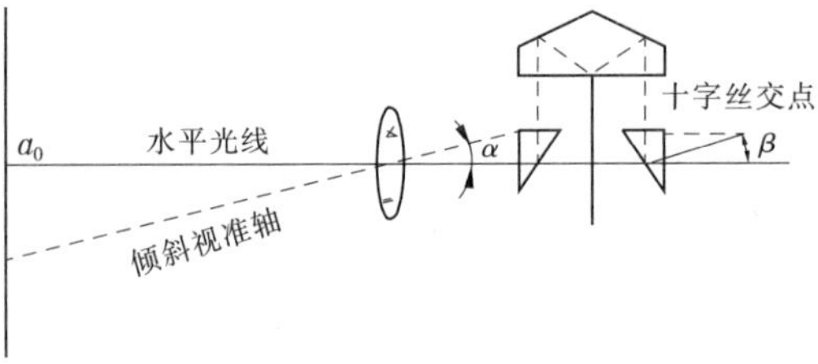

图 2-28　自动安平原理

图 2-29 是我国生产的激光扫平仪。氦氖激光管竖直安装在仪器内，用万向支架悬吊在望远镜下面，使之能自由摆动，在重力作用下处于铅垂位置，阻尼器的作用可使激光管尽快静止。当仪器精确整平后，激光束通过非调焦望远镜处于竖直方向，经过扫描头内的五棱镜折射成水平的激光束。五棱镜在电动机驱动下旋转时，便连续地扫描出可见的激光水平面。借助专用标尺，可在扫描范围内测出任意点的标高。仪器一经安置好，就无须人工继续操作，提高了工效及整体精度。

二、精密水准仪简介

测量中将 S_{05} 型（如威特 N3、蔡司 Ni004）和 S_1 型（如蔡司 Ni007、国产 DS_1）水准仪作为精密水准仪，并配有相应的精密水准尺。精密水准仪用于国家一、二等水准测量，大型工程建筑物施工及变形测量，以及地下建筑测量、城镇与建（构）筑物沉降观测等。

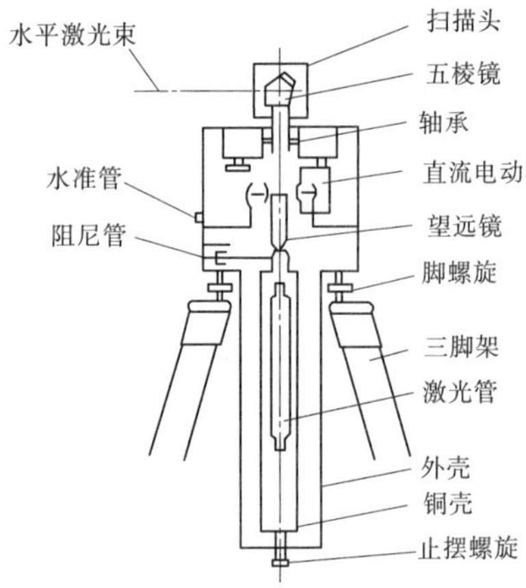

图 2-29　ZPJP－771 型自动安平激光扫平仪

精密水准仪的构造与 DS_3 型水准仪基本相同。其主要区别是装有光学测微器。此外，精密水准仪较 DS_3 型水准仪有更好的光学和结构性能，如望远镜孔径大于 40 mm，放大率达 40 倍，符合水准管分划值为（6″～10″）/2 mm，同时具有仪器结构坚固，水准管轴与视准轴关系稳定等特点。精密水准仪应与精密水准尺配合使用。如图 2-30 所示为徕卡新 N3 型精密水准仪。

光学测微器的构造如图 2-31 所示。在水准仪物镜前装有一可转动的平行玻璃板 P，其转动的轴线与视准轴垂直相交，平行玻璃板与测微分划尺之间用带有齿条的传动杆连接。当旋转测微螺旋时，传动杆推动平行玻璃板绕其轴 O 前后倾斜，视线通过平行玻璃板产生平行移动，移动的数值由测微分划尺读数反映出来。测微分划尺有 100 个分格，与水准尺上的分划值相对应，若水准尺上的分划值为 1 cm，则测微分划尺能直接读到 0.1 mm。

测微分划尺读数原理如图 2-31 所示。当平板玻璃与水平的视准轴垂直时，视线不受平行玻璃的影响，对准水准尺的 A 处，即读数为 148（cm）+ a。为了精确读出 a 的值，需转动测微轮使平行玻璃板倾斜一个小角，视线经平行玻璃板的作用而上下移动，准确对准水准尺上 148 cm 分划后，再从读数显微镜中读取 a 值，从而得到水平视线的读数。

图 2-32 为国产 DS_1 型精密水准仪，其望远镜放大率为 40 倍，水准管分划值为 10″/2 mm，

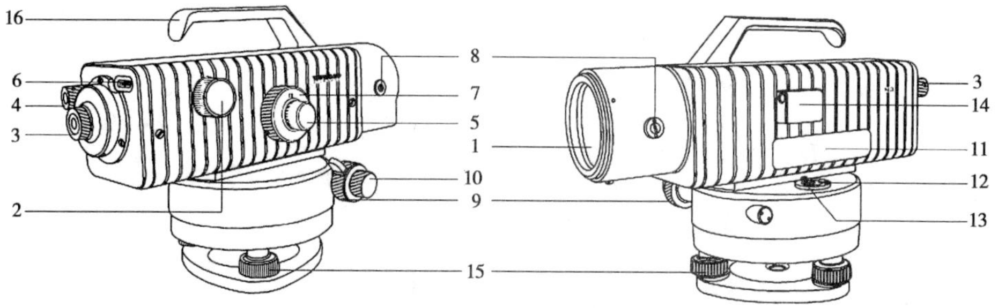

1—物镜;2—物镜调焦螺旋;3—目镜;4—测微尺与管水准器气泡观察窗;5—微倾螺旋;6—微倾螺旋行程指示器;7—平行玻璃板测微螺旋;8—平行玻璃板旋转轴;9—制动螺旋;10—微动螺旋;11—管水准器照明窗口;12—圆水准器;13—圆水准器校正螺丝;14—圆水准器观察装置;15—脚螺旋;16—手柄

图 2-30　自动安平水准仪

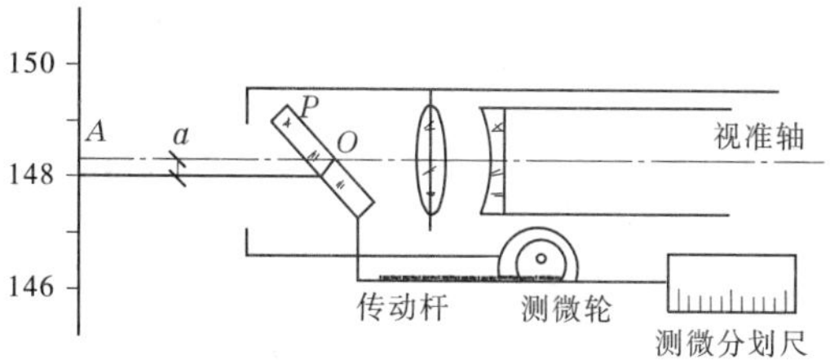

图 2-31　光学测微器的构造与读数

转动水准仪测微螺旋可以使水平视线在 5 mm 范围内作平行移动(安有平板玻璃测微器装置),测微器的分划值为 0.05 mm,共有分划 100 格。望远镜目镜视场中见到的水准尺影像如图 2-33 所示,视场左侧为水准管气泡的影像,目镜右下方为测微器读数显微镜。作业时,先转动微倾螺旋使符合水准气泡居中,再转动测微螺旋,用楔形丝精确地夹准水准尺上某一整分划,如在图 2-33 视场中,读出水准尺上整分划读数为 197(197 cm),然后从测微器读数显微镜中读出尾数值为 152(0.152 cm),其末位 2 为估读数(即 0.02 mm),全部读数为 197.152 cm。由于国产 DS_1 型精密水准仪配套是 5 mm 分划的水准尺,为了便于读数,尺上注字和观测时的读数值均比实际扩大一倍,因此实际读数应为 197.152 ÷ 2 = 98.576(cm) = 0.985 76 m。在水准测量中,仍可按上述方法读数,把计算得到的高差除以 2,即得真正高差值。

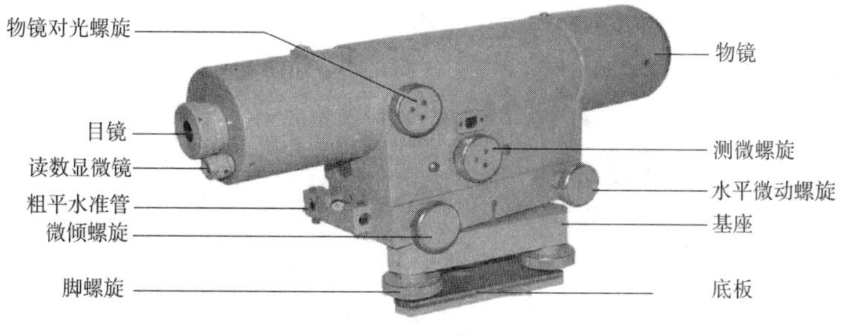

图 2-32　DS_1 型精密水准仪

图 2-34 是威特 N3 精密水准仪望远镜目镜视场及测微器显微镜视场。N3 水准仪望远镜放大率为 42 倍,水准管分划值为 6″/2 mm,转动测微螺旋可使水平视线在 10 mm 范围内作平行移动,测微器分划值为 0.1 mm,共有 100 个分划格。作业时,也是先转动微倾螺旋使符合气

泡居中,如图 2-34 所示,再转动测微螺旋,用楔形丝精确夹准水准尺上某一整分划(如基本分划),其读数为 148(148 cm),再在测微器上读出尾数值为 650(0.650 cm),故基本分划全部读数为 148.650 cm。由于 N3 水准仪配套 10 mm 分划水准尺,并有基本分划(见图 2-34 左侧)和辅助分划(见图 2-34 右侧)之分。因此,读得全部读数即为实际读数(基本分划)。同理,也可读得辅助分划的读数。对于 N3 水准仪配套的水准尺,其辅助分划读数与基本分划读数(同一水平视线时)之差为某一常数(301.550 cm)。具体可详见仪器说明书。

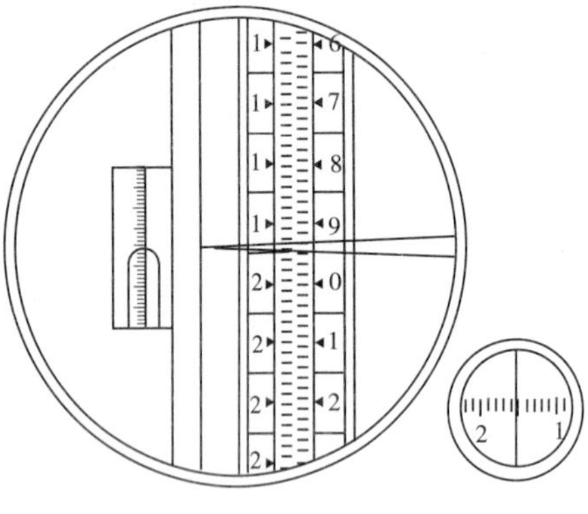

图 2-33　DS_1 型水准仪视场

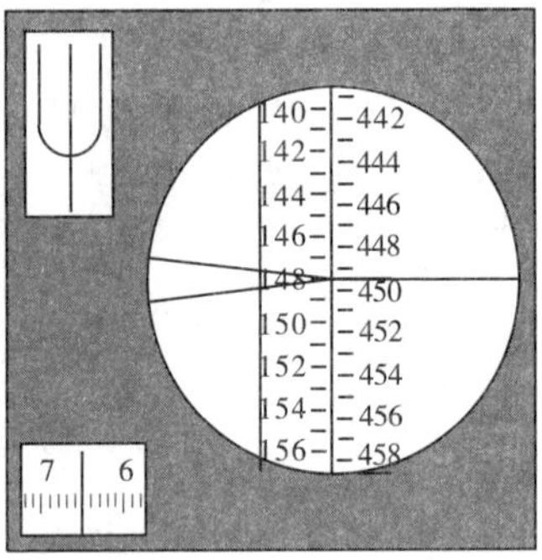

图 2-34　威特 N3 精密水准仪目镜及测微器显微镜视场

精密水准尺是在木质或金属尺身槽内置一因瓦合金带,在带上标有分划线,数字注在周边木尺或金属尺上,尺上两排分划彼此错开,分划宽度有 10 mm 和 5 mm 两种。图 2-33 所示水准尺属 5 mm 分划的水准尺,注记从尺底零开始,直至 4 m 或 6 m。图 2-34 所示水准尺属 10 mm 分划的水准尺,注记左排从尺底零开始,直至 2 m 或 3 m(称为基本分划);右排从尺底 3.015 50 m 开始,直至 5.015 50 m 或 6.015 50 m(称为辅助分划)。精密水准尺比一般水准尺准确,同时应注意与所使用的精密水准仪配套。

三、数字水准仪和条码水准尺

(一)概述

数字水准仪(Digital Level)是在仪器望远镜光路中增加了分光镜和光电探测器(CCD 阵列)等部件,采用条形码分划水准尺(Coding Level Staff)和图像处理电子系统构成光、机、电及信息存储与处理的一体化水准测量系统。与光学水准仪相比,数字水准仪的特点是:①用自动电子读数代替人工读数,不存在读错、记错等问题,没有人为读数误差;②精度高,多条码(等效为多分划)测量,削弱标尺分划误差,自动多次测量,削弱外界环境变化的影响;③速度快、效率高,实现自动记录、检核、处理和存储,可实现水准测量从外业数据采集到最后成果计算的内外业一体化;④数字水准仪一般是设置有补偿器的自动安平水准仪,当采用普通水准尺时,数字水准仪又可当作普通自动安平水准仪使用。

(二)数字水准仪的原理

数字水准仪的关键技术是自动电子读数及数据处理,目前各厂家采用了原理上相差较大的三种数据处理方案,如瑞士徕卡 NA 系列采用相关法,德国蔡司 DiNi 系列采用几何法,日本拓普康 DL 系列采用相位法。三种方法各有优势。图 2-35 为采用相关法的徕卡

NA3003 数字水准仪的机械光学结构图。当用望远镜照准标尺并调焦后，标尺上的条形码影像入射到分光镜上，分光镜将其分为可见光和红外光两部分，可见光影像成像在分划板上，供目视观测；红外光影像成像在 CCD(Charge-Coupled Device，电荷耦合器件)线阵光电探测器上(探测器长约 6.5 mm，由 256 个口径为 25 μm 的光敏二极管组成，一个光敏二极管就是线阵的一个像素)，探测器将接收到的光图像先转换成模拟信号，再转换为数字信号传送给仪器的处理器，通过与机内事先存储好的标尺条形码本源数字信息进行相关比较，当两信号处于最佳相关位置时，即可获得水准尺上的水平视线读数和视距读数，最后将处理结果存储并送往屏幕显示。

(三)条码水准尺

与数字水准仪配套的条码水准尺一般为因瓦带尺、玻璃钢或铝合金制成的单面或双面尺，形式有直尺和折叠尺两种，规格有 1 m、2 m、3 m、4 m、5 m 几种，尺子的分划一面为二进制伪随机码分划线(配徕卡仪器)或规则分划线(配蔡司仪器)，其外形类似于一般商品外包装上印制的条纹码。图 2-36 为与徕卡数字水准仪配套的条码水准尺，它用于数字水准测量；双面尺的另一面为长度单位的分划线，用于普通水准测量。

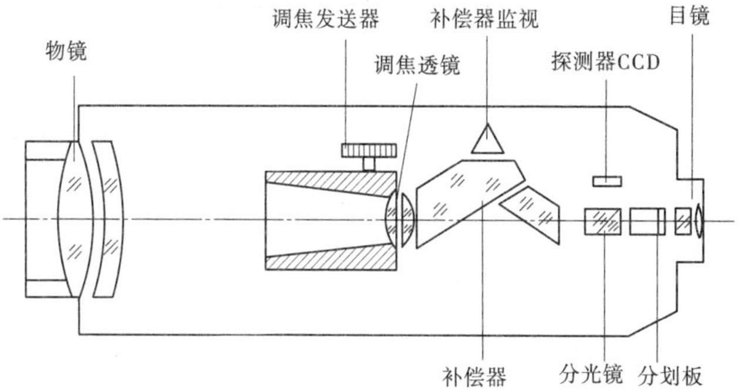

图 2-35 徕卡数字水准仪机械光学结构

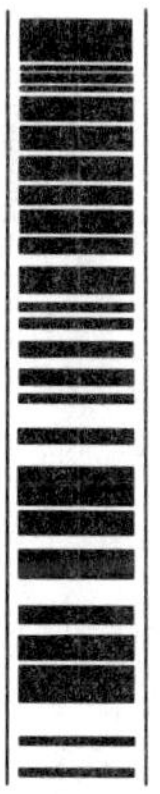

图 2-36 条码水准尺

(四)徕卡 DNA03 中文精密数字水准仪简介

1990 年，徕卡在世界上首次推出了第一代精密数字水准仪 NA3003，现在又在 NA3003 的基础上推出了第二代精密数字水准仪 DNA03，见图 2-37。其中销往中国市场的 DNA03 的显示界面全部为中文，同时内置了适合我国测量规范的观测程序。

DNA03 的主要技术参数如下。

精度：0.3 mm/km(采用因瓦水准尺)；最小读数：0.01 mm；测距精度：1 cm/20 m；内存：可以存储 1 650 组测站数据或 6 000 个测量数据；补偿器：磁性阻尼补偿器；补偿范围：±8′；补偿精度：±0.3″；单次测量时间：3 s；GEB 电池：连续测量 12 h。为确保外业观测数据的安全，DNA03 上还插有一个 PCMCIA 闪存卡，全部测量数据同时保存在仪器内存和 PCMCIA 卡中。

与 NA3003 比较，DNA03 的特点是：

(1)280×160 像素的大屏幕 LCD 显示屏，一屏可以显示 8 行×15 列共 120 个汉字。

(2)流线形外观设计，减低了风阻的影响。

(3)新型磁性阻尼补偿器，提高了补偿精度。

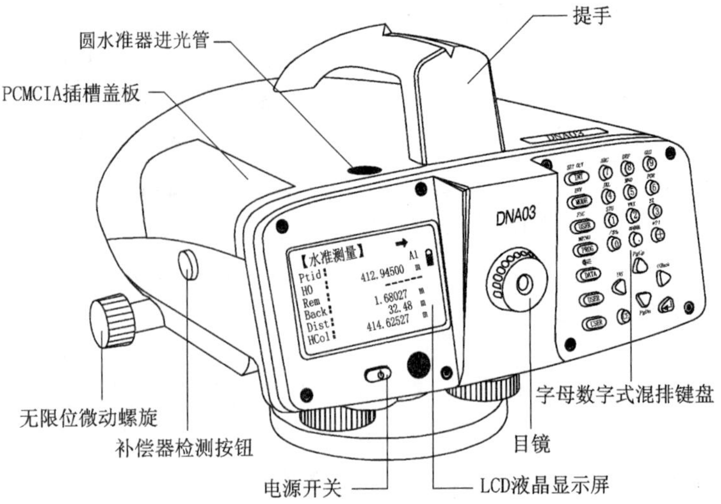

图 2-37　徕卡 DNA03 中文精密数字水准仪

(4)在多种测量模式中选择适当的测量模式,可以在不利的外界环境下获得满意的结果。

(5)可选购 Level - Adj 中文水准平差软件,实现外业观测数据的全自动处理。Level - Adj 软件完全根据我国水准网严密平差规则编制,采用 Access 数据库储存和管理数据。

小　结

1. 水准测量的原理:利用水准仪提供的一条水平视线,测出两地面点之间的高差,然后根据已知点的高程和高差,推算出另一个点的高程。

2. 水准仪的作用:提供一条水平视线。

3. 高差法:根据高差推算待定点高程的方法。

4. 视线高法:通过视线高推算待定点高程的方法。

5. 水准仪:由望远镜、水准器、基座三部分构成。

(1)望远镜:主要由物镜、目镜、调焦透镜和十字丝分划板等构成,物镜光心与十字丝交点的连线为视准轴 *CC*。用来照准不同距离的目标。

(2)水准器:水准仪上通常装置有管水准器(简称水准管)和圆水准器两种。

水准管:由两端封闭的玻璃管,纵向内壁磨成圆弧制成,管内有一气泡;过水准管零点的切线为水准管轴 *LL*。其作用是使仪器精平。

圆水准器:由一玻璃圆盒,顶面磨成球面制成,内有一气泡;过水准管零点的法线为圆水准器轴 *L'L'*。用来对水准仪进行粗略整平。

(3)基座:主要由轴座、脚螺旋、底板和三角压板构成。基座的作用是支撑仪器上部,即将竖轴 *VV* 插入轴座。

6. 水准仪的操作方法。

(1)粗平:圆水准气泡居中(竖轴大致铅直,视准轴粗平)。

(2)照准:望远镜照准目标。

(3)精平:管水准气泡居中(视准轴精确水平)。

(4)读数:用望远镜中心十字丝横丝截取标尺读数。

7. 水准测量的方法。

当高程待定点离已知点较远或高差较大时,需要加设转点,分段连续多次安置仪器来求得两点间的高差。

8. 一个测站的操作程序:安置—粗平—照准—精平—读数—记录。

9. 水准点:测绘部门在全国各地埋设的固定的测量标志,并用水准测量的方法测定了它们的高程,这些标志称为水准点。

10. 水准测量的检核方法有测站检核和路线检核。

(1)测站检核:常用的检核方法有两次仪器高法和双面尺法两种。

(2)路线检核:有闭合水准路线、附合水准路线、支水准路线三种。

11. 成果计算。

(1)高差闭合差的计算:

闭合水准路线 $f_h = \sum h_{测}$

附合水准路线 $f_h = \sum h_{测} - (H_{终} - H_{始})$

支水准路线 $f_h = \sum h_{往} - \sum h_{返}$

(2)容许闭合差计算:$f_{h容} = \pm 40\sqrt{L}$(mm)或$f_{h容} = \pm 12\sqrt{n}$(mm)。

(3)测段高差改正数的计算:$V_i = -(f_h / \sum n) \times n_i$或$f_{h容} = \pm 40\sqrt{L}$ 。

(4)改正数的计算检核:$\sum V = -f_h$。

(5)改正后高差的检核:

闭合水准路线 $\sum h_{总} = 0$

附合水准路线 $\sum h_{总} = H_B - H_A$

支水准路线 $f_{A1改} = (h_{往} + h_{返})/2$

12. 水准仪应满足的几何条件:

(1)圆水准器轴 $L'L'$ 应平行于竖轴 VV;

(2)水准管轴 LL 应平行于视准轴 CC;

(3)十字丝横丝应垂直于仪器竖轴 VV。

13. 水准仪的检验与校正(见表2-4)。

表2-4 水准仪的检验与校正

检校项目	检验方法	校正方法
$L'L' /\!/ VV$	1. 粗平;2. 转望远镜180°,如气泡居中,表明条件满足,否则应校正	1. 转动脚螺旋使气泡退回偏离值一半;2. 用校正针拨校正螺丝,使气泡居中
十字丝横丝 $\perp L'L'$	1. 粗平;2. 用十字丝交点照准一固定目标,调节微动螺旋,如目标在交点左右始终沿横丝移动,表明条件满足,否则应校正	1. 用交点对准原目标,固定望远镜;2. 转动十字丝环,使横丝水平,直至满足条件
$LL /\!/ CC$	1. 用两次仪器高法测定正确高差 h_{AB};2. 将仪器置于 B 点附近,再次测定高差,读取前、后视读数,若 i 小于20″,则不需校正,否则需校正	1. 调节微倾螺旋使横丝交点处截取 A 尺视线水平时的读数;2. 调节上下两个校正螺丝至管水准气泡符合

技能训练一　水准仪的使用

一、目的和要求

(1)了解 DS_3 型水准仪的基本构造,认清其主要部件的名称及作用。

(2)练习水准仪的安置、瞄准与读数的操作,增强感性认识和培养动手能力。

(3)测定地面两点间的高差。

二、仪器和工具

DS_3 型水准仪 1 台,水准尺 1 对,记录本 1 本。

三、方法和步骤

(一)安置仪器

将脚架张开,使其高度适当,架头大致水平,并将架腿的尖脚踩入土中。再开箱取出仪器,将其固连在三脚架上。

(二)认识仪器

指出仪器各部件的名称,了解其作用并熟悉其使用方法,同时弄清水准尺的分划与注记。

(三)粗略整平

先用双手同时向内(或向外)转动一对脚螺旋,使圆水准器气泡移动到中间,再转动另一只脚螺旋使圆水准器气泡居中,通常须反复进行。注意气泡移动的方向与左手拇指或右手食指运动的方向一致。

(四)瞄准水准尺、精平与读数

1. 瞄准

甲将水准尺立于某地面点上,乙松开水准仪制动螺旋,用准星和照门粗略瞄准水准尺,固定制动螺旋,用微动螺旋使水准尺位于视场中央。

转动目镜对光螺旋进行对光,使十字丝分划清晰,再转动物镜对光螺旋看清水准尺影像。

转动水平微动螺旋,使十字丝竖丝靠近水准尺一侧,若存在视差,则应仔细进行物镜对光予以消除。

2. 精平

转动微倾螺旋使符合水准器气泡两端的影像吻合(即成一圆弧状),也称精平。

3. 读数

用中丝在水准尺上读取 4 位读数,即米、分米、厘米及毫米位。读数时应先估出毫米数,然后按米、分米、厘米及毫米,一次读出 4 位数。

(五)测定地面两点间的高差

(1)在地面上选定 A、B 两个较坚固的点,做上标志。

(2)在 A、B 两点之间安置水准仪,使仪器至 A、B 两点的距离大致相等。

(3)竖立水准尺于点 A 上。瞄准点 A 上的水准尺，精平后读数，此为后视读数，记入表中测点 A 一行的后视读数栏内。

(4)再将水准尺立于点 B，瞄准点 B 上的水准尺，精平后读取前视读数，并记入表中测点 B 一行的前视读数栏内。

(5)计算 A、B 两点的高差

$$h_{AB} = \text{后视读数} - \text{前视读数}$$

四、记录格式

日期__________ 天气__________ 班级__________ 小组__________

仪器(型号)__________ 观测者__________ 记录者__________

测点	后视读数	前视读数	高差(m)	备注

五、识别下列部件并写出它们的功能

部件名称	功能
准星和照门	
目镜对光螺旋	
物镜对光螺旋	
制动螺旋	
微动螺旋	
微倾螺旋	
脚螺旋	
圆水准器	
管水准器	

六、实验报告

日期________ 班级________ 小组________ 姓名________ 成绩________

（一）完成下列填空

安装仪器后，转动____________使圆水准器气泡居中，转动____________看清十字丝，通过________________粗瞄水准尺，转动________________精确照准水准尺，转动______________消除视差，转动____________使水准管气泡居中，最后读取读数。

（二）完成手簿中高差计算

水准测量手簿

测站	点号		后视读数	前视读数	高差		备注
					+	−	
	后视						
	前视						
	后视						
	前视						
	后视						
	前视						
	后视						
	前视						
	后视						
	前视						
	后视						
	前视						
验算	$\sum$	$\sum a=$	$\sum b=$	$\sum +h=$	$\sum -h=$		
	$\sum a-\sum b=$						

（三）在下面填写学习中的疑难问题

技能训练二　水准测量

一、目的和要求

（1）练习等外水准测量的观测、记录、计算与检核的方法。

由一个已知高程点 BM_0 开始，经待定高程点 TP_1、TP_2、TP_3，进行闭合水准路线测量，求

出待定高程点 TP_1、TP_2、TP_3 的高程。

(2)实验小组由 5 人组成:一人观测、一人记录、一人打伞、二人扶尺。

二、仪器和工具

DS_3 型水准仪 1 台,水准尺 1 对,尺垫 2 个,记录本 1 本,伞 1 把。

三、方法和步骤

(1)在地面选定 TP_1、TP_2、TP_3 三个坚固点作为转点,BM_0 为已知高程点,其高程值由教师提供。安置仪器于点 BM_0 和转点 TP_1(放置尺垫)之间,目估前、后视距离大致相等,进行粗略整平和目镜对光。测站编号为 1。

(2)后视 BM_0 点上的水准尺,精平后读取后视读数 a_1,记入手簿。

(3)前视 TP_1 点上的水准尺,精平后读取前视读数 b_1,记入手簿。

(4)计算高差:高差等于后视读数减去前视读数。

(5)迁站至第 2 站继续观测。沿选定的路线,将仪器迁至点 TP_1 和点 TP_2 的中间,仍用第一站施测的方法,后视点 TP_1,前视点 TP_2,依次连续设站,经过点 TP_3 连续观测,最后仍回至点 BM_0。

(6)计算待定点初算高程:根据已知高程点 BM_0 的高程和各点间的观测高差计算 TP_1、TP_2、TP_3、BM_0 四个点的初算高程。

(7)计算检核:后视读数之和减去前视读数之和应等于高差之和,也等于终点高程与起点高程之差。

(8)观测精度检核:计算高差闭合差及高差闭合差容许值,如果小于容许值,则观测合格;若超过容许值,应重测。

四、注意事项

(1)在每次读数之前,应使水准管气泡严格居中,并消除视差。

(2)应使前、后视距离大致相等。

(3)在已知高程点和待定高程点上不能放置尺垫。转点用尺垫时,应将水准尺置于尺垫半圆球的顶点上。

(4)尺垫应踏入土中或置于坚固地面上,在观测过程中不得碰动仪器或尺垫,迁站时应保护前视尺垫不得移动。

(5)水准尺必须扶直,不得前、后、左、右倾斜。

五、实验报告

高差法水准测量手簿

班　　组________________　　日期________________　　观测________________

仪器编号________________　　天气________________　　记录________________

测段	测点	后视读数 a(m)	前视读数 b(m)	高差 h(m) +	高差 h(m) −	高程 H(m)	备注
						100.000	已知点
计算检核		$\sum a =$	$\sum b =$	$\sum +h =$	$\sum -h =$	$H_{终} - H_{始} =$	
		$\sum a - \sum b =$		$\sum h =$			

视线高法水准测量手簿(闭合水准路线)

班　　组________________　日期________________　观测________________

仪器编号________________　天气________________　记录________________

测点	后视读数 a(m)	视线高 H_i(m)	前视读数(m)		高程 H (m)	备注
			转点	中间点		
BM_0						
$\sum a$			$\sum b$		$H_{终} - H_{始} =$	
$\sum a - \sum b$						

闭合水准路线高差闭合差调整计算表

日期________ 天气________ 仪器编号________ 观测员________ 记录员________

点号	测段编号	距离（m）	测站数（站）	实测高差（m）	改正数（mm）	改正后高差（m）	高程（m）	点号	备注
Σ									
辅助计算	高差闭合差 $f_h =$ 容许闭合差 $f_{h容} = \pm 12\sqrt{n} =$ （mm）								

在下面填写疑难问题及模糊概念：

技能训练三　微倾式水准仪的检验与校正

一、目的和要求

（1）了解微倾式水准仪各轴线间应满足的几何条件。

（2）掌握微倾式水准仪检验与校正的方法。

（3）要求检校后的 i 角不得超过 20″，其他条件检校到无明显偏差。

二、仪器和工具

DS_3 型水准仪 1 台，水准尺 1 对，皮尺 1 把，木桩（或尺垫）2 根，斧子 1 把，拨针 1 根，螺丝刀 1 把。

三、方法和步骤

（一）一般性检验

安置仪器后，首先检验三脚架是否牢固，制动和微动螺旋、微倾螺旋、对光螺旋、脚螺旋等是否有效，望远镜成像是否清晰。

（二）圆水准器轴应平行于仪器竖轴的检验与校正

检验：转动脚螺旋，使圆水准器气泡居中，将仪器绕竖轴旋转 180°以后，如果气泡仍居中，说明此条件满足；如果气泡偏出分划圈之外，则需校正。检验校正原理见图 2-18。

校正：先稍旋松圆水准器底部中央的固紧螺旋，然后用拨针拨动圆水准器校正螺丝（见图 2-19），使气泡向居中方向退回偏离量的一半，再转动脚螺旋使气泡居中，如此反复检校，直到圆水准器转到任何位置时，气泡都在分划圈内。最后旋紧固紧螺旋。

（三）十字丝横丝应垂直于仪器竖轴的检验与校正

检验：用十字丝交点瞄准一明显的点状目标 P，转动微动螺旋，若目标点始终不离开横丝，说明此条件满足，如图 2-20 所示，否则需校正。

校正：旋下十字丝分划板护罩（有的仪器无护罩），如图 2-21 所示，用螺丝刀旋松分划板座三个固定螺丝，转动分划板座，使目标点 P 与横丝重合。反复检验与校正，直到条件满足。最后将固定螺丝旋紧，并旋上护罩。

（四）视准轴平行于水准管轴的检验与校正

检验：在 C 处安置水准仪，如图 2-22 所示，用皮尺从仪器向两侧各量距约 40 m，定出等距离的 A、B 两点，打桩或放置尺垫。用变动仪器高（或双面尺）法测出 A、B 两点的高差。当两次测得高差之差不大于 3 mm 时，取其平均值作为最后的正确高差，用 h_{AB} 表示。

先安置仪器于点 B 附近的 3 m 处，瞄准 B 点水准尺，读数为 b_2，再根据 A、B 两点的正确高差算得 A 点尺上应有的读数 $a_2 = h_{AB} + b_2$，与在 A 点尺上的实际读数 a'_2 比较，得误差为 $\Delta h = a'_2 - a_2$，由此计算角值

$$i = \frac{\Delta h}{D_{AB}}\rho$$

式中：$\rho = 206\ 265''$；D_{AB} 为 A、B 两点间的距离。

校正：转动微动螺旋，使十字丝的中横丝对准 A 点尺上应有的读数 a_2，这时水准管气泡不居中，如图 2-23 所示，用拨针拨动水准管一端上、下两个校正螺丝，使气泡居中，松紧上、下两个校正螺丝前，先稍微旋松左、右两个校正螺丝，校正完毕，再旋紧。反复检校，直到 $i \leqslant 20''$ 为止。

四、注意事项

(1) 检校仪器时必须按上述的规定顺序进行，不能颠倒。

(2) 校正用的工具要配套，拨针的粗细与校正螺丝的孔径要相适应。

(3) 拨动校正螺丝时，应先松后紧，松紧适当。

五、实验报告

日期__________ 班级__________ 小组__________ 姓名__________ 成绩__________

（1）一般检查

三脚架是否牢固		校正后情况	
制动及微动螺旋是否有效			
其他			

（2）圆水准器轴平行于竖轴

转 180°检验次数	气泡偏离情况（mm）	校正后情况

（3）十字丝横丝垂直于竖轴

检验次数	误差情况	校正后情况
1		
2		

（4）视准轴平行于水准管轴（i 角 $=\Delta h/D_{AB}\rho$，应 $\leqslant 20''$，$\Delta h=a_2-a_2'$）

<table>
<tr><th colspan="3">仪器在中点求正确高差</th><th colspan="3">仪器在 B 点旁检验校正</th></tr>
<tr><td rowspan="4">第一次</td><td>A 点尺上读数 a_1</td><td></td><td rowspan="4">第一次</td><td>B 点尺上读数 b_2</td><td></td></tr>
<tr><td>B 点尺上读数 b_1</td><td></td><td>A 点尺上读数 a_2</td><td></td></tr>
<tr><td>$h_1=a_1-b_1$</td><td></td><td>A 点尺上应读数 $a_2'=b_2+h_1$</td><td></td></tr>
<tr><td></td><td></td><td>视准轴偏上（或偏下）的数值 i 角</td><td></td></tr>
<tr><td rowspan="4">第二次</td><td>A 点尺上读数 a_3</td><td></td><td rowspan="4">第二次</td><td>B 点尺上读数 b_4</td><td></td></tr>
<tr><td>B 点尺上读数 b_3</td><td></td><td>A 点尺上读数 a_4</td><td></td></tr>
<tr><td>$h_2=a_3-b_3$</td><td></td><td>A 点尺上应读数 $a_4'=b_4+h_2$</td><td></td></tr>
<tr><td></td><td></td><td>视准轴偏上（或偏下）的数值 i 角</td><td></td></tr>
<tr><td rowspan="4">平均值</td><td colspan="2">平均高差</td><td rowspan="4">校正后</td><td>B 点尺上读数 b</td><td></td></tr>
<tr><td colspan="2" rowspan="3">$h=\frac{1}{2}(h_1+h_2)=$</td><td>A 点尺上读数 a</td><td></td></tr>
<tr><td>A 点尺上应读数 $a'=b+h$</td><td></td></tr>
<tr><td>视准轴偏上（或偏下）的数值 i 角</td><td></td></tr>
</table>

习　题

一、填空题

1. 水准仪的操作步骤为________、________、________、________和________。

2. 水准仪主要由__________、__________和__________组成。

3. 水准仪上圆水准器的作用是使__________，管水准器的作用是使__________。

4. 水准路线按布设形式可分为__________、__________和__________。

5. 水准测量测站检核的方法有__________和__________两种。

二、选择题

1. 水准测量中，设后尺 A 的读数 $a=2.713$ m，前尺 B 的读数为 $b=1.401$ m，已知 A 点的高程为 15.000 m，则视线高程为(　　)m。

A 13.688　　B 16.312　　C. 16.401　　D. 17.713

2. 在水准测量中，若后视点 A 的读数大，前视点 B 的读数小，则有(　　)。

A. A 点比 B 点低　　B. A 点比 B 点高

C. A 点与 B 点可能同高　　D. AB 的高差取决于仪器高度

3. 水准仪的(　　)应平行于仪器竖轴。

A. 视准轴　　B. 十字丝横丝　　C. 圆水准器轴　　D. 管水准器轴

三、简答题

1. 什么叫后视点、前视点及转点？什么叫后视读数、前视读数？

2. 什么叫视差？产生视差的原因是什么？如何消除视差？

3. 水准仪上的圆水准器与符合水准器各起什么作用？当圆水准器气泡居中时，符合水准器的气泡是否也吻合？为什么？

4. 在一个测站的观测过程中，当读完后视读数，继续照准前视点读数时，发现圆水准器气泡偏离零点，此时能否转动脚螺旋使气泡居中，继续观测前视点？为什么？

5. 水准测量中，要做哪几方面的检核？并详细说明。

6. 将水准仪安置于距前、后尺大致相等处进行观测，可以消除哪些误差影响？

7. 水准测量中产生误差的原因有哪几方面？哪些误差可以通过适当的观测方法或经过计算，求出改正值加以减弱以至消除？

四、计算题

1. 用水准测量的方法测定 A、B 两点间高差，已知 A 点高程 $H_A=75.543$ m，A 点水准尺读数为 0.785 m，B 点水准尺读数为 1.764 m。计算 A、B 两点间高差 h_{AB} 是多少米，B 点高程 H_B 是多少米，并绘图说明。

2. 根据表 2-5 水准测量数据，计算 B 点高程，并绘图表示地面的起伏情况。

3. 根据图 2-38 所示的等外附合水准路线的观测成果，计算各点的高程，并将计算过程填于表 2-6 中。

表 2-5　水准测量记录手簿（高差法）

测点	后视读数（m）	前视读数（m）	高差（m）		高程（m）
			+	−	
BM_1	1.666				102.989
TP_1	1.545	2.006			
TP_2	1.512	1.003			
TP_3	1.642	0.555			
B		1.747			
计算校核					

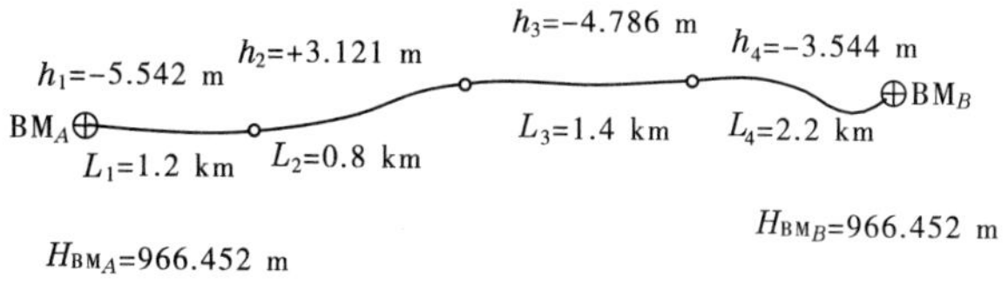

图 2-38　等外附合水准路线观测成果

表 2-6　附合水准测量成果计算表

测段编号	测点	距离（m）	实测高差（m）	改正数（m）	改正后高差（m）	高程（m）	备注
	BM_A						
1							
	1						
2							
	2						
3							
	3						
4							
	BM_B						
Σ							
辅助计算							

4. 调整如图 2-39 所示的等外闭合水准路线的观测成果，计算各点的高程，并将计算过程填于表 2-7 中。

5. 设地面有 *A*、*B* 两点相距 80 m，仪器在 *A*、*B* 两点的中间，测得高差 $h_{AB}=+0.468$ m，现

将仪器搬到距 B 点 3 m 附近处，测得 A 尺读数为 1.694 m，B 尺读数为 1.266 m。问：

(1) A、B 两点正确高差为多少？

(2) 视准轴与水准管轴的夹角 i 为多少？

(3) 如何将视线调水平？

(4) 如何使仪器调整至水准管轴平行于视准轴？

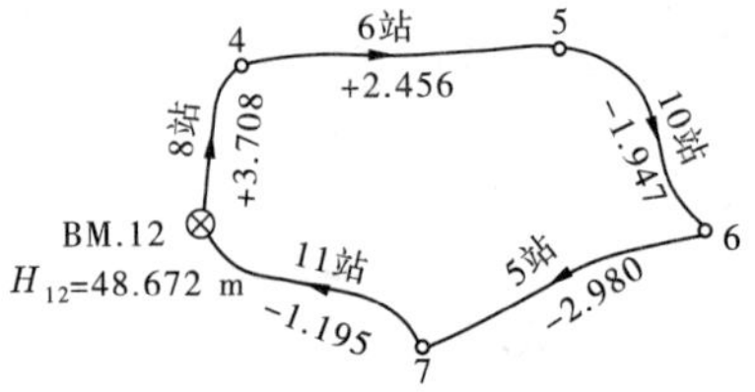

图 2-39　等外闭合水准路线观测成果

表 2-7　闭合水准测量成果计算表

测段编号	测点	距离（m）	实测高差（m）	改正数（m）	改正后高差（m）	高程（m）	备注
	BM_{12}						
1							
	4						
2							
	5						
3							
	6						
4							
	7						
5							
	BM_B						
Σ							
辅助计算							

单元 3　经纬仪及其应用

【引言】

角度测量是测量的三项基本工作之一，角度测量包括水平角测量和竖直角测量，测量水平角是为了确定地面点的平面位置，测量竖直角是为了间接测定地面点的高程。角度测量使用的仪器是经纬仪。

一、水平角测量原理

（一）水平角概念

如图 3-1 所示，A、B、C 是空间任意高度的三点，$\angle bac$ 是这三个点在同一个水平面上的垂直投影。ab、ac 是直线 AB、AC 在水平面上的垂直投影，从数学角度来讲，$\angle bac$ 就是通过 AB 和 AC 两个面所形成的二面角，也就是测量所需的水平角（即通过空间任意两条相交直线的面与已知水平面的二面角）。简言之，测量中的水平角就是空间两条相交直线在水平面上的垂直投影所夹的角，用 β 表示。

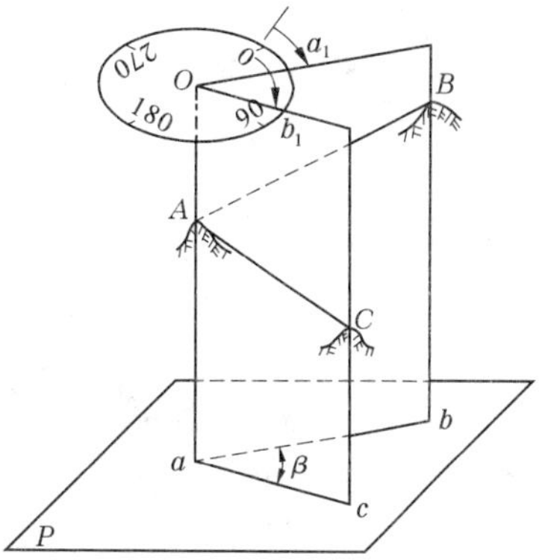

图 3-1　水平角测量原理

（二）水平角测量的原理

设想在两铅垂面交线 Aa 铅垂线上的任意一点水平放置一个全圆顺时针刻划的度盘（称水平度盘），并使其中心落在角的顶点的铅垂线上，水平方向 ab 和 ac 在水平度盘上的读数为 a_1 和 b_1，则水平角为

$$\beta = b_1 - a_1 \tag{3-1}$$

水平角角值范围为 0°～360°，均为正值。

由上述可知，用于测量水平角的仪器必须具备以下主要条件：

（1）能将刻度盘置于水平的水准器，其度盘中心安置在角顶点的铅垂线上的对中装置上。

（2）应有能读取水平度盘读数的读数装置。

（3）能在铅垂面内转动，并有能绕铅垂线水平转动的照准设备望远镜。

二、竖直角测量原理

（一）竖直角概念

竖直角是指某一方向与其在同一铅垂面内的水平线所夹的角度。

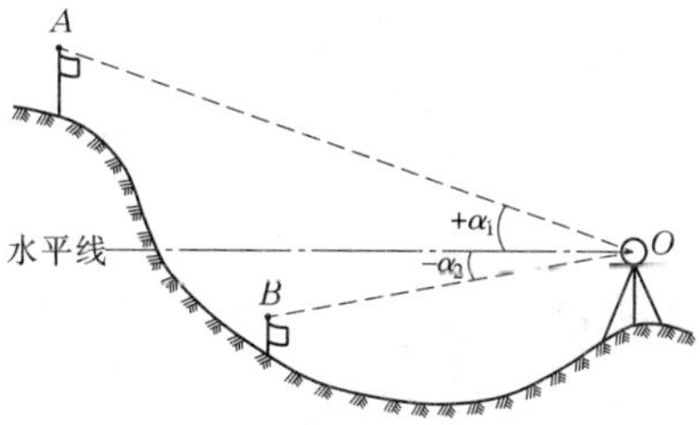

图 3-2　竖直角概念

由图 3-2 可知，同一铅垂面上，空间方向线 OA 和水平线所夹的角 α_1 就是 OA 方向与水平线的竖直角。同理，α_2 就是 OB 方向与水平线的竖直角。

若方向线在水平线之上，竖直角为仰角，用“ $+\alpha$”表示，若方向线在水平线之下，竖直角为俯角，用“ $-\alpha$”表示。其角值范围为0°～90°。

（二）竖直角测量的原理

在望远镜横轴的一端竖直设置一个刻度盘（竖直度盘），竖直度盘中心与望远镜横轴中心重合，度盘平面与横轴轴线垂直，视线水平时指标线为一固定读数，当望远镜瞄准目标时，竖盘随着转动，则望远镜照准目标的方向线读数与水平方向上的固定读数之差为竖直角。

根据上述测量水平角和竖直角的要求而设计制造的一种测角仪器称为经纬仪。

课题1　经纬仪的认识与使用

一、DJ_6 型光学经纬仪

（一）DJ_6 型光学经纬仪各部件的名称

图3-3是北京光学仪器厂生产的 TDJ_6 型光学经纬仪。

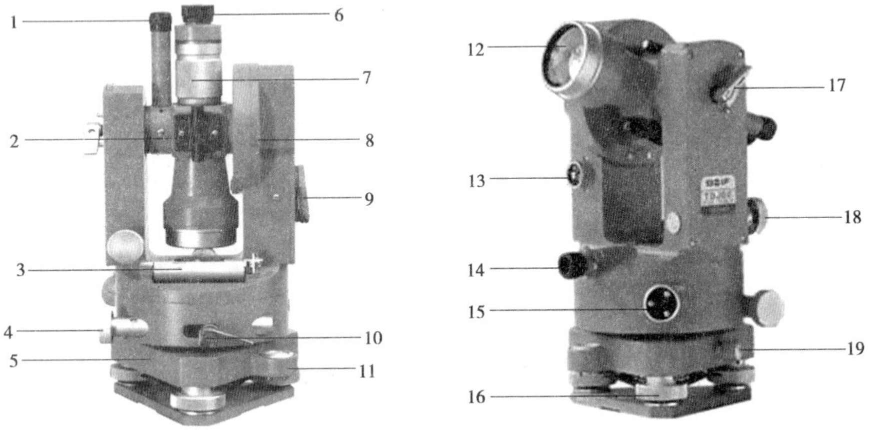

1—读数目镜；2—外粗瞄器；3—管水准器；4—照准部微动螺旋；5—基座；6—目镜；
7—物镜对光螺旋；8—竖直度盘；9—度盘照明反光镜；10—照准部制动扳手；11—圆水准器；
12—物镜；13—竖盘补偿器开关；14—对中目镜；15—水平度盘拨盘手轮；16—脚螺旋；
17—望远镜制动扳手；18—望远镜微动螺旋；19—基座固定螺丝

图3-3　TDJ_6 型光学经纬仪

（二）DJ_6 型光学经纬仪的构造及作用

经纬仪主要由照准部、水平度盘和基座三部分组成。

1. 照准部

照准部主要部件有望远镜、管水准器、竖直度盘、读数设备等。望远镜由物镜、目镜、十字丝分划板、调焦透镜组成。

望远镜的主要作用是照准目标，望远镜与横轴固连在一起，由望远镜制动螺旋和微动螺旋控制其做上下转动。照准部可绕竖轴在水平方向转动，由照准部制动螺旋和微动螺旋控制其水平转动。

照准部水准管用于精确整平仪器。

竖直度盘是为了测竖直角设置的，可随望远镜一起转动。另设竖盘指标自动补偿器装置和开关，借助自动补偿器使读数指标处于正确位置。

读数设备通过一系列光学棱镜将水平度盘和竖直度盘及测微器的分划都显示在读数显微镜内，通过仪器反光镜将光线反射到仪器内部，以便读取度盘读数。

另外，为了能将竖轴中心线安置在过测站点的铅垂线上，在经纬仪上都设有对点装置。一般光学经纬仪都设置有垂球对点装置或光学对点装置：垂球对点装置是在中心螺旋下面装有垂球挂钩，将垂球挂在钩上即可；光学对点装置是通过安装在旋转轴中心的转向棱镜，将地面点成像在对点分划板上，通过对中目镜放大，同时看到地面点和对点分划板的影像，若地面点位于对点分划板刻划中心，并且水准管气泡居中，则说明仪器中心与地面点位于同一铅垂线上。

2. 水平度盘

水平度盘是一个光学玻璃圆环，圆环上按顺时针刻划注记0°～360°分划线，主要用来测量水平角。观测水平角时，经常需要将某个起始方向的读数配置为预先指定的数值，称为水平度盘的配置，水平度盘的配置机构有复测机构和拨盘机构两种类型。北京光学仪器厂采用的是拨盘机构，当转动拨盘机构变换手轮时，水平度盘随之转动，水平读数发生变化，而照准部不动，当压住度盘变换手轮下的保险手柄时，可将度盘变换手轮向里推进并转动，即可将度盘转动到需要的读数位置上。

3. 基座

基座是支承仪器的底座，照准部同水平度盘一起插入轴座，用固定螺丝固定。圆水准器用于粗略整平仪器，三个脚螺旋用于整平仪器，从而使竖轴竖直，水平度盘水平。连接板用于将仪器稳固地连接在三脚架上。

（三）分微尺装置的读数方法

如图3-4所示，DJ_6型光学经纬仪一般采用分微尺读数。在读数显微镜内，可以同时看到水平度盘和竖直度盘的像。注有“H”字样的是水平度盘，注有“V”字样的是竖直度盘，在水平度盘和竖直度盘上，相邻两分划线间的弧长所对的圆心角称为度盘的分划值。DJ_6型经纬仪分划值为1°，按顺时针方向每度注有度数，小于1°的读数在分微尺上读取。读数窗内的分微尺有60小格，其长度等于度盘上间隔为1°的两根分划线在读数窗中的影像长度。因此，测微尺上一小格的分划值为1′，可估读到0.1′。分微尺上的零分划线为读数指标线。

读数方法：瞄准目标后，将反光镜掀开，使读数显微镜内光线适中，然后转动、调节读数窗口的目镜调焦螺旋，使分划线清晰，并消除视差，直接读取度盘分划线注记读数及分微尺上0指标线到度盘分划线读数，两数相加，即得该目标方向的度盘读数，采用分微尺读数方法简单、直观。如图3-4所示，水平盘读数为206°51.5′，竖盘读数为37°12.0′。

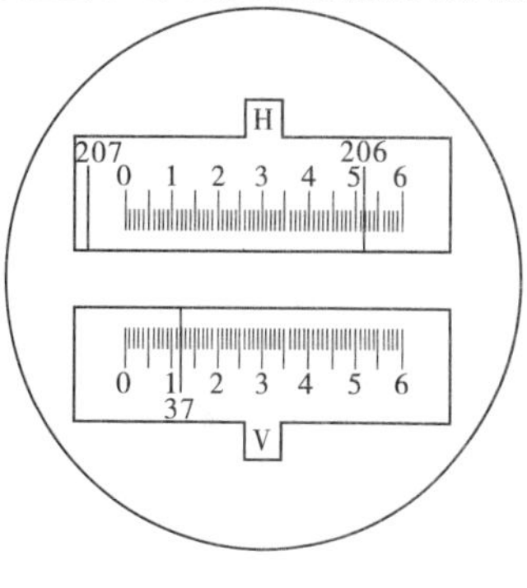

图3-4　分微尺读数窗

二、DJ_2型光学经纬仪

（一）DJ_2型光学经纬仪各部件的名称

图3-5是北京光学仪器厂生产的TDJ_2型光学经纬仪。

（二）读数装置

在读数窗内一次只能看到一个度盘的影像。读数时，

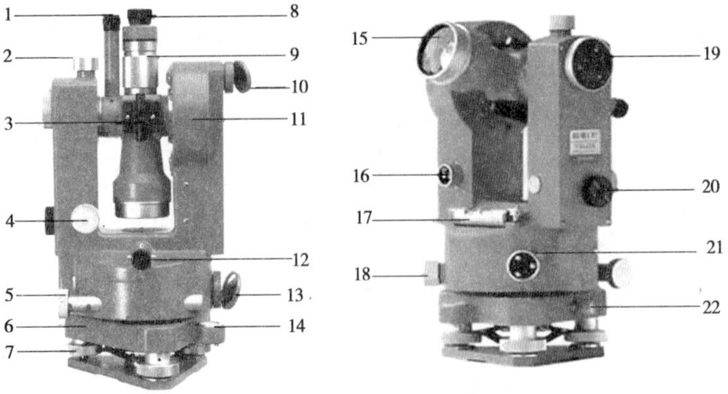

1—读数目镜;2—望远镜制动螺旋;3—粗瞄器;4—望远镜微动螺旋;5—照准部微动螺旋;
6—基座;7—脚螺旋;8—目镜;9—物镜对光螺旋;10—竖盘照明反光镜;11—竖直度盘;
12—对中目镜;13—水平盘照明反光镜;14—圆水准器;15—物镜;16—竖盘补偿器开关;
17—管水准器;18—照准部制动螺旋;19—测微轮;20—换像手轮;21—拨盘手轮;22—固定螺丝

图 3-5　TDJ_2 型光学经纬仪

可通过转动换像手轮,转换所需要的度盘影像,以免读错度盘。当手轮面上刻线处于水平位置时,显示水平度盘影像;当刻线处于竖直位置时,显示竖直度盘影像。

采用数字式读数装置使读数简化,如图 3-6 所示,上窗数字为度数,读数窗上突出小方框中所注数字为整 10′,中间的小窗为分划线符合窗,下方的小窗为测微器读数窗,读数时瞄准目标后,转动测微轮使度盘对径分划线重合,度数由上窗读取,整 10′数由小方框中数字读取,小于 10′的由下方小窗中读取,如图 3-6 所示,读数为 58°55′53.6″。

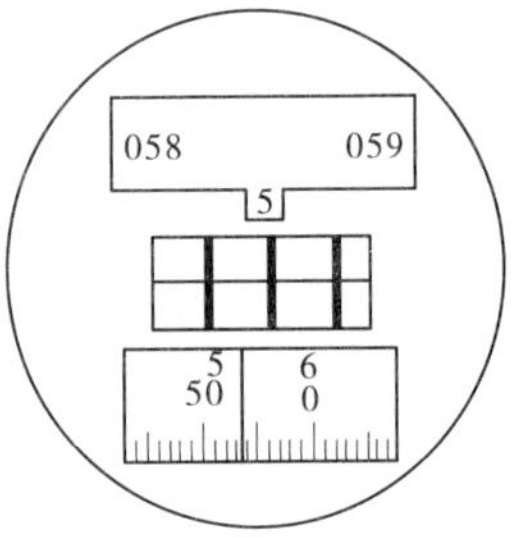

图 3-6　DJ_2 型光学经纬仪数字化读数窗

三、经纬仪的使用

经纬仪最基本的功能是测取水平角和竖直角,为此必须首先将经纬仪安置在测站上,然后瞄准目标进行读数,经过计算而获得其角值,因此经纬仪的使用主要包括经纬仪的安置、瞄准和读数。

(一)经纬仪的安置

1. 对中

对中的目的是使仪器的中心与测站点的中心位于同一铅垂线上。对中时可以使用垂球或光学对点器对中。

2. 整平

整平的目的是使仪器的竖轴处于铅垂位置,水平度盘处于水平状态,经纬仪的整平是通过调节脚螺旋,以照准部水准管为标准来进行的。

3. 具有光学对点器的经纬仪安置

对于具有光学对点器的经纬仪,其对中和整平是互相影响的,应交替进行,直至对中、整平均满足要求,具体操作方法如下:

（1）将三脚架安置于测站点上，目估使架头大致水平，同时注意仪器高度要适中，安上仪器，拧紧中心螺旋，转动目镜调整螺旋，使对点器中心圈清晰，再拉伸镜筒，使测站点成像清晰，然后将一个架腿插入地面固定，用两手把握住另外两个架腿，并移动这两个架腿，直至测站点的中心位于圆圈的内边缘处或中心，停止转动脚架并将其踩实。注意基座面要基本水平。

（2）调节脚螺旋，使测站点中心处于圆圈中心位置。

（3）伸缩架腿，使圆水准气泡居中。

（4）调节脚螺旋，使水准管气泡居中。

整平是利用基座上的三个脚螺旋，使照准部水准管在相互垂直的两个方向上气泡都居中，具体做法如下：转动仪器照准部，使水准管平行于任意两个脚螺旋的连线方向，如图 3-7（a）所示，两手同时向内或向外旋转这两个（1、2）脚螺旋，使气泡居中，然后将照准部旋转 90°，调节第 3 个脚螺旋，使气泡居中，如图 3-7（b）所示。如此反复进行，直至照准部水准管在任意位置气泡均居中。

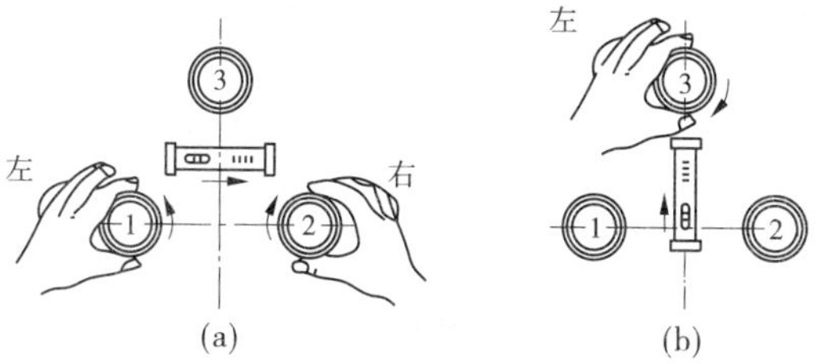

图 3-7　经纬仪整平方法

（5）检查测站点是否位于圆圈中心，若相差很小，可轻轻平移基座，使其精确对中（注意仪器不可在基座面上转动），如此反复操作，直到仪器对中和整平均满足要求。

（二）照准和读数

测角时要照准目标，目标一般是竖立于地面上的标杆、测钎或觇牌。测水平角时，以望远镜的十字丝的纵丝照准目标，操作方法是用光学瞄准器粗略瞄准目标，进行目镜对光，使十字丝清晰，调节物镜对光螺旋，使成像清晰，并注意消除视差的影响。准确照准目标方法如图 3-8 所示，用十字丝的单丝和垂线重合、用垂线平分十字丝双丝。若为标杆、测钎等粗目标，用十字丝的单丝平分目标，目标位于双丝中央。最后按照前面所述的读数方法来进行读数。

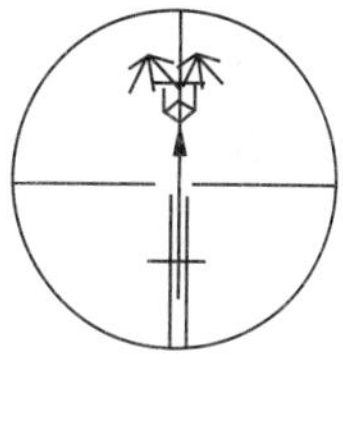

图 3-8　经纬仪十字丝照准目标

课题 2　经纬仪测水平角

一、测回法

测回法适用于在一个测站有两个观测方向的水平角观测，如图 3-9 所示，设要观测的水平角为 $\angle AOB$，先在目标点 A、B 设置观测标志，在测站点 O 安置经纬仪，然后分别瞄准 A、B

两目标点进行读数，水平度盘两个读数之差即为要测的水平角，为了消除水平角观测中的某些误差，通常对同一角度要进行盘左、盘右两个盘位观测（观测者对着望远镜目镜时，竖盘位于望远镜左侧，称盘左又称正镜，当竖盘位于望远镜右侧时，称盘右又称倒镜）。盘左位置观测，称为上半测回；盘右位置观测，称为下半测回；上下两个半测回合称为一个测回。

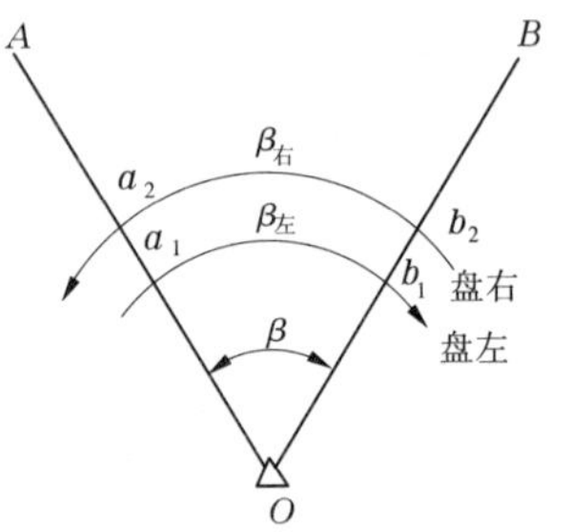

图 3-9　测回法测水平角

具体步骤：

（1）安置仪器于测站点 O 上，对中、整平。

（2）盘左位置瞄准 A 目标，读取水平度盘读数为 a_1，设为 0°04′30″，记入记录手簿表 3-1 盘左 A 目标水平读数一栏。

（3）松开制动螺旋，顺时针方向转动照准部，瞄准 B 点，读取水平度盘读数为 b_1，设为 95°22′48″，记入记录手簿表 3-1 盘左 B 目标水平读数一栏。此时完成上半个测回的观测，即

$$\beta_{左} = b_1 - a_1 \tag{3-2}$$

（4）松开制动螺旋，倒转望远镜成盘右位置，瞄准 B 点，读取水平度盘的读数为 b_2，设为 277°19′12″，记入记录手簿表 3-1 盘右 B 目标水平读数一栏。

（5）松开制动螺旋，顺时针方向转动照准部，瞄准 A 点，读取水平度盘读数为 a_2，设为 182°00′42″，记入记录手簿表 3-1 盘右 A 目标水平读数一栏。此时完成下半个测回观测，即

$$\beta_{右} = b_2 - a_2 \tag{3-3}$$

上下半测回合称为一个测回，取盘左、盘右所得角值的算术平均值作为该角的一测回角值，即

$$\beta = \frac{\beta_{左} + \beta_{右}}{2} \tag{3-4}$$

表 3-1　水平角观测记录（测回法）

测站	目标	盘位	水平度盘读数	角值	平均角值	备注
O	A	左	0°　04′　30″	95°　18′　18″	95°18′24″	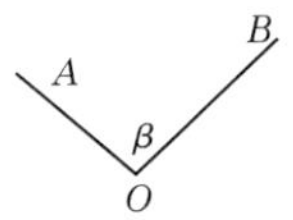
	B		95°　22′　48″			
	B	右	277°　19′　12″	95°　18′　30″		
	A		182°　00′　42″			

测回法的限差规定：一是两个半测回角值较差；二是各测回角值较差。对于精度要求不同的水平角，有不同的规定限差。测量规范中水平角观测规定限差如表 3-2 所示。当要求提高测角精度时，往往要观测 n 个测回，每个测回可按变动值概略公式 $\frac{180°}{n}$ 的差数改变度盘起始读数，其中 n 为测回数，例如测回数 $n=4$，则各测回的起始方向读数应等于或略大于 0°、45°、90°、135°，这样做的主要目的是减小度盘刻划不均匀造成的误差。

表 3-2　水平角角值限差

仪器类型	两半测回间角值较差	各测回间角值较差
DJ_6	30″	20″
DJ_2	20″	15″

二、方向观测法

当一个测站有 3 个或 3 个以上的观测方向时，应采用方向观测法进行水平角观测。方向观测法是以所选定的起始方向（零方向）开始，依次观测各方向相对于起始方向的水平角值，也称方向值。两任意方向值之差，就是这两个方向之间的水平角值。如图 3-10 所示，为 5 个观测方向，需采用方向观测法进行观测，现就其观测、记录、计算及精度要求作如下介绍。

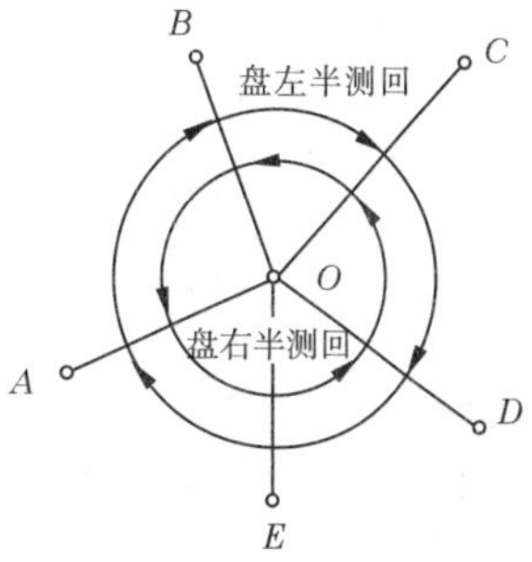

图 3-10　方向观测方法

（一）观测步骤

（1）安置经纬仪于测站点 *O*，对中、整平。

（2）盘左位置瞄准起始方向（也称零方向）*A* 点，并安置水平度盘读数使其略大于零。转动测微轮使对径分划吻合，读取 *A* 方向水平度盘读数，同样以顺时针方向转动照准部，依次瞄准 *B*、*C*、*D*、*E* 点读数，为了检查水平度盘在观测过程中有无变动，最后再一次瞄准 *A* 点读数，称为归零。

每一次照准要求测微器两次重合读数，将方向读数按观测顺序自上而下记入观测记录手簿表 3-3。

表 3-3　水平角观测记录（方向观测法）

测回数	目标	度盘读数 Ⅰ	度盘读数 Ⅱ	$\frac{Ⅰ+Ⅱ}{2}$	2*C*	正倒镜平均值	起始方向	各测回归零方向值	备注
1	2	3	4	5	6	7	8	9	10
		(° ′ ″)	(″)	(″)	(″)	(° ′ ″)	(° ′ ″)	(° ′ ″)	
	A	00 00 50	51	50.5	−1.5	00 00 51.2	00 00 50.7	00 00 00	
		180 00 52	52	52.0					
	B	35 14 56	55	55.5	−2.0	35 14 56.5		35 14 05.8	
		215 14 58	57	57.5					
	C	100 24 14	12	13.0	2.5	100 24 11.8		100 23 21.1	
O		280 24 10	11	10.5					
	D	224 06 37	39	38.0	−1.5	224 06 38.8		224 05 48.1	
		44 06 40	39	39.5					
	E	301 01 21	22	21.5	4.0	301 01 19.5		301 00 28.8	
		121 01 17	18	17.5					
	A	00 00 48	50	49.0	−2.5	00 00 50.2			
		180 00 51	52	51.5					

以上称为上半个测回。

(3)盘右位置瞄准 A 点读取水平度盘的读数，逆时针方向转动照准部，依次瞄准 E、D、C、B、A 点，将方向读数按观测顺序自下而上记入观测记录手簿表 3-3。

以上称为下半个测回。

上下半测回合称为一个测回。需要观测多个测回时，各测回间应按 $\frac{180^\circ}{n}$ 变换度盘位置。精密测角时，每个测回照准起始方向，应改变度盘和测微盘位置的读数，使读数均匀分布在整个度盘和测微盘上。

安置方法：照准目标后，用测微轮安置分、秒数，转动拨盘手轮安置整度及整 10′的数，然后将拨盘手轮弹起即可。例如，用 DJ_2 级仪器时，各测回起始方向的安置读数按下式计算：

$$R = \frac{180^\circ}{n}(i-1) + 10'(i-1) + \frac{600''}{n}\left(i-\frac{1}{2}\right) \tag{3-5}$$

式中：n 为总测回数；i 为该测回序数。

(二)计算方法与步骤

(1)测微器重合读数之差：表 3-3 第 3、4 栏的秒数差不超过规定限差，大于限差则超限。例 A 方向 50″、51″的差值为 1″，符合限差要求，取平均值填写在第 5 栏。

(2)半测回归零差：盘左 50.5″ − 49.0″ = 1.5″，盘右 52.0″ − 51.5″ = 0.5″。

(3)计算同一方向上 $2C$ 误差：$2C$ = 盘左读数 −(盘右读数 ±180°)。

例：表 3-3 第 5 栏盘左与盘右之差，A 方向 $2C$ = 00°00′50.5″ −(180°00′52.0″ − 180°) = −1.5″。

(4)计算一个测回各方向的正倒镜平均读数：平均读数 = 1/2[盘左读数 +(盘右读数 ±180°)]。

例：A 方向平均读数 = 1/2 × [00°00′50.5″ +(180°00′52.0″ − 180°)] = 00°00′51.2″。

(5)计算起始方向值：第 7 栏两个 A 方向的平均值 $\frac{1}{2}$(00°00′51.2″ + 00°00′50.2″) = 00°00′50.7″，填写在第 8 栏。

(6)计算归零后方向值：各方向平均读数减起始方向平均读数。

例如：B 方向归零方向值 = 35°14′56.5″ − 00°00′50.7″ = 35°14′05.8″。

(三)精度要求(见表 3-4)

(1)光学测微器两次重合读数之差：每一次照准，测微器两次重合读数之差值在限差以内时，取其平均值作为该次照准的读数。

表 3-4 方向观测法的限差

等级	仪器型号	光学测微器两次重合读数之差	半测回归零差	一测回中 $2C$ 值变动范围	各测回同一方向值互差
四等及以上	DJ_1	1″	6″	9″	6″
	DJ_2	3″	8″	13″	10″
一级及以下	DJ_2		12″	18″	12″
	DJ_6		18″		24″

（2）半测回归零差：两次观测零方向之差值，在限差以内时，取其平均值作为起始方向值。

（3）一测回 2C 值变动范围：2C 即为 2 倍的照准差，测量规范对 2C 值规定了各方向之间的互差限差。

（4）各测回同一方向值互差：例如观测为四个测回，各测回的 B 方向归零方向值间的差值。

课题 3　经纬仪测竖直角

一、竖直度盘的构造

竖直度盘固定安装在望远镜旋转轴（横轴）的一端，其刻划中心与横轴的旋转中心重合，所以在望远镜作竖直方向旋转时，度盘也随之转动。分微尺的零分划线作为读数指标线相对于转动的竖盘是固定不动的。根据竖直角的测量原理，竖直角 α 是视线读数与水平线的读数之差，水平方向线的读数是固定数值，所以当竖盘转动在不同位置时用读数指标读取视线读数，就可以计算出竖直角。

竖直度盘的刻划有全圆顺时针和全圆逆时针两种，如图 3-11 所示盘左位置，图 3-11（a）为全圆逆时针方向注字，图 3-11（b）为全圆顺时针方向注字。当视线水平时，指标线所指的盘左读数为 90°，盘右为 270°，对于竖盘指标的要求是，始终能够读出与竖盘刻划中心在同一铅垂线上的竖盘读数，为了满足这一要求，早期的光学经纬仪多采用水准管竖盘结构，这种结构将读数指标与竖盘水准管固连在一起，转动竖盘水准管定平螺旋，使气泡居中，读数指标处于正确位置，可以读数。现代的仪器则采用自动补偿器竖盘结构，这种结构是借助一组棱镜的折射原理，自动使读数指标处于正确位置，也称为自动归零装置，整平和瞄准目标后，能立即读数，因此操作简便，读数准确，速度快。

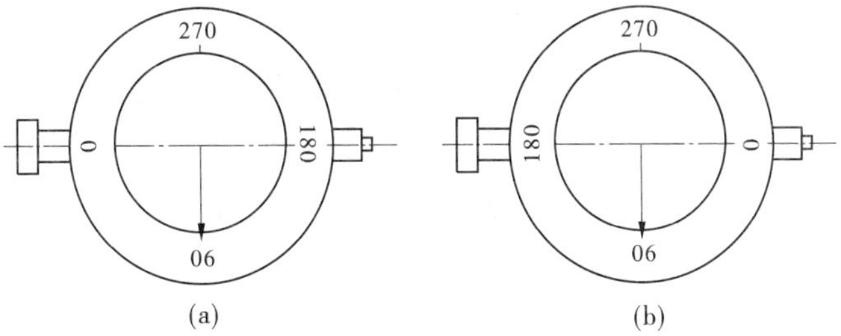

图 3-11　竖直度盘注记形式

二、竖直角观测

竖直角观测步骤：

（1）如图 3-2 所示，安置仪器于测站点 O，对中、整平后，打开竖盘自动归零装置。

（2）盘左位置瞄准 A 点，用十字丝横丝照准或相切目标点，读取竖直度盘的读数 L，设为 80°04′12″，记入观测记录手簿表 3-5，这样就完成了上半个测回的观测。

(3)将望远镜倒镜变成盘右,瞄准 A 点读取竖直度盘的读数 R,设为 279°55′42″,记入观测手簿,这样就完成了下半个测回的观测。

上下半测回合称为一个测回,根据需要进行多个测回的观测。

表 3-5 竖直角观测记录

测站	测点	盘位	竖盘读数(° ′ ″)	半测回角值(° ′ ″)	一测回角值(° ′ ″)	指标差
O	A	左	80 04 12	9 55 48	9 55 45	+3″
		右	279 55 42	9 55 42		

三、竖直角的计算

竖直角是指某一方向与其在同一铅垂面内的水平线所夹的角度,故视线方向读数与水平线读数之差即为竖直角值。其水平线读数为一固定值,实际只需观测目标方向的竖盘读数。度盘的刻划注记形式不同,用不同盘位进行观测,视线水平时读数不相同,因此竖直角计算应根据不同度盘的刻划注记形式相对应的计算公式计算所测目标的竖直角。下面以顺时针方向注记形式说明竖直角的计算方法及如何确定计算式。

如图 3-12(a)所示,盘左位置,视线水平时读数为 90°。如图 3-12(b)所示望远镜上仰,视线向上倾斜,指标处读数减小,根据竖直角定义仰角为正,则盘左时竖直角计算公式为式(3-6),如果 $L>90°$,竖直角为负值,表示是俯角。

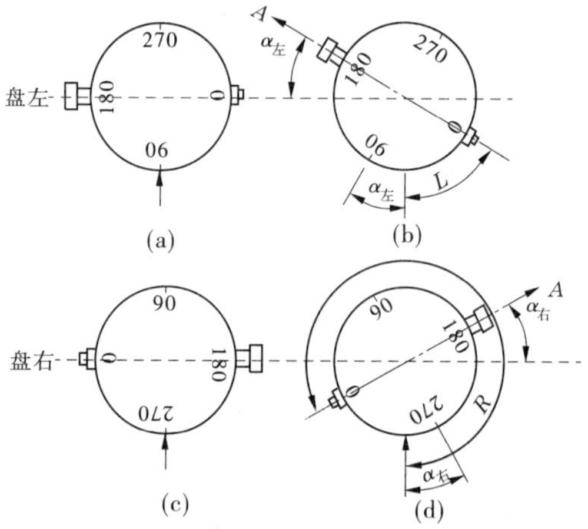

图 3-12 竖直角计算

如图 3-12(c)所示,盘右位置,视线水平时读数为 270°。如图 3-12(d)所示望远镜上仰,视线向上倾斜,指标处读数增大,根据竖直角定义仰角为正,则盘右时竖直角计算公式为式(3-7),如果 $R<270°$,竖直角为负值,表示是俯角。

$$\alpha_L = 90° - L \tag{3-6}$$

$$\alpha_R = R - 270° \tag{3-7}$$

式中:L 为盘左竖盘读数;R 为盘右竖盘读数。

为了提高竖直角精度,取盘左、盘右的平均值作为最后结果,见式(3-8)。

$$\alpha = \frac{\alpha_L + \alpha_R}{2} = \frac{1}{2}(R - L - 180^\circ) \tag{3-8}$$

同理,可推出全圆逆时针刻划注记的竖直角计算公式(3-9)和公式(3-10)。

$$\alpha_L = L - 90^\circ \tag{3-9}$$

$$\alpha_R = 270^\circ - R \tag{3-10}$$

四、竖盘指标差

上述竖直角计算公式是依据竖盘的构造和注记特点,即视线水平,竖盘自动归零时,竖盘指标应指在正确的读数 90°或 270°上,但因仪器在使用过程中受到震动或者制造上不严密,使指标位置偏移,导致视线水平时的读数与正确读数有一差值,此差值称为竖盘指标差,用 x 表示,如图 3-13 所示。由于指标差的存在,盘左读数和盘右读数都差了一个 x 值。正确的竖直角应对竖盘读数进行指标差改正。由图 3-13 可知,竖直角计算公式为式(3-11)、式(3-12)。

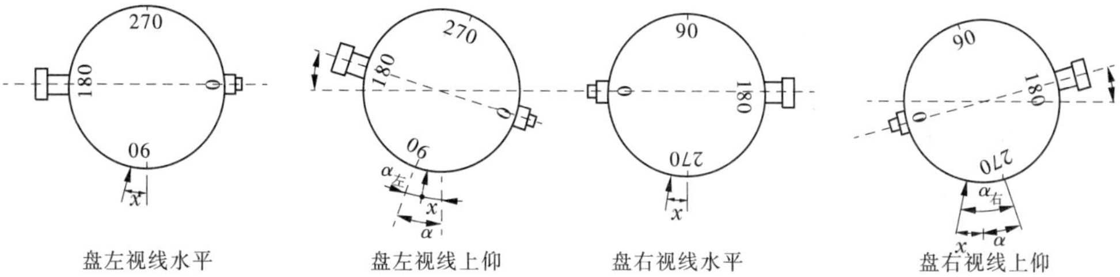

图 3-13　竖盘指标差

盘左竖直角值:

$$\alpha = 90^\circ - (L - x) = \alpha_L + x \tag{3-11}$$

盘右竖直角值:

$$\alpha = (R - x) - 270^\circ = \alpha_R - x \tag{3-12}$$

将式(3-11)与式(3-12)相加并除以 2,得

$$\alpha = \frac{\alpha_L + \alpha_R}{2} = \frac{R - L + 180^\circ}{2} \tag{3-13}$$

用盘左、盘右测得竖直角取平均值,可以消除指标差的影响。

将式(3-11)与式(3-12)相减,得指标差计算公式:

$$x = \frac{\alpha_R - \alpha_L}{2} = \frac{1}{2}(L + R - 360^\circ) \tag{3-14}$$

用单盘位观测时,应加指标差改正,可以得到正确的竖直角。当指标偏移方向与竖盘注记的方向相同时指标差为正,反之为负。

以上各公式是按顺时针方向注记形式推导的,同理可推出逆时针方向注记形式计算公式。

由上述可知,测量竖直角时,盘左、盘右观测取平均值可以消除指标差对竖直角的影响,对同一台仪器的指标差,在短时间段内理论上为定值,即使受外界条件变化和观测误差的影响,也不会有大的变化,因此在精度要求不高时,先测定 x 值,以后观测时可以用单盘位观测，加指标差改正得正确的竖直角。

在竖直角测量中，常以指标差检验观测成果的质量，即在观测不同的测回中或不同的目标时，指标差的互差不应超过规定的限制，例如用 DJ_6 级经纬仪作一般工作时指标差互差不超过25″。

【例3-1】 用 TDJ_6 经纬仪观测一点 A，盘左、盘右测得的竖盘读数见表3-5竖盘读数一栏，计算观测点 A 的竖直角和竖盘指标差。

由式(3-6)、式(3-7)得半测回角值：

$$\alpha_L = 90^\circ - L = 90^\circ - 80^\circ04'12'' = 9^\circ55'48''$$

$$\alpha_R = R - 270^\circ = 279^\circ55'42'' - 270^\circ = 9^\circ55'42''$$

由式(3-8)得一测回角值：

$$\alpha = \frac{\alpha_L + \alpha_R}{2} = \frac{9^\circ55'48'' + 9^\circ55'42''}{2} = 9^\circ55'45''$$

由式(3-14)得竖盘指标差：

$$x = \frac{\alpha_L - \alpha_R}{2} = \frac{9^\circ55'48'' - 9^\circ55'42''}{2} = +3''$$

五、角度测量的误差来源及注意事项

角度测量的精度受各方面的影响，误差主要来源于三个方面：仪器误差、观测误差及外界环境产生的误差。

(一)仪器误差

仪器误差指仪器本身制造不精密、结构不完善及检校后的残余误差，如照准部的旋转中心与水平度盘中心不重合而产生的误差、视准轴不垂直于横轴的误差、横轴不垂直于竖轴的误差。此三项误差都可以采用盘左、盘右两个位置取平均数来减弱。度盘刻划不均匀的误差可以采用变换度盘位置的方法来进行消除。竖轴倾斜误差对水平角观测的影响不能采用盘左、盘右取平均数来减弱，观测目标越高，影响越大，因此在山地测量时更应严格整平仪器。

(二)观测误差

1. 对中误差

安置经纬仪没有严格对中，使仪器中心与测站中心不在同一铅垂线上引起的角度误差，称对中误差。如图3-14所示，仪器中心 O' 在安置仪器时偏离测站点中心 O 的距离为 e，则实测水平角 β' 与正确的水平角 β 之间的关系为

$$\beta = \beta' + \varepsilon_1 + \varepsilon_2 \qquad (3\text{-}15)$$

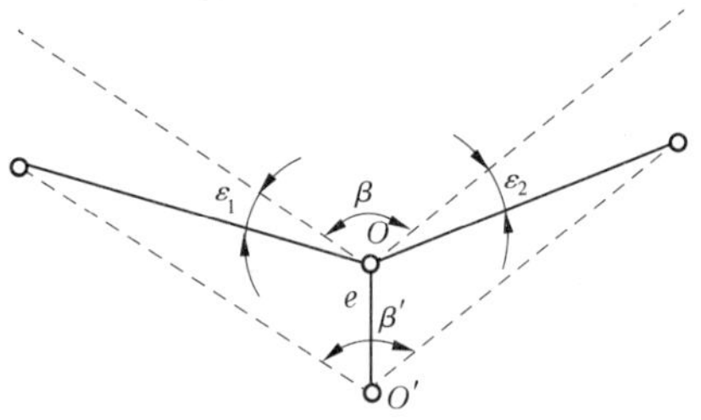

图3-14　仪器对中误差

设仪器对中误差对水平角的影响为 $\Delta\beta = \varepsilon_1 + \varepsilon_2$，从图3-14中可见，对中误差与距离、角度大小有关，观测方向与偏心方向越接近90°，距离越短，偏心距 e 越大，对水平角的影响越大。为了减少此项误差的影响，在测角时，应提高对中精度。

2. 目标偏心误差

在测量时，照准目标往往不是直接瞄准地面点上标志点本身，而是瞄准标志点上的目

标,要求照准点的目标应严格位于点的铅垂线上,若安置目标偏离地面点中心或目标倾斜,照准目标的部位偏离照准点中心的大小称为目标偏心误差。目标偏心误差对观测方向的影响与偏心距和边长有关,偏心距越大,边长越短,影响也就越大。因此,照准花杆目标时,应尽可能照准花杆底部,当测角边长较短时,应当用线铊对点。

3. 照准误差和读数误差

照准误差与望远镜放大率、人眼分辨率、目标形状、光亮程度、对光时是否消除视差等因素有关。测量时选择观测目标要清晰,仔细操作消除视差。读数误差与读数设备、照明及观测者判断准确性有关。读数时,要仔细调节读数显微镜,调节读数窗的光亮适中,掌握估读小数的方法。

(三)外界环境

外界条件影响因素很多,也很复杂,如温度、风力、大气折光等因素均会对角度观测产生影响,为了减少误差的影响,应选择有利的观测时间,避开不利因素,如在晴天观测时应撑伞遮阳,防止仪器暴晒,中午最好不要观测。

课题 4　三角高程测量

一、三角高程测量的主要技术要求

三角高程测量的主要技术要求是针对竖直角测量的技术要求,一般分为两个等级,即四、五等,其可作为测区的首级控制,技术要求见表 3-6。

表 3-6　电磁波测距三角高程测量的主要技术要求

等级	仪器	测距边测回数	竖直角测回数		指标差较差(″)	竖直角较差(″)	对向观测高差较差(mm)	附合或环线闭合差(mm)
			三丝法	中丝法				
四	DJ_2	往返各一次	—	3	≤7	≤7	$40\sqrt{D}$	$20\sqrt{\sum D}$
五	DJ_2	1	2	2	≤10	≤10	$60\sqrt{D}$	$30\sqrt{\sum D}$

注:D 为电磁波测距边长度(km)。

二、三角高程测量的原理

三角高程测量是根据两点间的水平距离和竖直角计算两点的高差,然后求出所求点的高程。

如图 3-15 所示,在 A 点安置仪器,用望远镜中丝瞄准 B 点觇标的顶点,测得竖直角 α,并量取仪器高 i 和觇标高 v,若测出 A、B 两点间的水平距离 D,则可求得 A、B 两点间的高差,即

$$h_{AB} = D\tan\alpha + i - v \tag{3-16}$$

B 点高程为

$$H_B = H_A + D\tan\alpha + i - v \tag{3-17}$$

三角高程测量一般应采用对向观测法,如图 3-15 所示,即由 A 向 B 观测称为直觇,再由 B 向 A 观测称为反觇,直觇和反觇称为对向观测。采用对向观测的方法可以减弱地球曲率

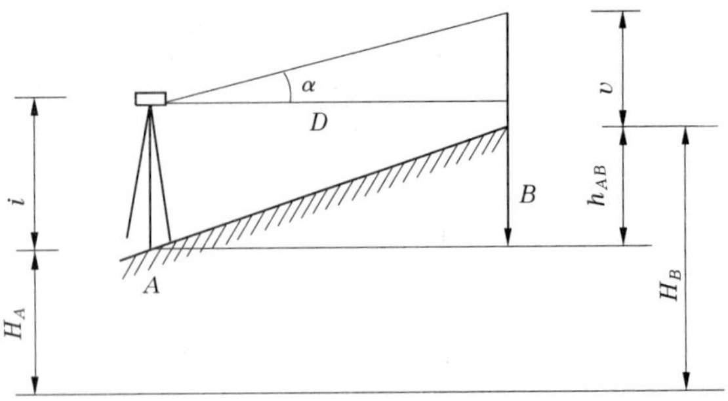

图 3-15　三角高程测量的原理

和大气折光的影响。对向观测所求得的高差较差不应大于 0.1D（D 为水平距离，以 km 为单位，其结果以 m 为单位）。取对向观测的高差中数为最后结果，即

$$h_{中} = \frac{1}{2}(h_{AB} - h_{BA}) \tag{3-18}$$

式(3-18)适用于 A、B 两点距离较近(小于 300 m)的三角高程测量，此时水准面可近似看成平面，视线视为直线。当距离超过 300 m 时，就要考虑地球曲率及观测视线受大气折光的影响。

三、三角高程测量的观测与计算

三角高程测量的观测与计算应按以下步骤进行：

(1)安置仪器于测站上，量出仪器高 i；觇标立于测点上，量出觇标高 v。

(2)用经纬仪或测距仪采用测回法观测竖直角 α，取其平均值为最后观测成果。

(3)采用对向观测，其方法同前两步。

(4)用式(3-17)和式(3-18)计算高程和高差。

三角高程路线，尽可能组成闭合测量路线或附合测量路线，并尽可能起闭于高一等级的水准点上。若闭合差 f_h 在所规定的容许范围内，则将 f_h 反符号按照与各边边长成正比例的关系分配到各段高差中，最后根据起始点的高程和改正后的高差，计算出各待求点的高程。

课题 5　经纬仪的检验与校正

为了保证测角的精度，经纬仪主要部件及轴系应满足一定几何条件。

经纬仪应满足的基本几何关系如图 3-16 所示：

(1)照准部水准管轴应垂直于竖轴：$LL \perp VV$；

(2)十字丝竖丝应垂直于横轴；

(3)视准轴应垂直于横轴：$CC \perp HH$；

(4)横轴应垂直于竖轴：$HH \perp VV$；

(5)竖盘指标应处于正确位置；

(6)光学对中器视准轴应该与竖轴中心线重合。

上述这些条件在仪器出厂时一般都能满足，但由于长期使用或搬动中受到震动，以上关系会发生改变，所以要经常对仪器进行检验和校正或按施工规定送检。

一、照准部水准管轴的检验和校正

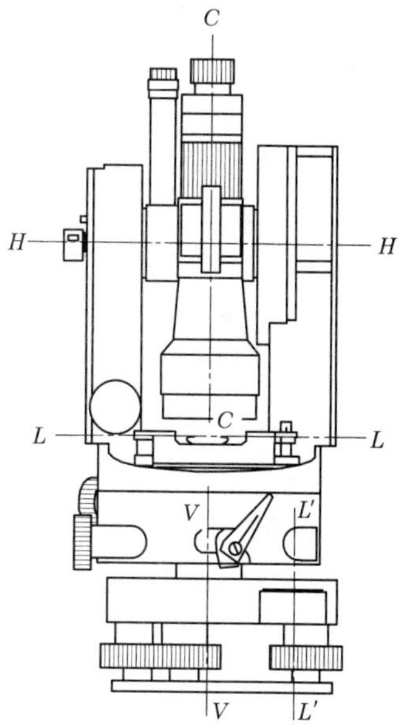

图 3-16　经纬仪各轴线

目的:使水准管轴垂直于竖轴。

检验方法:

(1)调节脚螺旋,使水准管气泡居中。

(2)将照准部旋转 180°看气泡是否居中,如果仍然居中,说明满足条件,无须校正,否则需要进行校正。

校正方法:

(1)在检验的基础上调节脚螺旋,使气泡向中心移动偏移量的一半。

(2)用拨针拨动水准管一端的校正螺旋,使气泡居中。

此项检验和校正需反复进行,直到气泡在任何方向偏离值在 1/2 格以内。另外,经纬仪上若有圆水准器,也应对其进行检校,当管水准器校正完善并对仪器精确整平后,圆水准器的气泡也应该居中,如果不居中,应拨动其校正螺丝使其居中。

二、十字丝的检验和校正

目的:使十字丝的竖丝垂直于横轴。

检验方法:

(1)精确整平仪器,用竖丝的一端瞄准一个固定点,旋紧水平制动螺旋和望远镜制动螺旋。

(2)转动望远镜微动螺旋,观察"·"是否始终在竖丝上移动,若始终在竖丝上移动,如图 3-17(a)所示,说明满足条件,否则需要进行校正,如图 3-17(b)所示。

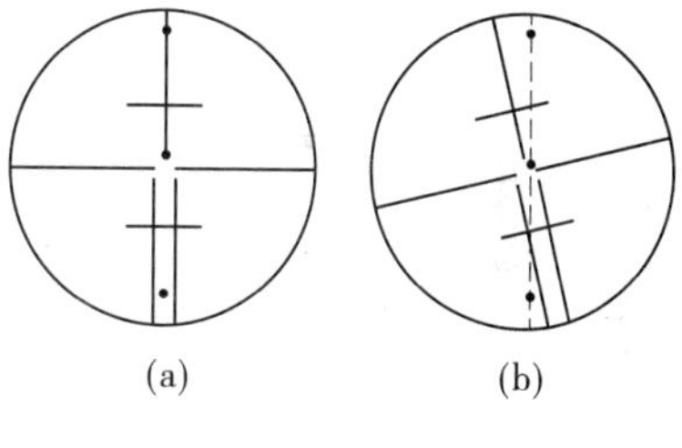

图 3-17　十字丝检验

校正方法:

(1)拧下目镜前面的十字丝的护盖,松开十字丝环的压环螺丝。

(2)转动十字丝环,使竖丝到达竖直位置,然后将松开的螺丝拧紧。

此项检验校正工作需反复进行。

三、视准轴的检验和校正

目的:使视准轴垂直于仪器横轴,若视准轴不垂直于横轴,则偏差角为 C,称为视准轴误差。视准轴误差的检验与校正通常有度盘读数法和标尺法两种。

(一)度盘读数法

检验方法:

(1)安置仪器,盘左瞄准远处与仪器大致同高的一点 A,读水平度盘读数为 b_1。

(2)倒转望远镜,盘右再瞄准 A 点,读水平度盘读数为 b_2。

(3)若 $b_1 - b_2 = \pm 180°$,则满足条件,无须校正,否则需要进行校正。

校正方法:

(1)转动水平微动螺旋,使度盘读数对准正确的读数。

$$b = \frac{1}{2}[b_1 + (b_2 \pm 180°)] \tag{3-19}$$

(2)用拨针拨动十字丝环左右校正螺丝,使十字丝竖丝瞄准 A 点。

上述方法简便,在任何场地都可以进行,但对于单指标读数 DJ_6 级经纬仪,仅在水平度盘无偏心或偏心差影响小于估读误差时才有效,否则将得不到正确结果。

(二)标尺法

检验方法:

如图 3-18(a)所示,选择长度约为 100 m 较平坦场地,安置仪器于中点 O,在 A 点与仪器同高处设置标志,在 B 点同高处横放一根水准尺,使其垂直于 OB 视线。

(1)盘左位置瞄准 A 点,旋紧水平制动螺旋,倒转望远镜成盘右位置,在尺上读数为 B_1。

(2)盘右位置瞄准 A 点,旋紧水平制动螺旋,倒转望远镜成盘左位置,在尺上读数为 B_2,若 $B_1 = B_2$,即两读数相等,则说明满足条件无须校正,否则需要进行校正。

校正方法:

如图 3-18(b)所示,B_1、B_2 两个读数之差所对的角度为 $4C$,所以校正时只要校正一个 C 角,取 B_2B_1 的 1/4,得内分点 B_3,则 OB_3 的方向与横轴垂直。用拨针拨动十字丝左右两个校正螺丝,使十字丝竖丝对准 B_3 点即可。此项检验也需反复进行,直到符合要求。

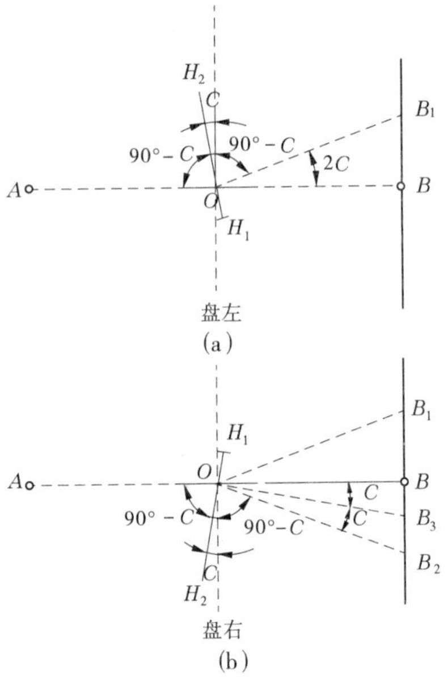

图 3-18　视准轴检验

四、横轴的检验和校正

目的:使横轴垂直于竖轴。

检验方法:

(1)如图 3-19 所示,在离墙 10 ~ 20 m 处安置经纬仪,以盘左瞄准墙面高处的一点 M(其仰角大于 30°)固定照准部,然后放平望远镜(通过度盘读数),在墙面上定出十字丝交点 m_1。

(2)盘右瞄准 M 点,放平望远镜,在墙面上定出十字丝交点 m_2,如果 m_1 点和 m_2 点重合,说明满足条件,无须校正,否则需要进行校正。

光学经纬仪的横轴大都是密封的,只需对此项条件进行检验。若需要校正,须由专门检定机构进行。

五、竖盘指标差的检验和校正

目的：使竖盘指标处于正确位置。

检验方法：

（1）仪器整平后，盘左瞄准 A 目标，读取竖盘读数为 L，并计算竖直角 α_L。

（2）盘右瞄准 A 目标，读取竖盘读数为 R，并计算竖直角 α_R。

如果 $\alpha_L = \alpha_R$，不需校正，否则需要进行校正。由于现在的经纬仪都具有自动归零补偿器，此项校正应由仪器检修人员进行。

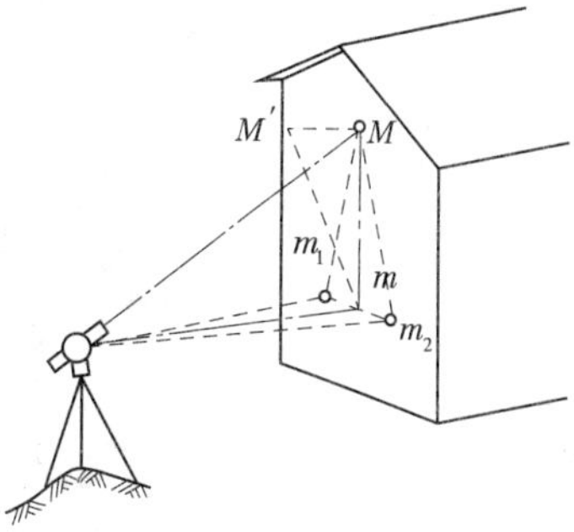

图 3-19 横轴检验

六、光学对中器的检验和校正

目的：使光学对中器的视准轴与仪器的竖轴中心线重合。

检验方法：

（1）严格整平仪器，在脚架的中央地面上放置一张白纸，在白纸上画一十字形标志 a_1。

（2）移动白纸，使对中器视场中的小圆圈对准标志。

（3）将照准部在水平方向转动 180°。

如果小圆圈中心仍对准标志，说明满足条件，不需校正；如果小圆圈中心偏离标志，而得到另一点 a_2，则说明不满足条件，需要进行校正。

校正方法：

定出 a_1、a_2 两点的中点 a，用拨针拨对中器的校正螺丝，使小圆圈中心对准 a 点。这项校正一般由仪器检修人员进行。

必须注意，这 6 项检验与校正的顺序不能颠倒，而且水准管轴应垂直于竖轴是其他几项检验与校正的基础，这一条件若不满足，其他几项的检验与校正就不能进行，竖轴倾斜引起的测角误差，不能用盘左、盘右观测加以消除，所以这项检验与校正必须认真进行。

课题 6　电子经纬仪的构造及其使用

电子技术、计算机技术、光电技术、自动控制等现代科学技术的发展，使角度测量向自动化记录方向的发展有了技术基础。近几年来连续出现的电子经纬仪和全站型电子速测仪，标志着经纬仪发展到了一个新的阶段，它为测量工作的自动化创造了有利的条件。电子经纬仪与光电测距仪、计算机、自动绘图仪相结合，使地面测量工作实现了自动化和内外业一体化，这是测绘工作的一次历史性变化。

电子经纬仪在结构及外观上和光学经纬仪相似，主要不同点在于读数系统，它采用光电扫描和电子元件进行自动读数与液晶显示。

一、仪器各主要部件名称

图 3-20 是苏一光 DJD 型电子经纬仪。

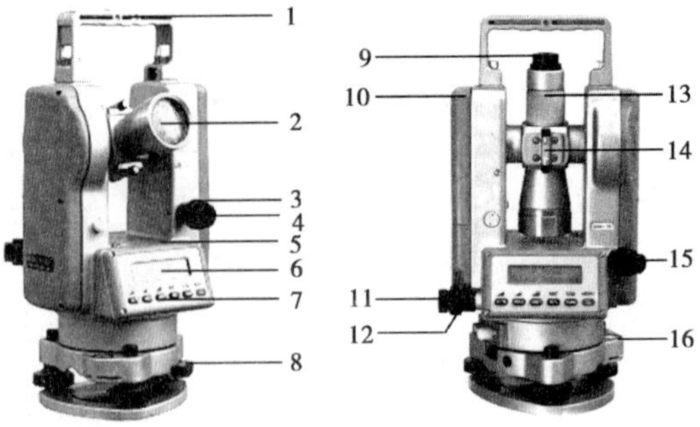

1—仪器中心;2—望远镜物镜;3—垂直微动手轮;4—垂直制动手轮;5—管水准器;6—液晶显示屏;
7—键盘;8—基座固定扳手;9—望远镜目镜;10—电池盒;11—水平制动手轮;
12—水平微动手轮;13—望远镜调焦手轮;14—粗瞄准器;15—光学对点器;16—圆水准器

图 3-20　DJD 型电子经纬仪

二、苏一光 DJD 型电子经纬仪的使用

DJD 型电子经纬仪采用光栅度盘测角系统,使用微型计算机技术进行测量、计算、显示、存储等多项功能,可同时显示水平角、竖直角测量结果,可以进行角度、坡度等多种模式的测量数据采集。

(一)仪器显示屏及操作键

(1)开机、关机。如图 3-21 所示。

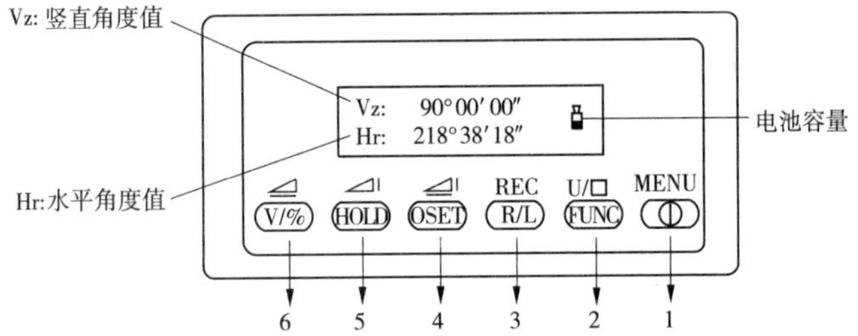

图 3-21　DJD 电子经纬仪操作面板

(2)360°/400gon 单位转换:按住"FUNC"键直到显示屏第一行显示 To400gon 或 To360°即实现单位转换;照明开/关(按键时间较短);进入菜单后按返回键。

(3)向右/左水平角值增加:仪器每次开机并初始化后,显示"Hr"表示顺时针转动仪器时,水平角度值顺时针增加,按住"R/L"键并释放,显示"Hl"表示逆时针转动仪器,水平角度值为增加方向。

(4)水平角度值置零:按住"OSET"键直到显示屏第二行显示"SET0"并释放,则水平角度值自动显示为 00°00′00″。

(5)水平角值设置及任意设置:按住"HOLD"键并释放,此时转动仪器,水平角值不变;任意设置,转动水平微动手轮,使仪器显示屏显示所需水平角度值,然后锁定,照准目标,按住"HOLD"键并释放。

(6)竖直角测量模式转换:仪器开机并初始化后,竖直角自动显示天顶距模式 Vz;显示角度值范围为 0°~360°。按住"V/%"键并释放,可转换为坡度模式。

（二）仪器设置

(1)角度测量最小显示读数设置：可供选择的选项分别为1″、5″、10″、20″。

(2)竖盘补偿器设置：可供选择的选项分别为补偿器校正（Modify）、补偿器检查（Theck）、开启补偿器或关闭补偿器（Tilt on、Tilt off）。

(3)仪器自动关机设置：选择 Auto off，10 min 自动关机功能开启，则仪器如果在 10 min 以内无任何操作，仪器自动关机。选择 Not Auto off，自动关机功能关闭，则仪器不会自动关机。

（三）角度测量

(1)开机，转动仪器望远镜，仪器初始化。

(2)确定电池容量是否足够进行测量。

(3)确定是否打开照明。

(4)选择水平角度增加方向。

(5)选择测量角度单位。

(6)水平度盘置零或锁定任意水平角度值。

(7)瞄准目标。

(8)读数。

(9)进行下一步测量项目。

(10)测量结束并关机。

小　结

1. 经纬仪及使用：

(1)光学经纬仪几何轴线之间的关系。

视准轴垂直于横轴（$CC \perp HH$）；横轴垂直于仪器竖轴（$HH \perp VV$）；水准管轴垂直于仪器竖轴（$LL \perp VV$）；竖盘指标差为零（$x = 0$）；光学对中器视准轴与仪器竖轴重合；十字丝竖丝垂直于横轴。

(2)光学经纬仪的技术操作方法：对中—整平—瞄准—读数。

其中：经纬仪的安置包括整平和对中。

(3)光学经纬仪的检验项目。

照准部水准管的检验，十字丝竖丝的检验，视准轴的检验，横轴的检验，竖盘指标水准管的检验，光学对中器的检验。

2. 水平角的测量：

(1)水平角——地面上两条直线之间的夹角在水平面上的投影。

(2)用测回法观测水平角。

①盘左：从左目标 A 至右目标 B 按顺时针方向观测，半测回角值为 $\beta_{左} = b_1 - a_1$。

②盘右：从右目标 B 至左目标 A 按逆时针方向观测，半测回角值为 $\beta_{右} = b_2 - a_2$。

③水平角：$\beta = \frac{1}{2}(\beta_{左} + \beta_{右})$。

④记录、计算。

(3)用方向观测法观测水平角。

①首先选择零方向(起始方向),配置起始方向值;

②盘左:从零方向开始顺时针测取各方向方向值,再继续顺时针转回到零方向,读取零方向的方向值;

③盘右:从零方向开始逆时针测取各方向方向值,再继续逆时针转回到零方向,读取零方向的方向值;

④记录、计算出各方向的归零方向值;

⑤检查限差是否超限。

3. 竖直角测量:

(1)竖直角——视线与水平线之间的夹角。

(2)竖直角计算公式的确定:

①检核竖直角计算公式是 $\begin{cases}\alpha_L = L - 90^\circ \\ \alpha_R = 270^\circ - R\end{cases}$ 或 $\begin{cases}\alpha_L = 90^\circ - L \\ \alpha_R = R - 270^\circ\end{cases}$。

②计算平均竖直角值 $\alpha = \frac{1}{2}(\alpha_L + \alpha_R)$。

③计算竖盘指标差 $x = \frac{1}{2}(\alpha_L - \alpha_R)$。

(3)竖直角观测方法:用测回法观测竖直角,并记录、计算。

技能训练四　经纬仪的构造与使用

一、目的和要求

(1)了解 DJ_6 型经纬仪的基本构造及其主要部件的名称和作用。

(2)练习经纬仪对中、整平、瞄准与读数的方法,并掌握基本操作要领。

(3)要求对中误差小于 3 mm,整平误差小于一格。

二、仪器和工具

DJ_6 型经纬仪 1 台,木桩 1 根,斧子 1 把,伞 1 把。

三、方法和步骤

(一)对中

(1)在地面打一木桩,桩顶钉一小钉或画一十字作为测站点。

(2)松开三脚架,安置于测站上,使高度适当,架头大致水平。打开仪器箱,双手握住仪器支架,将仪器取出,置于架头上。一手紧握支架,一手拧紧连接螺旋。

(3)挂上垂球,平移三个架脚,使垂球尖大致对准测站点,并注意架头水平,踩紧三脚架。稍松连接螺旋,两手扶住基座,在架头上平移仪器,使垂球尖端准确对准测站点,再拧紧连接螺旋。

(二)整平

松开水平制动螺旋,转动照准部,使水准管平行于任意一对脚螺旋的连线,两手同时向内(或内外)转动这两只脚螺旋,使气泡居中。将仪器绕竖轴转动90°,使水准管垂直于原来两脚螺旋的连线,转动第三只脚螺旋,使气泡居中。如此反复调试,直到仪器转到任何方向,气泡中心不偏离水准管0.1格。

(三)瞄准

(1)将望远镜对着天空(或白净墙面),转动目镜使十字丝清晰。

(2)用望远镜上的概略瞄准器瞄准目标,再从望远镜中观看,若目标位于视场内,可固定望远镜制动螺旋和水平制动螺旋。

(3)转动物镜对光螺旋使目标影像清晰,再调节望远镜和照准部微动螺旋,用十字丝的纵丝平分目标(或将目标夹在双丝中间)。

(4)眼睛微微左右移动,检查有无视差,若有,转动物镜及目镜对光螺旋予以消除。

(四)读数

(1)打开进光窗,调节反光镜使读数窗亮度适宜。

(2)旋转读数显微镜的目镜,使度盘及分微尺的刻划清晰,并区别水平度盘与竖盘读数窗。

(3)读取位于分微尺上的度盘刻划线所注记的度数,从分微尺上读取该刻划线所在位置的分数,估读至0.1′(即6″的整倍数)。

(4)盘左瞄准目标,读出水平度盘读数,纵转望远镜,盘右再瞄准该目标读数,两次读数之差约为180°,以检核瞄准和读数是否正确。

四、实验报告

日期__________ 班级__________ 小组__________ 姓名__________ 成绩__________

(一)水平角观测记录

水平角观测手簿

测站	竖盘位置	目标	水平度盘读数			水平角值			备注
			°	′	″	°	′	″	
O	左	*A*							
		B							
	右	*A*							
		B							
	左	*A*							
		B							
	右	*A*							
		B							

(二)试写出所用经纬仪照准起始目标,使水平度盘读数为0°00′00″的操作步骤。

（三）疑难问题备注

技能训练五　测回法测量水平角

一、目的和要求

（1）掌握测回法测量水平角的方法、记录及计算。

（2）每人对同一角度观测一测回，上、下半测回角值之差不得超过 ±40″，各测回角值互差不得超过 ±24″。

二、仪器和工具

经纬仪 1 台，记录本 1 本，伞 1 把，小花杆 2 根。

三、方法和步骤

（1）每组选一测站点 B 安置仪器，对中、整平后，再选定 A、C 两个目标，如图 3-22 所示。

图 3-22　水平角观测示意图

（2）如果度盘变换器为复测式，盘左转动照准部使水平度盘读数略大于零，将复测扳手扳向下，瞄准 A 目标，将扳手扳向上，读取水平度盘读数 a_1，记入手簿。如为拨盘式度盘变换器，应先瞄准目标 A，后拨度盘变换器，使读数略大于零。

（3）顺时针方向转动照准部，瞄准 C 目标，读数 b_1 并记录，盘左测得 $\angle ABC$ 为

$$\beta_{左} = b_1 - a_1$$

（4）纵转望远镜为盘右，先瞄准 C 目标，读数 b_2 并记录，逆时针方向转动照准部，瞄准 A 目标，读数 a_2 并记录，盘右测得 $\angle ABC$ 为

$$\beta_{右} = b_2 - a_2$$

（5）若盘左、盘右两个半测回角值之差不大于 40″，则计算一测回角值

$$\beta = \frac{1}{2}(\beta_{左} + \beta_{右})$$

（6）观测第二测回时，应将起始方向 A 的度盘读数安置于 90°附近，各测回角值互差不超过 ±24″，则计算平均角值。

四、实验报告

日期__________ 班级__________ 小组__________ 姓名__________ 成绩__________

测站	盘位	目标	水平度盘读数 (° ′ ″)	半测回角值 (° ′ ″)	一测回角值 (° ′ ″)	各测回角值 (° ′ ″)	备注
O	左	*A*					
		B					
	右	*A*					
		B					
	左						
	右						
	左						
	右						
	左						
	右						
	左						
	右						
	左						
	右						
	左						
	右						

技能训练六　全圆方向法测量水平角

一、目的和要求

（1）练习方向观测法观测水平角的操作方法、记录和计算。

（2）半测回归零差不得超过 $\pm 18''$。

（3）各测回方向值互差不得超过 $\pm 24''$。

二、仪器和工具

经纬仪 1 台，木桩 1 根，记录本 1 本，斧子 1 把，伞 1 把。

三、方法和步骤

（1）在测站点 O 安置仪器，对中、整平后，选定 A、B、C、D 四个目标，如图 3-10 所示。

（2）盘左瞄准起始目标 A，并使水平度盘读数略大于零，读数并记录。

（3）顺时针方向转动照准部，依次瞄准 B、C、D、A 各目标，分别读取水平度盘读数并记录，检查归零差是否超限。

（4）纵转望远镜，盘右，逆时针方向依次瞄准 A、D、C、B、A 各目标，读数并记录，检查归零差是否超限。

（5）计算

①同一方向两倍视准轴误差 $2C$ = 盘左读数 −（盘右读数 $\pm 180°$）；

②各方向的平均读数 = $\frac{1}{2}$[盘左读数 +（盘右读数 $\pm 180°$）]；

③将各方向的平均读数减去起始方向的平均读数，即得各方向的归零方向值。

（6）第二人观测时，起始方向的度盘读数安置于 90°附近，同法观测第二测回。各测回同一方向归零方向值的互差不超过 $\pm 24''$，取其平均值，作为该方向的结果。

四、注意事项

（1）应选择远近适中，易于瞄准的清晰目标作为起始方向。

（2）如果方向数只有 3 个，可以不归零。

五、记录格式

参见本书实验报告表格。

六、实验报告

日期__________ 班级__________ 小组__________ 姓名__________ 成绩__________

测站	目标	水平度盘读数		2C (′ ″)	平均读数 (° ′ ″)	一测回归零方向值 (° ′ ″)	各测回平均方向值 (° ′ ″)	角值 (° ′ ″)
		盘左 (° ′ ″)	盘右 (° ′ ″)					
1	2	3	4	5	6	7	8	9
	第1测回							
	A							
	B							
	C							
O	*D*							
	A							
	Δ							
	第2测回							
	A							
	B							
	C							
O	*D*							
	A							
	Δ							

技能训练七　竖直角测量与竖盘指标差的检验

一、目的和要求

(1)练习竖直角观测、记录及计算的方法。

(2)了解竖盘指标差的计算方法。

(3)同一组所测得的竖盘指标差的互差不得超过 ±25″。

二、仪器和工具

经纬仪 1 台,木桩 1 根,斧子 1 把,伞 1 把,记录本 1 本。

三、方法和步骤

(1)在测站点 O 上安置仪器,对中、整平后,选定 A、B 两个目标。

(2)先观察一下竖盘注记形式并写出竖直角的计算公式:盘左将望远镜大致整平,观察竖盘读数,然后将望远镜慢慢上仰,观察读数变化情况,若读数减小,则竖直角等于视线水平时的读数减去瞄准目标时的读数,反之,则相反。

(3)盘左,用十字丝中横丝切于 A 目标顶端,转动竖盘指标水准管微动螺旋,使竖盘指标水准管气泡居中,读取竖盘读数 L,记入手簿并算出竖直角 α_L。

(4)盘右,同法观测 A 目标,读取盘右读数 R,记录并算出竖直角 α_R。

(5)计算竖盘指标差

$$x=\frac{1}{2}(\alpha_R-\alpha_L)$$

或

$$x=\frac{1}{2}(L+R-360^\circ)$$

(6)计算竖直角平均值

$$\alpha=\frac{1}{2}(\alpha_L+\alpha_R)$$

或

$$\alpha=\frac{1}{2}(R-L-180^\circ)$$

(7)同法测定 B 目标的竖直角并计算出竖盘指标差,并检查指标差的互差是否超限。

四、注意事项

(1)观测过程中,对同一目标应使十字丝中横丝切准目标顶端(或同一部位)。

(2)每次读数前应使竖盘指标水准管气泡居中。

(3)计算竖直角和指标差时,应注意正、负号。

五、记录格式

参见本书实验报告表格。

六、实验报告

日期＿＿＿＿＿＿　班级＿＿＿＿＿＿　小组＿＿＿＿＿＿　姓名＿＿＿＿＿＿　成绩＿＿＿＿＿＿

（一）写出竖直角计算公式

（1）在盘左位置视线水平时，竖盘读数是＿＿＿＿＿＿，上仰望远镜读数是＿＿＿＿＿＿（增加或减少），所以 $\alpha=$ ＿＿＿＿＿＿。

（2）在盘右位置视线水平时，竖盘读数是＿＿＿＿＿＿，上仰望远镜读数是＿＿＿＿＿＿（增加或减少），所以 $\alpha=$ ＿＿＿＿＿＿。

（二）将竖直角观测成果记入手簿

竖直角观测手簿

测站	目标	竖盘位置	竖盘读数（° ′ ″）	竖直角（° ′ ″）	平均竖直角（° ′ ″）	备注
O	*A*	左				
	A	右				
O	*B*	左				
	B	右				
		左				
		右				
		左				
		右				
		左				
		右				
		左				
		右				
		左				
		右				
		左				
		右				
		左				
		右				
		左				
		右				

（三）根据竖直角观测记录回答下列问题（填在横线上）

（1）所用仪器有无指标差？＿＿＿＿＿＿；是多少？＿＿＿＿＿＿；在盘左测得的竖直角中加＿＿＿＿＿＿就能得到正确的竖直角。

（2）在盘右位置，十字丝照准被观测过的目标，竖盘的应读数是多少？＿＿＿＿＿＿。

（3）校正前转动指标水准管微动螺旋，当读竖盘应读数时，该水准管气泡是否仍然居中？___________；校正时拨什么部件使气泡居中？___________。

技能训练八　经纬仪的检验与校正

一、目的和要求

（1）了解 DJ_6 型经纬仪各主要轴线之间应满足的几何条件及检校原理。

（2）掌握经纬仪检验与校正的操作方法。

二、仪器和工具

经纬仪1台，小钢直尺1把，皮尺1把，拨针（校正针）1根，螺丝刀1把，记录本1本，伞1把。

三、方法与步骤

（一）一般性检验

安置仪器后，首先检验三脚架是否牢固，架腿伸缩是否灵活，各种制动螺旋和微动螺旋、对光螺旋以及脚螺旋是否有效，望远镜及读数显微镜成像是否清晰。

（二）照准部水准管轴垂直于仪器竖轴的检验与校正

检验：将仪器大致整平，转动照准部使水准管平行于任意一对脚螺旋的连线，转动该对脚螺旋使气泡严格居中；将照准部旋转180°，若气泡仍居中，说明条件满足，若气泡中点偏离水准管零点超过1格，则需校正，如图3-23所示。

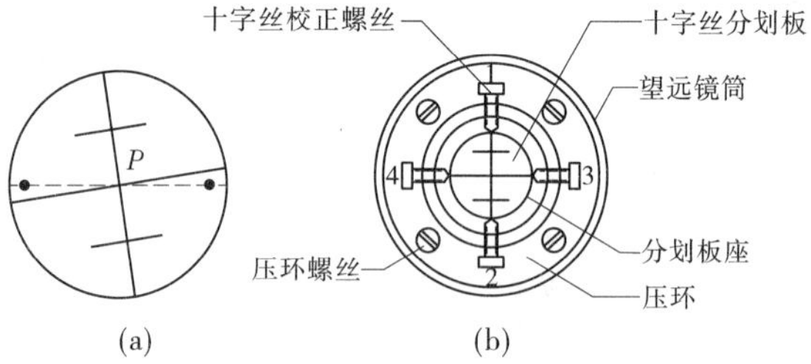

图3-23　十字丝检验与校正

校正：用拨针拨动水准管一端的校正螺丝，应先松后紧，使气泡退回偏离量的一半，再转动脚螺旋使气泡居中。如此反复检校，直到水准管在任何位置时气泡都无明显偏离。

（三）十字丝竖丝垂直于仪器横轴的检验与校正

检验：用十字丝交点瞄准一清晰的点状目标 P，上、下移动望远镜，若目标点始终不离开竖丝，则该条件满足，否则需校正。

校正：旋下目镜端分划板护盖，松开4个压环螺丝，转动十字丝分划板座，使竖丝与目标点重合。反复检校，直到该条件满足。校正完毕，应旋紧压环螺丝，并旋上护盖。

（四）视准轴垂直于横轴的检验与校正

检验：在 O 点安置经纬仪，从该点向两侧量取30～50 m，定出等距离的 A、B 两点，如图3-24所示。于点 A 设置目标，点 B 横置一根有毫米刻划的小钢直尺，尺身与 AB 方向垂直并与仪器大致同高。盘左瞄准 A 目标,固定照准部,纵转望远镜在 B 点尺上读数为 B_1;盘右再瞄准 A 目标,并纵转望远镜在 B 点尺上读数为 B_2。若 $B_1=B_2$,该条件满足;否则,按下式计算出视准轴误差 C

$$C=\frac{B_1B_2}{4\times OB}\rho$$

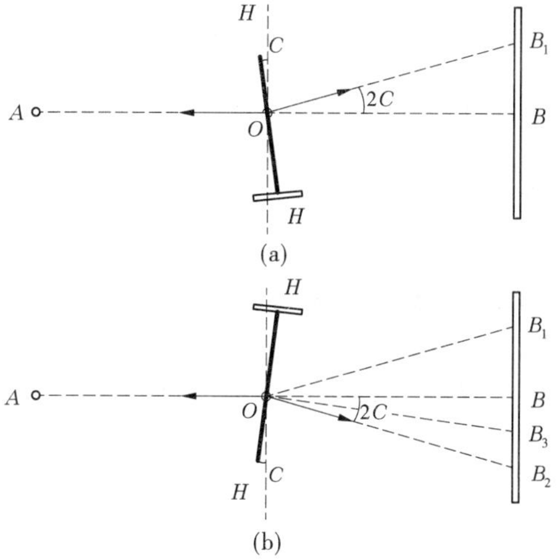

图 3-24 视准轴的检验与校正

当 $C>60''$时,则需校正。

校正:先在 B 点尺上的 B_1、B_2 点之间定出一点 B_3,使

$$B_2B_3=\frac{B_1B_2}{4}$$

旋下分划板护盖,用拨针拨动十字丝左、右两个校正螺丝,一松一紧,使十字丝交点与 B_3 点重合。反复检校,直到 C 角不大于 $60''$。然后,旋上护盖。

(五)横轴垂直于仪器竖轴的检验与校正

检验:在距建筑物约 30 m 处安置仪器(用皮尺量出该距离 D),如图 3-25 所示,盘左瞄准墙上一高目标点 P(竖直角大约为 30°),观测并计算出竖直角 α,再将望远镜视线大致放平,将十字丝交点投在墙上定出 P_1 点;纵转望远镜成盘右位置,同法在墙上定出 P_2 点,若 P_1、P_2 重合,则该条件满足;否则,按下式计算出横轴误差

$$i=\frac{P_1P_2\cot\alpha}{2D}\rho$$

当 $i>1'$时,则需校正。

校正:使十字丝交点瞄准 P_1P_2 的中点 P_M,固定照准部;使望远镜向上仰至视线与 P 点同高,这时,十字丝交点必然偏离 P 点。取下望远镜右支架盖板,校正偏心轴环,升、降横轴一端,使十字丝交点精确对准 P 点。反复检校,直到 i 角小于 $1'$。最后,装上盖板。

(六)竖盘指标差的检验与校正

检验:整平仪器,用盘左、盘右观测同一目标点 P,转动竖盘指标水准管微动螺旋使气泡居中后,读记竖盘读数 L 和 R,按下式计算竖盘指标差

$$x=\frac{1}{2}(L+R-360°)$$

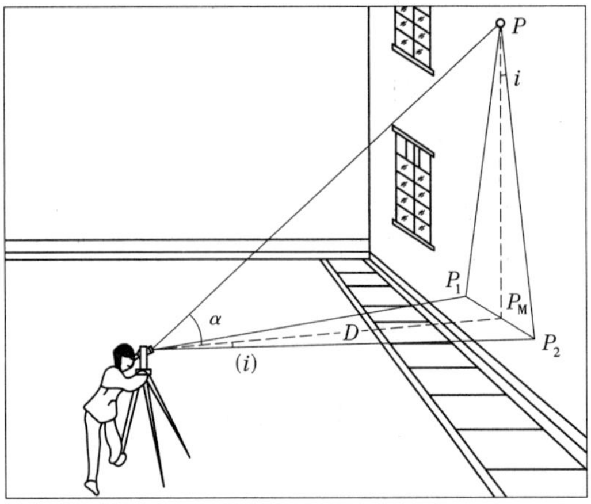

图 3-25　横轴垂直于竖轴的检验与校正

当 $x>1'$时，则需校正。

校正：仪器位置不变，仍以盘右瞄准原目标点 P，转动竖盘指标水准管微动螺旋使竖盘读数为 $(R-x)$，这时，气泡必然偏离。用拨针松、紧水准管一端的校正螺旋，使气泡居中。反复检校，直到 x 不超过 $1'$。

四、注意事项

(1) 必须按实验步骤进行检验、校正，顺序不能颠倒。

(2) 第(五)项校正因需取下支架盖板，故该项校正应由专业维修人员进行。

五、记录格式

经纬仪的检验与校正

日期＿＿＿＿＿＿ 天气＿＿＿＿＿＿ 班级＿＿＿＿＿＿ 小组＿＿＿＿＿＿

仪器(型号)＿＿＿＿＿＿ 观测者＿＿＿＿＿＿ 记录者＿＿＿＿＿＿

(1)一般性检验结果

三脚架＿＿＿＿＿＿,水平制动与微动螺旋＿＿＿＿＿＿,望远镜制动与微动螺旋＿＿＿＿＿＿,照准部转动＿＿＿＿＿＿,望远镜转动＿＿＿＿＿＿,望远镜成像＿＿＿＿＿＿,脚螺旋＿＿＿＿＿＿。

(2)照准部水准管检验与校正

检验次数 (仪器旋转180°)	气泡偏离格数	检验者

(3)十字丝竖丝的检验与校正

检验次数	偏离情况	检验者

(4)视准轴的检验与校正

检验次数	尺上读数		$\frac{B_2-B_1}{4}$	正确读数	视准轴误差	观测者
	盘左 B_1	盘右 B_2		$B_3=B_2-\frac{B_2-B_1}{4}$	$C=\frac{B_2-B_1}{4\times OB}\cdot\rho$	

(5)横轴的检验与校正

检验次数	P_1P_2 距离	竖盘读数 (°　′　″)	竖直角 α (°　′　″)	仪器至墙面距离 D	横轴误差 $i=\frac{P_1P_2\cdot\cot\alpha}{2D}\cdot\rho$	观测者

(6)竖盘指标差的检验与校正

检验次数	竖盘位置	竖盘读数 (°　′　″)	竖直角 (°　′　″)	指标差 (′　″)	盘右正确读数 (°　′　″)	观测者

六、实验报告

日期__________ 班级__________ 小组__________ 姓名__________ 成绩__________

天气： 仪器编号： 观测员： 记录员：

（1）一般检查

三脚架是否牢固		螺旋是否清洁	
仪器转动是否灵活		望远镜成像是否清晰	
制动及微动螺旋是否有效		其他	

（2）水准管轴垂直于竖轴

检验（照准部转180°）次数	1	2	3	4	校正后
气泡偏离格数					

（3）十字丝竖丝垂直于横轴

检验次数	误差情况	校正后情况
1		
2		

（4）视准轴垂直于横轴（$2C$差）四分之一法

<table>
<tr><td rowspan="5">检查</td><td>仪器</td><td>检查项目</td><td>横尺读数</td><td rowspan="5">校正后复查</td><td>检查项目</td><td>横尺读数</td></tr>
<tr><td rowspan="4">在位置 O 后视 A，倒转望远镜前视 B</td><td>盘左 B_1</td><td></td><td>盘左 B_1</td><td></td></tr>
<tr><td>盘右 B_2</td><td></td><td>盘右 B_2</td><td></td></tr>
<tr><td>B_2-B_1</td><td></td><td>B_2-B_1</td><td></td></tr>
<tr><td>$(B_2-B_1)/4$</td><td></td><td>$(B_2-B_1)/4$</td><td></td></tr>
</table>

（5）横轴垂直于竖轴

第一次检验	记录	第二次检验	记录
瞄准高点时的竖直角		瞄准高点时的竖直角	
仪器离墙面的距离		仪器离墙面的距离	
$P_1P_2=$		$P_1P_2=$	
P_1 在 P_2（左、右）		P_1 在 P_2（左、右）	

（6）竖盘指标差

<table>
<tr><td>目标</td><td>竖盘位置</td><td>竖盘读数</td><td>竖盘指标差</td><td colspan="2">竖盘水平始读数</td></tr>
<tr><td rowspan="2"></td><td>左</td><td></td><td></td><td>$L_0=$</td><td></td></tr>
<tr><td>右</td><td></td><td></td><td>$R_0=$</td><td></td></tr>
</table>

习　题

1. 什么叫水平角？什么叫竖直角？
2. 叙述 DJ_6 级经纬仪分微尺读数方法。
3. 经纬仪照准部制动螺旋、微动螺旋，望远镜制动螺旋、微动螺旋各有什么作用？
4. 经纬仪对中整平的目的是什么？
5. 叙述测回法测水平角的方法、步骤。
6. 叙述方向观测法观测步骤。
7. 表 3-7 为测回法测水平角的记录，计算水平角值并衡量精度是否合格。

表 3-7　测回法测水平角的记录

测站	目标	盘位	水平度盘读数 (°　′　″)	半测回角值	一测回角值	备注
O	*A*	左	47　02　12			
	B		334　17　18			
	B	右	154　18　06			
	A		227　02　42			

8. 表 3-8 为方向观测法记录，计算各方向值并进行检核计算。

表 3-8　方向观测法记录

测回数	目标	度盘读数		$\frac{\text{I} + \text{II}}{2}$	2*C*	正倒镜平均值	起始方向	各测回归零方向值	备注
		Ⅰ	Ⅱ						
1	2	3	4	5	6	7	8	9	10
		(°　′　″)	(″)	(″)	(″)	(°　′　″)	(°　′　″)	(°　′　″)	
	A	00　02　506	04						
		180　02　16	18						
	B	37　44　12	14						
		217　44　12	14						
O	*C*	110　29　06	07						
		290　28　54	56						
	D	150　15　04	07						
		330　14　56	58						
	A	00　02　07	09						
		180　02　20	22						

9. 表 3-9 为竖直角观测记录,计算竖直角角值。

表 3-9　竖直角观测记录(全圆顺时针注记)

测站	测点	盘位	竖盘读数 (°　′　″)	半测回角值 (°　′　″)	一测回角值 (°　′　″)	指标差
O	A	左	72　17　48			
		右	287　42　00			

10. 经纬仪有哪些主要轴线,应满足的几何条件是什么?

11. 角度测量用盘左、盘右观测同一水平角取平均值能消除哪些误差?

单元 4　距离测量与直线定向

【引言】

距离测量是测量的基本工作之一。距离是指地面两点的连线铅垂投影到水平面上的长度，亦称水平距离，简称平距。地面上高程不同的两点的连线长度称为倾斜距离，简称斜距。测量时要注意把斜距换算为平距。如果不加特别说明，“距离”即指水平距离。水平距离测量的方法很多，按所用测距工具的不同有钢（皮）尺量距、视距测量、光电测距、GPS 测量等。钢尺量距是用钢卷尺沿地面直接丈量距离；视距测量是利用经纬仪或水准仪望远镜中的视距丝观测标尺按几何光学原理进行测距；光电测距是用仪器发射并接收电磁波，通过测量电磁波在待测距离上往返传播的时间或相位差解算出距离；GPS 测量是利用两台 GPS 接收机接收空间轨道上 4 颗以上卫星发射的精密测距信号，通过距离空间交会的方法解算出两台 GPS 接收机架设点的坐标，再通过坐标反算出两点之间的距离。本单元介绍前三种距离测量方法。直线定向是指地面上两点连线垂直投影到水平面上的水平投影线与标准方向的关系，一般用方位角表示直线的方向，方位角是测量的重要概念，在计算点位坐标和测设数据时经常用到。

课题 1　钢（皮）尺量距

一、钢（皮）尺量距工具

钢（皮）尺量距的主要工具是钢卷尺、皮卷尺，此外可能会用到标杆、测钎和垂球等工具，精度要求较高时还会用到温度计和弹簧秤。

（一）皮尺

皮尺是用塑料或亚麻材料制成的带状尺，卷放在圆形盒内的称为盒装皮卷尺，如图 4-1（a）所示。长度有 5 m、20 m、30 m、50 m 等多种。常用皮尺整个尺长最小为厘米刻划，并注记米、分米。皮尺一般以尺的起点端的某一刻线作为零点，如图 4-2（a）所示。

(a)　　(b)

图 4-1　皮卷尺、钢尺

皮尺的优点：皮尺性软，不易折断，不会生锈，不怕车碾压。

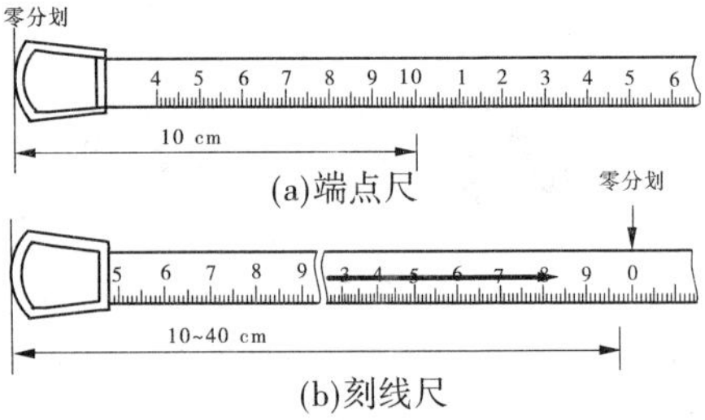

图 4-2　皮卷尺、钢卷尺的零点

皮尺的缺点:较钢尺抗拉强度差,易产生拉伸变形,刻度精度低,因此量距精度低。

皮尺量距最高精度可达到 1/1 000。由于其量距精度低,一般应用于地图测绘。

(二)钢尺

钢尺是用薄钢片制成的带状尺,卷放在金属架或塑料架内的称为摇把式钢尺,如图 4-1(b)所示。钢尺的宽度为 10～15 mm,厚度约 0.4 mm,长度有 20 m、30 m、50 m 等几种。钢尺一般在表面镀有一层保护漆,以免生锈。钢尺整个尺长均有毫米刻划,注记米、分米和厘米。

钢尺一般以尺的起点端的某一刻线作为零点,如图 4-2(b)所示。量距时要十分注意钢尺零点位置,以免出错。

钢尺的优点:钢尺抗拉强度高,不易产生拉伸变形,刻度精度高,因此量距精度高。

钢尺的缺点:钢尺性脆,易折,易断,易生锈,出现折痕不易修复,会造成尺长误差,从而影响量距精度,因此使用时应避免扭折,防车碾压。

钢尺量距精度可达到 1/3 000 以上。由于其在短距离量距中使用方便,在土建工程中应用非常广泛。

(三)其他辅助工具

标杆:又名花杆,直径约 3 cm,长 2～3 m,杆身用油漆涂成红白相间,每节 20 cm,如图 4-3(a)所示。在距离丈量中,标杆主要用于皮尺量距分段点的定线。

测钎:由粗铁丝或细钢筋加工制成,长 30～40 cm,一般 6 根或 11 根为一组,如图 4-3(b)所示。测钎用于分段丈量时,标定每段尺端点位置和记录整尺段数。

垂球:用于在不平坦的地面直接量水平距离时,将平拉的钢尺的端点投影到地面上。

弹簧秤:如图 4-4 所示,用于对钢尺施加规定的拉力,避免因拉力太小或太大造成的量距误差。

温度计:用于钢尺量距时测定温度,如图 4-4 所示,以便对钢尺长度进行温度改正,消除或减小因温度变化使尺长改变而造成的量距误差。

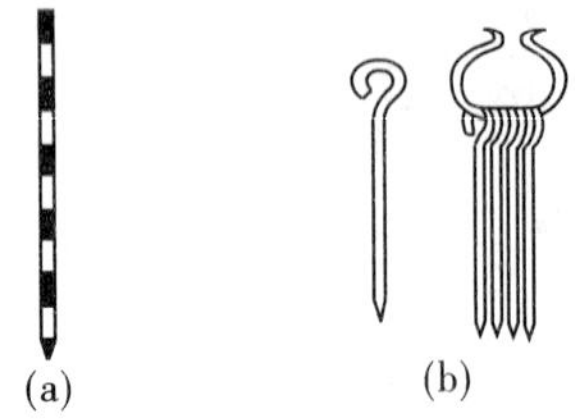

图 4-3　花杆和测钎

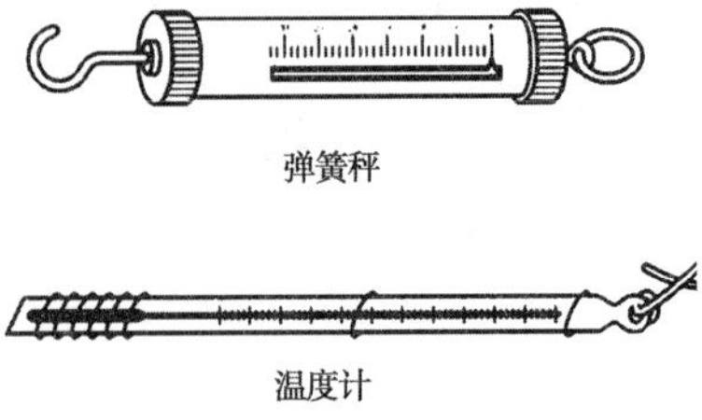

图 4-4　弹簧秤和温度计

二、直线定线

当地面两点间距离较远或起伏较大时，在距离丈量之前，需在地面两点连线的方向上定出若干分段点的位置，以便分段量取，这项工作称为直线定线。

（一）目估定线

在普通精度量距中，可采用目估定线。如图 4-5 所示，*A*、*B* 为地面上待测距离的两个端点，两点互相通视，要在 *A*、*B* 两点的直线上标出分段点 1、2 点。

第一步，在 *A*、*B* 点上竖立标杆，测量员甲立于 *A* 点后 1 ~ 2 m 处，目测标杆的同侧，由 *A* 瞄向 *B*，构成一视线。

第二步，甲指挥乙持标杆于 1 点附近左右移动，直到三支标杆的同侧重合到一起。

第三步，指挥乙将标杆或测钎竖直插在地上，得出 1 点，用同样方法得出 2 点。

两点间定线，一般应由远到近，即先定 1 点，再定 2 点。定线也可与距离丈量同时进行。定线时，由于甲的视线位于上方，而量距时尺子贴近地面，因此所有标杆都应尽量保持垂直，且各标杆间距应小于一个整尺长。

（二）经纬仪定线

当直线定线精度要求较高时，可用经纬仪定线。如图 4-6 所示，欲在 *AB* 线内精确定出 1、2 等点的位置。可由甲将经纬仪安置于 *A* 点，用望远镜照准 *B* 点，固定照准部制动螺旋。然后将望远镜向下俯视，用手势指挥乙移动标杆，当标杆与十字丝纵丝重合时，便在标杆的位置打下木桩，再根据十字丝在木桩上钉下铁钉，准确定出 1 点的位置。同理定出 2 点和其他各点的位置。

图 4-5　目估定线

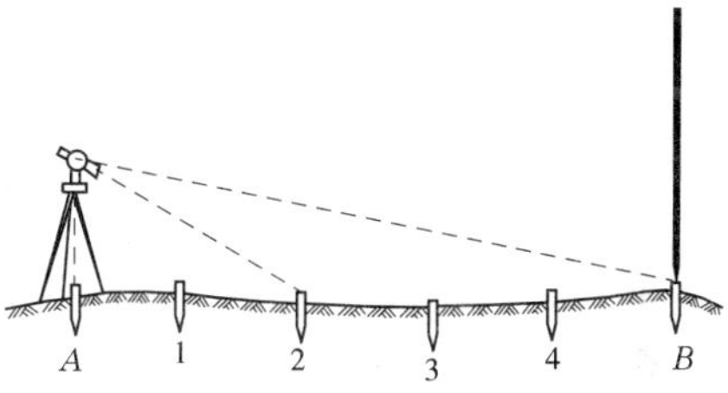

图 4-6　经纬仪定线

三、钢尺量距的一般方法

（一）平坦地面的距离丈量

在平坦地面上，可直接沿地面丈量水平距离。如图 4-7 所示，欲测 *A*、*B* 两点之间的水平距离 *D*，其丈量工作可由后尺手、前尺手两人进行。

后尺手先在直线起点 *A* 插一测钎，并将钢尺零点一端放在 *A* 点。前尺手持钢尺末端和一束测钎沿 *AB* 线行至一尺段距离后停下。后尺手以手势指挥前尺手将钢尺拉在 *AB* 直线上，待钢尺拉平、拉紧、拉稳后，前尺手喊“预备”，后尺手将钢尺零点对准 *A* 点后说“好”，用经纬仪指挥定线，前尺手立即将测钎对准钢尺末端分划插入地下得到 1 点，确保 1 点在 *AB* 连线上，且距 *A* 点为一整尺段（如果在水泥地面上丈量插不下测钎时，也可以用笔在地面上做记号，此时要注意记录整尺段数），即量完一个尺段。后尺手拔出 *A* 点测钎，二人持尺前

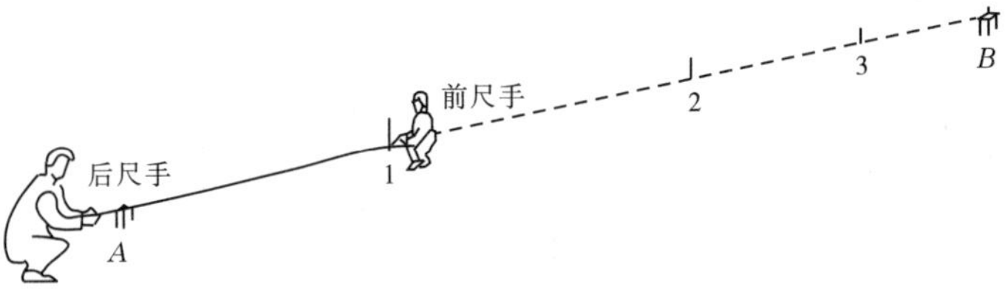

图 4-7　钢尺丈量

进，待后尺手到达 1 点时，再用同样方法丈量第二段后，后尺手又拔出 1 点测钎同法继续丈量。每量完一段，后尺手增加一根测钎，因此后尺手手中的测钎数为所量整尺段数。最后不足一整尺段的长度称为余长，丈量余长时，后尺手将尺上 0 点分划对准 n 点，由前尺手对准 B 点，在尺上读出读数，即可求得不足一尺段的余长，用 q 表示，则 A、B 两点间的水平距离 D 为

$$D = nl + q \tag{4-1}$$

式中：n 为整尺段数；l 为钢尺长度。

为了检核丈量错误和提高成果精度，通常采用往返丈量进行比较，符合精度要求时，取往返丈量平均值作为丈量结果，即

$$D_{平均} = \frac{1}{2}(D_{往} + D_{返}) \tag{4-2}$$

距离丈量的精度一般用相对误差 K 表示，相对误差通常化为分子为 1 的分式：

$$K = \frac{|D_{往} - D_{返}|}{D_{平均}} = \frac{1}{\dfrac{D_{平均}}{|D_{往} - D_{返}|}} \tag{4-3}$$

钢尺量距一般方法的记录、计算及精度评定见表 4-1。

表 4-1 中线段 AB 往测时为 177.478 m，返测时为 177.452 m，则往返平均为 177.465 m，量距相对精度为

$$K = \frac{|177.478 - 177.452|}{177.465} = \frac{0.026}{177.465} \approx \frac{1}{6\,800}$$

相对误差分母愈大，则 K 值愈小，精度愈高；反之，精度愈低。在平坦地区，钢尺量距一般方法的相对误差一般不应大于 1/3 000；在量距较困难的地区，其相对误差也不应大于 1/2 000。

表 4-1　钢尺一般量距记录及成果计算

线段	尺段长(m)	往测			返测			往返差(m)	相对精度	往返平均(m)
		尺段数	余长数(m)	总长(m)	尺段数	余长数(m)	总长(m)			
AB	30	5	27.478	177.478	5	27.452	177.452	0.026	1/6 800	177.465
BC	50	2	46.935	146.935	2	46.971	146.971	0.036	1/4 080	146.953

(二)倾斜地面的量距方法

1. 平量法

当地势不平坦但起伏不大时,为了直接量取 A、B 两点间的水平距离,可目估拉钢尺水平,由高处往低处丈量两次。如图 4-8 所示,甲在 A 点指挥乙将钢尺拉在 AB 线上,甲将钢尺零点对准 A 点,乙将钢尺抬高,并目估使钢尺水平,然后用垂球线紧贴钢尺上某一整刻划线,将垂球尖投入地面上,用测钎插在垂球尖所指的 1 点处,此时尺上垂球线对应读数即为 $A1$ 的水平距离 d_1。同法丈量其余各段,直至 B 点。则有

$$D = \sum d \tag{4-4}$$

用同样的方法对该段进行两次丈量,若符合精度要求,则取其平均值作为最后结果。

2. 斜量法

如图 4-9 所示,当地面倾斜坡度较大时,可用钢尺量出 AB 的斜距 L,然后用水准测量或其他方法测出 A、B 两点的高差 h ,则

$$D = \sqrt{L^2 - h^2} \tag{4-5}$$

斜量法也需测量两次,符合精度要求时,取平均值作为最后结果。

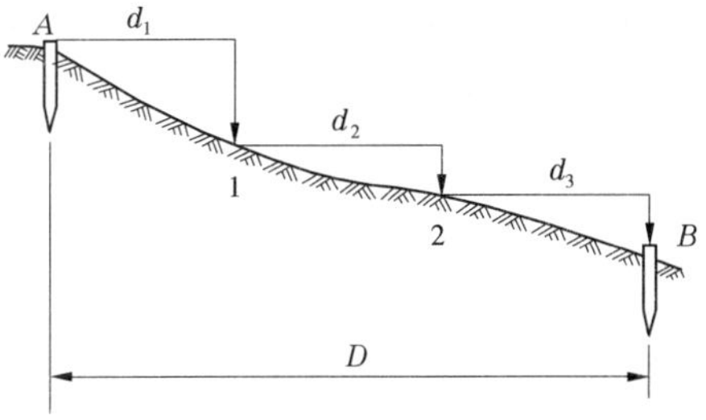

图 4-8 平量法

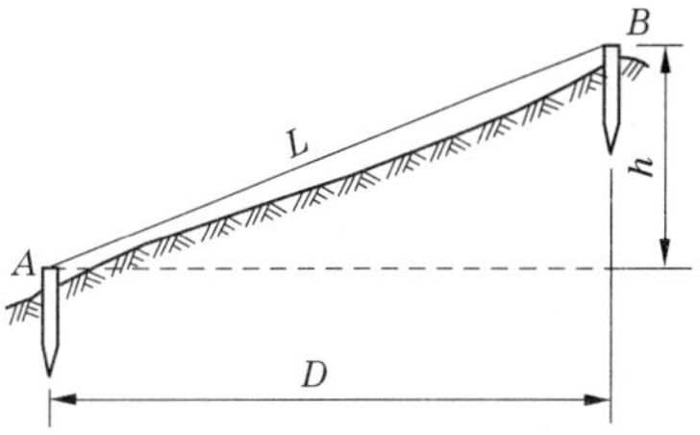

图 4-9 斜量法

四、钢尺量距的精密方法

钢尺量距的一般方法,精度最多只能达到 1/5 000。当量距精度要求较高时,例如:要求量距精度达到 1/10 000 以上,则应采用精密量距方法,并对有关误差进行改正。

精密量距的主要工具为钢尺、弹簧秤和温度计等。其中钢尺必须经过检验,并得到其检定的尺长方程式。由于测距仪的普遍使用,且测距精度高于精密钢尺量距,这里就不再介绍精密钢尺量距的详细内容了。

五、钢尺量距误差及注意事项

(一)钢尺量距的误差

1. 尺长误差

如果钢尺的名义长度和实际长度不符,则产生尺长误差。尺长误差是积累的,丈量的距离越长,误差越大。因此,新购置的钢尺必须经过检定,测出其尺长改正值。

2. 温度误差

钢尺的长度随温度而变化,当丈量时的温度与钢尺检定时的标准温度不一致时,将产生

温度误差。按照钢的膨胀系数计算，温度每变化 1 ℃，丈量距离为 30 m 时对距离影响为 0.4 mm。

3. *钢尺倾斜和垂曲误差*

在高低不平的地面上采用水平法量距，钢尺不水平或中间下垂而成曲线时，都会使量得的长度比实际要大。因此，丈量时必须注意钢尺水平。整尺段悬空时，中间应有人托住钢尺，否则会产生不容忽视的垂曲误差。

4. *定线误差*

丈量时钢尺没有准确地放在所量距离的直线方向上，使所量距离不是直线而是一组折线，造成丈量结果偏大，这种误差称为定线误差。丈量 30 m 的距离，当偏离直线为 0.25 m 时，量距偏大 1 mm。

5. *拉力误差*

钢尺在丈量时所受拉力应与检定时的拉力相同。若拉力变化 2.6 kg，尺长将改变 1 mm。

6. *丈量误差*

丈量时在地面上尺端点位置处插测钎不准，前、后尺手配合不佳，余长读数不准等都会引起丈量误差，这种误差对丈量结果的影响可正可负，大小不定。在丈量中要尽量做到对点准确，配合协调。

（二）钢尺量距的注意事项

（1）钢尺须检定后才能使用，精度要求高时进行尺长改正和温度改正。

（2）量距时拉钢尺要既平又稳，拉力要符合要求，采用斜拉法时要进行倾斜改正。

（3）注意钢尺零刻划线位置，以免量错。

（4）读数应准确，记录要清晰，严禁涂改数据，要防止 6 与 9 误读、10 和 4 误听。

（5）钢尺在路面上丈量时，应防止人踩、车碾。钢尺卷结时不能硬拉，必须解除卷结后再拉，以免钢尺折断。

（6）量距结束后，用软布擦去钢尺上的泥土和水，以防止生锈。

（7）不准将钢尺沿地面拖拉，以免磨损尺面分划。

课题 2　普通视距测量

一、视距测量的计算公式

（一）望远镜视线水平时测量平距和高差的计算公式

如图 4-10 所示，测地面 M、N 两点的水平距离和高差，在 M 点安置仪器，在 N 点竖立视距尺，当望远镜视线水平时，水平视线与标尺垂直，中丝读数为 V，上下视距丝在视距尺上 A、B 的位置读数之差称为视距间隔，用 L 表示。

1. *水平距离计算公式*

设仪器中心到物镜中心的距离为 δ，物镜焦距为 f，物镜焦点 F 到 N 点的水平距离为 d，

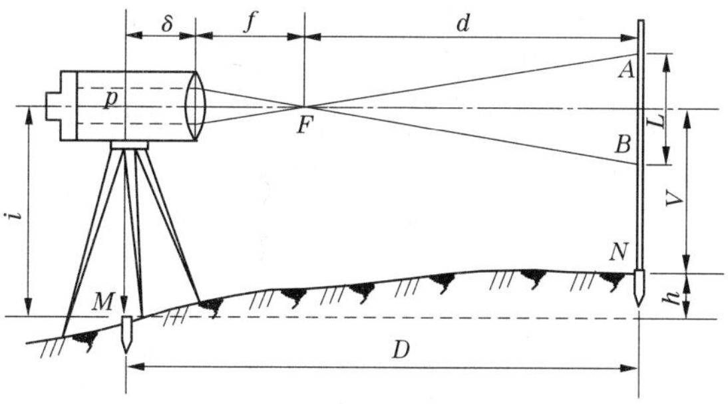

图 4-10　视距测量

由图 4-10 可知 M、N 两点间的水平距离为 $D = d + f + \delta$，根据图中相似三角形成比例的关系得两点间水平距离为

$$D = \frac{f}{p} \times L + f + \delta \qquad (4\text{-}6)$$

式中：f/p 为视距乘常数，用 K 表示，其值在设计中为 100；$f + \delta$ 为视距加常数，仪器设计为 0。

视线水平时水平距离公式为

$$D = KL \qquad (4\text{-}7)$$

式中：K 为视距乘常数，其值等于 100；L 为视距间隔。

2. 高差的计算公式

M、N 两点间的高差由仪器高 i 和中丝读数 V 求得，即

$$h = i - V \qquad (4\text{-}8)$$

式中：i 为仪器高，即地面点至仪器横轴中心的高度。

（二）望远镜视线倾斜时测量平距和高差的公式

在地面起伏比较大的地区进行视距测量时，需要望远镜倾斜才能照准视距标尺读取读数，此时视准轴不垂直于视距标尺，不能用式（4-8）计算距离和高差。如图 4-11 所示，下面介绍视准轴倾斜时求水平距离和高差的计算公式。

视线倾斜时竖直角为 α，上下视距丝在视距标尺上所截的位置为 A、B，视距间隔为 L，求算 M、N 两点间的水平距离 D。首先将视距间隔 L 换算成相当于视线垂直时的视距间隔 $A'B'$ 的距离，按式（4-8）求出倾斜视线的距离 D'，其次利用倾斜视线的距离 D' 和竖直角 α 计算出水平距离 D。因上下丝的夹角 φ 很小，则认为 $\angle AA'O$ 和 $\angle BB'O$ 为 90°，设将视距尺旋转 α 角，根据三角函数得视线倾斜时水平距离计算式为式（4-9），两点高差计算公式为式（4-10）。

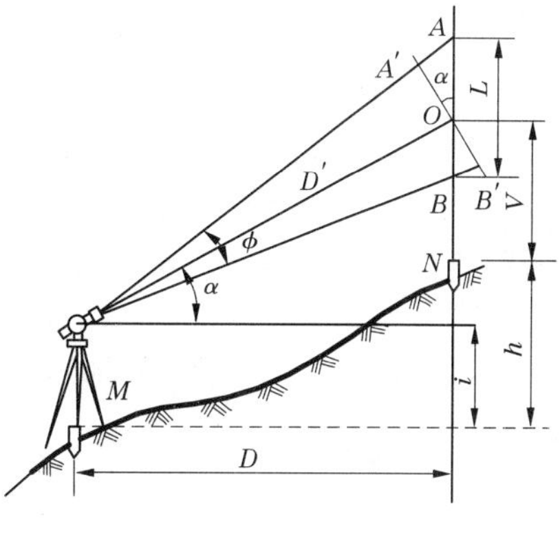

图 4-11　视线倾斜时视距原理

$$D = KL\cos^2\alpha \qquad (4\text{-}9)$$

$$h = D\tan\alpha + i - V \qquad (4\text{-}10)$$

将式（4-9）代入式（4-10）化简后得：

$$h = \frac{1}{2}KL\sin 2\alpha + i - V \tag{4-11}$$

式中:L 为上、下视距丝在标尺上的读数之差;i 为仪器高度; V 为十字丝的中丝在标尺上的读数;K 为视距乘常数($K=100$);α 为视线倾斜时的竖直角。

为了计算简便,在实际工作中,通常使中横丝照准标尺上与仪器同高处,使 $i=V$,则上述计算高差的公式简化为

$$h = \frac{1}{2}KL\sin 2\alpha \tag{4-12}$$

现在视距测量的计算工具主要是电子计算器,最好使用程序型的计算器,事先将视距计算公式和高差计算公式输入计算器中,使用快捷方便,不容易出现计算错误。

二、视距测量观测方法

(1)如图 4-11 所示,将经纬仪安置于 M 点,量取仪器高度 i(仪器横轴中心至地面点的距离),在 N 点竖立视距尺。

(2)望远镜照准 N 点视距尺,使中丝读数为仪器高,分别读取上、下丝读数。

(3)转动竖盘水准管定平螺旋,使气泡居中(或打开竖盘自动归零装置)。读取竖盘读数。

(4)根据视距间隔、竖直角,按式(4-9)、式(4-12)计算水平距离和高差。

三、视距测量的误差及注意事项

影响视距测量精度的因素很多,但主要有以下几个方面,在测量时应加以注意。

(一)视距尺倾斜误差

视距公式是在视距尺铅垂竖直的条件下推得的,视距尺倾斜对视距测量的影响与竖直角的大小有关,竖直角越大,对视距测量的影响越大,特别在山区测量时,应尽量扶直视距尺。

(二)读数误差的影响

用视距丝在视距尺上读数的误差是影响视距测量精度的主要因素。读数误差与视距尺最小分划的宽度、距离远近、望远镜的放大倍数及成像的清晰程度等因素有关。所以,在作业时,应使用厘米刻划的板尺。应根据测量精度限制最远视距,使成像清晰,消除视差,读数仔细。

(三)外界条件的影响

试验证明,当视线接近地面时,垂直折光引起视距尺上的读数误差较大。因此,观测时应尽可能使视线离地面 1 m 以上以减小大气折光的影响。避免在烈日强光等不利天气条件下进行观测。

课题 3　光电测距仪测距

一、测距原理

目前测距仪品种和型号繁多,但其测距原理基本相同,分为脉冲式和相位式两种。

(一)脉冲式光电测距仪测距原理

脉冲式光电测距仪是通过直接测定光脉冲在待测距

离两点间往返传播的时间 t，来测定测站至目标的距离 D。如图 4-12 所示，用测距仪测定两点间的距离 D，在 A 点安置测距仪，在 B 点安置反射棱镜。由测距仪发射的光脉冲，经过距离 D 到达反射棱镜，再反射回仪器接收系统，所需时间为 t，则距离 D 即可按下式求得

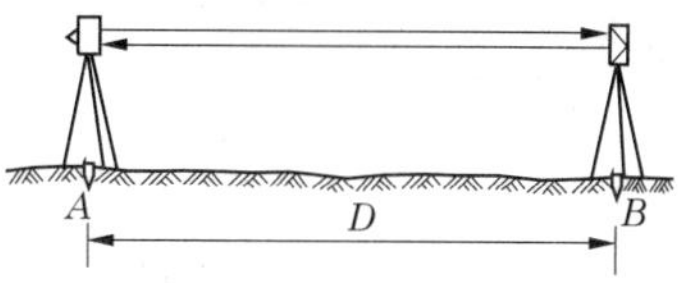

图 4-12　脉冲式光电测距原理

$$D = \frac{1}{2}Ct \tag{4-13}$$

式中：C 为光波在大气中的传播速度。根据物理学的基本公式有

$$C = \frac{C_0}{n} \tag{4-14}$$

C_0 为光波在真空中的传播速度，为一常数，$C_0 = (299\ 792\ 458 \pm 1.2)\mathrm{m/s}$；$n$ 为大气的折射率，是温度、湿度、气压和工作波长的函数，即 $n = f(t_1、e_1、p_1、\lambda)$，因而有

$$D = \frac{C_0}{2n}t \tag{4-15}$$

由式(4-15)可看出，在能精确测定大气折射率 n 的条件下，光电测距仪的精度取决于测定光波的往返传播时间的精确度。由于精确测定光波的往返传播时间较困难，因此脉冲式测距仪的精度难以提高，目前市场上计时脉冲测距仪多为厘米级精度范围，要提高精度，必须采用间接测时手段——相位法测时。

(二)相位式光电测距仪测距原理

相位式光电测距仪是通过光源发出连续的调制光，通过往返传播产生相位差，间接计算出传播时间，从而计算距离。

红外测距仪以砷化镓发光二极管作为光源。若给砷化镓发光二极管注入一定的恒定电流，它发出的红外光，其光强恒定不变；若改变注入电流的大小，砷化镓发光二极管发射的光强也随之变化，注入电流大，光强就强，注入电流小，光强就弱。若在发光二极管上注入的是频率为 f 的交变电流，则其光强也按频率 f 发生变化，这种光称为调制光。相位法测距发出的光就是连续的调制光。

调制光波在待测距离上往返传播，其光强变化一个整周期的相位差为 2π，将仪器从 A 点发出的光波在测距方向上展开，如图 4-13 所示，显然，返回 A 点时的相位比发射时延迟了 φ 角，其中包含了 N 个整周($2\pi N$)和不足一个整周的尾数 $\Delta\varphi$，即

$$\varphi = 2\pi N + \Delta\varphi \tag{4-16}$$

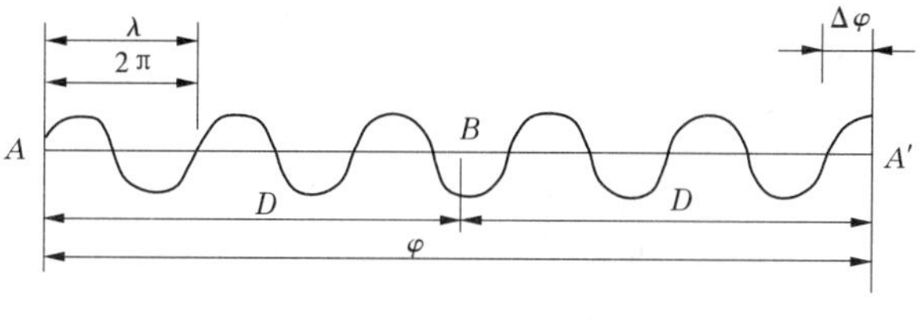

图 4-13　相位式光电测距原理

若调制光波的频率为 f，波长为 $\lambda = \dfrac{C}{f}$，则有

$$\varphi = 2\pi ft = 2\pi Ct/\lambda \tag{4-17}$$

将式(4-16)代入式(4-17),可得

$$t = \frac{\lambda}{C}\left(N + \frac{\Delta\varphi}{2\pi}\right) \tag{4-18}$$

将式(4-18)代入式(4-13),得

$$D = \frac{\lambda}{2}\left(N + \frac{\Delta\varphi}{2\pi}\right) \tag{4-19}$$

与钢尺量距公式相比,若把 $\lambda/2$ 视为整尺长,则 N 为整尺段数,$(\lambda/2) \times (\Delta\varphi/2\pi)$ 为不足一个整尺的余数,所以通常就把 $\lambda/2$ 称为“光尺”长度。

由于测距仪的测相装置只能测定不足一个整周期的相位差 $\Delta\varphi$,不能测出整周数 N 的值,因此只有当光尺长度大于待测距离时,$N=0$,距离方可以确定,否则就存在多值解的问题。换句话说,测程与光尺长度有关。要想使仪器具有较大的测程,就应选用较长的“光尺”。例如用 10 m 的“光尺”,只能测定小于 10 m 的数据;若用 1 000 m 的“光尺”,则能测定小于 1 000 m 的距离。但是,由于仪器存在测相误差,它与“光尺”长度成正比,约为1/1 000的光尺长度,因此“光尺”长度越长,测距误差就越大。10 m 的“光尺”测距误差为 ±10 mm,而1 000 m的“光尺”测距误差则达到 ±1 m。为解决测程产生的误差问题,目前多采用两把“光尺”配合使用。一把的调制频率为 15 MHz,“光尺”长度为 10 m,用来确定分米、厘米、毫米位数,以保证测距精度,称为“精尺”;一把的调制频率为 150 kHz,“光尺”长度为1 000 m,用来确定米、十米、百米位数,以满足测程要求,称为“粗尺”。把两尺所测数值组合起来,即可直接显示精确的测距数字。

二、红外测距仪及使用

目前国内外生产的红外测距仪型号很多,虽然它们的基本工作原理和结构大致相同,但具体的操作方法还是有所差异。因此,使用时应认真阅读说明书,严格按照仪器的使用手册进行操作。

下面以日本索佳的 REDmini2 测距仪为例,进行简要介绍。

(一)仪器构造

REDmini2 仪器的各操作部件如图 4-14 所示。测距仪常安置在经纬仪上同时使用。测距仪的支架座下有插孔及制紧螺旋,可使测距仪牢固地安装在经纬仪的支架上。测距仪的支架上有垂直制动螺旋和微动螺旋,可以使测距仪在竖直面内俯仰转动。测距仪的发射接收目镜内有十字丝分划板,用以瞄准反射棱镜。

反射棱镜通常与照准觇牌一起安置在单独的基座上,如图 4-15 所示,测程较近时(通常在 500 m 以内)用单棱镜,测程较远时可换三棱镜组。

(二)仪器安置

(1)在测站点上安置经纬仪,其高度应比单纯测角度时低约 25 cm。

(2)将测距仪安装到经纬仪上,要将支架座上的插孔对准经纬仪支架上的插栓,并拧紧固定螺旋。

(3)在主机底部的电池夹内装入电池盒,按下电源开关键,显示窗内显示“8888888”约 2 s,此时为仪器自检,当显示“ -30. 000”时,表示自检结果正常。

(4)在待测点上安置反射棱境,用基座上的光学对中器对中,整平基座,使觇牌面和棱

镜面对准测距仪所在方向。

(三)距离测量

(1)用经纬仪望远镜中的十字丝中心瞄准目标点上的觇牌中心,读取竖盘读数,计算出竖直角 a。

(2)上、下转动测距仪,使其望远镜的十字丝中心对准棱镜中心,左、右方向如果不对准棱镜中心,则调整支架上的水平方向调节螺旋,使其对准。

(3)开机,主机发射的红外光经棱镜反射回来,若仪器收到足够的回光量,则显示窗下方显示“*”。若“*”不显示,或显示暗淡,或忽隐忽现,则表示未收到回光,或回光不足,应重新瞄准棱镜。

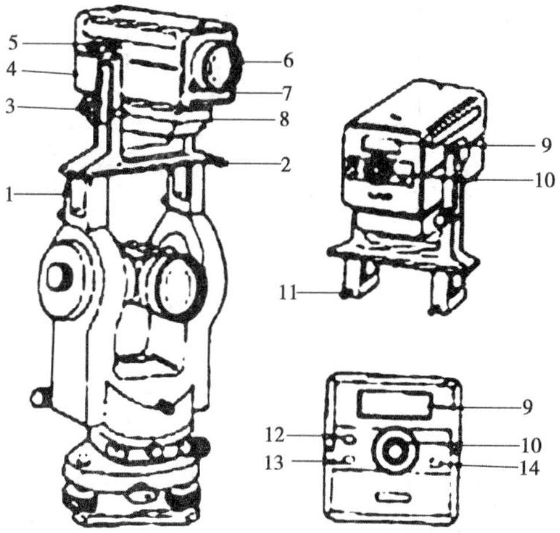

1—支架座;2—水平方向调节螺旋;3—垂直微动螺旋;4—测距仪主机;5—垂直制动螺旋;6—发射接收镜物镜;7—数据传输接口;8—电池;9—显示窗;10—发射接收镜目镜;11—支架固定螺旋;12—测距模式键;13—电源开关;14—测量键

图 4-14　REDmini2 测距仪

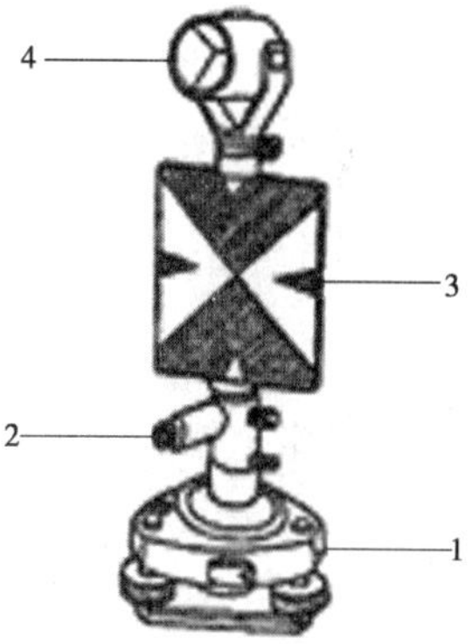

1—基座;2—光学对中目镜;3—照准觇牌;4—反射棱镜;

图 4-15　反射棱镜与觇牌

(4)显示窗显示“*”后,按测量键,发生短促音响,表示正在进行测量,显示测量记号“⊿”,并不断闪烁,测量结束时,又发生短促音响,显示测得斜距。

(5)初次测距显示后,继续进行距离测量和斜距数值显示,直至再次按测量键,即停止测量。

(6)如果要进行跟踪测距,则在按下电源开关键后,再按测距模式键,则每 0.3 s 显示一次斜距值(最小显示单位为厘米),再次按测距模式键,则停止跟踪测量。

(7)当测距精度要求较高时(例如相对精度为 1/10 000 以上),则测距同时应测定气温和气压,以便进行气象改正。

(四)距离计算

测距仪器由丁受本身和外界因素影响,所测得的距离只是斜距的初步值,还需进行改正数计算,才能得到正确的水平距离。

1. 常数改正

常数改正包括加常数改正和乘常数改正两项。加常数 C 是由于发光管的发射面、接收面与仪器中心不一致，反光镜的等效反射面与反光镜中心不一致，内光路产生相位延迟及电子元件的相位延迟使得测距仪测出的距离值与实际距离值不一致。此常数差在仪器出厂时预置在仪器中，但是由于仪器在搬运过程中的震动、电子元件的老化等，常数还会变化，因此还会有剩余加常数，这个常数要经过仪器检测求定，在测距中加以改正。

仪器乘常数 R 主要是指仪器实际的测尺频率与设计时的频率有了偏移，使测出的距离存在着随距离而变化的系统误差，其比例因子称为乘常数。此项差值也应通过检测求定，在测距中加以改正。

2. 气象改正

当距离大于 2 km 或温度变化较大时，要求进行气象改正计算。由于各类仪器采用的波长及标准温度不尽相同，因此气象改正公式中个别系数也略有不同。REDmini2 红外测距仪以 $t = 15$ ℃、$P = 101.3$ kPa 为标准状态。在一般大气状态下，其改正公式为

$$\Delta D = [278.96 - 0.3872P/(1 + 0.00366t)]D \tag{4-20}$$

式中：P 为气压值，mmHg；t 为摄氏温度，℃；D 为测量的斜距，km；ΔD 为距离改正值，mm。

3. 平距计算

利用测定的斜距和天顶距用下式计算平距

$$D = D_{斜} \cdot \sin z \tag{4-21}$$

三、使用测距仪的注意事项

(1) 仪器在运输时必须注意防潮、防震和防高温。测距完毕立即关机。迁站时应先切断电源，切忌带电搬动。电池要经常进行充、放电保养。

(2) 测距仪物镜不可对着太阳或其他强光源（如探照灯等），以免损坏光敏二极管，在阳光下作业须撑伞。

(3) 防止雨淋仪器，若经雨淋，须烘干（不高于 50 ℃）或晾干后再通电，以免发生短路，烧毁电气元件。

(4) 设置测站时，应远离变压器、高压线等，以防强电磁场的干扰。

(5) 应避免测线两侧及镜站后方有反光物体（如房屋玻璃窗、汽车挡风玻璃等），以免背景干扰产生较大测量误差。

(6) 测线应高出地面和离开障碍物 1.3 m 以上。

(7) 选择有利的观测时间，一天中，上午日出后 0.5 ~ 1.5 h、下午日落前 0.5 ~ 3 h 为最佳观测时间，阴天、有微风时，全天都可以观测。

课题 4　直线定向

一、标准方向的种类

（一）真子午线方向

通过地面上一点并指向地球南北极的方向线，称为该点的真子午线方向。真子午线方向是用天文测量方法测定的。指向北极星的方向可近似地作为真子午线的方向。

(二)磁子午线方向

通过地面上一点的磁针,在自由静止时其轴线所指的方向,称为磁子午线方向。磁子午线方向可用罗盘仪测定。

由于地磁两极与地球两极不重合,致使磁子午线与真子午线之间形成一个夹角,称为磁偏角,用符号 δ 表示。磁子午线北端偏于真子午线以东为东偏,δ 为正;以西为西偏,δ 为负。

(三)坐标纵轴方向

由于地球上各点的子午线互相不平行,而是向两极收敛,为测量、计算工作的方便,常以平面直角坐标系的纵坐标轴为标准方向,即是指高斯投影带中的中央子午线方向。在工程中常用坐标纵轴方向为标准方向,即指北方向。

真子午线与坐标纵轴间的夹角称为子午线收敛角,用符号 γ 表示。坐标纵轴北端在真子午线以东为东偏,γ 为正;坐标纵轴北端在真子午线以西为西偏,γ 为负。如图 4-16 所示。

二、直线方向的表示方法

通常用方位角和象限角来表示直线的方向。

(一)方位角

从标准方向北端起,顺时针方向量到某直线的夹角,称为该直线的方位角。如图 4-17 所示,因基本方向有三种,所以方位角也有三种。

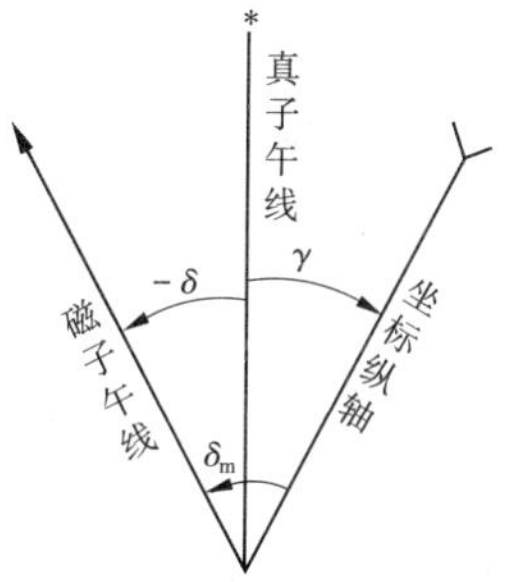

图 4-16　三种标准方向之间关系

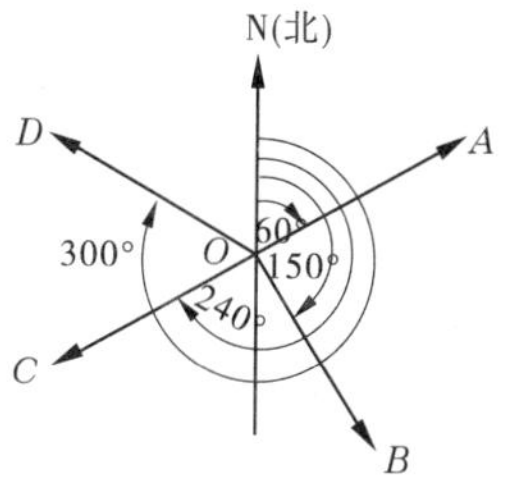

图 4-17　坐标方位角

以真子午线为基本方向线,所得方位角称为真方位角,一般以 A 表示。

以磁子午线为基本方向线,则所得方位角称为磁方位角,一般以 $A_{磁}$ 来表示。

以坐标纵轴为基本方向线所得方位角,称为坐标方位角(有时简称方位角),通常以 α 来表示,角值范围 0°~360°。

(二)正反坐标方位角

一条直线有正反两个方向,通常以直线前进的方向为正方向。由图 4-18 中可以看出一条直线正反方位角的数值相差 180°,即

$$\alpha_{正} = \alpha_{反} \pm 180° \tag{4-22}$$

(三)象限角

测量上有时用象限角来确定直线的方向。所谓象限角,就是由标准方向的北端或南端起量至某直线所夹的锐角,常用 R 表示,角值范围为 0°~90°。

(四)坐标方位角和象限角的换算关系

坐标方位角和象限角均是表示直线方向的方法,它们之间既有区别又有联系。在实际

测量中经常用到它们之间的互换，由图 4-19 可以推算出它们之间的互换关系，见表 4-2。

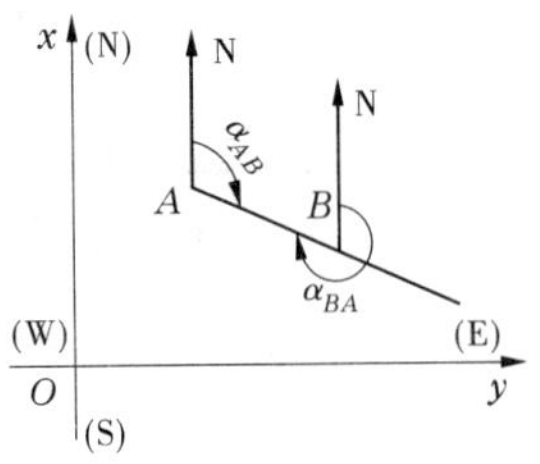

图 4-18　正、反坐标方位角

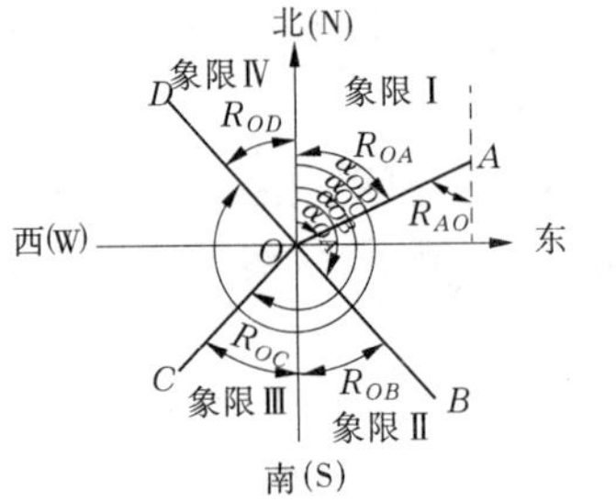

图 4-19　坐标方位角与象限角

表 4-2　坐标方位角和象限角的换算

直线方向	由坐标方位角 α 求象限角 R	由象限角 R 求坐标方位角 α
第Ⅰ象限(北东)	$R=\alpha$	$\alpha=R$
第Ⅱ象限(南东)	$R=180°-\alpha$	$\alpha=180°-R$
第Ⅲ象限(南西)	$R=\alpha-180°$	$\alpha=180°+R$
第Ⅳ象限(北西)	$R=360°-\alpha$	$\alpha=360°-R$

【例 4-1】　某直线 AB，已知正坐标方位角 $\alpha_{AB}=334°31'48''$，试求 α_{BA}、R_{AB}、R_{BA}。

解：$\alpha_{BA}=334°31'48''-180°=154°31'48''$

$R_{AB}=360°-334°31'48''=25°28'12''\mathrm{NW}$

$R_{BA}=180°-154°31'48''=25°28'12''\mathrm{SE}$

三、罗盘仪的使用

罗盘仪是主要用来测量直线的磁方位角的仪器，也可以粗略地测量水平角和竖直角，还可以进行视距测量。

(一) 罗盘仪的构造

罗盘仪主要由刻度盘、望远镜和磁针三部分组成，如图 4-20 所示。

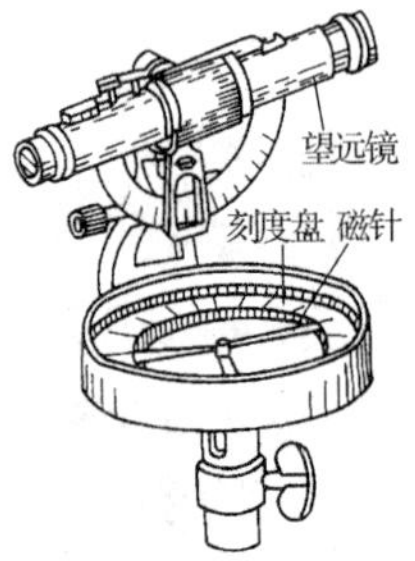

图 4-20　罗盘仪

(二) 直线磁方位角的测量

(1) 将仪器搬到测线的一端，并在测线另一端插上花杆。

(2) 安置仪器。

①对中。将仪器装于三脚架上，并挂上垂球后，移动三脚架，使垂球尖对准测站点，此时仪器中心与地面点处于同一条铅垂线上。

②整平。松开仪器球形支柱上的螺旋，上、下俯仰度盘位置，使度盘上的两个水准气泡同时居中，旋紧螺旋，固定度盘，此时罗盘仪主盘处于水平位置。

(3) 瞄准读数。

①转动目镜调焦螺旋，使十字丝清晰。

②转动罗盘仪，使望远镜对准测线另一端的目标，调节调焦螺旋，使目标成像清晰稳定，

再转动望远镜，使十字丝对准立于测点上的花杆的最底部。

③松开磁针制动螺旋，等磁针静止后，从正上方向下读取磁针指北端所指的读数，即为测线的磁方位角。

④读数完毕后，旋紧磁针制动螺旋，将磁针顶起以防止磁针磨损。

（三）使用罗盘仪注意事项

（1）在磁铁矿区或离高压线、无线电天线、电视转播台等较近的地方不宜使用罗盘仪，有电磁干扰现象。

（2）观测时，一切铁器等物体（如斧头、钢尺、测钎等）不要接近仪器。

（3）读数时，眼睛的视线方向与磁针应在同一竖直面内，以减小读数误差。

（4）观测完毕后搬动仪器应拧紧磁针制动螺旋，固定好磁针以防损坏磁针。

四、距离、方位角与坐标之间的关系

（一）距离与坐标的关系

当已知地面上 A、B 两点的坐标时，可以用坐标反算两点间的水平距离 D，其计算公式为

$$D = \sqrt{(x_A - x_B)^2 + (y_A - y_B)^2} \tag{4-23}$$

（二）坐标方位角与坐标的关系

当已知地面上 A、B 两点的坐标时，可用坐标反算方位角 α_{AB}，其计算公式为

$$\alpha_{AB} = \arctan \frac{y_B - y_A}{x_B - x_A} \tag{4-24}$$

按不同象限分别讨论：

当 AB 直线位于第Ⅰ象限时，即 $x_B - x_A > 0$ 和 $y_B - y_A > 0$，坐标方位角计算公式与式(4-24)相同；

当 AB 直线位于第Ⅱ象限时，即 $x_B - x_A < 0$ 和 $y_B - y_A > 0$，坐标方位角计算公式为

$$\alpha_{AB} = 180° - \arctan \frac{y_B - y_A}{x_B - x_A}$$

当 AB 直线位于第Ⅲ象限时，即 $x_B - x_A < 0$ 和 $y_B - y_A < 0$，坐标方位角计算公式为

$$\alpha_{AB} = \arctan \frac{y_B - y_A}{x_B - x_A} + 180°$$

当 AB 直线位于第Ⅳ象限时，即 $x_B - x_A > 0$ 和 $y_B - y_A < 0$，坐标方位角计算公式为

$$\alpha_{AB} = 360° - \arctan \frac{y_B - y_A}{x_B - x_A}$$

课题 5　电子全站仪测距

全站仪是由电子测角、光电测距、电子计算和数据存储等单元组成的三维坐标测量系统，是能自动显示测量结果，能与外围设备交换信息的多功能测量仪器。由于仪器较完善地实现了测量和处理过程的电子一体化，所以人们通常称之为全站型电子速测仪，简称全站仪。它将电子经纬仪和光电测距仪融为一体，共用一个光学望远镜，使用起来很方便。

全站仪的电子记录装置由存储器、微处理器、输入和输出部分组成。由微处理器对获取的斜距、水平角、竖直角、视准轴误差、指标差、棱镜常数、气温、气压等信息进行处理，获得各种改正后的数据。在只读存储器中固化了一些常用的测量程序，如坐标测量、导线测量、放样测量、后方交会等，只要进入相应的测量程序模式，输入已知数据，便可依据程序进行测量，获取观测数据，并解算出相应的测量结果。通过输入、输出设备，可以与计算机交互通信，将测量数据直接传输给计算机，在软件的支持下，进行计算、编辑和绘图。测量作业所需要的已知数据也可以从计算机输入全站仪，可以实现整个测量作业的高度自动化。

全站仪的种类很多，目前常用的全站仪主要有瑞士徕卡(Leica)的 TPS 系列，日本索佳(Sokkia)的 SET 系列、拓扑康(Topcon)的 GTS 系列、尼康(Nikon)的 DTM 系列，以及我国的南方、苏一光、博飞等系列。各种型号仪器的基本结构大致相同，工作原理也基本相同，仅是键盘设计及内置操作程序不同。下面以南方测绘仪器公司生产的南方 NTS－350 系列全站仪为例，介绍光电测距方法。

一、南方 NTS－350 全站仪简介

南方 NTS－350 系列全站仪的测距精度为 3 mm $+2\times10^{-6}$，即固定测距中误差为 ±3 mm，与距离成比例增大的测距中误差为 ±2 mm/km；使用单反光镜的最大测程为 1.8 km，使用三反光镜的最大测程为 2.6 km。南方 NTS－350 系列全站仪的基本构造如图 4-21 所示。

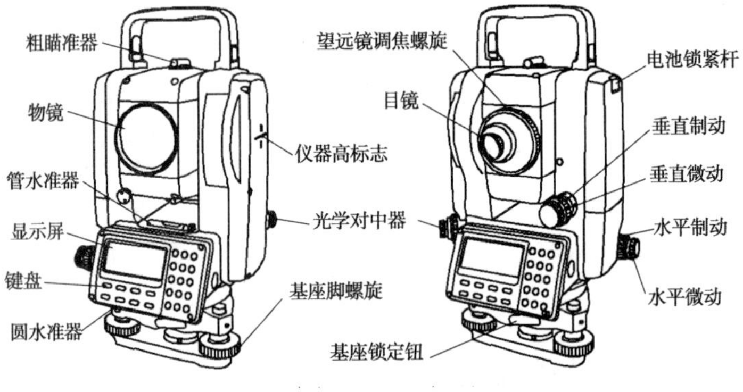

图 4-21　南方 NTS－350 全站仪

南方 NTS－350 系列全站仪除能进行角度和距离测量外，还能进行高程测量、坐标测量、坐标放样，以及对边测量、悬高测量、偏心测量、面积测量等。测量数据可存储到仪器的内存中，能存储 8 000 个点的坐标数据，或者存储 3 000 个点的坐标数据和 3 000 个点的测量数据(原始数据)。所存数据能进行编辑、查阅和删除等操作，能方便地与计算机相互传输数据。南方 NTS－350 系列全站仪的竖直角采用电子自动补偿装置，可自动测量竖直角。

二、反光棱镜与觇牌

与全站仪配套使用的反光棱镜与觇牌如图 4-15 所示，由于全站仪的望远镜视准轴与测距发射接收光轴是同轴的，故反光棱镜中心与觇牌中心一致。对中杆棱镜组的对中杆与两条铝脚架一起构成简便的三脚架系统，操作灵活方便，在低等级控制测量和施工放线测量中

应用广泛。在精度要求不很高时，还可拆去其两条铝脚架，单独使用一根对中杆，携带和使用更加方便。

（一）棱镜组的安置

如图 4-22（a）所示，将基座安放到三脚架上，利用基座上的光学对中器和基座螺旋进行对中整平，具体方法与光学经纬仪相同。将反光棱镜和觇牌组装在一起，安放到基座上，再将反光面朝向全站仪，如果需要观测高程，则用小钢尺量取棱镜高度，即地面标志到棱镜或觇牌中心的高度。

（二）对中杆棱镜组的安置

如图 4-22（b）所示，使用对中杆棱镜组时，将对中杆的下尖对准地面测量标志，两条架腿张开合适的角度并踏稳，双手分别握紧两条架腿上的握式锁紧装置，伸缩架腿长度，使圆气泡居中，便完成对中整平工作。对中杆的高度是可伸缩的，在接头处有杆高刻划标志，可根据需要调节棱镜的高度，刻划读数即为棱镜高度。

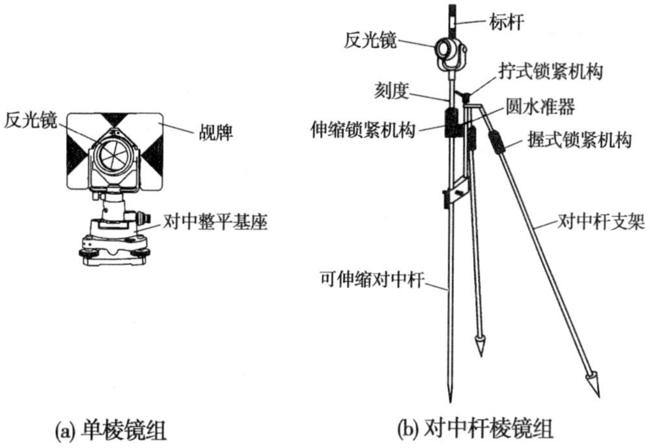

图 4-22　全站仪反光棱镜组

三、南方 NTS－350 全站仪的使用

（一）安置仪器

将全站仪安置在测站上，对中整平，方法与经纬仪相同，注意全站仪脚架的中心螺旋与经纬仪脚架不同，两种脚架不能混用。安置反光镜于另一点上，经对中整平后，将反光镜朝向全站仪。

（二）开机及初始化

按面板上的 POWER 键打开电源，按 F1（↓）或 F2（↑）键调节屏幕文字的对比度，使其清晰易读；转动一下照准部和望远镜，完成仪器的初始化，此时仪器一般处于测角状态。面板见图 4-23，有关键盘符号的名称与功能如下：

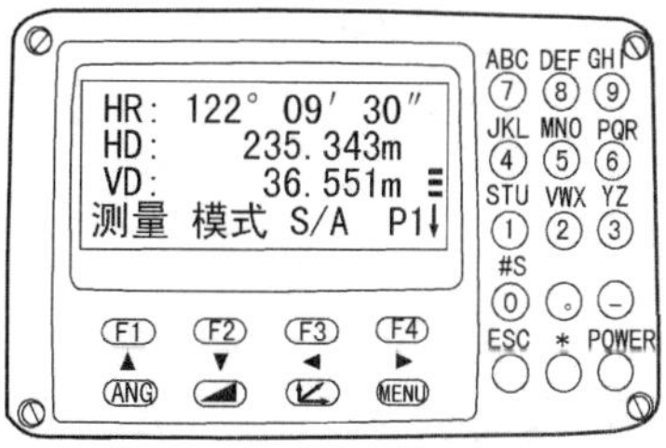

图 4-23　南方 NTS－350 全站仪面板

ANG（▲）—— 角度测量键（上移键），进入角度测量模式（上移光标）。

◢(▼) —— 距离测量键(下移键),进入距离测量模式(下移光标)。

⊡(◀) —— 坐标测量键(左移键),进入坐标测量模式(左移光标)。

MENU(▶)—— 菜单键(右移键),进入菜单模式(右移光标),可进行各种程序测量、数据采集、放样和存储管理等。

ESC 退出键 —— 返回上一级状态或返回测量模式。

＊键 —— 进入参数设置状态。

POWER——电源开关键,短按开机,长按关机。

F1 ~ F4 功能键 —— 对应于显示屏最下方一排所示信息的功能,具体功能随不同测量状态而不同。

0 ~ 9 数字键 —— 输入数字和字母、小数点、负号。

全站仪标准测量模式有三种,即角度测量模式、距离测量模式和坐标测量模式。各测量模式又有若干页,可以用 F4 功能键进行翻页。如图 4-24 所示。

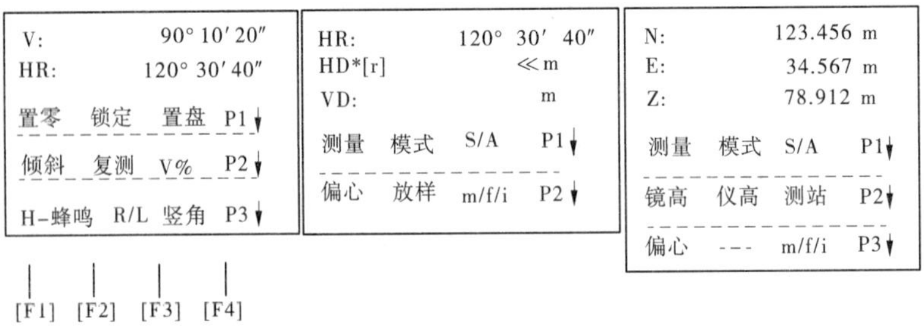

(a)角度测量模式　　(b)距离测量模式　　(c)坐标测量模式

图 4-24　全站仪的三种标准测量模式

(三)温度、气压和棱镜常数设置

全站仪测距时发射红外光的光速随大气的温度和压力而改变,进行温度和气压设置,是通过输入测量时测站周围的温度和气压,由仪器自动对测距结果实施大气改正。棱镜常数是指仪器红外光经过棱镜反射回来时,在棱镜处多走了一段距离,这个距离对同一型号的棱镜来说是固定的,例如南方全站仪配套的棱镜为 30 mm,测距结果应减去 30 mm 才能抵消其影响,-30 mm 即为棱镜常数,在测距时输入全站仪,由仪器自动进行改正,显示正确的距离值。

预先测得测站周围的温度和气压。例:温度 +25 ℃,气压 1 017.5 Pa。按◢键进入测距状态,按 F3 键执行[S/A]功能,进入温度、气压和棱镜常数设置状态,再按 F3 键执行[T-P]功能,先进入温度、气压设置状态,依次输入温度 25 ℃和气压 1 017.5 Pa,按 F4 回车确认,见图 4-25(a)。按 ESC 键退回到温度、气压和棱镜常数设置状态,按 F1 键执行“棱镜”功能,进入棱镜常数设置状态,输入棱镜常数(-30),按 F4 回车确认,见图 4-25(b)。

(四)距离测量

照准棱镜中心,按◢键,距离测量开始,1 ~ 2 s 后在屏幕上显示水平距离 HD,例如“HD:235.342 m”,同时屏幕上还显示全站仪中心与棱镜中心之间的高差 VD,例如“VD:36.551 m”,见图 4-25(c)。如果需要显示斜距,则按◢键,屏幕上便显示斜距 SD,例如

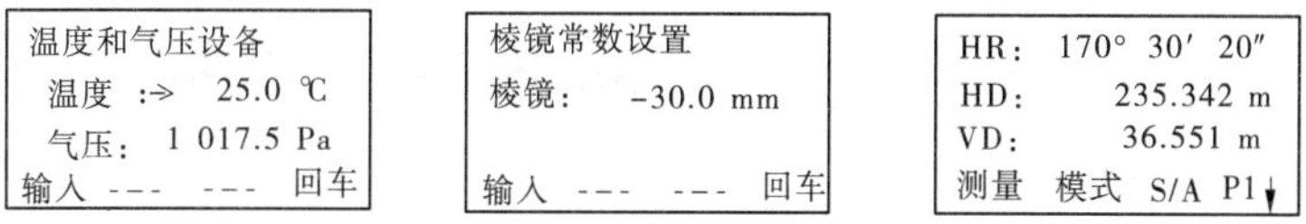

(a) (b) (c)

图 4-25 温度、气压、棱镜常数设置和测距屏幕

“SD:241.551”。

测距结束后,如需要再次测距,按 F1 键执行“测量”即可。如果仪器连续地反复测距,说明仪器当时处于“连续测量”模式,可按 F1 键,使测量模式由“连续测量”转为“N 次测量”,当光电测距正在工作时,再按 F1 键,测量模式又由“N 次测量”转为“连续测量”。

仪器在测距模式下,即使还没有完全瞄准棱镜中心,只要有回光信号,便会进行测距,因此一般先按 ANG 键进入角度测量状态,瞄准棱镜中心后,再按◢键测距。

全站仪测距时有精测、跟踪和粗测三种测量模式,测量时可根据工作需要选合适的测量模式。精测模式是正常的测距模式,最小显示单位为 0.2 mm 或 1 mm,其测量时间为 0.2 mm 模式下大约 2.8 s,1 mm 模式大约为 1.2 s,用于精度要求高的情况。跟踪模式观测时间要比精测模式短,最小显示单位为 10 mm,测量时间约为 0.4 s,用于每隔一定的时间测量一次,适合对不断移动目标的观测。由于需要持续测量,耗电量较大。粗测模式的观测时间比精测模式短,最小显示单位为 10 mm 或 1 mm,测量时间约为 0.7 s,用于精度要求相对不太高的情况,可加快测量速度。

(五)角度测量

角度测量是全站仪的基本功能之一,开机一般默认进入测量角状态,南方 NTS-350 也可按 ANG 键进入测角状态,屏幕上的“V”为竖直角读数,“HR”(度盘顺时针增大)或“HL”(度盘逆时针增大)为水平度盘读数,水平角置零等操作按 F1~F4 功能键完成,具体操作方法与电子经纬仪基本相同。

小 结

1. 距离测量

(1)地面两点的连线铅垂投影到水平面上的长度称为水平距离,简称平距;地面上高程不同的两点的连线长度称为倾斜距离,简称斜距。距离测量的目的就是测算平距。

(2)距离测量的常用方法有钢尺量距、视距测量和光电测距。

(3)为了检核丈量错误和提高成果精度,通常采用往返丈量进行比较,即相对误差表示,符合精度要求时,取往返丈量平均值作为丈量结果。

2. 直线定向

(1)直线定向的概念:一条直线的方向,是根据某一标准方向来确定的。确定直线与标准方向之间的关系,称为直线定向。

(2)坐标方位角推算:若已知第一条直线的坐标方位角,便可依次推算出其他各条相连直线的坐标方位角。

技能训练九　距离丈量和磁方位角的测定

一、目的和要求

(1)掌握钢尺量距的一般方法。

(2)学会使用罗盘仪测定直线的磁方位角。

(3)要求往、返丈量距离,相对误差不大于1/3 000,往、返测定磁方位角,误差不大于1°。

二、仪器和工具

钢尺1把,罗盘仪1个,标杆3个,测钎6个,木桩2根,斧子1把,记录本1本。

三、方法和步骤

(1)在地面选择相距约100 m的A、B两点,打下木桩,桩顶钉一小钉或画十字作为点位,在A、B两点的外侧竖立标杆。

(2)后尺手执尺零端,插一根测钎于起点A,前尺手持尺盒(或尺把)并携带其余测钎沿AB方向前进,行至一尺段处停下。

(3)一人立于B点后1~2 m处定线,指挥持标杆者将标杆左、右移动,使其插在AB方向的直线上。

(4)后尺手将尺零点对准点A,前尺手沿直线拉紧钢尺,在尺末端刻线处的地面上竖直地插下测钎,这样便量完了一个尺段。后尺手拔起A点测钎与前尺手共同举尺前进。同法继续丈量其余各尺段,每量完一个尺段,后尺手都要拔起测钎。

(5)最后,不足一整尺段时,前尺手将某一整数分划对准B点,后尺手在尺的零端读出厘米及毫米数,两数相减求得余长。往测全长$D_{往}=nl+q$(n为整尺段数,l为钢尺长度,q为余长)。

(6)同法由B向A进行返测,但必须重新进行直线定线,计算往、返丈量结果的平均值及相对误差,检查是否超限。

(7)安置罗盘仪于A点,对中、整平后,旋松磁针固定螺丝,放下磁针;用罗盘仪上的望远镜(或觇板)瞄准B点标杆,待磁针静止后,读取磁针北端在刻度盘上的读数,即为AB直线的磁方位角。同法测定BA直线的磁方位角。两者之差与180°相比较,其误差不超过1°时,取平均值作为最后结果。

四、注意事项

(1)钢尺拉出或卷入时不应过快,不得握住尺盒来拉紧钢尺。

(2)钢尺必须经过检定后才能使用。

(3)测磁方位角时,应避开铁器干扰,搬迁罗盘仪时要固定磁针。

五、实验报告

日期__________ 班级__________ 小组__________ 姓名__________ 成绩__________

(一)测量过程描述

(二)钢尺一般量距及磁方位角测定手簿

线段名称	观测次数	整尺段数 n	零尺段长度 l'(m)	线段长度 $D' = nl + l'$(m)	平均长度 D(m)	精度 K	观测磁方位角(° ′)	平均磁方位角(° ′)
	往							
	返							
	往							
	返							
	往							
	返							
	往							
	返							
	往							
	返							
	往							
	返							

注:钢尺长度 l =__________(m)

(三)疑难问题备注

习　题

1. 用钢尺量得 AB、CD 两段距离为：$D_{AB往}=126.885$ m，$D_{AB返}=126.837$ m，$D_{CD往}=204.576$ m，$D_{CD返}=204.624$ m。这两段距离的相对误差各为多少？哪段精度高？

2. 设竖直角计算公式为 $\alpha=90°-L$，试计算表 4-3 中视距测量各栏数据。

表 4-3　视距测量数据

测站：B　　　　测站高程：82.893 m　　　　仪器高：1.42 m

点号	视距 L (m)	中丝读数 (m)	竖盘读数	竖直角	水平距离 (m)	高差 (m)	高程 (m)	备注
1	48.8	3.84	85°12′					
2	32.7	0.89	99°45′					
3	86.4	2.23	78°41′					

3. 如图 4-26 所示，$\alpha_{12}=236°$，五边形各内角分别为 $\beta_1=76°$，$\beta_2=129°$，$\beta_3=80°$，$\beta_4=135°$，$\beta_5=120°$，求其他各边的坐标方位角。

4. 如图 4-27 所示，$\alpha_{AB}=76°$，$\beta_1=96°$，$\beta_2=79°$，$\beta_3=82°$，求 α_{B1}、α_{B2}、α_{B3}。

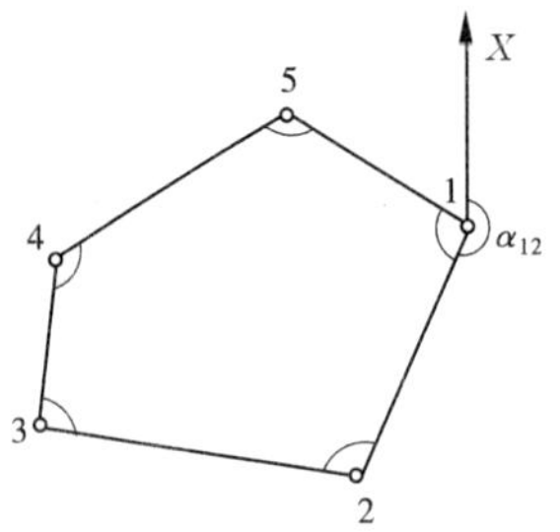

图 4-26　习题 3 图

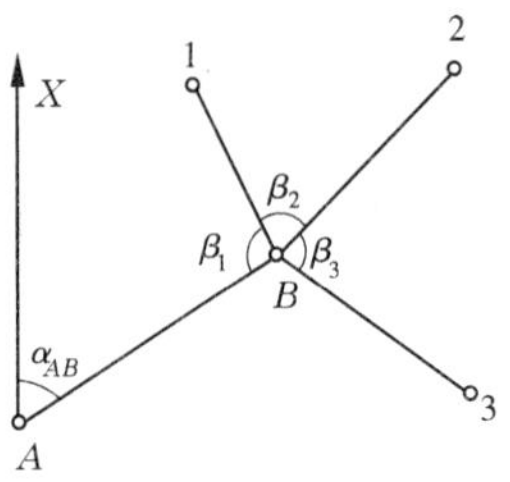

图 4-27　习题 4 图

单元5 测量误差基础

【引言】

在前面几个单元里,我们学习并掌握了角度、距离和高差测量的原理与测量方法,通过对观测结果的分析,我们发现各种观测值中都含有误差。在这一单元里,我们集中讲述有关测量误差的基本知识,其中包括测量误差产生的原因、衡量测量观测精度的标准及各种测量误差的计算方法。

课题1 测量误差概述

一、测量误差的概念

(一)观测值和真值

观测值就是指使用测量仪器或工具对某一未知量进行一系列的观测而得到的数值,例如观测得到的两点之间的高差、两点之间的距离、某个角度值等。

真值就是指在客观上能反映出某一观测量真实大小的数值,例如三角形的内角和180°就是客观上反映了三角形的内角和的真实值。

(二)测量误差

在实际测量工作中,对某一量(如某一个角度、某一段距离或某两点之间的高差等)进行多次观测,得到的各次观测值之间或者观测值与真值之间总是存在着一定的差值,例如观测一个三角形的内角和不等于180°等,那么这种差值就称为测量误差。其中,观测值与真值之间的误差称为真误差,通常用Δ来表示。

若用L表示观测值,X表示真值,则真误差就定义为

$$\Delta = X - L \tag{5-1}$$

二、测量误差的来源

测量误差产生的原因是多种多样的,但是任何观测值都需要人使用测量仪器在一定的外界环境下观测得到,所以测量误差产生的原因可归结为以下三个方面。

(一)观测者的原因

由于观测者感觉器官的局限性导致误差。在进行观测时,尽管观测者非常认真仔细,但由于人的眼睛分辨力有限,在仪器的操作、安置、照准、读数等过程中,都需要通过眼睛的估计和判断,从而就不可避免地会产生误差。例如,在厘米分划的水准尺上,观测者在进行估读时,毫米位数的估读误差是完全有可能产生的。同时,观测者的工作态度和技术水平,对观测成果质量有直接影响。

(二)仪器的原因

测量仪器本身存在误差。测量某一个量,主要是用特定的仪器来进行的,各种不同型号

的仪器都具有一定的精密度，而仪器本身的构造在制作过程中不可能绝对准确，如经纬仪上的刻度分划并不是绝对准确；水准仪的视准轴并不是完全平行于水准管轴，水准尺的刻度分划也会存在误差；J_6 级光学经纬仪小于 6″的读数、水准尺小于 1 mm 的读数一般都读不出来，钢尺的实际长度和名义长度不相符等，这些情况都会使观测产生误差。

（三）外界环境的原因

观测时由于外界环境变化的影响会产生误差。观测时的外界条件随着温度、湿度、风力、照明、大气折光等客观条件的变化而变化，在变化着的环境中进行观测，其结果就必然会产生误差。如在烈日下工作，仪器的各部分受热不同，会导致仪器各部分在构造上的条件发生改变；在不同的光照条件下，对读数的分辨产生的影响不一样；随着温度的改变，钢尺的长度也相应改变，导致距离丈量的结果不同。

上述三方面的因素（仪器、人和客观环境）是产生误差的主要原因，通常称为观测条件。不难看出，观测条件的好坏与观测成果的质量有着密切的联系。当观测条件好时，观测中产生的误差可能相对小些，观测值的质量就会高些；反之，观测条件差时，观测结果的质量就会低些。在对某个量进行观测时，其观测结果必须满足一定的精度要求，因此在满足精度要求的前提下，尽量选择好的观测条件进行观测。

在观测条件基本相同的情况下进行的各项观测，称为等精度观测，这里的观测条件相同通常是指观测仪器精度等级相同，观测者技术水平鉴别能力相似，外界条件基本相同、没有大的变化等；反之，在观测条件不相同的情况下进行的各次观测，称为非等精度观测。为了便于计算，进行精度评定，在工程测量中大多采用等精度观测。

三、测量误差的分类

测量工作中产生的各种误差，除分析产生的原因，采取必要的措施消除或减弱对测量成果的影响外，还要对误差进行分类，以便根据其特性予以消除或减弱。在测量过程中，由于观测者的疏忽大意，致使测量结果中出现错误，这种错误通常称为粗差。如距离丈量中读错整米数或算错了整尺数，运算过程中出现加减错误等。对于粗差，通过对测量结果的检查和核实是完全可以消除或避免的。如对某一量进行两次或两次以上的观测，其结果相差很大，说明有粗差存在，经过重新观测，使各次观测结果比较接近时，则消除了粗差。在观测结果中，是绝对不允许粗差存在的，这里我们讨论误差的分类，是设想在测量结果中没有粗差的情况下进行的。

观测误差按照对观测成果影响性质的不同，可分为系统误差和偶然误差两大类。

（一）系统误差

在相同的观测条件下，对某一量进行一系列的观测，若误差的大小及符号相同，或按一定的规律变化，那么这类误差称为系统误差。例如，用一把名义为 30 m 长，而实际长度为 30.007 m 的钢尺丈量距离，每量一尺段就要少 0.007 m，丈量的距离越长，产生的误差就越大，并且每一尺段的 0.007 m 的误差在数值和符号上都是固定的，说明这一类误差具有积累性，误差的符号和大小是一定的；再如钢尺检定时的温度与丈量时的温度不一致，而使丈量结果产生的误差等，这些误差都是系统误差。

系统误差对测量成果影响较大，且具有积累性，应尽可能消除或减小到最小，其常用的处理方法有：

(1)校验仪器，把系统误差降低到最小程度，如降低竖盘指标差等。

(2)加改正数,在观测结果中加入系统误差改正数,如尺长改正、温度改正等。

(3)采用适当的观测方法,使系统误差相互抵消或减弱,如测水平角时采用盘左、盘右观测消除视准轴误差,测竖直角时采用盘左、盘右观测消除竖盘指标差,采用前后视距相等来消除由于水准仪的视准轴不平行于水准管轴而产生的 i 角误差。

(二)偶然误差

在相同的观测条件下,对某一量进行一系列的观测,若误差的大小及符号没有规律,表现出偶然性,这类误差称为偶然误差。如在照准目标时,标杆可能偏于十字丝的右边一些,也可能偏于左边一些,且每次照准目标其偏离十字丝中心线大小也不一致;又如,钢尺量距在尺上估读分划值的尾数时,有时偏大,有时偏小,且数值的大小也不相等,所以照准误差和读数尾数的估读误差都属于偶然误差。偶然误差是由人力所不能控制的因素(例如人眼的分辨能力、气象因素等)共同引起的测量误差,是不可避免的。从表面看没有任何规律性,但从对某量进行 N 次观测的测量误差来看,具有一定的统计规律。

在测量过程中,系统误差和偶然误差总是同时产生的,但系统误差可以通过一定的方法消除或改正,因而在观测结果中主要存在着偶然误差。偶然误差是一切测量所不可避免的误差,是不能消除的。因此,在测量误差理论中,通常是以偶然误差作为研究的对象。个数较少的偶然误差在大小和符号上都没有任何规律,呈现一种偶然性。但是,当偶然误差的个数很多时,通过统计和分析,就可发现这些在相同条件下产生的大量偶然误差也有它自身的规律性。随着偶然误差个数的增加,其规律性表现得愈加明显。

四、偶然误差的特性

测量误差理论主要是对具有偶然误差特性的观测量的误差进行精度评定,偶然误差是误差理论的主要研究对象。就单个偶然误差而言,其大小和符号没有规律性,呈现出随机性,但其总体却有统计的规律性且是服从正态分布的随机变量。

在相同的观测条件下,用经纬仪对一个三角形的三个内角进行了 122 次观测,得到 122 组三角形内角和的观测值 L_i,它们与真值 X(三角形内角和为 180°)的真误差 Δ(即三角形角度闭合差)为

$$\Delta_i = L_i - X \quad (i = 1,2,\cdots,n)$$

122 次观测三角形内角和的真误差 Δ 按其大小和符号排列如表 5-1 所示。

表 5-1 误差统计表

误差大小的区间	Δ 为负数的个数	Δ 为正数的个数	总数
0″～5″	20	21	41
5″～10″	17	16	33
10″～15″	12	10	22
15″～20″	8	7	15
20″～25″	4	5	9
25″～30″	1	1	2
>30″	0	0	0
总计	62	60	122

从表 5-1 中可看出：

(1)误差全部都出现在 $+30'' \sim -30''$，最大误差不超出 $\pm 30''$。

(2)绝对值相等的正、负误差出现的个数大致相等。

(3)绝对值小的误差比绝对值大的误差出现的机会多。

以上规律在其他的观测结果中同样存在，因此可以总结出偶然误差的性质如下：

(1)有限性——在一定的观测条件下，偶然误差的绝对值不会超过一定的限值。

(2)集中性——绝对值较小的误差比绝对值较大的误差出现的机会多。

(3)对称性——绝对值相等的正误差和负误差出现的个数基本相等。

(4)抵消性——偶然误差的算术平均值，随着观测次数的无限增多而趋近于零，即

$$\lim_{n\to\infty}\frac{[\Delta]}{n}=0 \tag{5-2}$$

式中：n 为观测次数。

偶然误差的第四个性质，是由第三个性质推导出来的，当观测次数趋于无穷时，偶然误差的总和 $[\Delta]=\Delta_1+\Delta_2+\cdots+\Delta_n$ 中，正、负误差具有对称性，偶然误差的算术平均值必然趋近于零。

根据上述规律，在相同的条件下，如果对一段距离或一个角度进行多次观测，其算术平均值是最接近观测值真值的，即为最可靠值。

课题 2　衡量精度的标准

一、中误差

在相同观测条件下，对一个真值为 X 的未知量进行多次观测，其观测值为 $l_1, l_2, \cdots, l_n$，由式(5-1)求出真误差为 $\Delta_1, \Delta_2, \cdots, \Delta_n$，为了防止正负误差相抵消以及避免明显的反映个别较大误差的影响，取各次观测值的真误差平方和的平均值的平方根，作为这一组观测量值的中误差，用公式表示为

$$m=\pm\sqrt{\frac{[\Delta\Delta]}{n}} \tag{5-3}$$

式中：m 为一组观测值的中误差；$[\Delta\Delta]$ 为各观测值真误差的平方和；n 为观测次数。

【例 5-1】 在相同的观测条件下，甲、乙两组分别对同一个三角形内角进行 10 次观测，其真误差分别为

甲组：$+3'', -2'', -4'', +2'', 0, +4'', -3'', +2'', -3'', -1''$

乙组：$0, -1'', +7'', -2'', +1'', -1'', -8'', 0, +3'', +1''$

解：按式(5-3)可求出两组观测值的中误差：

$$m_{甲}=\pm\sqrt{\frac{3^2+2^2+4^2+2^2+0^2+4^2+3^2+2^2+3^2+1^2}{10}}=\pm 2.7''$$

$$m_{乙}=\pm\sqrt{\frac{0^2+1^2+7^2+2^2+1^2+1^2+8^2+0^2+3^2+1^2}{10}}=\pm 3.6''$$

$|m_{甲}|<|m_{乙}|$，说明甲组观测的精度高于乙组，这是因为乙组观测值中出现较大的误

差，中误差能正确地反映出观测结果中较大误差的影响，所以用中误差来衡量观测结果是比较合理的。从上例及中误差公式可知，尽管两组观测值真误差绝对值的总和相等，但乙组观测误差的波动较大，精度就低。中误差是一组观测值真误差的代表，并不等于每个观测值的真误差，用中误差可以说明一组观测值的精度。

二、容许误差

由偶然误差的第一个性质我们可以知道，在一定的观测条件下，偶然误差的绝对值不会超过一定的限度。如果某测量成果的误差超过这个限度，就认为这个测量成果的质量不好，该成果应舍去不用。那么，应该如何确定这个限度呢？根据大量试验的统计和误差理论可知：大于 2 倍中误差的偶然误差的个数占总数的 5%；大于 3 倍中误差的偶然误差，其出现的机会只有 0.3%。

在实际测量工作中，测量次数都是有限的，因此认为大于 3 倍中误差的偶然误差是不应该出现的，大于 2 倍中误差的偶然误差出现的次数也是极少的，因此在测量中通常取 2 倍或者 3 倍中误差作为限差，称为容许误差，即

$$\Delta_{容} = 2m \tag{5-4}$$

$$\Delta_{容} = 3m \tag{5-5}$$

在测量规范中所列出的各种观测误差限度的规定，就是这里所讲的容许误差，都是在总结实践经验的基础上，按 2 倍中误差或 3 倍中误差推算出来的。

三、相对误差

对某些量进行等精度观测，当误差的大小与被观测量的大小有关时，仅靠中误差还不能完全衡量测量精度的高低。例如，A 丈量了 200 m 的距离，中误差为 ±2 cm，B 丈量了 2 000 m 的距离，中误差为 ±2 cm，这时不能说二者的观测精度相同。考虑到二者丈量的长度，后者的精度明显高于前者。所以，当误差的大小与被观测量的大小有关时，还必须引入相对误差的概念。

中误差与观测值的比称为相对误差，通常用 K 来表示，测量中通常取分子为 1，分母为一整数，即

$$K = \frac{|m|}{D} = \frac{1}{\frac{D}{|m|}} \tag{5-6}$$

式中：K 为相对误差；m 为观测值中误差；D 为距离观测值。

上例中，前者的相对误差为 $K_1 = \frac{2}{20\ 000} = \frac{1}{10\ 000}$，后者的相对误差为 $K_2 = \frac{2}{200\ 000} = \frac{1}{100\ 000}$，相对误差越小，精度越高。$K_1 > K_2$，故后者精度高。

应该指出的是，当误差的大小与观测的大小无关时，是不能采用相对误差来衡量其精度的，直接采用中误差来衡量即可。如角度测量时，在等精度观测的条件下，观测一个 40°的角度与一个 80°的角度，衡量其精度，直接用其中误差比较即可。

课题 3　观测值的算术平均值

一、算术平均值

设在相同的观测条件下，对某一量进行了 n 次观测，其观测值分别为 $l_1, l_2, \cdots, l_n$。现依据这些观测值来确定该量的最可靠值，并评定其精度。

设该量的真值为 X，则观测值的真误差为

$$\Delta_i = l_i - X$$

即

$$\begin{aligned} \Delta_1 &= l_1 - X \\ \Delta_2 &= l_2 - X \\ &\vdots \\ \Delta_n &= l_n - X \end{aligned}$$

以上等式两边分别相加得：

$$[\Delta] = [l] - nX$$

两边同除以 n 得：

$$\frac{[\Delta]}{n} = \frac{[l]}{n} - X$$

根据偶然误差的第四个特性，当 $n \to \infty$ 时，$\frac{[\Delta]}{n} \to 0$，所以

$$X = \frac{[l]}{n}$$

这说明，当观测次数 n 无限多时，观测值的算术平均值就是真值。但是，在实际测量工作中，观测次数总是有限的，那么观测值的算术平均值也就不可能为其真值。但真值往往是不知道的，于是我们认为观测值的算术平均值是最接近于观测值的真值的，称为最或是值。观测值的算术平均值用 L 表示，则

$$L = \frac{[l]}{n} = \frac{l_1 + l_2 + \cdots + l_n}{n} \tag{5-7}$$

二、算术平均值的中误差

按观测值算术平均值的计算式(5-7)，有

$$L = \frac{[l]}{n} = \frac{1}{n} \cdot l_1 + \frac{1}{n} \cdot l_2 + \cdots + \frac{1}{n} \cdot l_n$$

因为是等精度观测，一组观测值中各观测值的中误差是相等的，设为 m，而 $\frac{1}{n}$ 是常数，实际上，观测值的算术平均值是各观测值的和差函数，根据误差的传播定律，设观测值算术平均值的中误差为 M，则

$$M = \pm\sqrt{\left(\frac{1}{n}\right)^2 \cdot m^2 + \left(\frac{1}{n}\right)^2 \cdot m^2 + \cdots + \left(\frac{1}{n}\right)^2 \cdot m^2}$$

$$= \pm \sqrt{(\frac{1}{n})^2 \cdot nm^2}$$

$$= \pm \sqrt{\frac{m^2}{n}}$$

$$= \pm \frac{m}{\sqrt{n}}$$

即

$$M = \pm \frac{m}{\sqrt{n}} \tag{5-8}$$

就是说,观测值算术平均值的中误差,是各观测值的中误差的$\frac{1}{\sqrt{n}}$倍。因为观测次数 n 大于1,则$\frac{1}{\sqrt{n}} < 1$,说明观测值算术平均值的中误差小于各观测值的中误差,其算术平均值的精度高于各观测值的精度,且随着观测次数 n 的增多,$\frac{1}{\sqrt{n}}$越小,算术平均值的精度越高。这也是我们前面讲到的量距、测角等工作中,取多次观测值的算术平均值为最后结果的原因。

当然,式(5-8)中,当观测次数达到一定程度时,M 的减小就不明显。我们按 m 不变的情况下(如 $m=1$)列出 M 与 n 的关系表,如表 5-2 所示。

表 5-2　算术平均值中误差与观测次数关系

n	1	2	3	4	5	6	8	10	20	50	100
M	1.00	0.71	0.58	0.50	0.45	0.41	0.35	0.32	0.22	0.14	0.10

从表 5-2 中可看出,观测次数 n 从 50 次增加到 100 次,M 只减少了的 0.04,显然是不经济的。这也说明,要提高测量成果的精度,不能一味地靠增加观测次数来解决,还要考虑其他方面,如采用较高精度的测量仪器、改进操作方法、选择好的观测时间等,通过提高各次观测的质量,减少观测值的中误差,使测量成果的精度提高。

三、观测值的中误差

按中误差的定义,用观测值的真误差来计算其中误差的公式为

$$m = \pm \sqrt{\frac{[\Delta\Delta]}{n}}$$

在实际测量工作中,观测值的真值 X 往往是未知的,按真误差的计算公式,观测值的真误差 Δ 不能直接计算出来,从而观测差的中误差也无法通过上式算出。

上面讲到,观测值的算术平均值是最接近真值的,为最可靠值,因此我们可以根据观测值的算术平均值及其改正数来计算观测值的中误差。在测量学上,把观测值的算术平均值与观测值的差称为观测值的改正数,用 V 表示,即

$$V = L - l$$

各观测值的改正数分别为

$$\left.\begin{aligned} V_1 &= L - l_1 \\ V_2 &= L - l_2 \\ &\vdots \\ V_n &= L - l_n \end{aligned}\right\} \tag{a}$$

两边分别相加得

$$[V] = nL - [l]$$

因为 $L = \frac{[l]}{n}$,代入上式,得$[V]=0$,即各观测值改正数的代数和等于0,此式常用于计算中的检验。

由真误差的定义:

$$\left.\begin{aligned} \Delta_1 &= l_1 - X \\ \Delta_2 &= l_2 - X \\ &\vdots \\ \Delta_n &= l_n - X \end{aligned}\right\} \tag{b}$$

(b)+(a)得

$$\left.\begin{aligned} \Delta_1 &= (L - X) - V_1 \\ \Delta_2 &= (L - X) - V_2 \\ &\vdots \\ \Delta_n &= (L - X) - V_n \end{aligned}\right\} \tag{c}$$

将式(c)两边平方再相加得

$$[\Delta\Delta] = n(L - X)^2 - 2(X - L) \cdot [V] + [VV]$$

因为$[V]=0$,所以

$$[\Delta\Delta] = n(L - X)^2 + [VV]$$

上式两边同除以 n,得

$$\frac{[\Delta\Delta]}{n} = (L - X)^2 + \frac{[VV]}{n}$$

式中:$L-X$ 为算术平均值的真误差,该值无法求得,但由于很小,可近似地用算术平均值的中误差 M 来代替,而算术平均值的中误差 $M = \pm\frac{m}{\sqrt{n}}$,则上式变为

$$m^2 = \frac{[VV]}{n} + \frac{m^2}{n}$$

整理后得

$$m = \pm\sqrt{\frac{[VV]}{n-1}} \tag{5-9}$$

这就是利用改正数求观测值中误差的计算公式,根据式(5-8),可得出算术平均值(最或是值)的中误差计算公式为

$$M = \pm\frac{m}{\sqrt{n}} = \pm\sqrt{\frac{[VV]}{n(n-1)}} \tag{5-10}$$

【例 5-2】 对某段距离进行了 6 次等精度观测,观测的数据列于表 5-3 中,试求出该距

离的最或是值、观测值中误差及最或是值的中误差。

表 5-3　中误差计算表

编号	观测值(m)	改正数(mm)	各改正数的平方
1	153.635	+5	25
2	153.616	-14	196
3	153.645	+15	225
4	153.632	+2	4
5	153.627	-3	9
6	153.625	-5	25
Σ	$[l]=921.780$	$[V]=0$	$[VV]=484$

解： 观测值的算术平均值

$$L = \frac{[l]}{n} = \frac{921.780}{6} = 153.630(\mathrm{m})$$

观测值的中误差

$$m = \pm\sqrt{\frac{[VV]}{n-1}} = \pm\sqrt{\frac{484}{6-1}} = \pm 9.8(\mathrm{mm})$$

最或是值的中误差

$$M = \pm\frac{m}{\sqrt{n}} = \pm\frac{9.8}{\sqrt{5}} = \pm 4.4(\mathrm{mm})$$

最后结果可写成 $D = 153.630 \pm 0.004(\mathrm{m})$

【例 5-3】 对一水平角观测了 6 个测回，各次观测值列于表 5-4 中，试求该角的算术平均值、每一测回的观测值的中误差以及算术平均值的中误差。

表 5-4　水平角观测值及算术平均值中误差的计算

编号	观测值(° ′ ″)	$V(″)$	VV	精度评定
1	75 21 26	0	0	
2	75 21 24	+2	4	
3	75 21 23	+3	9	$m = \pm\sqrt{\frac{[VV]}{n-1}} = \pm 2.6''$
4	75 21 25	+1	1	
5	75 21 28	-2	4	$M = \pm\sqrt{\frac{[VV]}{n(n-1)}} = \pm 1.1''$
6	75 21 30	-4	16	
辅助计算	$L=$ 75 21 26	$[V]=0$	$[VV]=34$	

课题4 误差传播定律

一、倍数函数的中误差

设有函数

$$Z = kx \tag{5-11}$$

式中:k 为常数;x 为观测值,x 的中误差为 m_x。

函数 Z 的中误差为 m_Z。m_Z 与 m_x 之间的关系为

$$m_Z = km_x \tag{5-12}$$

即观测值与常数乘积的中误差等于观测值中误差乘以常数。

【例 5-4】 在1∶1 000 的图上,量得某两点之间的距离 $d = 145.3$ mm,d 的测量中误差为 $m_d = \pm 0.3$ mm。试求实地两点间的距离 D 及其中误差 m_D。

解:因为

$$D = 1\ 000 \times 145.3 \text{ mm} = 145.3 \text{ m}$$

$$m_D = 1\ 000 \times (\pm 0.3 \text{ mm}) = \pm 0.3 \text{ m}$$

所以

$$D = 145.3 \text{ m} \pm 0.3 \text{ m}$$

二、和、差函数的中误差

设有函数

$$Z = x \pm y \tag{5-13}$$

式中:x 和 y 为独立的可直接观测的观测值,它们的中误差分别为 m_x、m_y,求函数值 Z 的中误差 m_Z。

$$m_Z = \pm \sqrt{m_x^2 + m_y^2} \tag{5-14}$$

即两观测值代数和的中误差,等于两观测值中误差的平方和的平方根。

同理可得,当函数为 n 个观测值的代数和时,即

$$Z = x_1 \pm x_2 \pm \cdots \pm x_n$$

其函数 Z 的中误差为

$$m_Z = \pm \sqrt{m_{x_1}^2 + m_{x_2}^2 + \cdots + m_{x_n}^2} \tag{5-15}$$

即 n 个观测值代数和的中误差,等于 n 个观测值中误差平方和的平方根。

若 n 个观测值的中误差相等,即

$$m_{x_1} = m_{x_2} = \cdots = m_{x_n} = m$$

则式(5-15)可改写成

$$m_Z = \pm m\sqrt{n} \tag{5-16}$$

在等精度观测时,观测代数和的中误差等于观测中误差的$\sqrt{n}$倍。

【例 5-5】 用 30 m 的钢尺丈量 120 m 的距离,每丈量一尺段的中误差为 ±3 mm,试问丈量全长的中误差为多少?

解:丈量全长需 4 个尺段,即

$$D = l_1 + l_2 + l_3 + l_4$$

即 $$m_D = \pm 3\sqrt{4} = \pm 6(\text{mm})$$

三、线性函数的中误差

设有线性函数

$$Z = K_1 x_1 \pm K_2 x_2 \pm \cdots \pm K_n x_n$$

式中：$K_1, K_2, \cdots, K_n$ 为常数；$x_1, x_2, \cdots, x_n$ 为独立观测值，它们的中误差分别为 $m_{x_1}, m_{x_2}, \cdots, m_{xn}$。函数 Z 的中误差 m_Z 为

$$m_Z = \pm\sqrt{K_1^2 m_{x_1}^2 + K_2^2 m_{x_2}^2 + \cdots + K_n^2 m_{x_n}^2} \tag{5-17}$$

即线性函数的中误差等于各常数与相应观测值中误差乘积的平方和的平方根。

【例 5-6】 自水准点 BM_1 向水准点 BM_2 进行水准测量（见图 5-1），设各段所测高差分别为 $h_1 = +3.852\ \text{m} \pm 5\ \text{mm}$、$h_2 = +6.305\ \text{m} \pm 3\ \text{mm}$、$h_3 = -2.346\ \text{m} \pm 4\ \text{mm}$，求 BM_1、BM_2 两点间的高差及其中误差。

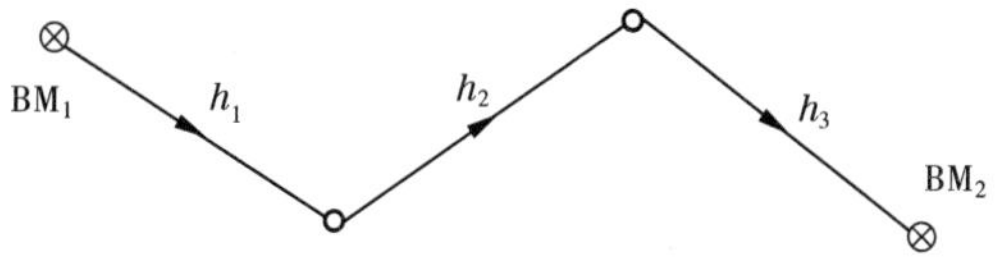

图 5-1 附和水准路线

解：BM_1、BM_2 之间的高差 $h = h_1 + h_2 + h_3 = 7.811(\text{m})$

高差中误差 $m_h = \pm\sqrt{m_1^2 + m_2^2 + m_3^2} = \pm\sqrt{5^2 + 3^2 + 4^2} = \pm 7.1(\text{mm})$

四、非线性函数的中误差

设有非线性函数 $$Z = F(x_1, x_2 \cdots, x_n)$$

式中：$x_1, x_2, \cdots, x_n$ 为独立观测值，已知其中误差为 $m_{x_1}, m_{x_2}, \cdots, m_{x_n}$。函数 Z 的中误差为 m_Z。

非线性函数的微分式为

$$dZ = \frac{\partial F}{\partial x_1}dx_1 + \frac{\partial F}{\partial x_2}dx_2 + \cdots + \frac{\partial F}{\partial x_n}dx_n$$

$$\Delta Z = \frac{\partial F}{\partial x_1}\Delta x_1 + \frac{\partial F}{\partial x_2}\Delta x_2 + \cdots + \frac{\partial F}{\partial x_n}\Delta x_n$$

也可写成 $$\Delta Z = f_1 \Delta x_1 + f_2 \Delta x_2 + \cdots + f_n \Delta x_n$$

其相应的函数中误差式为

$$m_Z^2 = f_1^2 m_1^2 + f_2^2 m_2^2 + \cdots + f_n^2 m_x^2$$

即

$$m_Z = \pm\sqrt{\left(\frac{\partial F}{\partial x_1}\right)^2 m_1^2 + \left(\frac{\partial F}{\partial x_2}\right)^2 m_2^2 + \cdots + \left(\frac{\partial F}{\partial x_n}\right)^2 m_n^2} \tag{5-18}$$

即非线性函数中误差等于该函数按每个观测值所求得的偏导数的平方与相应观测值中误差的平方的乘积之和的平方根。

【例 5-7】 已知倾斜距离及中误差分别为 $L = 50\ \text{m}, m_L = \pm 0.05\ \text{m}$，倾斜角及其中误差

分别为 $\alpha=15°$，$m_\alpha=\pm30''$，试求水平距离 D 及中误差 m_D。

解： $$D=L\times\cos\alpha=50\times\cos15°=48.30(\mathrm{m})$$

因为 $\dfrac{\partial D}{\partial L}=\cos\alpha=\cos15°$ $\quad\dfrac{\partial D}{\partial\alpha}=-L\sin\alpha=-50\times\sin15°$

所以 $$m=\pm\sqrt{\left(\frac{\partial D}{\partial L}\right)^2m_L^2+\left(\frac{\partial D}{\partial\alpha}\right)^2\left(\frac{m_\alpha}{\rho}\right)^2}$$

$$=\pm\sqrt{\cos^2 15°\times0.05^2+(-50\times\sin15°)^2\times(30\div206\ 265)^2}=\pm0.048(\mathrm{m})$$

综上所述，应用误差传播定律求观测值函数的中误差，可归纳为以下两步：

（1）按照题意写出函数式，函数式中可直接观测的未知量必须是相互独立的。

（2）分析函数式的特征，得出函数的真误差与观测值真误差之间的关系式。

五、最或是值及中误差

对某个量进行多次观测时，观测值的真值往往并不知道。例如对某一段距离进行观测，其观测值分别为 $D_1,D_2,\cdots,D_n$，这段距离的真值 D 是未知的，这个时候就无法根据观测值的真值计算真误差，求出中误差，以此来衡量观测的精度。这时可以找一个观测值的最可靠值来代替观测值的真值，并对这个最可靠值作精度评定，以及对这些观测值的精度进行评定。

六、误差理论的应用

（一）水准测量的精度

设在 A、B 两个水准点之间共施测了 n 个测站，则 A、B 两点之间的高差为 $h_{AB}=h_1+h_2+\cdots+h_n$。

若各测站观测的精度均相同，其中误差均为 $m_{站}$，则由式（5-17）可知，A、B 之间高差中误差为

$$m_{h_{AB}}^2=m_{n_1}^2+m_{n_2}^2+\cdots+m_{n_2}^2$$

因为 $$m_{h_1}=m_{h_2}=\cdots=m_{h_n}=m_{站}$$

所以 $$m_{h_{AB}}=m_{站}\sqrt{n}$$

设在水准路线中各测站的距离 l 大致相等，A、B 间的距离为 L，则测站数 $n=\dfrac{L}{l}$，代入上式得

$$m_{h_{AB}}=m_{站}\sqrt{\frac{L}{l}}$$

如果 L、l 均以 km 为单位，则 $\dfrac{I}{l}$ 表示单位距离（1 km）的测站数，$m_{站}\sqrt{\dfrac{1}{l}}$ 就是单位距离观测高差的中误差。

设： $$m_{\mathrm{km}}=m_{站}\sqrt{\frac{I}{L}}$$

则有： $$m_{hAB}=m_{\mathrm{km}}\sqrt{L}$$

由以上分析可知，当各测站高差的观测精度相同时，水准测量高差的中误差与测站数的

平方根成正比；当各测站距离大致相等时，水准测量高差的中误差与距离的平方根成正比。

（二）距离丈量的精度

若用长度为 l 的钢尺量距，连续丈量 n 个尺段，设全长为 D，则

$$D = l_1 + l_2 + \cdots + l_n$$

设每尺段的量距中误差为 m_l，则

$$m_D = m_l\sqrt{n} = m_l\sqrt{\frac{D}{l}} = \frac{m_l}{\sqrt{l}}\sqrt{D}$$

$$m_D = m\sqrt{D}$$

式中：$m = \frac{m_l}{\sqrt{l}}$是定值，为单位长度的量距中误差。

由以上分析可知，距离丈量的中误差等于单位长度的量距中误差与距离平方根的乘积。

（三）水平角测量的精度

J_6 光学经纬仪一测回方向中误差为 ±6″，而一测回角值为两个方向值之差，故一测回角值的中误差为

$$m_\beta = \pm 6''\sqrt{2} = \pm 8.5''$$

用测回法观测水平角时，各测回角值之差的中误差为

$$m_{\Delta\beta} = m_\beta\sqrt{2}$$

若以 3 倍中误差为容许误差，各测回角值之差的容许误差为

$$|\Delta\beta_{容}| = 3|m_{\Delta\beta}| = 3\sqrt{2}|m_\beta| = 3\sqrt{2} \times |\sqrt{2} \times 6''| = 36'' \approx 40''$$

小　结

1. 观测误差是客观存在，不可避免的。产生误差的原因有属于观测者方面的；有属于测量的仪器和工具方面的；也有属于外界条件影响的，如温度、湿度、风力、大气折光等。这三个方面综合起来称观测条件。在同样的观测条件下所进行的观测称等精度观测，否则就是非等精度观测。研究误差的目的在于确定最可靠的结果，评定成果的优劣，预先估计测量精度，以便拟订合理的工作方案。

2. 弄清系统误差和偶然误差的概念。系统误差可以通过一定的方法加以消除或减弱，而偶然误差不可能用测量的方法加以消除，所以测量中主要是研究偶然误差。偶然误差从表面上看无一定的规律性，但通过对同一量进行多次观测，发现其中有内在的规律性，所以偶然误差的四个特性必须掌握。通过这些特性，我们可以论证许多问题。如可以证明算术平均值是最可靠的数值等。

3. 测量中评定精度的标准：

(1) 中误差即在等精度观测时取各次观测值真误差平方的平均值再开方。以公式表示为 $m = \pm\sqrt{\frac{[\Delta\Delta]}{n}}$。未知量的真值在测量中往往难以知道，一般用改正数求等精度观测值的中误差，以公式表示为 $m = \pm\sqrt{\frac{[VV]}{n-1}}$。

(2)容许误差指的是在实际测量工作中，测量次数都是有限的，大于3倍中误差的偶然误差以及大于2倍中误差的偶然误差出现的次数是极少的，因此在测量中通常取2倍或者3倍中误差作为限差，称为容许误差。

(3)当误差的大小与被观测量的大小有关，例如进行距离测量时，用中误差无法评定观测的精度大小，这个时候必须引入相对误差的概念，中误差与观测值的比称为相对误差，通常用K来表示。

4. 在实际工作中，有些未知量不能直接测出，而是由观测值间接计算出来，这时就采用误差传播定律来阐述函数的中误差与构成函数各变量的中误差之间的关系。误差传播定律包括：倍数函数的中误差即观测值与常数乘积的中误差等于观测值中误差乘以常数；和、差函数的中误差即两观测值代数和的中误差，等于两观测值中误差的平方和的平方根，在等精度观测时，观测代数和的中误差等于观测中误差的$\sqrt{n}$倍；线性函数的中误差即线性函数的中误差等于各常数与相应观测值中误差乘积的平方和的平方根；非线性函数的中误差即非线性函数中误差等于该函数按每个观测值所求得的偏导数的平方与相应观测值中误差的平方的乘积的和的平方根。

5. 对某个量进行多次观测时，观测值的真值往往并不知道，这时可以找一个观测值的最可靠值来代替观测值的真值，并对这个最可靠值作精度评定，以及对观测值的精度进行评定，公式分别为

$$M = \pm \frac{m}{\sqrt{n}} = \pm \sqrt{\frac{[VV]}{n(n-1)}} \text{ 和 } m = \pm \sqrt{\frac{[VV]}{n-1}}$$

6. 试述误差理论在水准测量、距离测量、水平角测量中的应用情况，如何对这些观测结果进行精度评定。

习　题

1. 测量误差分哪两类？它们各有什么特点？测量中对它们的主要处理原则是什么？

2. 产生测量误差的原因有哪些？偶然误差有哪些特性？

3. 等精度观测的算术平均值为什么是最可靠值？

4. 用钢尺丈量某一距离，丈量结果为312.581 m、312.546 m、312.551 m、312.532 m、312.537 m、312.499 m，试求该组观测值中误差与算术平均值中误差及最后的结果。

5. 对某个水平角以等精度观测4个测回，观测值列于表5-5中。计算其算术平均值L、一测回的中误差及算术平均值的中误差。

表5-5

编号	观测值 (° ′ ″)	改正数 V(″)	VV	精度评定
1	55 40 47			
2	55 40 40			
3	55 40 42			
4	55 40 46			
辅助计算				

6. 在1∶2 000的地形图上，量得一段距离 $d=23.2$ cm，其测量中误差为 $m_d=\pm0.1$ cm，试求该段距离的实地长度及中误差。

7. 在△ABC 中，$\angle C=180°-\angle A-\angle B$，$\angle A$ 和 $\angle B$ 的观测中误差分别为3″和4″，则 $\angle C$ 的中误差为多少？

8. 某一斜距 $S=106.28$ m，斜距的竖角 $\alpha=8°30'$，中误差 $m_S=\pm5$ mm、$m_\alpha=\pm15''$，求水平距离中误差。

9. 在水准测量中，设一个测站的中误差为5 mm，若1 km有15个测站，求1 km的中误差和 K km的中误差。

10. 某圆形建筑物直径 $D=34.50$ m，$m_D=\pm0.01$ m，求建筑物周长及中误差。

11. 用长30 m的钢尺丈量10个尺段，若有尺段中误差为±5 mm，求全长 L 及其中误差。

12. 对某一距离进行了6次等精度观测，其结果为398.772 m、398.784 m、398.776 m、398.781 m、398.802 m、398.779 m。试求其算术平均值、一次丈量中误差、算术平均值中误差和相对中误差。

13. 测得一正方形的边长 $a=65.37$ m±0.03 m。试求正方形的面积及其中误差。

14. 用同一台经纬仪分三次观测同一角度，其结果为 $\beta_1=30°24'36''$（6测回），$\beta_2=30°24'34''$（4测回），$\beta_3=30°24'38''$（8测回）。试求单位权中误差、加权平均值中误差、一测回观测值的中误差。

单元6　小地区控制测量

【引言】

本单元主要介绍控制测量的原理及方法。重点讲述导线测量、三(四)等水准测量和三角高程测量。要求学生掌握控制测量的概念及闭合导线、四等水准测量的观测与计算方法。了解复杂地面点的高程测量的方法和原理，理解在建筑施工场地进行施工控制测量的方法。培养学生分析与解决问题的能力、动手能力以及工程实践能力。

课题1　控制测量概述

一、国家控制网

测量工作必须遵循“从整体到局部，先控制后碎部”的原则，先建立控制网，然后根据控制网进行碎部测量或测设。国家控制网分为国家平面控制网和国家高程控制网。

(一)国家平面控制网

平面控制测量即确定控制点的平面位置。国家平面控制网是在全国范围内建立的控制网。逐级控制，分为一、二、三、四等三角测量和精密导线测量。它是全国各种比例尺测图和工程建设的基本控制，也为空间科学技术和军事提供精确的点位坐标、距离、方位资料，并为研究地球大小和形状、地震预报等提供重要资料。如图6-1所示，一等三角锁(三角网成锁状的称为三角锁)是国家平面控制网的骨干。

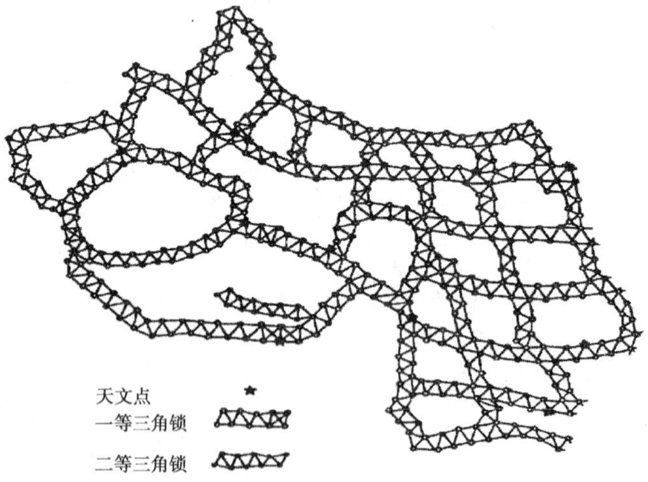

图6-1　国家一、二等三角控制网

二等三角网布设于一等三角锁环内，是国家平面控制网的全面基础。三、四等三角网为二等三角网的进一步加密。建立国家平面控制网，主要采用三角测量的方法。

建立平面控制网的经典方法有三角测量和导线测量。如图 6-2 中，A、B、C、D、E、F 组成相互连接的三角形，观测所有三角形的内角，并至少测量其中一条边长作为起算边，通过计算就可以获得它们之间的相对位置。这种三角形的顶点称为三角点，构成的网形称为三角网，进行这种控制测量称为三角测量。又如图 6-3 中，控制点 1、2、3、…用折线连接起来，测量各边的长度和各转折角，通过计算同样可以获得它们之间的相对位置。这种控制点称为导线点，进行这种控制测量称为导线测量。

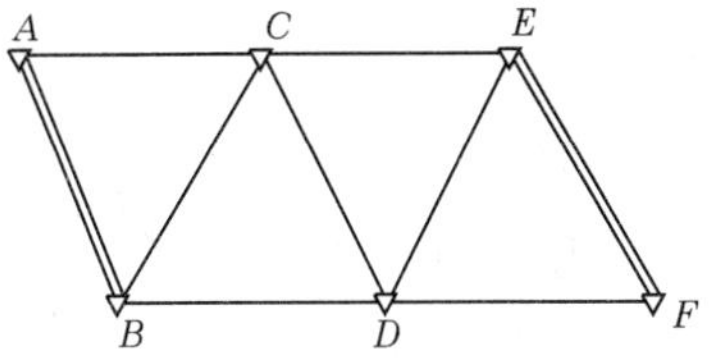

图 6-2　三角网

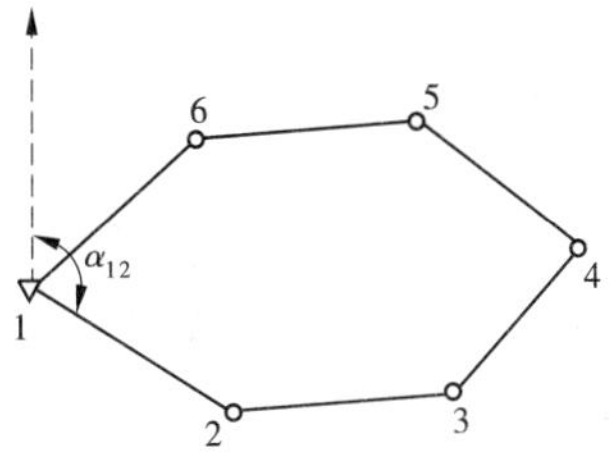

图 6-3　导线网

随着测量科学技术的发展和现代化测量仪器的出现，三角测量这一传统定位技术大部分已被卫星定位技术所替代。1992 年国家制定的《全球定位系统（GPS）控制测量规范》（GB/T 18314—2009）将 GPS 控制网分成 A ~ E 五级，见表 6-6。其中 A、B 相当于国家一、二等三角点，C、D 相当于城市三、四等三角点。

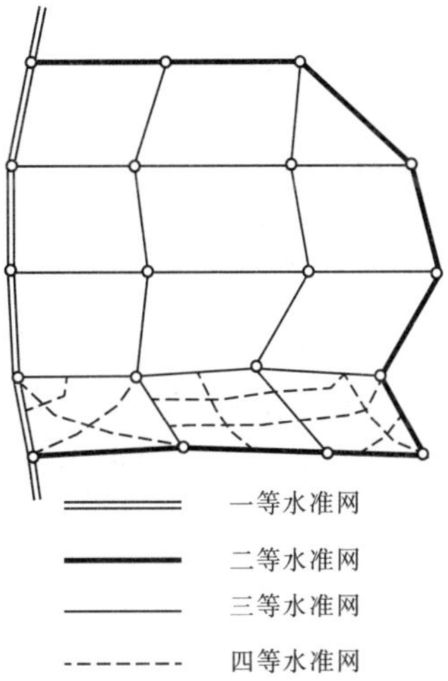

图 6-4　水准网

（二）国家高程控制网

建立高程控制网的主要方法是水准测量。在山区也可以采用三角高程测量的方法来建立高程控制网，这种方法不受地形起伏的影响，工作速度快，但精度较水准测量低。

国家水准测量分为一、二、三、四等，逐级布设。一、二等水准测量是用高精度水准仪和精密水准测量方法进行施测，其成果作为全国范围的高程控制之用。三、四等水准测量除用于国家高程控制网的加密外，还可在小地区用作建立首级高程控制网。图 6-4 是国家水准网布设示意图。

二、城市控制网

城市控制测量是为大比例尺地形测量建立控制网，作为城市规划、施工放样的测量依据。城市平面控制网一般可分为二、三、四等三角网及一、二级小三角网或一、二、三级导线。然后布设图根小三角网或图根导线。

为了城市建设的需要所建立的高程控制称为城市水准测量，采用二、三、四、五等水准测量及直接为测地形用的图根水准测量，其技术要求列于表 6-7 和表 6-8。

三、小地区控制网

直接供地形测图使用的控制点称为图根控制点，简称图根点。测定图根点位置的工作，称为图根控制测量。图根点的密度（包括高级点）取决于测图比例尺和地物、地貌的复杂程度。平坦开阔地区图根点的密度可参考表 6-5 的规定；对于困难地区或山区，表中规定的点数可适当增加。

至于布设哪一级控制作为首级控制，主要应根据城市或厂矿的规模来确定。中小城市一般以四等网作为首级控制网。面积在 15 km^2 以下的小城镇，可用一级导线网作为首级控制。面积在 0.5 km^2 以下的测区，图根控制网可用为首级控制。厂区可布设建筑方格网。

同样，应根据城市或厂矿的规模确定城市或厂矿首级水准网的等级，然后根据水准点测定图根点的高程。

水准点间的距离，一般地区为 2 ~ 3 km，城市建筑区为 1 ~ 2 km，工业区小于 1 km。一个测区至少设立 3 个水准点。

在平原地区，可采用 GPS 水准进行四等水准测量。在地形比较复杂或地质构造复杂的地区，采用 GPS 水准时，需进行高程异常改正。

四、各等级控制测量的技术要求

按《工程测量规范》（GB 50026—2007），平面控制网的主要技术要求如表 6-1 ~ 表 6-6 所示。高程控制网的主要技术要求如表 6-7 和表 6-8 所示。

表 6-1　三角测量的主要技术要求

等级		平均边长（km）	测角中误差（″）	起始边边长相对中误差	最弱边边长相对中误差	测回数			三角形最大闭合差（″）
						DJ_1	DJ_2	DJ_5	
二等		9	±1	≤1/250 000	≤1/120 000	12	—	—	±3.5
三等	首级	4.5	±1.8	≤1/150 000	≤1/70 000	5	9	—	±7
	加密			≤1/120 000					
四等	首级	2	±2.5	≤1/100 000	≤1/40 000	4	5	—	±9
	加密			≤1/70 000					
一级小三角		1	±5	≤1/40 000	≤1/20 000	—	2	4	±15
二级小三角		0.5	±10	≤1/20 000	≤1/10 000	—	1	2	±30

注：当测区测图的最大比例尺为 1∶1 000 时，一、二级小三角的边长可适当放长，但最大长度不应大于表中规定的 2 倍。

表 6-2　图根三角测量的主要技术要求

边长(m)	测角中误差(″)	三角形个数	DJ_5 测回数	三角形最大闭合差(″)	方位角闭合差(″)
≤1.7 测图最大视距	±20	≤13	1	±50	$\pm 40\sqrt{n}$

注:n 为测站数。

表 6-3　导线测量的主要技术要求

等级	导线长度(km)	平均边长(km)	测角中误差(″)	测距中误差(mm)	测距相对中误差	测回数			方位角闭合差(″)	相对闭合差
						DJ_1	DJ_2	DJ_5		
三等	14	3	±1.8	±20	≤1/150 000	5	10		$\pm 3.5\sqrt{n}$	≤1/55 000
四等	9	1.5	±2.5	±18	≤1/80 000	4	5		$\pm 5\sqrt{n}$	≤1/35 000
一级	4	0.5	±5	±15	≤1/30 000		2	4	$\pm 10\sqrt{n}$	≤1/15 000
二级	2.4	0.25	±8	±15	≤1/14 000		1	3	$\pm 15\sqrt{n}$	≤1/10 000
三级	1.2	0.1	±12	±15	≤1/7 000		1	2	$\pm 24\sqrt{n}$	≤1/5 000

注:1. n 为测站数。

2. 当测区测图的最大比例尺为 1∶1 000 时,一、二、三级导线的平均边长及总长可适当放长,但最大长度不应大于表中规定的 2 倍。

表 6-4　图根导线测量的主要技术要求

导线长度(m)	相对闭合差	边长	测角中误差(″)		DJ_6 测回数	方位角闭合差(″)	
			一般	首级控制		一般	首级控制
≤1.0M	≤1/2 000	≤1.5 测图最大视距	±30	±20	1	$\pm 60\sqrt{n}$	$\pm 40\sqrt{n}$

注:1. M 为测图比例尺的分母。

2. 隐蔽或施测困难地区导线相对闭合差可放宽,但不应大于 1/1 000。

表 6-5　一般地区解析图根点的个数

测图比例尺	图幅尺寸(cm)	解析控制点(个)
1∶500	50×50	8
1∶1 000	50×50	12
1∶2 000	50×50	15
1∶5 000	40×40	30

表 6-6　GPS 控制网主要技术要求

项目	级别				
	A	B	C	D	E
固定误差 a(mm)	≤5	≤8	≤10	≤10	≤10
比例误差系数 $b(10^{-5})$	≤0.1	≤1	≤5	≤10	≤20
相邻点最小距离(km)	100	15	5	2	1
相邻点最大距离(km)	2 000	250	40	15	10
相邻点平均距离(km)	300	70	15 ~ 10	10 ~ 5	5 ~ 2

表 6-7　水准测量的主要技术要求

等级	每千米高差全中误差(mm)	路线长度(km)	水准仪的型号	水准尺	观测次数		往返较差、附合或环线闭合差(mm)	
					与已知点联测	附合或环线	平地(mm)	山地(mm)
二等	±2	—	DS_1	因瓦尺	往返各一次	往返各一次	$\pm 4\sqrt{L}$	—
三等	±5	≤50	DS_1	因瓦尺	往返各一次	往一次	$\pm 12\sqrt{L}$	$\pm 4\sqrt{n}$
			DS_3	双面尺		往返各一次		
四等	±10	≤15	DS_3	双面尺	往返各一次	往一次	$\pm 20\sqrt{L}$	$\pm 6\sqrt{n}$
五等	±15	—	DS_3	单面尺	往返各一次	往一次	$\pm 30\sqrt{L}$	—

注:1. 结点之间或结点与高级点之间,其路线的长度不应大于表中规定的 0.7 倍。
2. L 为往返测段,附合或环线的水准路线长度(单位为 km);n 为测站数。

表 6-8　图根水准测量的主要技术要求

仪器类型	1 km 高差中误差(mm)	附合路线长度(km)	视线长度(m)	观测次数		往返较差、附合或环线闭合差(mm)	
				与已知点联测	附合或闭合路线	平地	山地
DS_3	±20	≤5	≤100	往返各一次	往一次	$\pm 40\sqrt{L}$	$\pm 12\sqrt{n}$

注:L 为往返测段、附合或环线的水准路线长度(单位为 km);n 为测站数。

本教材主要讨论小地区(10 km^2 以下)控制网建立的有关问题。下面将分别介绍用导线测量建立小地区平面控制网的方法和用三、四等水准测量及光电测距三角高程测量建立小地区高程控制网的方法。

课题 2　小地区平面控制测量

一、导线测量形式

将测区内相邻控制点连成直线而构成的折线图形,称为导线。构成导线的控制点称为导线点。导线测量就是依次测定各导线边的长度和各转折角值;再根据起算数据,推算各边的坐标方位角,从而用坐标正算方法求出各导线点的坐标。

用经纬仪测量转折角,用钢尺测定边长的导线,称为经纬仪导线;若用光电测距仪测定导线边长,则称为光电测距导线。

导线测量是建立小地区平面控制网常用的一种方法。根据测区的具体情况,单一导线的布设有闭合导线、附合导线和支导线三种基本形式(见图6-5)。

(1)闭合导线——由测区内相邻的控制点连接而成的闭合多边形。导线的起点和终点为同一个已知点,如图6-5中,以高级控制点 A、B 中的 A 点为起始点,并以 AB 边的坐标方位角 α_{AB} 为起始坐标方位角,经过1、2、3、4点仍回到起始点 A 形成一个闭合导线。

(2)附合导线——敷设在两个已知点之间的导线称为附合导线。如图6-5中,以高级控制点 A、B 中的 B 点为起始点,以 AB 边的坐标方位角 α_{AB} 为起始边的坐标方位角,经过5、6、7、8点后,附合到另一个已知点 C 上,并以 α_{CD} 为终边坐标方位角,这样的导线称为附合导线。

(3)支导线——也称自由导线,它从一个已知点出发不回到原点,也不附合到另外的已知点上。如图6-5中,由已知点 C 出发延伸出去(如9、10两点)的导线即为支导线。由于支导线的观测数据缺少严密的检核条件,故布设时应加以限制,规范规定支导线不得超过3条边。

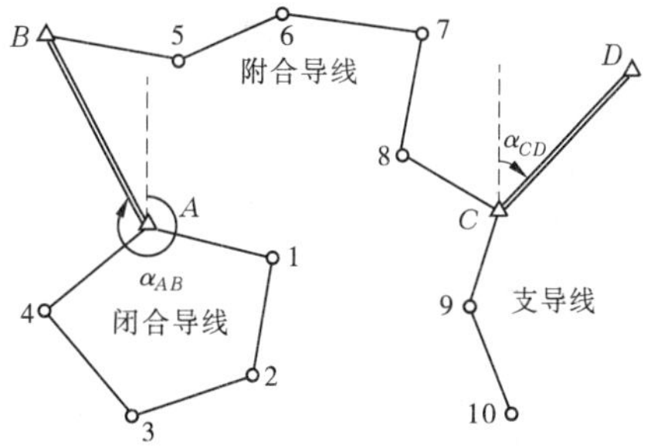

图6-5 导线布设形式

二、导线测量的外业工作

导线测量的外业工作包括踏勘选点及建立标志、量边、测角和联测,现分述如下。

(一)踏勘选点及建立标志

在踏勘选点前,应调查收集测区已有地形图和高一级控制点的成果资料,把控制点展绘在地形图上,然后在地形图上拟订导线的布设方案,最后到野外去踏勘,实地核对、修改、落实点位。如果测区没有地形图资料,则需详细踏勘现场,根据已知控制点的分布、测区地形条件及测图和施工需要等具体情况,合理地选定导线点的位置。实地选点时,应注意下列选点原则:

(1)相邻点间通视良好,地势较平坦,便于测角和量距。

(2)点位应选在土质坚实处,便于保存标志和安置仪器。

(3)地势高,视野开阔,便于测绘周围地物和地貌。

(4)导线边长应大致相等,避免过长、过短,相邻边长之比不应超过3倍。除特别情形外,对于二、三级导线,其边长应不大于350 m,也不宜小于50 m,平均边长参见表6-3和表6-4。

(5)导线点应有足够的密度,且分布均匀,便于控制整个测区。

导线点选定后,应在地面上建立标志,并沿导线走向顺序编号,绘制导线略图。要在每个点位上打一大木桩(见图6-6),桩顶钉一小钉,作为临时性标志;对等级导线点应按规范埋设混凝土桩(见图6-7),桩顶刻"十"字,作为永久性标志,并在导线点附近的明显地物(房角、电杆)上用油漆注明导线点编号和距离,并绘制草图,注明尺寸,称为"点之记",见图6-8。

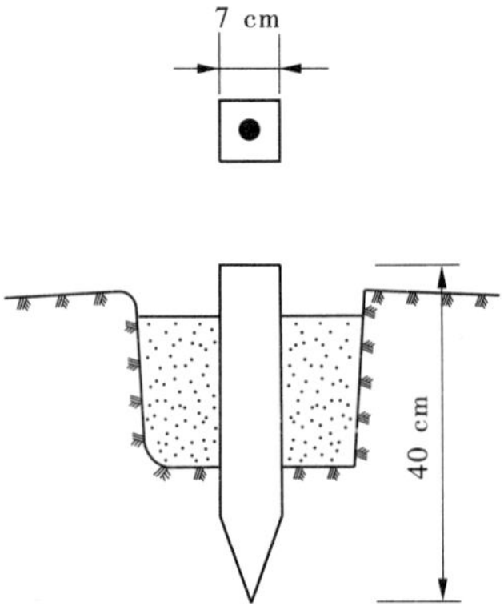

图 6-6　临时导线点

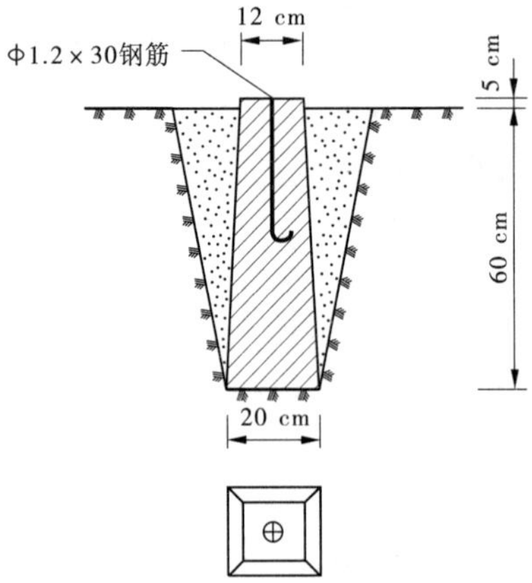

图 6-7　永久导线点的埋设

(二)量边

导线边长可用光电测距仪测定,测量时要同时观测竖直角,供倾斜改正之用。若用钢尺丈量,钢尺必须经过检定。对于一、二、三级导线,应按钢尺量距的精密方法进行丈量。对于图根导线,用一般方法往返丈量,取其平均值,并要求其相对误差不大于 1/3 000。钢尺量距结束后,应进行尺长改正、温度改正和倾斜改正,将三项改正后的结果作为最终成果。

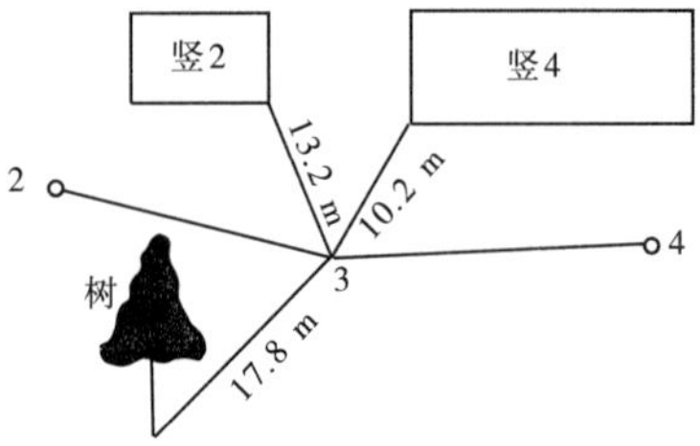

图 6-8　点之记

(三)观测转折角

导线角度测量有转折角测量和连接角测量。在各待定点上所测的角为转折角,导线与高级控制边连接形成的夹角为连接角。

用测回法施测导线左角(位于导线前进方向左侧的角)或右角(位于导线前进方向右侧的角)。一般在附合导线或支导线中,是测量导线的左角,在闭合导线中均测内角。若闭合导线按顺时针方向编号计算,则其内角就是右角。不同等级的导线的测角主要技术要求已列入表 6-3 及表 6-4。对于图根导线,一般用 DJ_6 级光学经纬仪观测一个测回。若盘左、盘右测得角值的较差不超过 40″,则取其平均值作为一测回成果。

测角时,为了便于瞄准,可用测钎、觇牌作为照准标志,也可在标志点上用仪器的脚架吊一垂球线作为照准标志。

(四)与高级点联测

导线应与高级控制点联测,才能得到起始方位角,这一工作称为连接角测量,也称导线定向。目的是将导线点坐标纳入国家坐标系统或该地区统一坐标系统。

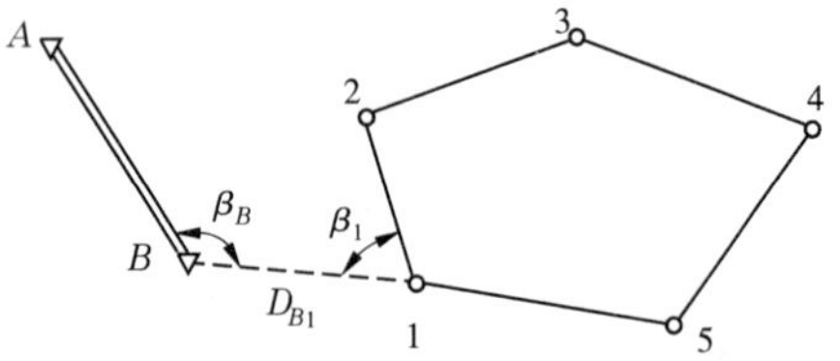

图 6-9　导线联测

如图 6-9 所示,导线与高级控制点连接,必须观测连接角 β_B、β_1,连接边 D_{B1},作为传递坐标方位角和传递坐标之用。如果附近无高级控制点，则应用罗盘仪施测导线起始边的磁方位角，并假定起始点的坐标作为起算数据。

连接角测量一般缺乏严密的检核条件，如图 6-9 所示。连接角应采用方向观测法测量，其圆周角闭合差应不超过 $\pm 40''$。

导线的外业测量数据应填入导线测量记录表，也可参照单元 3 角度测量和单元 4 距离测量的记录格式，做好导线测量的外业记录，并妥善保存。

课题 3　导线测量的内业计算

一、坐标正、反计算

在掌握了坐标方位角的概念后，即可解决地面点的平面坐标计算问题。由单元 1 概念中知道，平面控制网中，地面点的坐标不是直接测定的，而是在测定了有关点位的相对坐标位置后，由已知点的坐标推算出未知点的坐标的。任意两点在平面直角坐标系中的相互位置关系有两种表示方法。

（一）直角坐标表示法

直角坐标法就是用两点间的坐标增量 Δx、Δy 来表示。如图 6-10 所示，当 1 点的坐标 x_1、y_1 已知时，2 点的坐标即可根据 1、2 两点间的坐标增量算出，即

$$\left.\begin{aligned} x_2 &= x_1 + \Delta x_{12} \\ y_2 &= y_1 + \Delta y_{12} \end{aligned}\right\} \tag{6-1}$$

（二）极坐标表示法

极坐标法就是用两点间连线的坐标方位角 α 和水平距离 D 来表示。

这两种坐标可以互相换算，图 6-10 所示为两点间直角坐标和极坐标的关系。根据测量出的相关位置关系数据，利用这两种坐标之间的换算关系，即可求出所需的平面坐标。

（三）坐标正算（极坐标化为直角坐标）

在平面控制坐标计算中，将极坐标化为直角坐标称为坐标正算，如图 6-10 所示，若 1、2 两点间的水平距离 D_{12} 和坐标方位角 α_{12} 都已经测量出来，即可计算此两点间的坐标增量 Δx、Δy，其计算式为

$$\left.\begin{aligned} \Delta x_{12} &= D_{12}\cos\alpha_{12} \\ \Delta y_{12} &= D_{12}\sin\alpha_{12} \end{aligned}\right\} \tag{6-2}$$

上式计算时，sin 和 cos 函数值有正、有负，因此算得的坐标增量同样有正、有负。

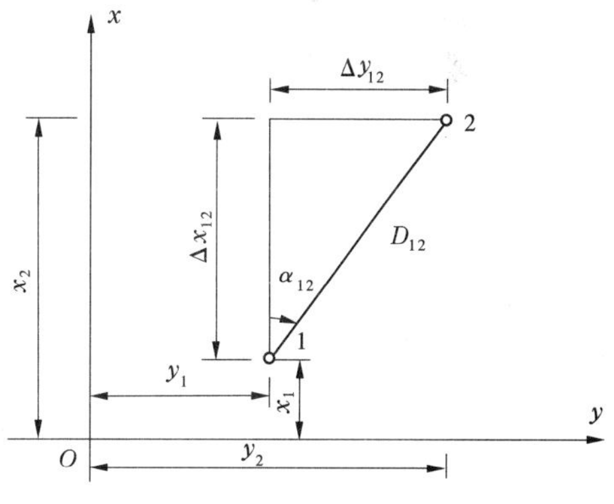

图 6-10　直角坐标与极坐标之间的关系

（四）坐标反算（直角坐标化为极坐标）

由直角坐标化为极坐标的过程称为坐标反算，即已知两点的直角坐标或坐标增量 Δx、Δy，计算两点间的水平距离 D 和坐标方位角 α。根据式(6-2)，可得到

$$\left.\begin{aligned} D_{12} &= \sqrt{\Delta x_{12}^2 + \Delta y_{12}^2} \\ \alpha_{12} &= \arctan \frac{\Delta y_{12}}{\Delta x_{12}} \end{aligned}\right\} \tag{6-3}$$

需要特别说明的是，式(6-3)等式左边的坐标方位角，其角值范围为0°～360°，而等式右边的arctan函数，其值域为-90°～90°，两者是不一致的，故当按式(6-3)的反正切函数计算坐标方位角时，计算器上得到的是象限角值，因此应根据坐标增量Δx、Δy的正、负号，按其所在象限，再把象限角换算成相应的坐标方位角。

二、导线内业计算案例

导线测量内业计算的目的就是求得各导线点的平面坐标。

计算之前，应注意以下几点：

(1)应全面检查导线测量外业记录、数据是否齐全，有无记错、算错，成果是否符合精度要求，起算数据是否准确。

(2)绘制导线略图，把各项数据标注于图上相应位置，如图6-11所示。

(3)确定内业计算中数字取位的要求。内业计算中数字的取位，对于四等以下各级导线，角值取至秒(″)，边长及坐标取至毫米(mm)。对于图根导线，角值取至秒(″)，边长和坐标取至厘米(cm)。

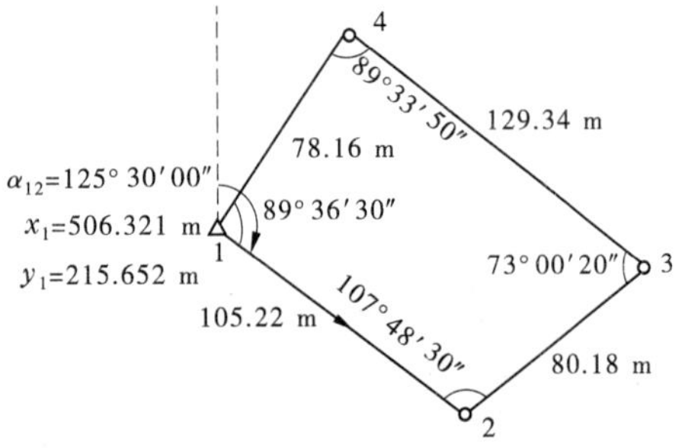

图6-11　闭合导线

案例1　闭合导线坐标计算

现以某实测数据为例，说明闭合导线坐标计算的步骤：

(1)准备工作。

将校核过的外业观测数据及起算数据填入“闭合导线坐标计算表”(见表6-9)中，起算数据用双线标明。

(2)角度闭合差的计算与调整。

①计算。

n边形闭合导线内角和的理论值为

$$\sum \beta_{理} = (n-2) \times 180° \tag{6-4}$$

由于观测角度不可避免地含有误差，致使实测的内角之和$\sum\beta_{测}$不等于理论值$\sum\beta_{理}$，而产生角度闭合差f_β，其计算公式为

$$f_\beta = \sum \beta_{测} - \sum \beta_{理} \tag{6-5}$$

②调整。

各级导线角度闭合差的容许值$f_{\beta容}$见表6-3及表6-4，若$f_\beta \leqslant f_{\beta容}$，即可进行角度闭合差的调整；否则，则说明所测角不符合要求，应重新检测角度。调整的原则是：将闭合差f_β反符号平均分配到观测角中，即

$$\left.\begin{aligned} \beta_{i调} &= \beta_{i测} + V \\ V &= -f_\beta / n \end{aligned}\right. \tag{6-6}$$

当f_β不能被n整除时，将余数均匀分配到若干较短边所夹角度的改正数中。

表 6-9　闭合导线坐标计算表

点号	观测角(左角)(° ′ ″)	改正数(″)	改正角(° ′ ″)	坐标方位角 α(° ′ ″)	距离 D(m)	增量计算值 Δx(m)	增量计算值 Δy(m)	改正后增量 Δx(m)	改正后增量 Δy(m)	坐标值 x(m)	坐标值 y(m)	点号
1	2	3	4=2+3	5	6	7	8	9	10	11	12	13
1										506.321	215.652	1
				125 30 00	105.22	−2 −61.10	+2 +85.66	−61.12	+85.68			
2	107 48 30	+13	107 48 43							445.201	301.332	2
				53 18 43	80.18	−2 +47.90	+2 +64.30	+47.88	+64.32			
3	73 00 20	+12	73 00 32							493.081	365.652	3
				306 19 15	129.34	−3 +76.61	+2 −104.21	+76.58	−104.19			
4	89 33 50	+13	89 34 03							569.661	261.462	4
				215 53 18	78.16	−2 −63.32	+1 −45.82	−63.34	−45.81			
1	89 36 30	+12	89 36 42							506.321	215.652	1
				125 30 00								
2												
Σ	359 59 10	+50	360 00 00		392.90	+0.09	−0.07	0.00	0.00			

辅助计算：

$$\sum\beta_{测} = 359°59'10''$$
$$-\sum\beta_{理} = 360°00'00''$$
$$f_\beta = -50''$$
$$f_{\beta容} = \pm 60''\sqrt{4} = \pm 120''$$

$f_x = \sum \Delta x_{测} = +0.09\ \text{m},\ f_y = \sum \Delta y_{测} = -0.07\ \text{m}$

导线全长闭合差 $f_D = \sqrt{f_x^2 + f_y^2} = \pm 0.11\ \text{m}$

导线全长相对闭合差 $K = \dfrac{0.11}{392.90} \approx \dfrac{1}{3\,600}$

容许的相对闭合差 $K_{容} = \dfrac{1}{2\,000}$

示意图

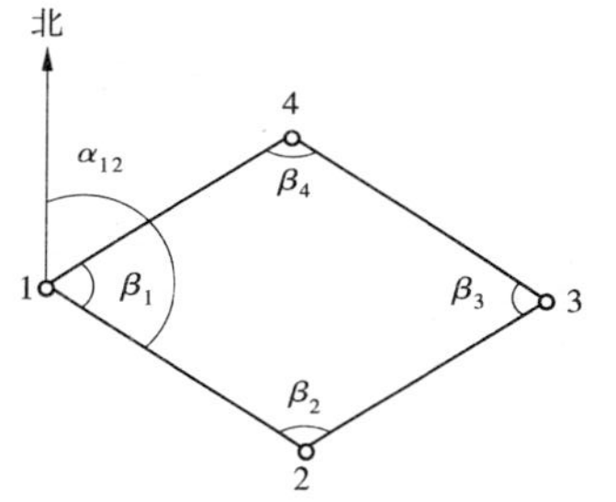

改正后的内角和应为$(n-2)\times180°$,本例应为360°,以作计算校核。

(3)推算各边的坐标方位角。

根据起始边的已知坐标方位角及改正后的水平角,即可按式(6-5)推算其他各导线边的坐标方位角:

$$\alpha_{前} = \alpha_{后} - 180° + \beta_{左}$$

或

$$\alpha_{前} = \alpha_{后} - 180° - \beta_{右} \tag{6-7}$$

按上式推算出导线各边的坐标方位角,列入表6-9的第5栏。在推算过程中心须注意:

①如果推算出的$\alpha_{前} \geqslant 360°$,则应减去360°。

②如果推算出的$\alpha_{前} < 0°$,则应加上360°。

③闭合导线各边坐标方位角的推算,直至最后推算出的起始边坐标方位角与原有的起始边已知坐标方位角值相等方可,否则说明计算有错,应重新检查计算。

(4)坐标增量的计算及其闭合差的调整。

①坐标增量的计算。

如图6-11所示,设点1的坐标(x_1,y_1)和1—2边的坐标方位角α_{12}均为已知,水平距离D_{12}也已测得,则点2的坐标为

$$\left.\begin{aligned} x_2 &= x_1 + \Delta x_{12} \\ y_2 &= y_1 + \Delta y_{12} \end{aligned}\right\} \tag{6-8}$$

而

$$\left.\begin{aligned} \Delta x_{12} &= D_{12}\cos\alpha_{12} \\ \Delta y_{12} &= D_{12}\sin\alpha_{12} \end{aligned}\right\} \tag{6-9}$$

式中:Δx及Δy的正负号由$\cos\alpha$及$\sin\alpha$的正负决定。

本例按式(6-9)所算得的坐标增量,填入表6-9中的第7、8两栏中。

②坐标增量闭合差的计算与调整。

从图6-12可以看出,闭合导线纵、横坐标增量代数和的理论值应为零,即

$$\left.\begin{aligned} \sum \Delta x_{理} &= 0 \\ \sum \Delta y_{理} &= 0 \end{aligned}\right\} \tag{6-10}$$

实际上由于量边的误差,往往使$\sum \Delta x_{测}$、$\sum \Delta y_{测}$不等于零,从而产生纵坐标增量闭合差f_x与横坐标增量闭合差f_y,即

$$\left.\begin{aligned} f_x &= \sum \Delta x_{测} - \sum \Delta x_{理} = \sum \Delta x_{测} \\ f_y &= \sum \Delta y_{测} - \sum \Delta y_{理} = \sum \Delta y_{测} \end{aligned}\right\} \tag{6-11}$$

从图6-13可看出,由于f_x、f_y的存在,使导线不能闭合,1—1′的长度f_D称为导线全长闭合差,并用下式计算:

$$f_D = \sqrt{f_x^2 + f_y^2} \tag{6-12}$$

仅从f_D值的大小还不能说明导线测量的精度是否满足要求,故应当将f_D与导线全长$\sum D$相比,以分子为1的分数来表示导线全长相对闭合差,即

$$K = \frac{f_D}{\sum D} = \frac{1}{\sum D / f_D} \tag{6-13}$$

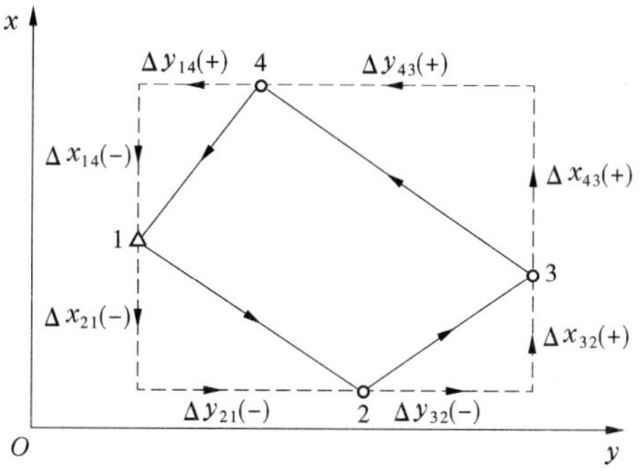

图 6-12　导线坐标增量计算

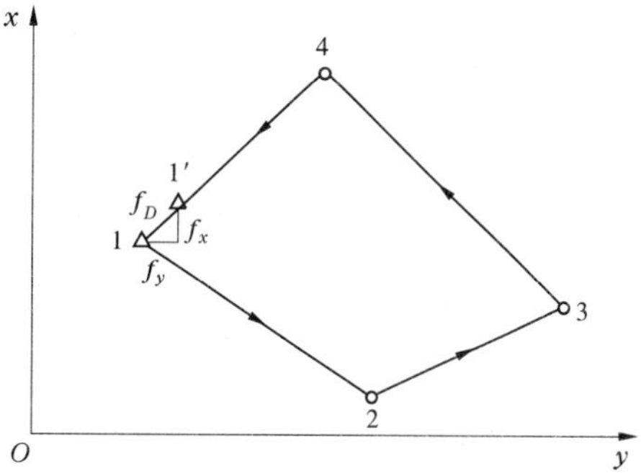

图 6-13　坐标增量闭合差

以导线全长相对闭合差 K 来衡量的精度较为合理。K 的分母值越大，精度越高。不同等级的导线全长相对闭合差容许值 $K_{容}$ 已列入表 6-3 和表 6-4。若 K 超过 $K_{容}$，则说明成果不合格，此时应首先检查内业计算有无错误，必要时重测导线边长。若 K 不超过 $K_{容}$，则说明成果符合精度要求，可以进行调整。其调整的原则是：将 f_x、f_y 反符号按与边长成正比分配到各边的纵、横坐标增量中去，进行各边坐标增量的改正。以 v_{xi}、v_{yi} 分别表示第 i 边的纵、横坐标增量改正数，即

$$\left.\begin{aligned} v_{xi} &= -\frac{f_x}{\sum D}D_i \\ v_{yi} &= -\frac{f_y}{\sum D}D_i \end{aligned}\right\} \tag{6-14}$$

纵、横坐标增量改正数之和应满足下式：

$$\left.\begin{aligned} \sum v_x &= -f_x \\ \sum v_y &= -f_y \end{aligned}\right\} \tag{6-15}$$

计算出的各边坐标增量改正数填入表 6-9 中的第 7、8 两栏坐标增量计算值的右上方（如 −3，+1 等）。

各边坐标增量值加改正数，即得各边改正后坐标增量，填入表 6-9 中的第 9、10 两栏。

改正后纵、横坐标增量的代数和应分别为零，以作计算校核。

(5) 计算各导线点的坐标。

根据起点 1 的已知坐标及改正后的各边坐标增量，用式(6-16)依次推算出 2、3、4 等各点的坐标：

$$\left.\begin{aligned} x_{前} &= x_{后} + \Delta x_{改正} \\ y_{前} &= y_{后} + \Delta y_{改正} \end{aligned}\right\} \tag{6-16}$$

算得的坐标值填入表 6-9 中的第 11、12 两栏。最后还应推算起点 1 的坐标，其值应与原有的已知数值相等，以作校核。

案例 2　附合导线坐标计算

附合导线的坐标计算步骤与闭合导线相同，角度闭合差与坐标增量闭合差的计算公式和调整原则也与闭合导线相同，即

$$\left.\begin{aligned} f_\beta &= \sum \beta_{测} - \sum \beta_{理} \\ f_x &= \sum \Delta x_{测} - \sum \Delta x_{理} \\ f_y &= \sum \Delta y_{测} - \sum \Delta y_{理} \end{aligned}\right\} \tag{6-17}$$

但对于附合导线，闭合差计算公式中的$\sum\beta_{理}$、$\sum\Delta x_{理}$、$\sum\Delta y_{理}$与闭合导线不同。下面着重介绍其不同点。

(1)角度闭合差中$\sum\beta_{理}$的计算。

设有附合导线如图6-14所示，已知起始边AB的坐标方位角α_{AB}和终边CD的坐标方位角α_{CD}。观测所有左角(包括连接角β_B和β_C)，由式(6-5)有

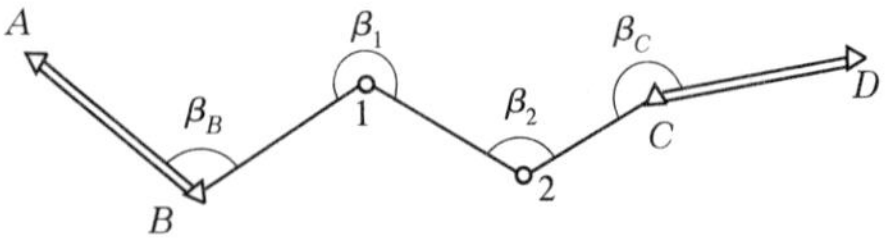

图6-14 附合导线

$$\begin{aligned} \alpha_{B1} &= \alpha_{AB} - 180° + \beta_B \\ \alpha_{12} &= \alpha_{B1} - 180° + \beta_1 \\ \alpha_{2C} &= \alpha_{12} - 180° + \beta_2 \\ \alpha_{CD} &= \alpha_{2C} - 180° + \beta_C \end{aligned}$$

将以上各式左、右分别相加，得

$$\alpha_{CD} = \alpha_{AB} - 4 \times 180° + \sum \beta_{左}$$

写成一般公式为

$$\alpha_{终} = \alpha_{始} - n \times 180° + \sum \beta_{左} \tag{6-18}$$

式中：n为水平角观测个数。满足式(6-18)的$\sum\beta_{左}$即为其理论值。将式(6-18)整理可得

$$\sum \beta_{左理} = \alpha_{终} - \alpha_{始} + n \times 180° \tag{6-19}$$

若观测右角，同样可得

$$\sum \beta_{右理} = \alpha_{始} - \alpha_{终} + n \times 180° \tag{6-20}$$

(2)坐标增量闭合差中$\sum\Delta x_{理}$、$\sum\Delta y_{理}$的计算

$$\begin{aligned} \Delta x_{B1} &= x_1 - x_B \\ \Delta x_{12} &= x_2 - x_1 \\ \Delta x_{2C} &= x_C - x_2 \end{aligned}$$

将以上各式左、右分别相加，得

$$\sum \Delta x = x_C - x_B$$

写成一般公式为

$$\sum \Delta x_{理} = x_{终} - x_{始} \tag{6-21}$$

同样可得

$$\sum \Delta y_{理} = y_{终} - y_{始} \tag{6-22}$$

即附合导线的坐标增量代数和的理论值应等于终、始两点的已知坐标值之差。

附合导线的导线全长闭合差、全长相对闭合差和容许相对闭合差的计算，以及增量闭合差的调整等，均与闭合导线相同。附合导线坐标计算的全过程，见表6-10的算例。

表 6-10　附合导线坐标计算表

点号	观测角(左角)(° ′ ″)	改正数(″)	改正角(° ′ ″)	坐标方位角 α(° ′ ″)	距离 D(m)	增量计算值 Δx(m)	增量计算值 Δy(m)	改正后增量 Δx(m)	改正后增量 Δy(m)	坐标值 x(m)	坐标值 y(m)	点号
1	2	3	4 = 2 + 3	5	6	7	8	9	10	11	12	13
B												B
				245 45 24								
A	91 47 00	+6	91 47 06							2 688. 88	1 686. 66	A
				157 32 30	215. 20	+4 −198. 88	−4 +82. 21	−198. 84	+82. 17			
1	170 42 50	+6	170 42 56							2 490. 04	1 768. 83	1
				148 15 26	167. 65	+3 −142. 57	−3 +88. 20	−142. 54	+88. 17			
2	118 50 23	+6	118 50 29							2 347. 50	1 857. 00	2
				87 05 55	163. 19	+3 +8. 26	−2 +162. 98	+8. 29	+162. 96			
3	193 45 25	+6	193 45 31							2 355. 79	2 019. 96	3
				100 51 26	120. 41	+2 −22. 68	−2 +118. 25	−22. 66	+118. 23			
4	213 09 52	+6	213 09 58							2 333. 13	2 138. 19	4
				134 01 24	192. 39	+3 −133. 70	−3 +138. 34	−133. 67	+138. 31			
C	111 25 06	+6	111 25 12							2 199. 46	2 276. 50	C
				65 26 36								
D												D
Σ	899 40 36	+36	899 41 12		858. 84	−489. 57	+589. 98	−489. 42	+589. 84			

辅助计算

$f_\beta = 245°45'24'' + 899°40'36'' - 6\times180° - 65°26'36'' = -36''$

$f_{\beta容} = \pm40''\sqrt{6} = \pm97''$

$f_x = \sum\Delta x_{测} - (x_C - x_A) = -0.15$ m

$f_y = \sum\Delta y_{测} - (y_C - y_A) = +0.14$ m

导线全长闭合差 $f_D = \sqrt{f_x^2 + f_y^2} \approx \pm0.21$ m

导线全长相对闭合差 $K = \dfrac{0.21}{858.84} = \dfrac{1}{4\ 200}$

导线全长容许相对闭合差 $K_{容} = \dfrac{1}{2\ 000}$

示意图

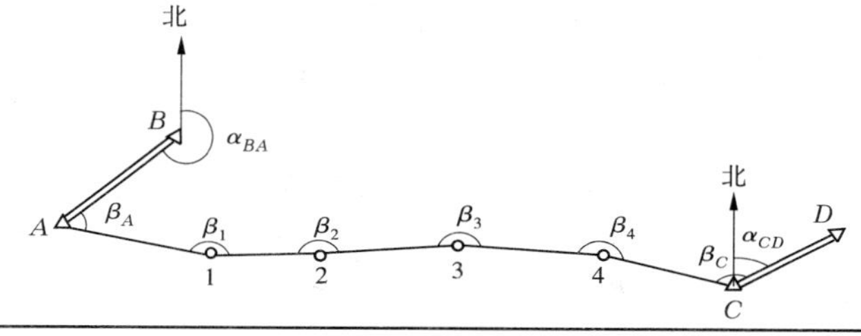

三、支导线的坐标计算

支导线中没有多余观测值，因此也没有闭合差产生，导线转折角和计算的坐标增量均不需要进行改正。支导线的计算步骤为：

（1）根据观测的转折角推算各边坐标方位角。

（2）根据各边坐标方位角和边长计算坐标增量。

（3）根据各边的坐标增量推算各点的坐标。

以上各计算步骤的计算方法同闭合导线。

四、导线测量错误的查找方法

在导线计算中，如果发现闭合差超限，则应首先复查导线测量外业观测记录、内业计算时的数据抄录和计算。如果都没有发现问题，则说明导线外业中的测角、量距有错误，应到现场去返工重测。但在去现场之前，如果能分析判断错误可能发生在某处，就应首先到该处重测，这样就可以避免角度或边长的全部重测，大大减少返工的工作量。下面介绍仅有一个错误存在的查找方法。

（一）一个角度测错的查找方法

在图 6-15 附合导线的第 3 点上的转折角发生一个错误，使角度闭合差超限。

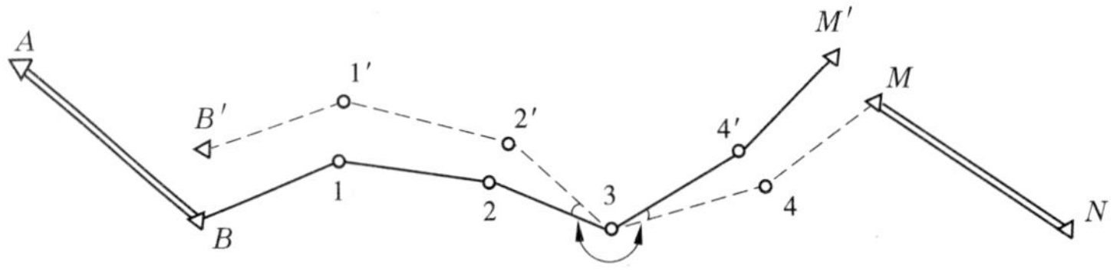

图 6-15　一个角度测错的查找方法

如果分别从导线两端的已知坐标方位角推算各边的坐标方位角，则到测错角度的第 3 点为止，导线边的坐标方位角仍然是正确的。经过第 3 点的转折角以后，导线边的坐标方位角开始向错误方向偏转，使以后各边坐标方位角都包含错误。

因此，一个转折角测错的查找方法为：分别从导线两端的已知坐标方位角出发，按支导线计算导线各点的坐标。则所得到的同一个点的两套坐标值非常接近的点，最有可能为角度测错的点。对于闭合导线，方法也类似。只是从同一个已知点及已知坐标方位角出发，分别沿顺时针方向和逆时针方向，按支导线计算两套坐标值，去寻找两套坐标值接近的点。

（二）一条边长测错的查找方法

当角度闭合差在容许范围以内，而坐标增量闭合差超限时，说明边长测量有错误，在图 6-16 设闭合导线中的 3—4 边 D_{34} 发生错误量为 ΔD。由于其他各边和各角没有错误，因此从第 4 点开始及以后各点，均产生一个平行于 3—4 边的移动量 ΔD。如果其他各边、角中的偶然误差忽略不计，则按式（6-23）计算的导线全长的绝对闭合差即等于

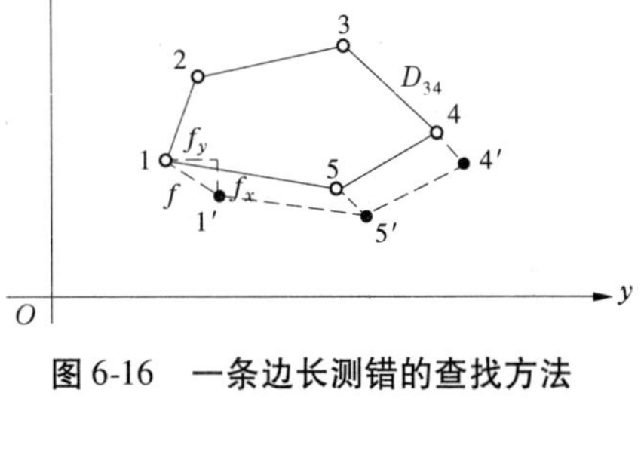

图 6-16　一条边长测错的查找方法

ΔD,即

$$f = \sqrt{f_x^2 + f_y^2} = \Delta D \tag{6-23}$$

计算的全长闭合差的坐标方位角即等于3—4边或4—3边的坐标方位角 α_{34} 或 α_{43},即

$$\alpha_f = \arctan \frac{f_y}{f_x} = \alpha_{34}(\text{或 } \alpha_{43}) \tag{6-24}$$

据此原理,求得的 α_f 值等于或十分接近于某导线边方位角(或其反方位角)时,此导线边就可能是量距错误边。

课题4　交会测量

一、前方交会

如图6-17(a)所示,在已知点 A、B 分别对 P 点观测了水平角 α 和 β,求 P 点坐标,称为前方交会。为了检核,通常需从三个已知点 A、B、C 分别向 P 点观测水平角,如图6-17(b)所示,分别由两个三角形计算 P 点坐标。P 点精度除与 α、β 角观测精度有关外,还与 α 角的大小有关。α 角接近90°精度最高,在不利条件下,α 角也不应小于30°或大于120°。

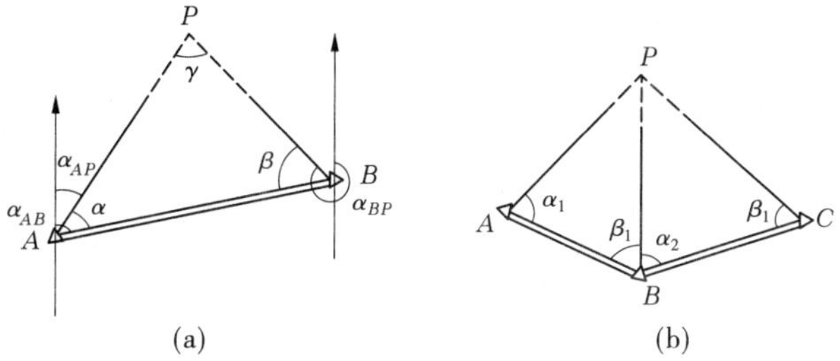

图6-17　前方交会

现以一个三角形为例说明前方交会的定点方法。

(一)根据已知坐标计算已知边 AB 的方位角和边长

$$\left.\begin{aligned} \alpha_{AB} &= \arctan \frac{y_B - y_A}{x_B - x_A} \\ D_{AB} &= \sqrt{(x_B - x_A)^2 + (y_B - y_A)^2} \end{aligned}\right\} \tag{6-25}$$

(二)推算 AP 和 BP 边的坐标方位角和边长

由图6-17得

$$\left.\begin{aligned} \alpha_{AP} &= \alpha_{AB} - \alpha \\ \alpha_{BP} &= \alpha_{BA} + \beta \end{aligned}\right\} \tag{6-26}$$

$$\left.\begin{aligned} D_{AP} &= \frac{D_{AB}\sin\beta}{\sin\gamma} \\ D_{BP} &= \frac{D_{AB}\sin\alpha}{\sin\gamma} \end{aligned}\right\} \tag{6-27}$$

式中

$$\gamma = 180° - (\alpha + \beta) \tag{6-28}$$

（三）计算 P 点坐标

分别由 A 点和 B 点按式(6-29)、式(6-30)推算 P 点坐标，并校核。

$$\left.\begin{aligned} x_P &= x_A + D_{AP}\cos\alpha_{AP} \\ y_P &= y_A + D_{AP}\sin\alpha_{AP} \end{aligned}\right\} \tag{6-29}$$

$$\left.\begin{aligned} x_P &= x_B + D_{BP}\cos\alpha_{BP} \\ y_P &= y_B + D_{BP}\sin\alpha_{BP} \end{aligned}\right\} \tag{6-30}$$

另外，介绍一种应用电子计算器直接计算 P 点坐标的公式，公式推导从略。

$$\left.\begin{aligned} x_P &= \frac{x_A\cot\beta + x_B\cot\alpha + (y_B - y_A)}{\cot\alpha + \cot\beta} \\ y_P &= \frac{y_A\cot\beta + y_B\cot\alpha - (x_B - x_A)}{\cot\alpha + \cot\beta} \end{aligned}\right\} \tag{6-31}$$

应用式(6-31)时，A、B、P 的点号须按逆时针次序排列，见图 6-17。

二、距离交会

随着电磁波测距仪的应用，距离交会也成为加密控制点的一种常用方法。如图 6-18 所示，在两个已知点 A、B 上分别量至待定点 P_1 的边长 D_a、D_b，求解 P_1 点坐标，称为距离交会。

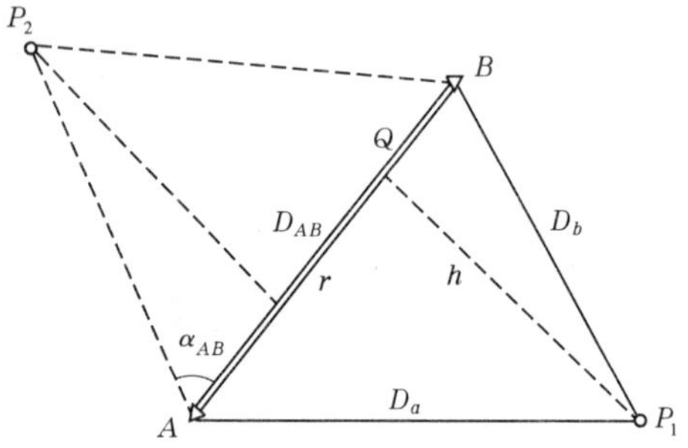

图 6-18　距离交会

(1)利用 A、B 已知坐标求方位角 α_{AB} 和边长 D_{AB}。

(2)过 P_1 点作 AB 垂线交于 Q 点。垂距 P_1Q 为 h，AQ 为 r，利用余弦定理求 A 角。

$$\left.\begin{aligned} D_b^2 &= D_{AB}^2 + D_a^2 - 2D_{AB}D_a\cos A \\ \cos A &= \frac{D_{AB}^2 + D_a^2 - D_b^2}{2D_{AB}D_a} \end{aligned}\right\} \tag{6-32}$$

$$\left.\begin{aligned} r &= D_a\cos A = \frac{1}{2D_{AB}}(D_{AB}^2 + D_a^2 - D_b^2) \\ h &= \sqrt{D_a^2 - r^2} \end{aligned}\right\} \tag{6-33}$$

(3) P_1 点坐标为

$$\left.\begin{aligned} x_{P1} &= x_A + r\cos\alpha_{AB} - h\sin\alpha_{AB} \\ y_{P1} &= y_A + r\sin\alpha_{AB} + h\cos\alpha_{AB} \end{aligned}\right\} \tag{6-34}$$

式(6-34)中 P_1 点在 AB 线段右侧(A、B、P_1 顺时针构成三角形)。若待定点 P_2 在 AB 线段左侧(A、B、P_2 逆时针构成三角形)，公式为

$$
\left.\begin{aligned}
x_{P2} &= x_A + r\cos\alpha_{AB} + h\sin\alpha_{AB} \\
y_{P2} &= y_A + r\sin\alpha_{AB} - h\cos\alpha_{AB}
\end{aligned}\right\} \tag{6-35}
$$

距离交会计算表见表6-11。

表6-11　距离交会计算表

略图与公式	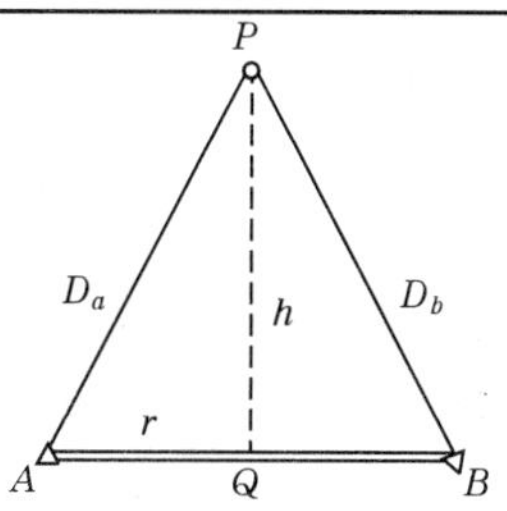				$r=\frac{1}{2D_{AB}}(D_{AB}^2+D_a^2-D_b^2)$ $h=\sqrt{D_a^2-r^2}$ $x_P=x_A+r\cos\alpha_{AB}+h\sin\alpha_{AB}$ $y_P=y_A+r\sin\alpha_{AB}-h\cos\alpha_{AB}$		
已知坐标	x_A	1 035.147	y_A	2 601.295	观测数据	D_a	703.760
	x_B	1 501.295	y_B	3 270.053		D_b	670.486
α_{AB}	55°07′20″		D_{AB}	815.188	r	435.641	
h	552.716		x_P	1 737.692	y_P	2 642.625	

课题5　小地区高程控制测量

一、三、四等水准测量

(一)三、四等水准测量的主要技术要求

三、四等水准测量除用于国家高程控制网的加密外,还常用作小地区的首级高程控制,以及工程建设地区内工程测量和变形观测的基本控制。三、四等水准网应从附近的国家高一级水准点引测高程。

三、四等水准路线一般沿道路布设,尽量避开土质松软地段,水准点间的距离一般为2～4 km,在城市建筑区为1～2 km。水准点应选在地基稳固、能长久保存和便于观测的地方。水准点应埋设普通水准标石或临时水准点标志,亦可利用埋石的平面控制点作为水准点。在厂区内则注意不要选在地下管线上方,距离厂房或高大建筑物不小于25 m,距振动影响区5 m以外,距回填土边不少于5 m。

三、四等水准测量的要求和施测方法是:

(1)三、四等水准测量使用的水准尺通常是双面水准尺。两根标尺黑面的尺底均为0,红面的尺底一根为4.587 m,一根为4.787 m。

(2)三、四等水准测量的主要技术要求见表6-7,在观测中,每一测站的技术要求见表6-12。

(二)三、四等水准测量的方法

1. 观测方法

三、四等水准测量的观测应在通视良好、望远镜成像清晰稳定的情况下进行。若用普通

DS_3 水准仪观测，则应注意每次读数前都应精平。如果使用自动安平水准仪，则无须精平，工作效率大为提高。以下介绍用双面水准尺法在一个测站的观测顺序。

表 6-12　三、四等水准测量测站技术要求

等级	标准视线长度（m）	前后视距差（m）	前后视距累计差（m）	视线离地面最低高度（m）	红黑面读数差（mm）	红黑面高差之差（mm）
三	75	3.0	5.0	0.3	2.0	3.0
四	100	5.0	10.0	0.2	3.0	5.0

（1）后视水准尺黑面，读取上、下视距丝和中丝读数，记入记录表（见表 6-13）中（1）、（2）、（3）。

（2）前视水准尺黑面，读取上、下视距丝和中丝读数，记入记录表中（4）、（5）、（6）。

（3）前视水准尺红面，读取中丝读数，记入记录表中（7）。

（4）后视水准尺红面，读取中丝读数，记入记录表中（8）。

这样的观测顺序简称为“后—前—前—后”，其优点是可以抵消水准仪与水准尺下沉产生的误差。四等水准测量每站的观测顺序也可以为“后—后—前—前”，即“黑—红—黑—红”。每个测站共需读 8 个读数，并立即进行测站计算与检核。满足三、四等水准测量的有关限差要求后（见表 6-13）方可迁站。表中各次中丝读数（3）、（6）、（7）、（8）是用来计算高差的。因此，在每次读取中丝读数前，都要注意使符合气泡的两个半像严密重合。

2. 测站计算与检核

1）视距计算与检核

根据前、后视的上、下视距丝读数计算前、后视的视距：

后视距离：（9）=100×[（1）－（2）]

前视距离：（10）=100×[（4）－（5）]

计算前、后视距差：（11）=（9）－（10）

计算前、后视距离累积差：（12）= 上站（12）+ 本站（11）

以上计算得前、后视距、视距差及视距累积差均应满足表 6-13 要求。

2）尺常数 K 检核

尺常数 K 为同一水准尺黑面与红面读数差。尺常数误差计算式为

$$(13) = (5) + K_i - (7)$$

$$(14) = (3) + K_j - (8)$$

K_i、K_j 为双面水准尺的红面分划与黑面分划的零点差（A 尺：K_1 = 4.587 m；B 尺：K_2 = 4.787 m）。对于三等水准测量，尺常数误差不得超过 2 mm；对于四等水准测量，尺常数误差不得超过 3 mm。

表 6-13　三(四)等水准测量观测手簿

测段:$A\sim B$	日期:2008 年6 月12 日	仪器型号:苏光 DZS_2
开始:8 时20 分	天气:多云	观测者:× × ×
结束:9 时30 分	成像:清晰稳定	记录者:× × ×

测站编号	点号	后尺 下丝 / 上丝 / 后视距 / 视距差	前尺 下丝 / 上丝 / 前视距 / 累计差	方向及尺号	水准尺中丝读数 黑面	水准尺中丝读数 红面	K + 黑 - 红(mm)	平均高差(m)	备注
		(1)	(4)	后	(3)	(8)	(14)		
		(2)	(5)	前	(6)	(7)	(13)		
		(9)	(10)	后 - 前	(15)	(16)	(17)	(18)	
		(11)	(12)						
1	$A\sim TP_1$	1. 587	0. 755	后 106	1. 400	6. 187	0		
		1. 213	0. 379	前 107	0. 567	5. 255	-1		
		37. 4	37. 6	后 - 前	+0. 833	+0. 932	+1	+0. 832 5	
		-0. 2	-0. 2						
2	$TP_1\sim TP_2$	2. 111	2. 186	后 107	1. 924	6. 611	0		
		1. 737	1. 811	前 106	1. 998	6. 786	-1		
		37. 4	37. 5	后 - 前	-0. 074	-0. 175	+1	-0. 074 5	K 为水准尺
		-0. 1	-0. 3						常数,表中
3	$TP_2\sim TP_3$	1. 916	2. 057	后 106	1. 728	6. 515	0		$K_{106}=4.787$
		1. 541	1. 680	前 107	1. 868	6. 556	-1		$K_{107}=4.687$
		37. 5	37. 7	后 - 前	-0. 140	-0. 041	+1	-0. 140 5	
		-0. 2	-0. 5						
4	$TP_3\sim TP_4$	1. 945	2. 121	后 107	1. 812	6. 499	0		
		1. 680	1. 854	前 106	1. 987	6. 773	+1		
		26. 5	26. 7	后 - 前	-0. 175	-0. 274	-1	-0. 174 5	
		-0. 2	-0. 7						
5	$TP_4\sim B$	0. 675	2. 902	后	0. 466	5. 254	-1		
		0. 237	2. 466	前	2. 684	7. 371	0		
		43. 8	43. 6	后 - 前	-2. 218	-2. 117	-1	-2. 217 5	
		+0. 2	-0. 5						

3. 高差计算与检核

按前、后视水准尺红、黑面中丝读数分别计算该站高差:

黑面高差:(15) = (3) - (6)

红面高差:(16) = (8) - (7)

红黑面高差之误差:(17) = (14) - (13)

对于三等水准测量,(17)不得超过 3 mm; 对于四等水准测量,(17)不得超过 5 mm。红黑面高差之差在容许范围以内时,取其平均值,作为该站的观测高差。

$$(18) = \{(15) + [(16) \pm 100\ \text{mm}]\}/2$$

上式计算时，当(15) > (16)时，100 mm 前取正号计算，当(15) < (16)时，100 mm 前取负号计算。总之，平均高差(18)应与黑面高差(15)接近。

4. 每页水准测量记录计算校核

每页水准测量记录应作总的计算校核。

高差校核：
$$\sum(3) - \sum(6) = \sum(15)$$
$$\sum(8) - \sum(7) = \sum(16)$$

或
$$\sum(15) + \sum(16) = 2\sum(18)\text{（偶数站）}$$
$$\sum(15) + \sum(16) = 2\sum(18) \pm 100\ \text{mm}\text{（奇数站）}$$

视距差校核：$\sum(9) - \sum(10) =$ 本页末站(12) − 前页末站(12)

本页总视距：$\sum(9) + \sum(10)$

（三）三、四等水准测量的成果整理

三、四等水准测量的闭合或附合线路的成果整理首先应按表 6-7 的规定，检验测段往返测高差不符值，以及附合或闭合线路的高差闭合差。如果在容许范围以内，则测段高差取往、返测的平均值，线路的高差闭合差则应反符号按测段的长度或测站数成正比例进行分配。

二、光电测距三角高程测量

当地形高低起伏较大，不便于水准测量时，由于光电测距仪和全站仪的普及，可以用光电测距三角高程测量的方法测定两点间的高差，从而推算各点的高程。

（一）三角高程测量的计算公式

三角高程测量是根据测站与待测点间的水平距离和测站向目标点所观测的竖直角来计算两点间的高差。

如图 6-19 所示，已知 A 点的高程 H_A，要测定 B 点的高程 H_B，可安置全站仪于 A 点，量取仪器高 i_A；在 B 点安置棱镜，量取其高度称为棱镜高 V_B；用全站仪中丝瞄准棱镜中心，测定竖直角 α。再测定 AB 两点间的水平距离 D，则 AB 两点间的高差计算式为

$$h_{AB} = D\tan\alpha + i_A - V_B \tag{6-36}$$

如果用经纬仪配合测距仪测定两点间的斜距 D' 及竖直角 α，则 A、B 两点间的高差计算式为

$$h_{AB} = D'\sin\alpha + i_A - V_B \tag{6-37}$$

以上两式中，α 为仰角时 $\tan\alpha$ 或 $\sin\alpha$ 为正，俯角时为负。求得高差 h_{AB} 以后，按式(6-38)计算 B 点的高程：

$$H_B = H_A + h_{AB} \tag{6-38}$$

上述是在假定地球表面为水平面，认为观测视线是直线的条件下导出的。当地面上两点间的距离小于 300 m 时是适用的。两点间距离大于 300 m 时就要顾及地球曲率，加以曲率改正，称为球差改正。

三角高程测量公式(6-37)、式(6-38)计算的高差应进行地球曲率影响的改正，称为球差改正 f_1，如图 6-20 所示。

$$f_1 = \Delta h = \frac{D^2}{2R} \tag{6-39}$$

式中:R 为地球平均曲率半径,一般取 $R=6\ 371$ km。

另外,由于视线受大气垂直折光影响而成为一条向上凸的曲线,使视线的切线方向向上抬高,测得竖直角偏大,如图 6-20 所示。因此,还应进行大气折光影响的改正,称为气差改正 f_2(f_2 恒为负值)。

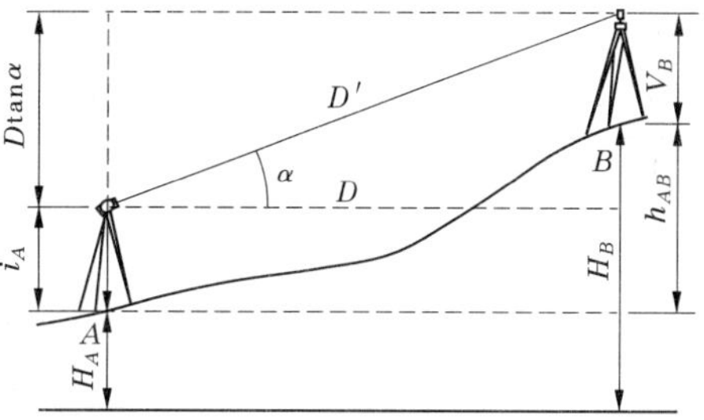

图 6-19　三角高程测量原理

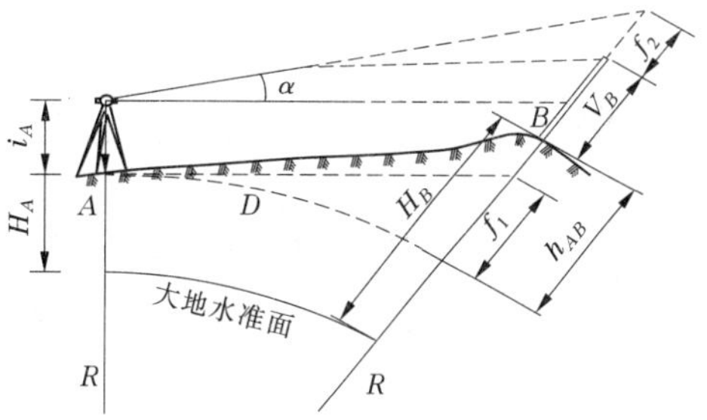

图 6-20　球曲率和大气折光影响

气差改正 f_2 的计算公式为

$$f_2 = -k\frac{D^2}{2R} \tag{6-40}$$

式中:k 为大气垂直折光系数。球差改正和气差改正合称为球气差改正 f,简称二差改正,则 f 应为

$$f = f_1 + f_2 = (1-k)\frac{D^2}{2R} \tag{6-41}$$

大气垂直折光系数 k 随气温、气压、日照、时间、地面情况和视线高度等因素而改变,一般取其平均值,令 $k=0.14$。在表 6-14 中列出水平距离 $D=100\sim1\ 000$ m 的球气差改正值 f,由于 $f_1>f_2$,故 f 恒为正值。

$$f = \frac{D^2}{2R} - 0.14\frac{D^2}{2R} \approx 0.43\frac{D^2}{R} = 6.7\times10^{-5}D^2$$

考虑球气差改正时,三角高程测量的高差计算公式为

$$h_{AB} = D\tan\alpha + i_A - V_B + f \tag{6-42}$$

$$h_{AB} = D'\sin\alpha + i_A - V_B + f \tag{6-43}$$

由于折光系数的不定性,使球气差改正中的气差改正有较大的误差。但是如果在两点间进行对向观测,即测定 h_{AB} 及 h_{BA} 而取其平均值,则由于 f_2 在短时间内不会改变,而高差 h_{BA} 必须反符号与 h_{AB} 取平均,因此 f_2 可以抵消,故 f 的误差也就不起作用,所以作为高程控制点进行三角高程测量时必须进行对向观测。

(二)三角高程测量的观测与计算

1. 三角高程测量的观测

在测站上安置经纬仪(或全站仪),量取仪器高 i,在目标点上安置棱镜,量取棱镜高 V。i 和 V 用小钢卷尺量两次取平均,读数至 1 mm。

用经纬仪望远镜中丝瞄准目标,将竖盘水准管气泡居中,读取竖盘读数,竖直角观测的

测回数及限差规定见表 6-15。然后用全站仪测定两点间斜距 D'(或平距 D)。

表 6-14　三角高程测量地球曲率和大气折光改正(k=0.14)

D (m)	f (mm)	D (m)	f (mm)	D (m)	f (mm)	D (m)	f (mm)
100	1	350	8	600	24	850	49
170	2	400	11	650	29	900	55
200	3	450	14	700	33	950	61
250	4	500	17	750	38	975	64
300	6	550	20	800	43	1 000	67

表 6-15　全站仪测距三角高程测量的主要技术要求

等级	仪器	测回数		指标差较差(″)	垂直角较差(″)	对向观测高差较差(mm)	附合环形闭合差(mm)
		三丝法	中丝法				
四等	DJ_2	—	3	≤7	≤7	$40\sqrt{D}$	$20\sqrt{\sum D}$
五等	DJ_2	1	2	≤10	≤10	$50\sqrt{D}$	$30\sqrt{\sum D}$

四等应起讫于不低于三等水准的高程点上,五等应起讫于四等的高程点上。其边长均不应超过 1 km,边数不应超过 5 条。当边长不超过 0.5 km 或单纯作高程控制时,边数可增加 1 倍。

对向观测应在较短时间内进行。计算时,应考虑地球曲率和折光差的影响。

三角高程的边长测定,应采用不低于二级精度的测距仪。四等应采用往返各一测回;五等应采用一测回。仪器高度、反射镜高度或觇牌高度,应在观测前后量测,四等应采用测杆量测,其取值精确到 1 mm,当较差不大于 2 mm 时,取用平均值;五等取值精确至 1 mm,当较差不大于 4 mm 时,取用平均值。

四等竖直角观测宜采用觇牌为照准目标。每照准一次,读数二次,两次读数较差不应大于 3″。

2. 三角高程测量的计算

三角高程测量的往测或返测高差按式(6-42)或式(6-43)计算。由对向观测所求得往、返测高差(经球气差改正)之差的容许值为

$$f_{\Delta h容} = \pm 40\sqrt{D}\,(\text{mm}) \quad (6\text{-}44)$$

内业计算中,竖直角的取值应精确到 0.1″,高程的取值应精确到 1 mm。图 6-21 所示为三角高程测量实测数据略图,在 A、B、C 三点间进行三角高程测量,构成闭合线路,已知 A 点的高程为 255.432 m,已知数据及观测数据注明于图上,在表 6-16 中进行高差计算。

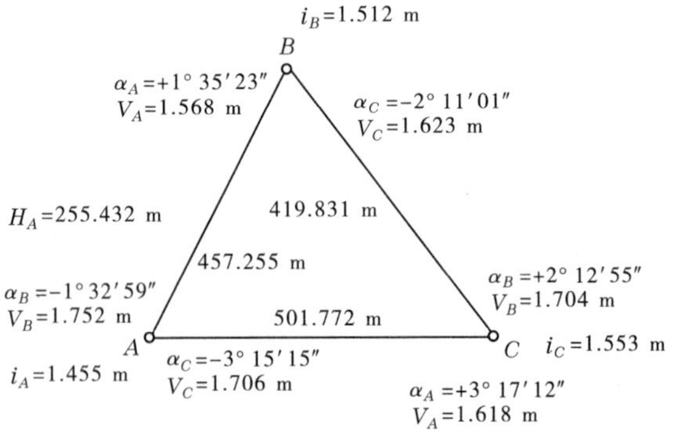

图 6-21　三角高程测量实测数据略图

表 6-16　三角高程测量高差计算　（单位:m）

测站点	A	B	B	C	C	A
目标点	B	A	C	B	A	C
水平距离 D	457.255	457.255	419.831	419.831	501.772	501.772
竖直角 α	−1°32′59″	+1°35′23″	−2°11′01″	+2°12′55″	+3°17′12″	−3°15′15″
测站仪器高 i	1.455	1.512	1.512	1.553	1.553	1.455
目标镜高 V	1.752	1.568	1.623	1.704	1.618	1.706
初算高差 h'	−12.668	12.634	−16.119	16.089	28.750	−28.780
球气差改正 f	0.014	0.014	0.012	0.012	0.017	0.017
单向高差 h	−12.654	+12.648	−16.107	+16.101	+28.767	−28.763
平均高差	−12.651		−16.104		+28.765	

由对向观测所求得高差平均值，计算闭合环线或附合线路的高差闭合差的容许值为

$$f_{h容} = \pm 20\sqrt{\sum D} \quad (\text{mm}) \tag{6-45}$$

式中：D 以 km 为单位。

本例的三角高程测量闭合线路的高差闭合差计算、高差调整及高程计算在表 6-17 中进行。高差闭合差按两点的距离成正比反号分配。

表 6-17　三角高程测量成果整理

点号	水平距离(m)	观测高差(m)	改正值(m)	改正后高差(m)	高程(m)
A					255.432
	457.255	−12.551	−0.008	−12.559	
B					243.773
	419.831	−15.109	−0.007	−15.115	
C					227.557
	501.772	+28.784	−0.009	+28.775	
A					255.432
Σ	1 378.858	+0.010	−0.024	0.000	
备注	$f_h = \pm 0.010$ m，$\sum D = 1.379$ km $f_{h容} = \pm 20\sqrt{\sum D} = 23.5$ mm　$f_h \leq f_{h容}$（合格）				

小　结

1. 测量控制网的建立

遵守从整体到局部、先控制后碎部这样的程序开展测量工作，首先进行控制测量，建立测量控制网，这样可以避免测量误差累积，保证测图和施工放样的精度均匀，同时，通过控制网的建立，将一个大测区分成若干小测区，各小区的测量工作可同时进行，以提高工作效率。加快工作进度，缩短工期。还可以节省人力、物力，节省经费开支。

2. 坐标正算

已知直线的水平距离、坐标方位角和一个端点的坐标，求算直线另一端点的坐标的工作

称为坐标正算。

3. 坐标反算

已知直线两个端点的坐标,求算直线的水平距离和坐标方位角的工作称为坐标反算。

4. 建筑基线是根据建筑物的分布、场地地形等因素,布设成一条或几条轴线,以此作为施工控制测量的基准线。

5. 建筑基线测设的依据:

(1)根据建筑红线测设;

(2)根据建筑控制点测设。

6. 建筑方格网的测设一般分两步走,先进行主轴线的测设,然后是方格网的测设。测设时须控制测角和测距的精度。

7. 水准网应布设成闭合水准路线、附合水准路线或结点网形,测量精度不宜低于三等水准测量的精度,测设前应对已知高程控制点进行认真检核。

技能训练十　经纬仪导线内业坐标计算作业

一、目的和要求

(1)掌握导线计算的方法和步骤。

(2)要求每人计算一份。

二、仪器和用具

导线坐标计算表。

三、方法和步骤

(1)将观测和起算数据填入坐标计算表并绘出导线略图。

(2)计算角度闭合差并进行调整

$$f_\beta = \sum\beta_{测} - (n-2)180°\text{(闭合导线)}$$

或

$$\left.\begin{aligned} f_\beta &= \alpha_{始} + \sum\beta_{左} - n180° - \alpha_{终} \\ f_\beta &= \alpha_{始} + n180° - \sum\beta_{右} - \alpha_{终} \end{aligned}\right\}\text{(附合导线)}$$

$$f_{\beta容} = \pm 40''\sqrt{n}$$

当$f_\beta \leqslant f_{\beta容}$时,方可进行调整。

改正数

$$\Delta\beta = -\frac{f_\beta}{n}$$

(3)用改正后的角值推算各边的坐标方位角

$$\alpha_{前} = \alpha_{后} + \beta_{左} - 180°\text{(按左角推算)}$$

或

$$\alpha_{前} = \alpha_{后} + 180° - \beta_{右}\text{(按右角推算)}$$

当前两项之和小于减数时,应加360°再减。

闭合导线应从起始边的方位角开始计算,最后回到起始边,二者应完全一致,以资检核。

附合导线从起始边的已知方位角开始,计算至终边,与该边原已知方位角应完全一致,以资检核。

(4)计算坐标增量

$$\begin{cases}\Delta x = D\cos\alpha \\ \Delta y = D\sin\alpha\end{cases}$$

坐标增量可利用计算器上由极坐标转换为直角坐标的功能进行计算。

(5)计算坐标增量闭合差并进行调整

$$\left.\begin{aligned}f_x &= \sum \Delta x \\ f_y &= \sum \Delta y\end{aligned}\right\}(\text{闭合导线})$$

$$\left.\begin{aligned}f_x &= x_{始} + \sum \Delta x - x_{终} \\ f_y &= y_{始} + \sum \Delta y - y_{终}\end{aligned}\right\}(\text{附合导线})$$

导线全长闭合差 $f = \sqrt{f_x^2 + f_y^2}$

导线全长相对闭合差 $K = \dfrac{f}{\sum D} = \dfrac{1}{\dfrac{\sum D}{f}}$

若 $K \leqslant K_{容} = 1/2\ 000$,方可进行调整。

其调整的改正数为
$$\begin{cases}v_{x_i} = -\dfrac{f_x}{\sum D}D_i \\ v_{y_i} = -\dfrac{f_y}{\sum D}D_i\end{cases}$$

改正后的坐标增量依次计算出各点坐标

$$\begin{cases}x_{前} = x_{后} + \Delta x_{改正} \\ y_{前} = y_{后} + \Delta y_{改正}\end{cases}$$

四、作业题

由教师在单元6习题中选取。

五、导线坐标计算表

参见实验报告表格。

六、实验报告

日期______________　　　　　　　　　　　　计算______________

点号	观测角 (° ′ ″)	改正数 (° ′ ″)	改正角 (° ′ ″)	坐标方位角 α (° ′ ″)	距离 D (m)	增量计算值		改正后增量		坐标值		点号
						Δx(m)	Δy(m)	Δx(m)	Δy(m)	x(m)	y(m)	
Σ										示意图		
辅助计算												

习　题

1. 什么叫控制点？什么叫控制测量？

2. 选择测图控制点(导线点)应注意哪些问题？

3. 按表6-18已知数据，计算闭合导线各点的坐标值。

表6-18　闭合导线坐标计算用数据

点号	观测角(右角) (°　″　′)	坐标方位角 (°　″　′)	距离 (m)	坐标值 x(m)	坐标值 y(m)	备注
1				1 000.00	1 000.00	
		128　30　30	103.85			
2	139　05　00					
			114.57			
3	94　15　54					
			162.46			
4	88　36　36					
			133.54			
5	122　39　30					
			123.68			
1	95　23　30					

4. 附合导线 $AB123CD$ 中，A、B、C、D 为高级点，已知 $\alpha_{AB}=48°48'48''$，$x_B=1\ 438.38$ m，$y_B=4\ 973.66$ m，$\alpha_{CD}=331°25'24''$，$x_C=1\ 660.84$ m，$y_C=5\ 296.85$ m；测得导线左角：$\angle B=271°36'36''$，$\angle 1=94°18'18''$，$\angle 2=101°06'06''$，$\angle 3=267°24'24''$，$\angle C=88°12'12''$。测得导线边长：$D_{B1}=118.14$ m，$D_{12}=172.36$ m，$D_{23}=142.74$ m，$D_{3C}=185.69$ m。计算1、2、3点的坐标值。

5. 已知 A 点高程 $H_A=182.232$ m，在 A 点观测 B 点得竖直角为 $18°36'48''$，量得 A 点仪器高为1.452 m，B 点棱镜高为1.673 m。在 B 点观测 A 点得竖直角为 $-18°34'42''$，B 点仪器高为1.466 m，A 点棱镜高为1.615 m。已知 $D_{AB}=486.751$ m，试求 h_{AB} 和 H_B。

6. 图6-22为前方交会图，试用表6-19所列数据计算 P 点坐标。

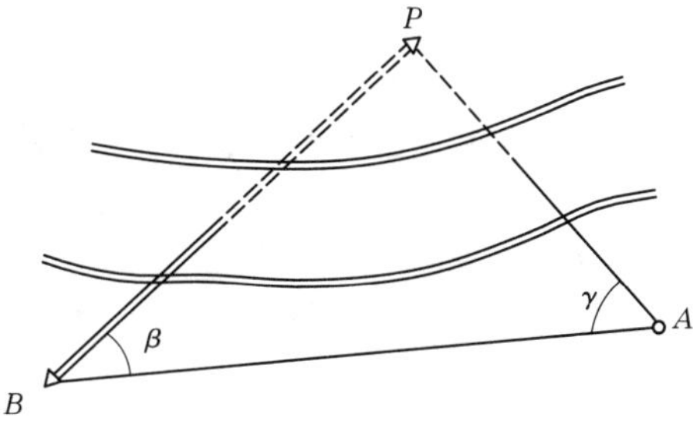

图6-22

表6-19　前方交会数据

点号	x(m)	y(m)
A	848.871	360.966
B	373.196	247.145
观测数据	$\beta=49°02'36''$	
	$\gamma=82°12'12''$	

7. 整理表6-20中的四等水准测量观测数据，并计算出 BM_2 的高程。

表 6-20

测站编号	点号	后尺 上丝	前尺 上丝	方向及尺号	水准尺读数 m		K+黑-红	平均高差(m)	备注
		后尺 下丝	前尺 下丝		黑面	红面			
		后视距	前视距						
		视距差 d (m)	累计差 $\sum d$(m)						
		(1)	(4)	后视	(3)	(8)	(14)		K 为尺常数： $K_1=4.787$ $K_2=4.687$
		(2)	(5)	前视	(6)	(7)	(13)		
		(9)	(10)	高差	(15)	(16)	(17)	(18)	
		(11)	(12)						
1	BM_1 ~ TP_1	1.914	2.055	后视 K_1	1.726	6.513			
		1.537	1.678	前视 K_2	1.866	6.554			
				高差					
2	TP_1 ~ TP_2	1.965	2.141	后视 K_1	1.832	6.519			
		1.700	1.874	前视 K_2	2.007	6.793			
				高差					
3	TP_2 ~ TP_3	1.901	1.965	后视 K_1	1.732	6.518			
		1.563	1.580	前视 K_2	1.772	6.459			
				高差					
4	TP_3 ~ A	1.896	1.941	后视 K_1	1.685	6.472			
		1.486	1.540	前视 K_2	1.740	6.427			
				高差					

8. 象限角与坐标方位角有何不同？如何换算？

9. 何谓坐标正算？何谓坐标反算？写出相应计算公式。

10. 测得 AB 的磁方位角为 $60°45'$，查得当地磁偏角为西偏 $4°03'$，子午线收敛角 γ 为 $2°16'$，求 AB 的真方位角 A 和坐标方位角 α。

11. 何谓连接角、连接边？它们有什么用处？

12. 在三角高程测量中，取对向观测高差的平均值，可消除球气差的影响，为何在计算对向观测高差的较差时，还必须加入球气差的改正？

单元 7　地形测量

【引言】

在对城市进行规划设计时，首先要按城市各项建设对地形的要求并结合实地的地形进行分析，以便充分合理地利用和改造原有地形。规划设计所用的地形图，根据城市用地范围的大小，在总体规划阶段，常选用 1∶10 000 或 1∶5 000 比例尺的地形图；在详细规划阶段，为了满足房屋建筑和各项市政工程初步设计的需要，常选用 1∶2 000、1∶1 000 或 1∶500 比例尺的地形图。可见，地形图在城市的各项建设中的作用是举足轻重的。

课题 1　地形图的基本知识

一、地形图概述

地图按所表示的内容可分为专题地图和普通地图。专题地图是着重表示自然和社会经济现象的某一种或某几种要素的地图，满足某部门或某专业的专门需要。普通地图是指通用的，描述一个地区自然地理和社会经济一般特征的地图，它比较全面地把地表上的各个要素内容，如居民地、交通网、水系、行政区划、界限、土壤、地貌、植被等，按一定的比例尺大小，以相应的详细程度予以表示，为国民经济建设、国防建设、科学研究、文化教育及时提供地表资料。普通地图又可分为地形图和一览图。一览图是指比例尺小于 1∶100 万的普通地图，或称普通地理图。它范围广，以高度概括的形式反映区域内的主要特征和一般概况，如世界地图、某洲地图或某国、某地区地图。它是由实测的大比例尺地形图及地图资料编绘而成的。地形图是普通地图的一种，它有较高的实用性，在国民经济建设、国防建设、科学研究中均广泛使用地形图。它是按一定的比例尺和一定的范围，表示地表某一局部区域内的地物和地貌平面位置及高程的正射投影图（如图 7-1 所示）。地物是指地表面固定性的物体，具有明确轮廓线，有自然形成的也有人工建造的，如河流、湖泊、房屋、道路、桥梁等。地貌是对地球表面各种高低起伏形态的通称，它没有明确的分界线，按形态和规模分为山地、丘陵、高原、平原、盆地等。通常习惯上把地物和地貌统称为地形。而地形图上则把地球表面的水系、居民地、交通线、境界线、土壤植被、地貌等六大类地形要素用各种符号详尽地表示出来。由于地形图是经实地测绘或根据实测及配合调查资料绘制而成的，既充分反映地表实况，又保证一定的数学精度，因此在经济、国防等各种工程建设中，都需要利用地形图进行规划、设计、施工及竣工管理。

城镇居民地

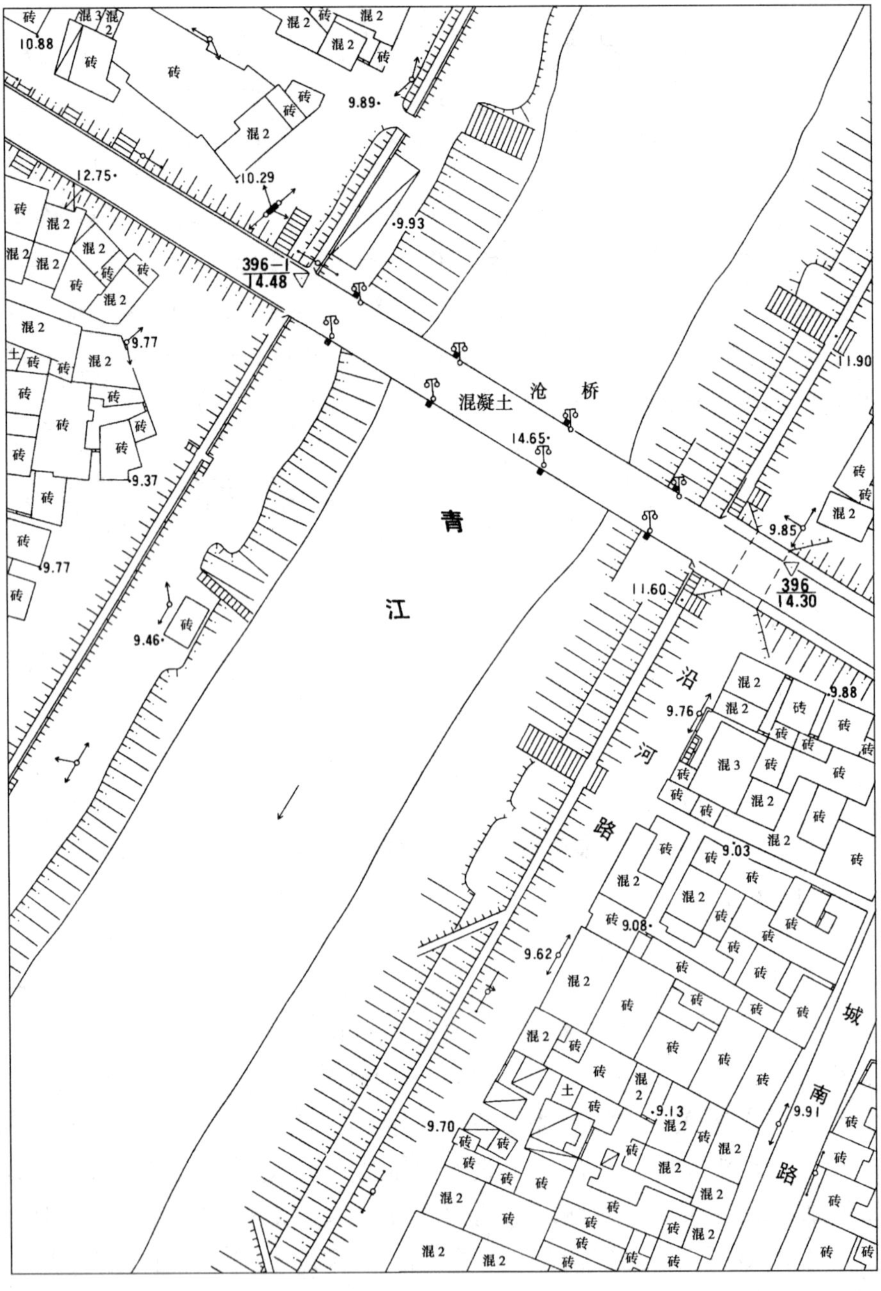

图 7-1　地形图

由于在地形图上客观地反映了地物和地貌的变化情况，给分析、研究和处理问题带来了许多的方便。各种地物和地貌采用专门的符号与注记表示在地形图上。为了使全国采用统一的符号，国家测绘局制定并颁发了各种比例尺的地形图图式，供测图、读图和用图时使用。

地形图的内容相当丰富，下面分别介绍地形图的比例尺、图名、图号、图廓以及地物和地貌在地形图上的表示方法。

二、地形图的比例尺

地形图上任意线段的长度 d 与它所代表的地面上的实际水平长度 D 之比，称为地形图的比例尺。地形图的比例尺应注记在地形图图廓外下方中央位置处。

（一）数字比例尺

数字比例尺用分子为 1 的分数表示，即

$$\frac{d}{D}=\frac{1}{\frac{D}{d}}=\frac{1}{M} \tag{7-1}$$

或写成 1∶M，其中 M 为比例尺分母。M 愈大，比值愈小，比例尺愈小；相反，M 愈小，比值愈大，比例尺愈大。如数字比例尺 1∶500 > 1∶1 000。

可利用式(7-1)，根据图上长度和比例尺求实际长度，也可根据实际长度和比例尺求图上长度。

我国规定 1∶1万、1∶2.5 万、1∶5万、1∶10 万、1∶20 万（现已为 1∶25 万）、1∶50 万、1∶100 万七种比例尺地形图为国家基本比例尺地形图。通常称 1∶100 万、1∶50 万和 1∶20 万比例尺的地形图为小比例尺地形图；1∶10 万、1∶5万、1∶2.5 万和 1∶1万比例尺的地形图为中比例尺地形图； 1∶5 000、1∶2 000、1∶1 000 和 1∶500 比例尺的地形图为大比例尺地形图。中比例尺地形图是国家的基本地图，由国家专业测绘部门负责测绘，目前均用航空摄影测量方法成图，小比例尺地形图一般由中比例尺地图缩小编绘而成。城市和工程建设一般需要大比例尺地形图，其中比例尺为 1∶500 和 1∶1 000 的地形图一般用平板仪、经纬仪或全站仪等测绘；比例尺为 1∶2 000 和 1∶5 000 的地形图一般由 1∶500 或 1∶1 000 的地形图缩小编绘而成。大面积 1∶500 ~ 1∶5 000 的地形图也可以用航空摄影测量方法成图。大比例尺地形图是直接为满足各种工程设计、施工而测绘的。因此，本单元重点介绍大比例尺地形图的基本知识。

（二）图示比例尺

为了便于应用，通常在地形图的正下方绘制一图示比例尺。由两条平行线构成，并把它们分成若干个 2 cm 长的基本单位，最左端的一个基本单位分成 10 等份。图示比例尺上所注记的数字表示以米为单位的实际距离。图示比例尺除直观、方便外，还有一个突出的特点就是比例尺随图纸一起产生伸缩变形，避免了数字比例尺因图纸变形而影响在图上量算的准确性。

使用时，用分规的两脚尖对准衡量距离的两点，然后将分规移至图示比例尺上，使一个脚尖对准“0”分划右侧的整分划线上，而使另一个脚尖落在“0”分划线左端的小分划段中，则所量的距离就是两个脚尖读数的总和，不足一小分划的零数可用目估。

（三）比例尺精度

通常人眼能在图上分辨出的最小距离为 0.1 mm。因此，地形图上 0.1 mm 所代表的实地水平距离称为比例尺精度，若用 δ 表示比例尺精度，M 表示比例尺分母，则

$$\delta = 0.1M\ (\text{mm}) \tag{7-2}$$

根据比例尺精度，可以确定测图时测量实地距离应准确的程度，此外，当确定了要表示地物的最短距离时，可以根据比例尺精度确定测图的比例尺。如用 1∶500 比例尺测图，其比例尺精度为 0.05 m，因此实地测量距离只需精确到 0.05 m 即可。又如，若规定图上应表示

出的最短距离为 0.2 m,则所采用的图纸比例尺不应小于$\frac{0.1}{200}=\frac{1}{2\ 000}$。

表 7-1 为几种常用的大比例尺地形图的比例尺精度。

表 7-1　比例尺精度

比例尺	1∶500	1∶1 000	1∶2 000	1∶5 000	1∶10 000
比例尺精度(m)	0.05	0.1	0.2	0.5	1.0

从表 7-1 可以看出:比例尺愈大,表示地形变化的状况愈详细,精度也愈高;比例尺愈小,表示地形变化的状况愈粗略,精度也愈低。比例尺愈大,测图所耗费的人力、财力和时间愈多。因此,在各类工程中,究竟选用何种比例尺地形图,应从实际情况出发,合理地选择比例尺,而不要盲目追求更大比例尺地形图。

三、地形图图名、图号、图廓及接合图表

(一)图名

图名即本图幅的名称,一般以本图幅内主要的地名、单位或行政名称命名,注记在北图廓外上方中央。在图 7-2 中,图名为幸福镇。若图名选取有困难,也可不注图名,只注图号。

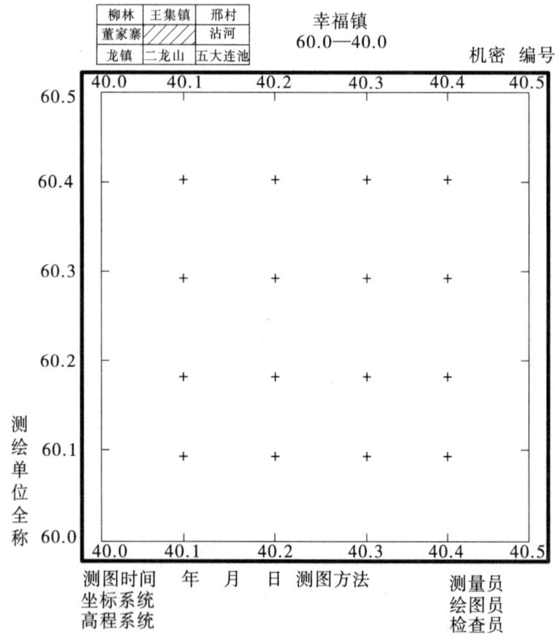

图 7-2　地形图图外注记

(二)图号

为了便于保管和使用地形图,每张地形图应有编号。图号就是该图幅相应分幅方法的编号,注于图幅正上方、图名的下方。如图 7-2 中(60.0—40.0)。

1. 分幅方法

大比例尺地形图常采用正方形分幅法或矩形分幅法,它是按统一的直角坐标纵、横坐标

格网线划分的。

在1∶500、1∶1 000、1∶2 000比例尺地形图上，一般采用50 cm×50 cm的正方形分幅或40 cm×50 cm的矩形分幅，根据需要也可采用其他规格的分幅。而中、小比例尺地形图则按经纬度来划分，即左、右以经线为界，上、下以纬线为界，图幅形状近似梯形，故称为梯形分幅。关于梯形分幅本书不作详细介绍。

各种大比例尺地形图图廓规格及图幅大小列入表7-2。

2. 编号方法

正方形分幅或矩形分幅的编号方法有三种。

1）坐标编号法

采用图廓西南角坐标千米数编号时，x坐标在前，y坐标在后，中间用"—"相连。1∶500比例尺地形图取至0.01 km，如10.40—21.75；1∶1 000、1∶2 000比例尺地形图取至0.1 km，如图7-2的图号为60.0—40.0。1∶5 000比例尺地形图的分幅编号以1∶10万地形图为基础，按一定经差、纬差划分，并采用统一的编号法。

表7-2　正方形、矩形分幅图廓规格及图幅大小

比例尺	图幅大小（cm×cm）	实地面积（km^2）	一幅1∶5 000图包含的图幅数	每平方米图幅数	图廓坐标值（m）
1∶5 000	40×40	4	1	0.25	1 000的整数倍
1∶2 000	50×50	1	4	1	1 000的整数倍
	40×50	0.8	5	1.25	纵坐标800的整数倍；横坐标1 000的整数倍
1∶1 000	50×50	0.25	16	4	500的整数倍
	40×50	0.2	20	5	纵坐标400的整数倍；横坐标500的整数倍
1∶500	50×50	0.062 5	64	16	50的整数倍
	40×50	0.05	80	20	纵坐标20的整数倍；横坐标50的整数倍

2）数字顺序编号法

如图7-3（a）所示，数字排列顺序由左到右、由上到下编定。

3）行列编号法

对带状测区或小面积测区，除按数字顺序编号外，还可利用行列编号法。一般以代号（如A、B、C、…）为横行，由上到下排列，以阿拉伯数字为纵列，按先行后列的顺序从左到右排列编定。如图7-3（b）所示。

（三）图廓

图廓是地形图的边界，有内、外图廓线之分。内图廓线就是坐标格网线，线粗为0.1 mm，外图廓线为图幅的最外围边线，线粗为0.5 mm，是修饰线。内、外图廓相距12 mm。在

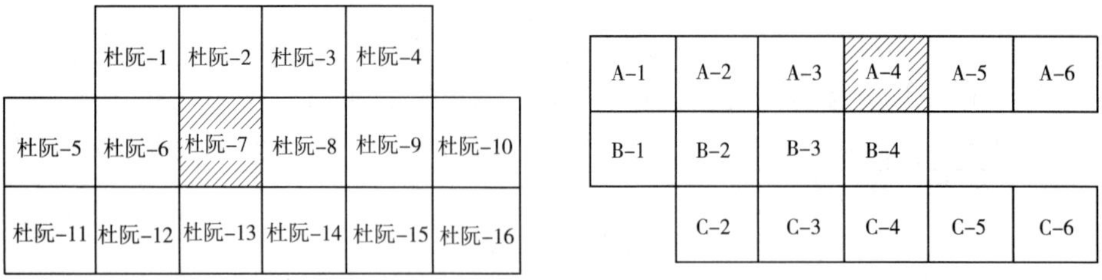

(a)数字顺序编号法　　(b)行列编号法

图 7-3　数字顺序编号法与行列编号法

内、外图廓线之间注记格网坐标值，如图 7-2 所示。

（四）接合图表

说明本幅图与相邻图幅的联系，供索取相邻图幅时用。通常把相邻图幅的图号标注在相邻图廓线的中部，或将相邻图幅的图名标注在图幅的左上方，如图 7-2 所示。

在地形图外还有一些其他注记，如外图廓左下角，应注记测图时间、坐标系统、高程系统、图式版本等；右下角应注明测量员、绘图员和检查员；在图幅左侧注明测绘单位全称；在右上角标注图纸的密级，参见图 7-2。

四、地物符号

为了便于测图和读图，在地形图中常用不同的符号来表示地物和地貌的形状及大小，这些符号总称为地形图图式。《1∶500、1∶1 000、1∶2 000 地形图图式》（GB/T 20257—2007）（简称《地形图图式》）是由国家测绘管理机关制定，国家标准局批准并颁布实施的国家标准。它是测制、出版地形图的基本依据之一，是识别和使用地形图的重要工具，也是地形图上表示各种地物、地貌要素的符号、注记和颜色的标准。成图的比例尺不同，符号的大小、详略也有所不同。在《地形图图式》中没有规定的地物和地貌可自行补充，但应在技术报告书中注明。

根据地物大小及描绘方法的不同，地物符号可分为比例符号、半比例符号（线形符号）、非比例符号和地物注记。

（一）比例符号

把地面上轮廓尺寸较大的地物依形状和大小按测图比例尺缩绘到图纸上，称为比例符号，如房屋、湖泊、道路等，参见表 7-3 中 1 ~26 号。

（二）半比例符号（线形符号）

对一些呈带状延伸的地物，如小路、通信线路、管道等，其长度可按测图比例尺缩绘，而宽度却无法按比例尺缩绘，这种长度按比例、宽度不按比例的符号，称为半比例符号或线形符号。半比例符号的中心线即为实际地物的中心线，参见表 7-3 中 44 ~55 号。

表 7-3　常用地物、注记和地貌符号

编号	符号名称	1:500　1:1 000	1:2 000
1	一般房屋 混—房屋结构 3—房屋层数	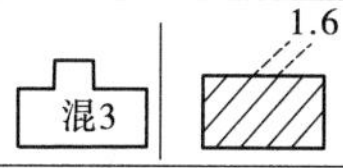	
2	简单房屋	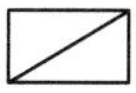	
3	建筑中的房屋		
4	破坏房屋		
5	棚房	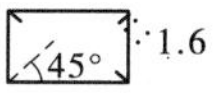	
6	架空房屋	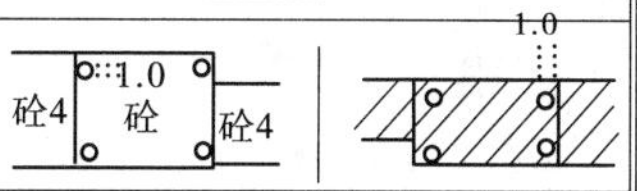	
7	廊房		
8	台阶	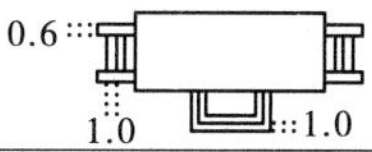	
9	无看台的 露天体育场	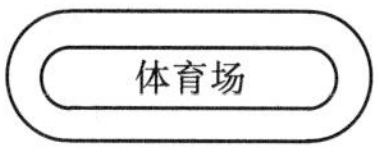	
10	游泳池		
11	过街天桥	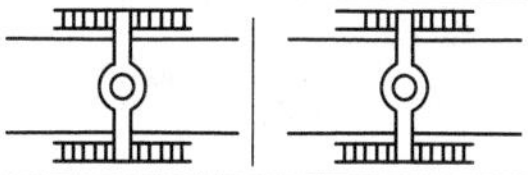	
12	高速公路 a.收费站 0—技术等级代码	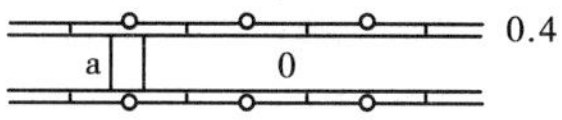	
13	等级公路 2—技术等级代码 （G325）—国道路线编码	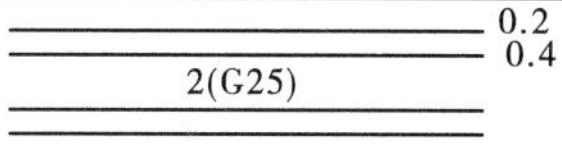	
14	乡村路 a.依比例尺的 b.不依比例尺的	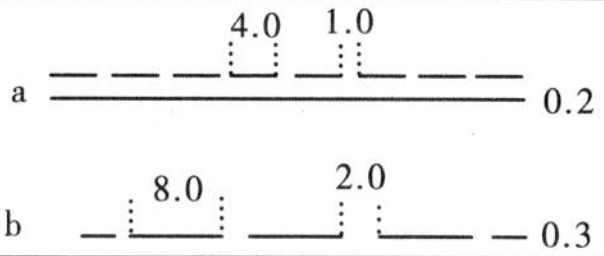	
15	小路	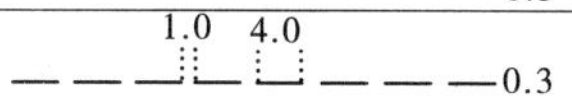	
16	内部道路	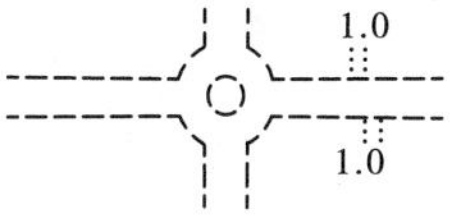	
17	阶梯路	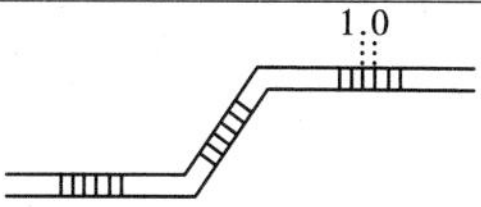	
18	打谷场、球场		
19	旱地	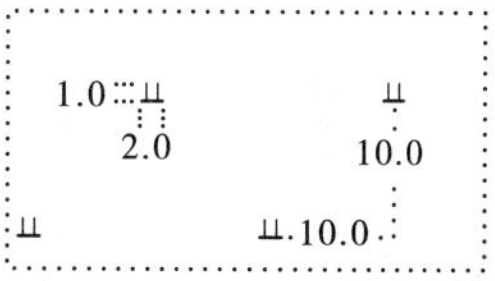	
20	花圃	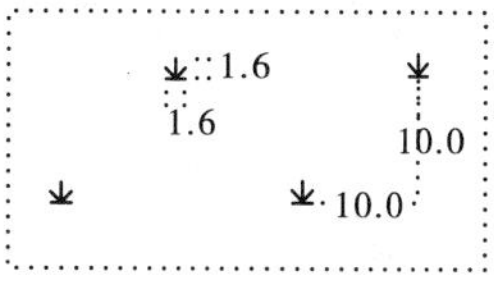	
21	有林地	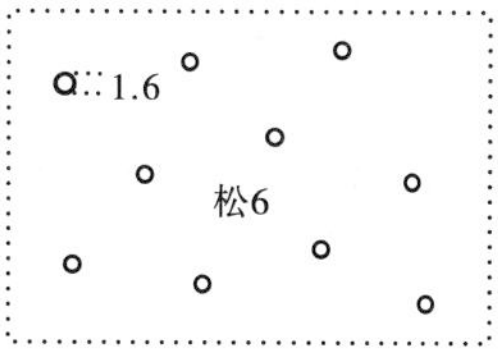	
22	人工草地	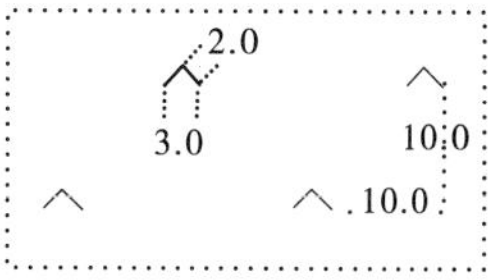	
23	稻田	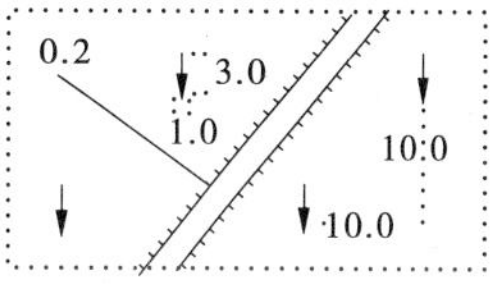	
24	常年湖		
25	池塘	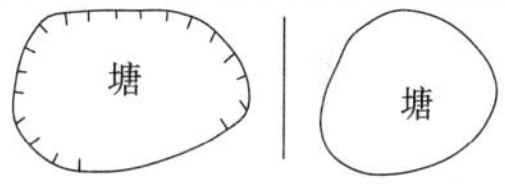	
26	常年河 a.水涯线 b.高水界 c.流向 d.潮流向 涨潮 落潮	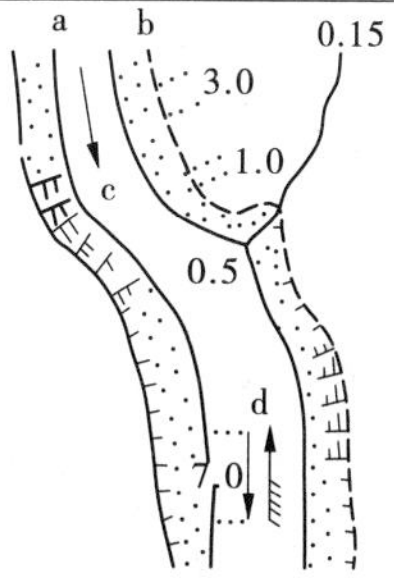	
27	喷水池	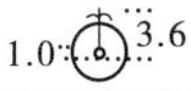	
28	GPS控制点	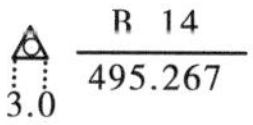	

续表 7-3

编号	符号名称	1:500 1:1 000	1:2 000
29	三角点 凤凰山—点名 394.468—高程	凤凰山 / 394.468 3.0	
30	导线点 I16—等级、点号 84.46—高程	2.0 I16 / 84.46	
31	埋石图根点 16—点号 84.46—高程	1.6 16 / 84.46 2.6	
32	不埋石图根点 25—点号 62.74—高程	1.6 25 / 62.74	
33	水准点 Ⅱ京石5—等级、点名、点号 32.804—高程	2.0 Ⅱ京石5 / 32.804	
34	加油站	1.6 3.6 1.0	
35	路灯	2.0 1.6 4.0 1.0	
36	独立树 a.阔叶 b.针叶 c.果树 d.棕榈、椰子、槟榔	a 1.6 2.0 3.0 1.0 b 1.6 3.0 1.0 c 1.6 3.0 1.0 d 2.0 3.0 1.0	
37	上水检修井	2.0	
38	下水(污水)、雨水检修井	2.0	
39	下水暗井	2.0	
40	煤气、天然气检修井	2.0	
41	热力检修井	2.0	
42	电信检修井 a.电信人孔 b.电信手孔	a 2.0 b 2.0 2.0	
43	电力检修井	2.0	
44	地面下的管道	污 4.0 1.0	
45	围墙 a.依比例尺的 b.不依比例尺的	a 10.0 b 10.0 0.3 0.6	
46	挡土墙	10 0.3 6.0	
47	栅栏、栏杆	10.0 1.0	
48	篱笆	10.0 1.0	
49	活树篱笆	6.0 1.0 0.6	
50	铁丝网	10.0 1.0	
51	通信线 地面上的	4.0	
52	电线架		
53	配电线 地面上的	4.0	
54	陡坎 a.加固的 b.未加固的	2.0 a b	
55	散树、行树 a.散树 b.行树	a 1.6 b 10.0 1.0	
56	一般高程点及注记 a.一般高程点 b.独立性地物的高程	a 0.5 • 163.2 b 75.4	
57	名称说明注记	**友谊路** 中等线体4.0(18 k) **团结路** 中等线体3.5(15 k) **胜利路** 中等线体2.75(12 k)	
58	等高线 a.首曲线 b.计曲线 c.间曲线	a 0.15 b 0.3 c 1.0 6.0 0.15 0.15	
59	等高线注记	25	
60	示坡线		
61	梯田坎	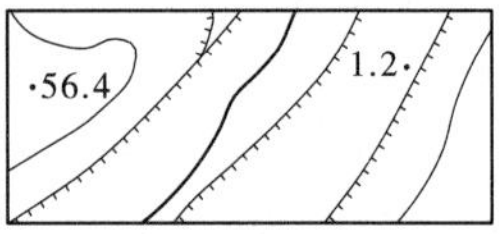	

（三）非比例符号

当地物轮廓较小时，如三角点、水准点、独立树、消火栓等，无法将其形状和大小按测图比例尺缩绘到图纸上，但这些地物又很重要，必须在图上表示出来，则不管地物的实际尺寸大小，均用特定的符号表示在图上，这类符号称为非比例符号，参见表 7-3 中 27 ~ 43 号及 56 号。

非比例符号的中心位置与实际地物中心位置的关系随地物而异，在测绘、读图及用图时应注意以下几点：

（1）规则的几何图形符号，如三角点、导线点、钻孔等，该几何图形的中心即为地物的中心位置。

（2）宽底符号，如里程碑、岗亭等，该符号底线的中心即为地物的中心位置。

（3）底部为直角的符号，如独立树、加油站等，地物中心在该符号底部直角顶点。

（4）由几种几何图形组成的符号，如气象站、路灯等，地物中心在其下方图形的中心点或交叉点。

（5）下方没有底线的符号，如窑洞、亭等，地物中心在下方两端点间的中心点。

在绘制非比例符号时，除图式中要求按实物方向描绘外，如窑洞、水闸、独立屋等，其他非比例符号的方向一律按直立方向描绘，即与南图廓垂直。

（四）地物注记

用文字、数字或特定的符号对地物加以说明或补充，称为地物注记。它包括文字注记、数字注记和符号注记三种。

1. 文字注记

对行政名称、单位名称、村镇名称，以及公路、铁路、河流等的名称，在地形图上均应逐一注记。

2. 数字注记

在地形图上需用相应的数字注记河流的流速、深度，房屋的层数，控制点的高程，桥梁的长、宽及载重量等。

3. 符号注记

用特定的符号表示地面的植被种类，如草地、耕地、林地类别等。

必须指出，比例符号和非比例符号并非固定不变，还要依据测图比例尺和实物轮廓的大小而定。一般来说，测图比例尺愈小，使用的非比例符号愈多；测图比例尺愈大，使用的比例符号愈多。

五、地貌符号

地貌是指地球表面自然起伏的状态，包括山地、丘陵、平原、洼地等。在地形图上表示地貌的方法很多，在大比例尺地形图上通常用等高线表示地貌。因为用等高线表示地貌不仅能表示地面的起伏状态，还能科学地表示出地面的坡度和地面点的高程。

（一）等高线

等高线是地面上高程相同的相邻点所连成的闭合曲线。如图 7-4 所示，假想有一座小山全部被湖水淹没，设山顶的高程为 100 m，如果水面下降 10 m，则水平面与小山相截，构成一条闭合的曲线，在此曲线上各点的高程相同，这就是等高线。

水面每下降 10 m,可分别得出 90 m、80 m、70 m、…一系列的等高线,这些等高线都是闭合曲线。如果将这些等高线铅直投影到某一水平面 H 上,并按一定的比例缩绘到图纸上,就获得与实地形态相似的等高线。因此,地形图上的等高线比较客观地反映了地面高低起伏的空间形状,同时具有可度量性。

(二)等高距和等高线平距

相邻两条高程不同的等高线之间的高差,称为等高距,用 h 表示。相邻两条等高线之间的水平距离,称为等高线平距,用 d 表示。地面的坡度 i 可以写成

$$i = \frac{h}{dM} \tag{7-3}$$

式中:M 为地形图的比例尺分母。

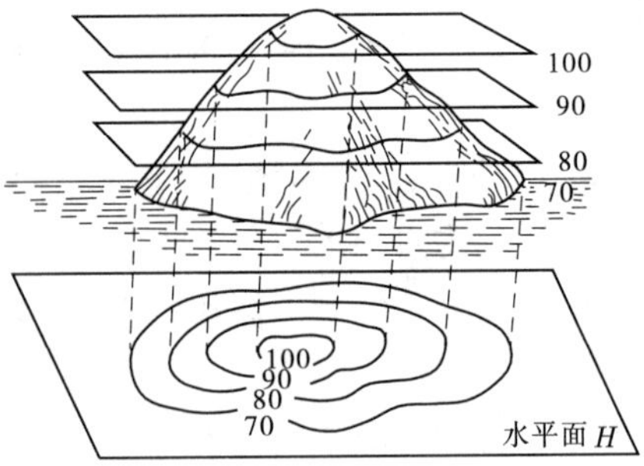

图 7-4　等高线

由于在同一幅地形图上,等高距 h 是相同的,所以式(7-3)表明 i 与 d 成反比,即在地形图上等高线愈密集,表示地面坡度愈大,等高线愈稀疏,地面坡度愈小。地形图上等高距的选定,取决于地形的类别和测图比例尺。只有合理地选择等高距,才能既保证图面的清晰、准确,又不至于增加图面负载量。等高距的选用可参见相应工程的测量规范。表 7-4 为《工程测量规范》(GB 50026—2007)所规定的地形图的基本等高距。

表 7-4　地形图的基本等高距

(单位:m)

地形类别	比例尺			
	1:500	1:1 000	1:2 000	1:5 000
平坦地	0.5	0.5	1	2
丘陵地	0.5	1	2	5
山地	1	1	2	5
高山地	1	2	2	5

应用表 7-4 时注意:

(1)一个测区同一比例尺,宜采用一种基本等高距。

(2)地形的类别划分,根据地面倾角(α)大小确定:

平坦地:$\alpha < 3°$;丘陵地:$3° \leqslant \alpha < 10°$;山地:$10° \leqslant \alpha < 25°$;高山地:$\alpha \geqslant 25°$。

(三)几种基本地貌的等高线

地面上地貌的形态多种多样,但仔细分析后,就会发现它们一般是由山头、洼地、山脊、山谷、鞍部等几种基本地貌组成的。如果掌握了这些基本地貌的等高线特点,就能比较容易地根据地形图上的等高线,分析和判别地面的起伏状态,以利于读图、用图和测图。

1. 山头和洼地

一组等高线中,里圈的高程大于外圈的高程,对应为山头,如图 7-5(a)所示。相反,里圈的高程小于外圈的高程,对应为洼地,如图 7-5(b)所示。在地形图上通常用一根垂直于

等高线的短线,即示坡线来指示坡度降低的方向,并加注等高线的高程。

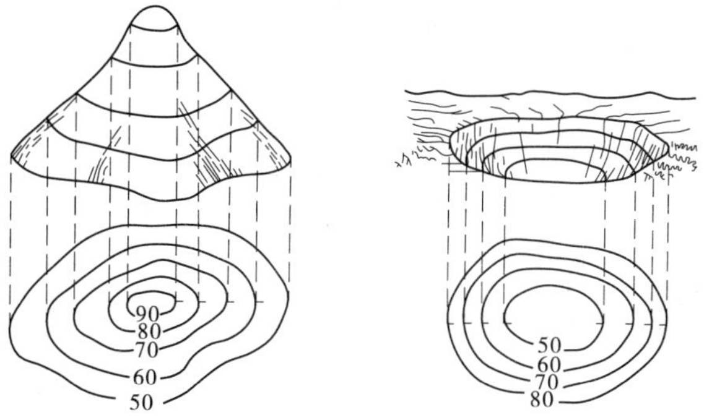

(a)　(b)

图 7-5　山头和洼地

2. 山脊和山谷

山脊是沿着一个方向延伸的高地,山脊的最高棱线称为山脊线。山脊的等高线为一组凹向山头的曲线。山谷是沿着一个方向延伸的洼地,贯穿山谷最低点的连线称为山谷线。山谷的等高线为一组凸向山头的曲线。参见图 7-6(a)。

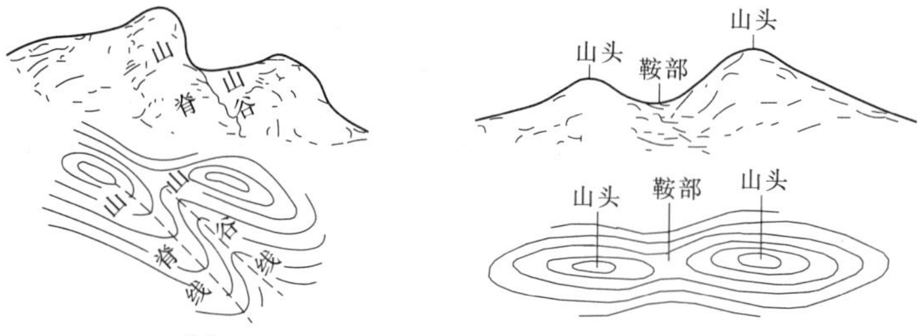

(a)　(b)

图 7-6　山脊、山谷和鞍部

山脊附近的雨水必然以山脊线为分界线,分别流向山脊的两侧,因此山脊线又称为分水线。在山谷中,雨水必然由两侧山坡流向谷底,向山谷线汇集,因此山谷线又称为集水线、汇水线或合水线。山脊线和山谷线统称为地性线。

3. 鞍部

鞍部是相邻两山头之间呈马鞍形的低凹部位。鞍部的等高线是由两组相对的山脊和山谷等高线组成,即在一圈大的闭合曲线内,套有两组小的闭合曲线,参见图 7-6(b)中的相应位置。

此外,还有一些特殊地貌,如陡坎、悬崖、冲沟、雨裂、绝壁、滑坡、崩坍等,用等高线难以表示,可按《地形图图式》中所规定的符号表示。

图 7-7(a)、(b)、(c)分别为峭壁、断崖、悬崖的表示方法,图 7-8 是一块综合性地貌。

(四)等高线分类

表示地形起伏的等高线有首曲线、计曲线、间曲线和助曲线之分。

1. 首曲线

在同一幅地形图上,按基本等高距描绘的等高线称为首曲线,又称基本等高线。用

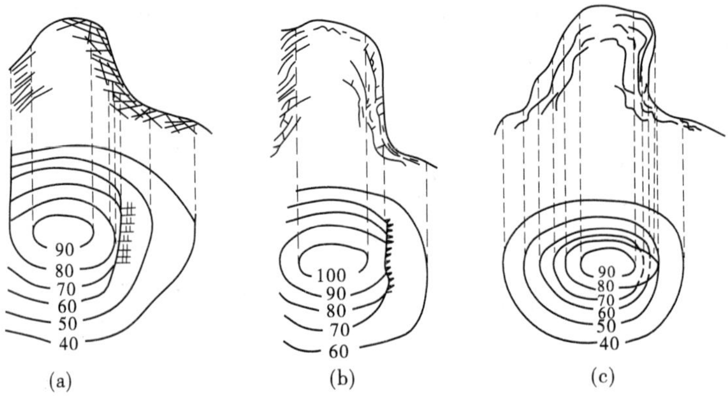

图 7-7　峭壁、断崖、悬崖

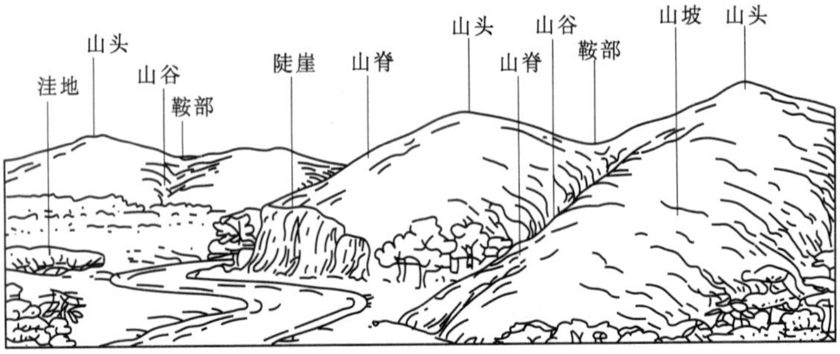

图 7-8　综合地貌

0. 15 mm 的细实线绘出。

2. 计曲线

为了计算和用图的方便，每隔 4 条基本等高线，或凡高程能被 5 整除且加粗描绘的基本等高线称为计曲线或加粗等高线。用 0. 3 mm 的粗实线绘出。

3. 间曲线

为了显示首曲线不便于表示的地貌，按 1/2 基本等高距描绘的等高线称为间曲线或半距等高线。用 0. 15 mm 的细长虚线表示。

4. 助曲线

有时为了显示局部地貌的变化，按 1/4 基本等高距描绘的等高线称为助曲线。用 0. 15 mm 的细短虚线表示。

（五）等高线的特性

（1）等高性：同一条等高线上的各点高程相等，但高程相等的点，不一定在同一条等高线上。

（2）闭合性：等高线为连续的闭合曲线，有可能在同一幅图内闭合，也可能穿越若干图幅而闭合。凡不在本幅图闭合的等高线，应绘到图廓线，不能在图内中断，但间曲线和助曲线只在需要的地方绘出。

(3)非交性:非特殊地貌,等高线不能重叠和相交,也不能分岔;非河流、房屋或数字注记处,等高线不能中断。

(4)密陡、稀缓性:等高线平距与地面坡度成反比。在同一幅图内,等高线越密,地面坡度越陡;反之,等高线越稀,地面坡度越缓。

(5)正交性:等高线与山脊线、山谷线成正交。

(6)等高线不能直穿河流,应逐渐折向上游,正交于河岸线,中断后再从彼岸折向下游。

课题 2　大比例尺地形图测绘

一、测图前的准备工作

(一) 技术计划

测量工作中,我们应遵循"保证测量的质量,但不追求过剩的质量"这一原则。因此,对大比例尺测图进行技术设计的目的是制订切实可行的技术方案,保证测绘工作科学、高效地进行,保证测绘成果符合技术标准和用户要求,并获得最佳的社会效益和经济效益。

技术计划的主要内容有任务概述,测区概况,已有资料的分析、评价和利用,技术方案设计,工作量与进度计划,经费预算,质量控制与保障计划等。

(1)任务概述:说明任务的名称、来源、作业区范围、地理位置、行政隶属、项目内容、产品种类及形式、任务量,以及要求达到的主要精度指标、质量要求、完成期限和产品接收单位等。

(2)测区概况。简要说明测区地理特征,居民地、交通、气候情况及作业区困难类别等。

(3)已有资料的分析、评价和利用。说明已有资料采用的平面和高程基准、比例尺、等高距,测制单位和年代,采用的技术依据,主要质量情况及评价,利用的可能性和利用方案等。

(4)技术方案设计。说明作业依据的规范、图式、标准等;说明平面和高程基准、成图方法和图幅、等高距;平面和高程控制点的布设方案以及有关的技术要求;说明平面和高程控制测量的施测方法、技术要求、限差规定和精度估算;根据所采用测图方法的特点,提出对地形图要素的表示和对地形测量的要求等;说明提交成果资料的种类等。

(5)工作量与进度计划。根据设计方案,分别计算各工序的工作量;根据工作量统计和计划投入生产实力,参照生产定额,分别列出进度计划和各工序的衔接计划。

(6)经费预算。根据设计方案和进度计划,参照有关生产定额和成本定额,编制经费预算,并作必要的说明。

(7)质量控制与保障计划。明确质量控制措施、组织与劳动计划、仪器配备及供应计划、检查验收计划、安全措施等。

按照有关规定,技术计划经过主管部门审核批准之后,方可付诸执行。

(二)图根控制测量及其数据处理

图根点是直接提供测图使用的平面或高程控制点。测图前应先进行现场踏勘并选好图根点的位置,然后进行图根平面控制和图根高程控制测量。图根点的密度应根据测图比例尺和地形条件而定,平坦开阔地区的图根点密度不宜低于表 7-5 的规定。

表 7-5　平坦开阔地区图根点的密度

测图比例尺	每幅图的图根点数	每平方千米图根点数
1∶500	8	150
1∶1 000	12	50
1∶2 000	15	15

（三）图纸的准备

1. 图纸的选用

地形图测绘应选用质地较好的图纸，如聚酯薄膜、普通优质绘图纸等。聚酯薄膜是一面打毛的半透明图纸，其厚度为0.07～0.1 mm，伸缩率很小，且坚韧耐湿，图纸脏了可洗，在图纸上着墨后，可直接复晒蓝图。但聚酯薄膜图纸易燃，有折痕后不能消除，在测图、使用、保管时要多加注意。普通优质的绘图纸容易变形，为了减少图纸伸缩，可将图纸裱糊在铝板或胶合木板上。

2. 绘制坐标格网

在绘图纸上，首先要精确地绘制直角坐标方格网，每个方格为10 cm×10 cm。格网线的宽度为0.15 mm，绘制方格网一般可使用坐标格网尺，也可以用长直尺按对角线法绘制方格网。现将常用的绘制坐标格网的对角线法介绍如下。

如图7-9所示，沿图纸的四个角用长直线尺绘出两条对角线交于*O*点，自*O*点在对角线上量取*OA*、*OB*、*OC*、*OD*四段相等的长度得出*A*、*B*、*C*、*D*四点，并作连接，即得矩形*ABCD*，从*A*、*B*两点起沿*AD*和*BC*向右每隔10 cm截取一点，再从*A*、*D*两点起沿*AB*、*CD*向上每隔10 cm截取一点。而后连接相应的各点即得到由10 cm×10 cm的正方形组成的坐标格网。

绘制坐标格网线还可以有多种工具和方法，如坐标格网尺法、直角坐标仪法、格网板划线法、刺孔法等。此外，测绘用品商店还有印刷好坐标格网的聚酯薄膜图纸出售。

3. 格网的检查和注记

在坐标格网绘好以后，应立即进行检查：首先检查各方格的角点应在一条直线上，偏离不应大于0.2 mm；再检查各个方格的对角线长度应为141.4 mm，容许误差为±0.3 mm，图廓对角线长度与理论长度之差的容许误差为±0.3 mm；若误差超过容许值，则应修改方格网或重绘。

坐标格网线的旁边要注记坐标值，每幅图的格网线的坐标是按照图的分幅来确定的。

（四）展绘控制点

展点时，首先要确定控制点（导线点）所在的方格。如图7-10所示（设比例尺为1∶1 000），导线点1的坐标为$x_1=625.18$ m，$y_1=679.88$ m，由坐标值确定其位置应在*kjmn*方格内。然后从*k*向*n*方向、从*j*向*m*方向各量取79.88 m，得出*a*、*b*两点，同样再从*k*和*n*点向上量取25.18 m，可得出*c*、*d*两点，连接*ab*和*cd*，其交点即为导线点1在图上的位置。同法将其他各导线点展绘在图纸上。最后用比例尺在图纸上量取相邻导线点之间的距离和已知的距离相比较，作为展绘导线点的检核，其最大误差在图纸上应不超过+0.3 mm，否则导线点应重新展绘。经检查无误，按图式规定绘出导线点符号，并注上点号和高程，这样就完成了测图前的准备工作。

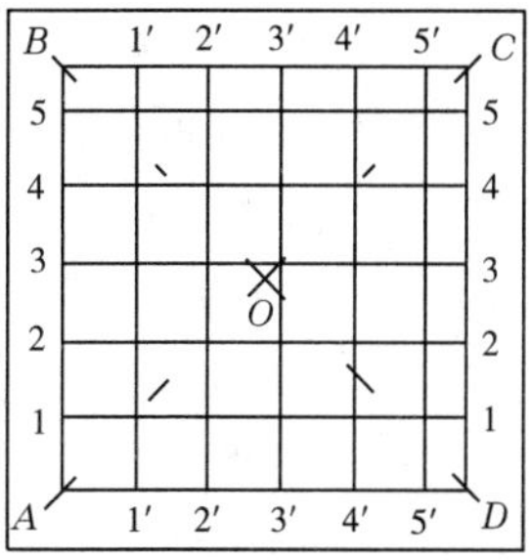

图 7-9　对角线法展绘方格网

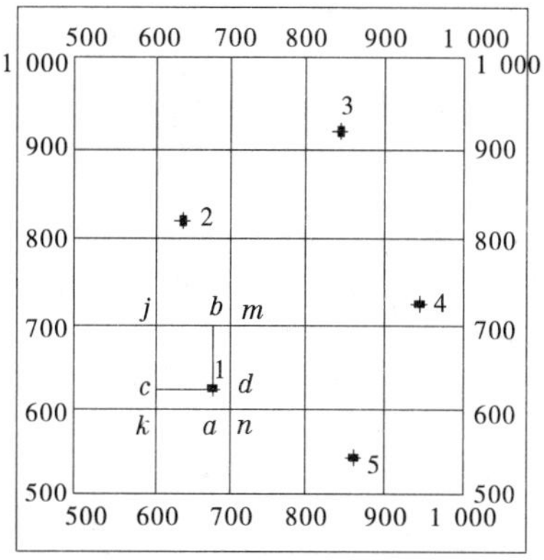

图 7-10　导线点的展绘

二、碎部点的选择

碎部测量就是测定碎部点的平面位置和高程。地形图的质量在很大程度上取决于立尺员能否正确合理地选择地形点。地形点应选在地物或地貌的特征点上。地物特征点就是地物轮廓的转折、交叉和弯曲等变化处的点及独立地物的中心点。地貌特征点就是控制地形的山脊线、山谷线和倾斜变化线等地形线上的最高、最低点,坡度和方向变化处,以及山头和鞍部等处的点。地形点的密度主要根据地形的复杂程度确定,也取决于测图比例尺和测图的目的。测绘不同比例尺的地形图,对碎部点间距有不同的限定,对碎部点距测站的最远距离也有不同的限定。表 7-6、表 7-7 给出了地形测绘采用视距测量方法测量距离时的地形点最大间距和最大视距的允许值。

表 7-6　地形点最大间距和最大视距(一般地区)　(单位:m)

测图比例尺	地形点最大距离	最大视距	
		主要地物特征点	次要地物特征点和地形点
1:500	15	60	100
1:1 000	30	100	150
1:2 000	50	130	250
1:5 000	100	300	350

表 7-7　地形点最大间距和最大视距(城镇建筑区)　(单位:m)

测图比例尺	地形点最大距离	最大视距	
		主要地物特征点	次要地物特征点和地形点
1:500	15	50	70
1:1 000	30	30	120
1:2 000	50	120	200

三、碎部测量的方法

(一)经纬仪测绘法

经纬仪测绘法的实质是极坐标法。先将经纬仪安置在测站上,绘图板安置于测站近旁。用经纬仪测定碎部点方向与已知方向之间的水平角,并测定测站到碎部点的距离和碎部点的高程。然后根据数据用量角器和比例尺把碎部点的平面位置展绘于图纸上,并在点的右侧注记高程,对照实地勾绘地形。随着科技的不断进步,现代测量中出现了用电子全站仪或者 GPS 代替经纬仪测绘地形图的方法,称为数字化测图。其测绘步骤和计算、绘图过程与经纬仪测绘法类似,我们将在本单元课题 3 进行介绍。经纬仪测绘法测图操作简单、灵活,适用于各种类型的测区。以下所讲的是经纬仪测绘法在一个测站的测绘工序。

1. 安置仪器和图板

如图 7-11 所示,观测员安置经纬仪于测站点(控制点)A 上,包括对中和整平。量取仪器高 i,测量竖盘指标差 x。记录员在碎部测量记录手簿中记录,包括表头的其他内容。绘图员在测站的同名点上安置量角器。

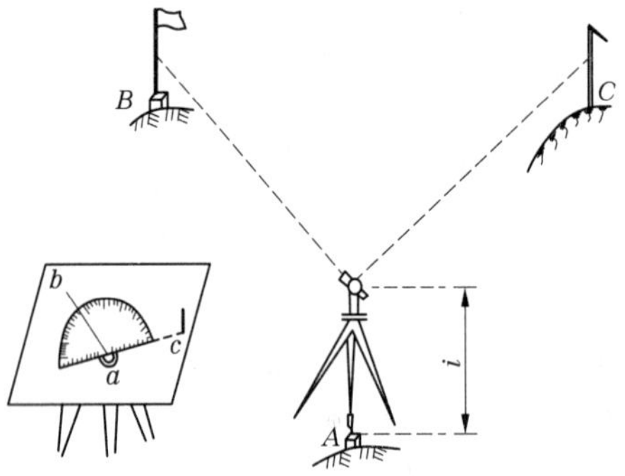

图 7-11　经纬仪测绘法的测站安置

2. 定向

照准另一控制点 B 作为后视方向,置水平度盘读数为 $0°00'00''$。绘图员在后视方向的同名方向上画一短直线,短直线过量角器的半径,作为量角器读数的起始方向线。

3. 立尺

司尺员依次将标尺立在地物、地貌特征点上。立尺前,司尺员应弄清实测范围和实地概略情况,选定立尺点,并与观测员、绘图员共同商定立尺路线。

4. 观测

观测员照准标尺,读取水平角 β、视距间隔 l、中丝读数 s 和竖盘读数 L。

5. 记录

记录员将读数依次记入手簿。有些手簿视距间隔栏为视距 K_l,由观测者直接读出视距值。对于有特殊作用的碎部点,如房角、山头、鞍部等,应在备注中加以说明。

6. 计算

记录员依据视距间隔 l、中丝读数 s、竖盘读数 L 和竖盘指标差 x、仪器高 i、测站高程 $H_{站}$,按视距测量公式计算平距和高程。

7. 展绘碎部点

绘图员转动量角器,将量角器上等于 β 角值(其碎部点为 $114°00'$)的刻划线对准起始方向线,如图 7-12 所示,此时量角器零刻划方向便是该碎部点的方向。根据图上距离 d,用量角器零刻划边所带的直尺定出碎部点的位置,用铅笔在图上点示,并在点的右侧注记高程。同时,应将有关地形点连接起来,并检查测点是否有错。

8. 测站检查

为了保证测图正确、顺利地进行,必须在工作开始时进行测站检查。检查方法是在新测

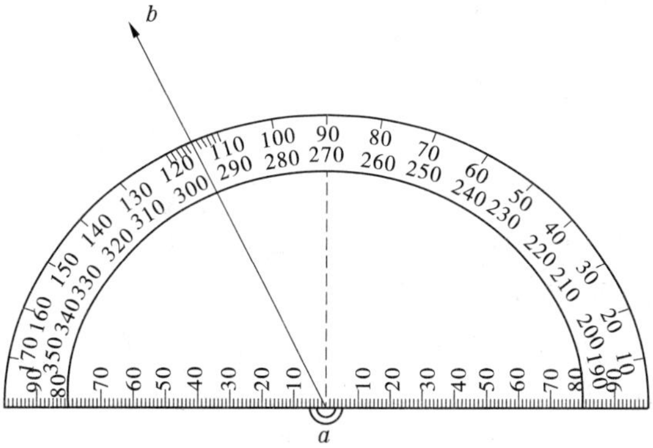

图 7-12　量角器展绘碎部点的方向

站上测试已测过的地形点，检查重复点精度在限差内即可；否则，应检查测站点是否展错。此外，在工作中间和结束前，观测员可利用时间间隙照准后视点进行归零检查，归零差不应大于 4′。在每测站工作结束时进行检查，确认地物、地貌无错测或漏测时，方可迁站。测区面积较大时，测图工作需分成若干图幅进行。为了相邻图幅的拼接，每幅图应测出图廓外 5 mm。

在测图过程中，应注意以下事项：

（1）为方便绘图员工作，观测员在观测时，应先读取水平角，再读取视距尺的三丝读数和竖盘读数；在读取竖盘读数时，要注意检查竖盘指标水准管气泡是否居中；读数时，水平角估读至 5′，竖盘读数估读至 1′即可；每观测 20～30 个碎部点后，应重新瞄准起始方向检查其变化情况，经纬仪测绘法起始方向水平度盘读数偏差不得超过 3′。

（2）立尺人员在跑点前，应先与观测员和绘图员商定跑尺路线；立尺时，应将标尺竖直，并随时观察立尺点周围情况，弄清碎部点之间的关系，地形复杂时还需绘出草图，以协助绘图人员做好绘图工作。

（3）绘图人员要注意图面正确、整洁，注记清晰，并做到随测点，随展绘，随检查。

（4）当每站工作结束后，应进行检查，在确认地物、地貌无测错或漏测时，方可迁站。

（二）光电测距仪测绘法

光电测距仪测绘地形图与经纬仪测绘法基本相同，所不同的是用光电测距来代替经纬仪视距法。

先在测站上安置测距仪，量出仪器高；后视另一控制点进行定向，使水平度盘读数为 0°00′00″。立尺员将测距仪的单棱镜装在专用测杆上，并读出棱镜标志中心在测杆上的高度 V，为计算方便，可使 $V=i$。立尺时将棱镜面向测距仪立于碎部点上。观测时，瞄准棱镜的标志中心，读出水平度盘读数 β，测出斜距 D'、竖直角 α，并作记录。

将 α、D'输入计算器，计算平距 D 和碎部点高程 H（备注：平距 $D=D'\cos\alpha$，高差 $h=D'\sin\alpha+i-V$）。然后，与经纬仪测绘法一样，将碎部点展绘于图上。

四、地形图的绘制

（一）地物描绘

在测绘地形图时，地物测绘的质量主要取决于是否正确合理地选择地物特征点，如房角、道路边线的转折点、河岸线的转折点、电杆的中心点等。主要的特征点应独立测定,一些次要的特征点可采用量距、交会、推平行线等几何作图方法绘出。

一般规定,主要建筑物轮廓线的凹凸长度在图上大于0.4 mm时,都要表示出来。如在1∶500比例尺的地形图上,主要地物轮廓凹凸大于0.2 m时应在图上表示出来。对于大比例尺测图,应按如下原则进行取点:

(1)有些房屋凹凸转折较多时,可只测定其主要转折角(大于2个),取得有关长度,然后按其几何关系用推平行线法画出其轮廓线。

(2)对于圆形建筑物,可测定其中心并量其半径绘图;或在其外廓测定三点,然后用作图法定出圆心,绘出外廓。

(3)公路在图上应按实测两侧边线绘出;大路或小路可只测其一侧的边线,另一侧按量得的路宽绘出。

(4)道路转折点处的圆曲线边线应至少测定三点(起、终和中点)绘出。

(5)围墙应实测其特征点,按半比例符号绘出其外围的实际位置。

对于已测定的地物点,应连接起来的要随测随连,以便将图上测得的地物与地面上的实体对照。这样,测图时如有错误或遗漏,就可以及时发现,给予修正或补测。

地物特征点的测绘方法前面已有叙述。在测图过程中,根据地物情况和仪器状况选择不同的测绘方法,如极坐标法、方向交会法、距离交会法或直角坐标法。

(二)地貌勾绘

在测出地貌特征点后,即开始勾绘等高线。勾绘等高线时,首先用铅笔轻轻描绘出山脊线、山谷线等地性线。由于等高距都是整米数或半米数,因此基本等高线通过的地面高程也都是整米数或半米数。由于所测地形点大多数不会正好就在等高线上,因此必须在相邻地形点间,先用内插法定出基本等高线的通过点,再将相邻各同高程的点参照实际地貌用光滑曲线进行连接,即勾绘出等高线。不能用等高线表示的地貌,如悬崖、峭壁、土堆、冲沟、雨裂等,应按图示符号表示。对于不同的比例尺和不同的地形,基本等高距也不同。

等高线的内插见图7-13(a),等高线的勾绘见图7-13(b)。等高线一般应在现场边测图边勾绘,要运用等高线的特性,至少勾绘出计曲线,控制等高线的走向,以便与实地地形相对照,可以当场发现错误和遗漏,并能及时纠正。

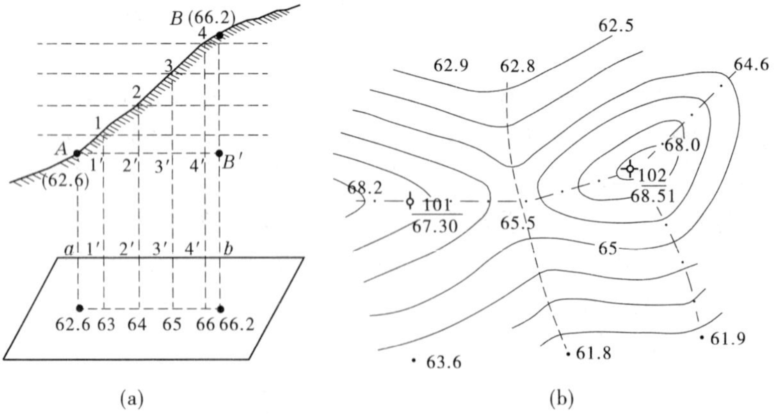

图7-13　等高线的内插与勾绘

五、地形图的拼接与整饰

（一）地形图的拼接

测区面积较大时，整个测区必须划分为若干幅图进行施测。这样，在相邻图幅连接处，由于测量误差和绘图误差的影响，无论是地物轮廓线，还是等高线，往往不能完全吻合。如图7-14所示两图幅相邻边的衔接情况，房屋、道路、等高线都有误差。拼接不透明的图纸时，用宽约5 cm的透明图纸蒙在左图幅的图边上，用铅笔把坐标格网线、地物、地貌勾绘在透明纸上，然后把透明纸按坐标格网线位置蒙在右图幅衔接边上，同样用铅笔勾绘地物和地貌，同一地物和等高线在两幅图上的不重合量，就是接边误差。当用聚酯薄膜进行测图时，不必勾绘图边，利用其自身的透明性，可将相邻两幅图的坐标格网线重叠，就可量化地物和等高线的接边误差。若地物、等高线的接边误差不超过表7-8中规定的地物点平面位置中误差、等高线高程中误差的$2\sqrt{2}$倍，则可取其平均位置进行改正。若接边误差超过规定限差，则应分析原因，到实地测量检查，以便得到纠正。

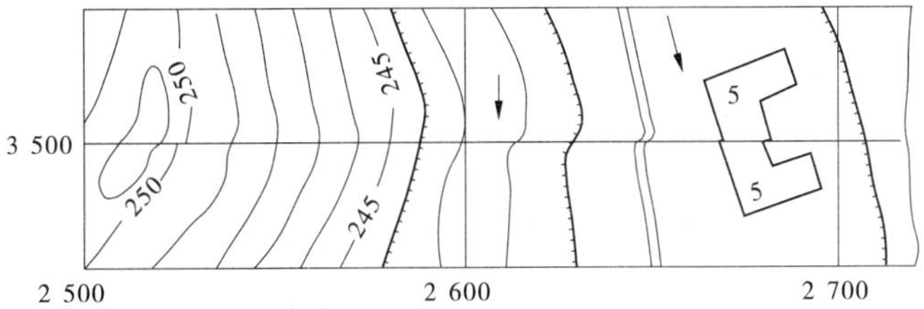

图7-14　地形图的拼接

表7-8　地物点平面位置中误差和地形点高程中误差

地区类别	点位中误差	平地	丘陵地	山地	高山地	铺装地面
山地、高山地	图上0.8 mm	高程注记点的高程中误差				
		$h/3$	$h/2$	$2h/3$	h	0.15 m
城镇建筑区、工矿建筑区、平地、丘陵地	图上0.6 mm	等高线插求点的高程中误差				
		$h/2$	$2h/3$	h	h	

（二）地形图的整饰

地形图经过上述拼接和检查后，还应清绘和整饰，使图面更加合理、清晰、美观。整饰的次序是先图内后图外，图内应先注记后符号、先地物后地貌，并按规定的图式进行整饰。图廓外应按图式要求书写，还应至少写出图名、图号、比例尺、坐标系统和高程系统、施测单位和日期等。如是地方独立坐标，还应画出真北方向。

六、地形图的检查与验收

为了确保地形图的质量，除施测过程中加强检查外，在地形图测完后，必须对成图质量进行全面检查。

（一）室内检查

室内检查的内容有：图上地物、地貌是否清晰易读；各种符号注记是否正确；等高线与地形点的高程是否相符，有无矛盾可疑之处；图边拼接有无问题等。如发现错误或疑问，应到野外进行实地检查解决。

（二）外业检查

1. 巡视检查

检查时就带图沿预定的线路巡视。将原图上的地物、地貌和相应实地上对照，查看图上有无遗漏，名称注记是否与实地一致等。这是检查原图的主要方法，一般应在整个测区范围内进行，特别是应对接边时所遗漏的问题和室内图面检查时发现的问题，作重点检查。发现问题后，应当场解决，否则应设站检查纠正。

2. 仪器检查

对于室内检查和野外巡视检查中发现的错误、遗漏和疑点，应用仪器进行补测与检查，并进行必要的修改。仪器设站检查量一般为10%。把测图仪器重新安置在图根控制点上，对一些主要地物和地貌进行重测。如发现点位误差超限，应按正确的观测结果修正。

（三）验收

验收是在委托人检查的基础上进行的，以鉴定各项成果是否合乎规范及有关技术指标的要求（或合同要求）。首先检查成果资料是否齐全，然后在全部成果中抽出一部分作全面的内业、外业检查，其余则进行一般性检查，以便对全部成果质量作出正确的评价。对成果质量的评价一般分优、良、合格和不合格四级。对于不合格的成果成图，应按照双方合同约定进行处理，或返工重测，或经济赔偿，或既赔偿又返工重测。

七、上交成果

测图全部工作结束后应提交下列资料：

（1）图根点展点图、水准路线图、埋石点点之记、测有坐标的地物点位置图、观测与计算手簿、成果表。

（2）地形原图、图历簿、接合表、按板测图的接边纸。

（3）技术设计书、质量检查验收报告及精度统计表、技术总结等。

课题3　数字化测图概述

一、数字化测图的基本特点

传统测图方式主要是手工绘图，外业测量人工记录、人工绘制地形图，为用图人员提供晒蓝图纸。数字测图则使野外测量自动记录、自动计算处理、自动成图、自动绘图，并向用图者提供可处理的数字地图，实现了测图过程的自动化。数字测图具有效率高，劳动强度小，错误（读错、记错、展错）概率小，绘得的地形图精确、美观、规范等特点。地面数字测图的外业工作和白纸测图工作相比，具有以下一些特点。

（一）测图工作实现自动化和智能化

白纸测图在外业基本完成地形原图的绘制，地形测图的主要成果是以一定比例尺绘制在图纸或薄膜上的地形图。地形图的质量除点位精度外，往往和地形图的手工绘制有关。地面数字测图在野外完成观测，记录观测值是点的坐标和信息码。不需要手工绘制地形图，这使地形测量的自动化程度得到明显的提高。白纸测图是以图板,即一幅图为单元组织施测的。这种规则地划分测图单元的方法往往给图边测图造成困难。地面数字测图在测区内部不受图幅的限制,作业小组的任务可按照河流、道路的自然分界来划分,以便于地形图的施测,也减少了很多白纸测图的接边问题。

(二)测图的精度高

白纸测图先完成图根加密,按坐标将控制点和图根点展绘在图纸上,然后进行地形测图。地面数字测图工作的地形测图和图根加密可同时进行,即使在记录观测点坐标的情况下也可在未知坐标的测站点上设站,利用电子手簿测站点的坐标计算功能,观测计算测站点的坐标后,即可进行碎部测量。例如采用自由设站方法,通过对几个已知点进行方向和距离的观测,即可计算测站点的精确坐标。

(三)工作强度小

传统的测图作业时,地形图必须在野外绘制,工作效率低下,费时费力。而地面数字测图主要采用极坐标法测量地形点,根据红外测距仪的观测精度,在几百米距离范围内误差均在1 cm左右,因此在通视良好、定向边较长的情况下,地形点到测站点的距离可以放长,从而减小了迁站的工作量。此外,数字测图使用的全站仪或者电子记录手簿,可省缺记录工作,快捷、方便、准确。

(四)数字化程度高

在数字化测图过程中,不受平板仪测量中某些传统观念的约束。例如,方格网在平板仪测量时是一切点位的基础,而在数字测图中,任何点位都是与方格网无关的,可以根本不需展绘方格网(展绘也只是一般的符号,仅供使用者使用)。又如测定碎部点时,有些方法(对称点法和导线法)在图解测图时是不能引用的,但在数字化测图中却可广泛使用而提高工作效率。另外,由于数字测图系统中提供了很强的图形编辑功能,在测绘一些规划规则的建筑小区时,虽然多栋房屋采用了同一设计图纸,白纸测图时也需要逐栋详细测绘,而利用数字测图时,只需详细测绘其中一栋房屋,其他房屋只需精确测定1~2个定位点,在编辑成图时将详细测绘的房屋拷贝到各栋房屋的定位点上即可。

此外,数字化测图的最终成果是以数字形式存储于计算机,还具有便于用户进行成果的进一步加工,易于保存和管理,方便用户进行远程传输等优点。但在费用方面,数字测图比起传统白纸测图高得多,对仪器设备的配置、测绘人员操作测绘仪器和计算机方面的能力提出了更高的要求。

二、数字化测图的基本思想和作业模式

(一)数字测图的基本思想

传统的地形测图(白纸测图)实质上是将测得的观测值(数值)用图解的方法转化为图形。这一转化过程几乎都是在野外实现的,即使是原图的室内整饰一般也要在测区完成,因此劳动强度较大;再则,这个转化过程将使测得的数据所达到的精度大幅度降低。特别是在信息剧增、建设日新月异的今天,一纸之图已难载诸多图形信息,变更、修改也极不方便,实在难以适应当前经济建设的需要。

数字测图就是要实现丰富的地形信息和地理信息数字化及作业过程的自动化或半自动化。它希望尽可能缩短野外测图时间,减轻野外劳动强度,而将大部分作业内容安排到室内

去完成。与此同时,将大量手工作业转化为电子计算机控制下的机械操作,这样不仅能减轻劳动强度,而且不会降低观测精度。数字测图的基本思想是将地面上的地形和地理要素(或称模拟量)转换为数字量,然后由计算机对其进行处理,得到内容丰富的电子地图,需要时由图形输出设备(如显示器、绘图仪)输出。

输出地形图或各种专题图图形。将模拟量转换为数字量这一过程通常称为数据采集。目前数据采集方法主要有野外地面数据采集法、航片数据采集法、原图数字化法。数字测图的基本思想与过程如图 7-15 所示。数字测图就是通过采集有关的绘图信息并及时记录在数据终端(或直接传输给便携机),然后在室内通过数据接口将采集的数据传输给计算机,并由计算机对数据进行处理,再经过人机交互的屏幕编辑,形成绘图数据文件。最后由计算机控制绘图仪自动绘制所需的地形图,最终由磁盘、磁带等储存介质保存电子地图。数字测图的生产成品虽然是以提供图解地形图为主,但是它却是以数字形式保存地形模型及地理信息的。

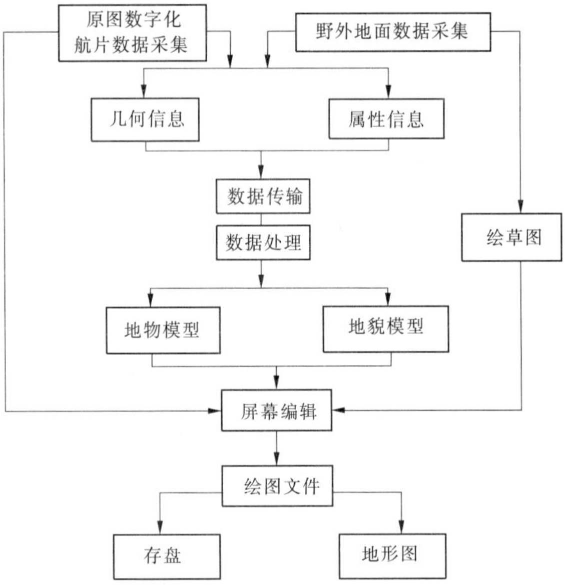

图 7-15　数字化测图过程

(二)数字测图作业模式

由于软件设计者思路不同、使用的设备不同,数字测图有不同的作业模式。归纳起来可区分为两大作业模式,即数字测记模式(简称测记式)和电子平板测绘模式(简称电子平板)。数字测记模式就是用全站仪(或普通测量仪器)在野外测量地形特征点的点位,用电子手簿(或 PC 卡)记录测点的几何信息及其属性信息,或配合草图到室内将测量数据由电子手簿传输到计算机,经人机交互编辑成图。测记式外业设备轻便、操作方便,野外作业时间短。由于是“盲式”作业,对于较复杂的地形,通常要绘制草图。电子平板测绘模式就是全站仪 + 便携机 + 相应测图软件,实施外业测图的模式。这种模式利用便携机的屏幕模拟测板在野外直接测图,可及时发现并纠正测量错误,外业工作完成,图也就出来了,实现了内外业一体化。

从实际作业来看,数字测图的作业模式是多种多样的。不同软件支配不同的作业模式,

一种软件可支配多种测图模式。由于用户的设备、要求及作业习惯不同,我国目前数字测图作业模式大致有如下几种:

(1)全站仪+电子手簿测图模式;

(2)普通经纬仪+电子手簿测图模式;

(3)平板仪测图+数字化仪数字化测图模式;

(4)旧图数字化成图模式;

(5)测站电子平板测图模式;

(6)镜站遥控电子平板测图模式;

(7)航测像片量测成图模式。

各种作业模式的硬件连接方式和数据传输方式如图 7-16 所示。

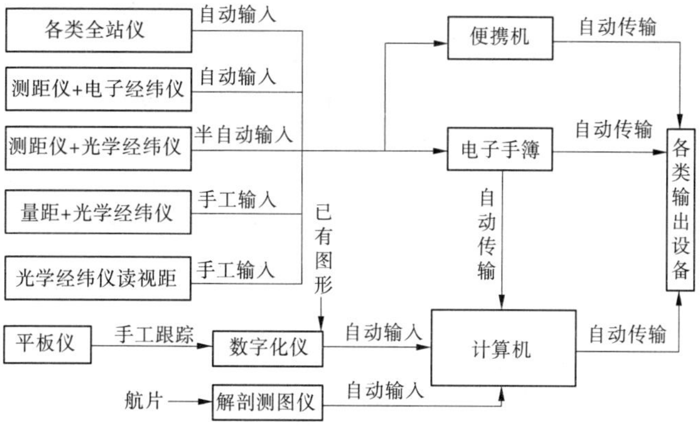

图 7-16 数字测图的作业模式和数据传输方式

第一种作业模式是测记式,为绝大部分软件所支持。该模式使用电子手簿或全站仪内存自动记录观测数据,作业自动化程度较高,可以极大地提高外业工作的效率。采用这种作业模式的主要问题是地物属性和连接关系的采集。由于全站仪的采用,测站和镜站的距离可以拉得很远,因而测站上就很难看到所测点的属性及其与其他点的连接关系。属性和连接关系输入不正确,会给后期的图形编辑工作带来极大的困难。解决的方法之一是使用对讲机加强测站与立镜点之间的联系,以保证测点编码(简码)输入的正确性。解决的方法之二是将属性和连接关系的采集移到镜站用手工草图来完成,测站电子手簿或全站仪内存只记录定位数据(坐标),在内业编辑时用"引导文件"导入属性和连接关系。这样,既保证了数据的可靠性,又大幅度提高了外业工作的效率,是目前外业工作中常用的一种模式。

第二种作业模式适合暂时还没有条件购买全站仪的用户,它采用手工将观测数据键入到电子手簿,其他与第一种作业模式相同。由于用手工输入数据,其数据可靠性和工作效率显然都存在一定的问题。然而,由于它对仪器设备和人员能力的要求较低,也有一些单位仍在采用。

第三种作业模式也几乎被所有的数字测图软件所支持。该模式的基本做法是先用平板测图方法测出白纸图,可不清绘,然后在室内用数字化仪将白纸图进行矢量化。就我国的基本国情和目前测绘行业的现状(设备条件、技术力量)而言,平板测图仍然被大部分测绘单位所采用,而某些工程项目却又需要数字地图,这时可采用这种折中的作业模式。然而,这种作业模式所得到的数字地图的精度较低,特别是数字地图用于地籍管理等精度要求较高的工作时,精度问题就突出了。对于测绘数字地籍图,可以用第一种作业模式测量界址点,用平板仪测绘房屋、道路等平面图(不清绘),再用数字化仪将平面图数字化,转绘到界址点展点图(数字图)上,即可得到实用的数字地籍图。

第四种作业模式是我国早期(20 世纪 80 年代末、90 年代初)的数字测图的主要作业模式。由于大多数城市都有精度较高、现势性较好的地形图,要制作多功能的数字地图,这些地形图是很好的数据源。1987 ~ 1997 年主要用手扶跟踪数字化仪数字化旧图。近年来,随着扫描矢量化软件的成熟,扫描仪逐渐取代数字化仪数字化旧图。先用扫描仪扫描得到栅格图形,再用扫描矢量化软件将栅格图形转换成矢量图形。这一扫描矢量化作业模式,不仅速度快、劳动强度小,而且精度几乎没有损失。

第五种作业模式即电子平板,它的基本思想是用计算机屏幕来模拟图板,用软件中内置的功能来模拟铅笔、直线笔、曲线笔,完成曲线光滑、符号绘制、线型生成等工作。具体作业时,将便携机移至野外,现测现画,也可不需要作业人员记忆输入数据编码。这种模式的突出优点是现场完成绝大部分工作,因而不易漏测,在测图时观念上也不需大的改变。这种作业模式对设备要求较高,起码要求每个作业小组配备一台档次较高的便携机,但在作业环境较差(如有风沙)的情况下,便携机容易损坏。由于点位数据和连接关系都在测站采集,当测站、镜站距离较远时,属性和连接关系的录入比较困难。这种作业模式适合条件较好的测绘单位,用于房屋密集的城镇地区的测图工作。

第六种作业模式将现代化通信手段与电子平板结合起来,从根本上改变了传统的测图作业概念。该模式由持便携式电脑的作业员在跑点现场指挥立镜员跑点,并发出指令遥控驱动全站仪观测(自动跟踪或人工照准),观测结果通过无线传输到便携机,并在屏幕上自动展点。作业员根据展点即测即绘,现场成图。由于由镜站指挥测站,能够“走到、看到、绘到”,不易漏测;能够同步“测、量、绘、注”,以提高成图质量。镜站遥控电子平板作业模式可形成单人测图系统,只要一名测绘员在镜站立对中杆,遥控测站上带伺服马达的全站仪瞄准镜站反光镜,并将测站上测得的三维坐标用无线电传输入电子平板仪并展点和注记高程,绘图员迅速实时地把展点的空间关系在电子平板仪上描述(表示)出来。这种作业模式现已实现无编码作业,测绘准确,效率高,代表未来的野外测图的发展方向。但该测图模式由于需要数据传输的通信设备、高档便携机及带伺服马达的全站仪(非单人测图时可用一般的全站仪),设备较贵。

第七种作业模式的基本方法是:用解析测图仪或经过改造的立体坐标量测仪量测像片点的坐标,并将量测结果传送到计算机,形成数字化测图软件能支持的数据文件。经验证明,这种作业模式能极大地减少外业工作量,对于平坦地区的数字化测图显然是一种可行的方法。然而,由于受航测方法本身的局限和精度方面的限制,这种作业模式对于大比例尺成图来说,其应用范围会受到一定的限制。该作业模式已逐渐被全数字摄影测量所取代。

综观上述各种作业模式,如利用全站仪来进行点位测量必须要求测站和待测点之间通视,从这个意义上讲,在测量方式上与传统方法并没有本质区别,这在很大程度上影响了野外数据采集的作业效率。近些年来,随着 GPS 技术的发展,利用 RTK 实时动态定位技术能够实时提供待测点的三维坐标,在测程 20 km 以内可达厘米级的测量精度。目前,高精度、轻小型的 GPS 接收机已经全面推出,它对野外数字测图系统的发展起到积极的推动作用。

利用 GPS 作为数据采集手段的数字测图系统已经走向市场,并以其较高的作业效率受到广大用户的青睐。

三、数字化测图的基本作业过程

数字测图的作业过程与使用的设备和软件、数据源及图形输出的目的有关。但不论是测绘地形图,还是制作种类繁多的专题图、行业管理用图,只要是测绘数字图,都必须包括数据采集、数据处理、成果输出三个基本阶段,如图 7-17 所示。

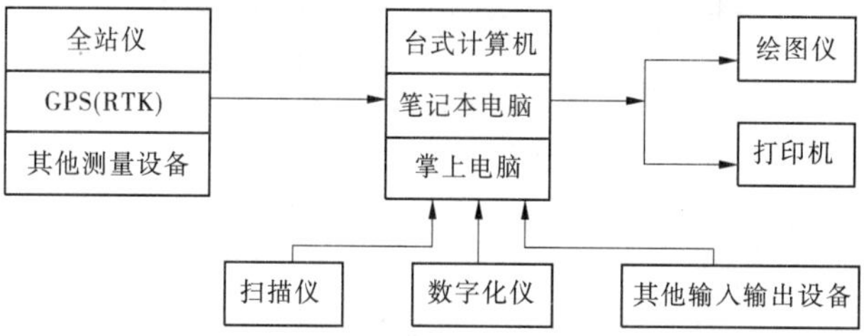

图 7-17　数字测图系统示意图

目前我国主要采用数字化仪法、航测法和大地测量仪器法采集数据。前两者主要是室内作业采集数据,大地测量仪器法是野外采集数据。

(一)野外数据采集

野外常规数据采集是工程测量中,尤其是工程中大比例尺测图获取数据信息的主要方法。而采集数据的方法随着野外作业的方法和使用的仪器设备不同可以分为下面三种形式。

(1)普通地形图测图方法。使用普通的测量仪器,例如经纬仪、平板仪和水准仪等,将外业观测成果人工记录于手簿中,再进行内业数据的处理,然后输入到计算机内。

(2)使用测距经纬仪和电子手簿方法。用测距经纬仪进行外业观测,如距离、水平角和天顶距等,用电子手簿在野外进行观测数据的记录及必要的计算,并将成果储存。内业处理时再将电子手簿中的观测数据或经处理后的成果输入计算机中。

(3)野外使用全站仪方法。用全站仪进行外业观测,测量数据自动存入仪器的数据终端,然后将数据终端通过接口设备输入到计算机。由于现在各类全站仪的测量精度比较高,而电子记录又能如实地记录和处理,无精度损失,这种方法从外业观测到内业处理直至成果输出整个流程实现了自动化,是目前数字测图中精度最高的一种,是城市地区的大比例尺测图中主要的测图方法。现在大多数单位全站仪已经普及,并且功能越来越强大,这种方法已经成为野外数据采集的主要方法。如图 7-18 所示。关于全站仪的有关介绍请参见单元 11。

(4)GPS 接收机采集法

这种方法是通过 GPS 接收机采集野外碎部点的信息数据,特别是近些年来出现的 RTK(Real Time Kinemtic)实时动态定位技术,这种测量模式是位于基准站(已知的基准点)的 GPS 接收机通过数据链将其观测值及基准站的坐标信息一起发给流动站的 GPS 接收机。流动站不仅接收来自参考站(基准站)的数据,还直接接收 GPS 卫星发射的观测数据,组成相位差分观测值,并实时处理,能够实时提供测点在指定坐标系的三维坐标。这种技术使用特别方便,能大大提高作业效率,已越来越多地被应用到开阔地区的地面数字测图中。如

图 7-18　全站仪外业数据采集

图 7-19所示。关于 GPS 的有关介绍请参见单元 11。

(二)原图数字化采集

我国目前已拥有大量各种比例尺的纸质地形图,是十分宝贵的地理信息资源。为了充分利用这些资源,通过地图数字化的方法可以将其转换成数字地图。这种方法是利用原图在室内采集数据,因此称为原图数字化。原图数字化通常有两种方法:手扶跟踪数字化和扫描数字化。

(1)手扶跟踪数字化。将地图平放在数字化仪的台面上,用一个带十字丝的游标,手扶跟踪等高线或其他地物符号,按等时间间隔或等距离间隔的数据流模式记录平面坐标,或由人工按键控制平面坐标的记录,高程则需由人工从键盘输入。这种方法的优点是所获取的向量形式的数据在计算机中比较容易处理;缺点是精度低、速度慢、劳动强度大和自动化程度低等。尽管在地图数字化技术发展的初期曾是地图数字化的主要方法,但目前已不适宜大批量现有地形图的数字化工作,一般只用于小批量或比较简单的地形图的数字化。

图 7-19　GPS 外业数据采集

(2)扫描数字化(或称屏幕数字化)。利用平台式扫描仪或滚筒式扫描仪将地图扫描,得到栅格形式的地图数据,即一组阵列式排列的灰度数据(数字影像)。将栅格数据转换成矢量数据即可以充分利用数字图像处理、计算机视觉、模式识别和人工智能等领域的先进技术,可以提供从逐点采集、半自动跟踪到自动识别与提取的多种互为补充的采集手段,具有精度高、速度快和自动化程度高等优点,随着有关技术的不断发展和完善,该方法已经成为地图数字化的主要方法,它适宜于各种比例尺地形图的数字化,对大批量、复杂度高的地形图更具有明显的优势。国内已有许多优秀的矢量化软件,如 GeoScan、Cass - CAN、MapGIS 等。

(三)航片数据采集

这种方法是以航空摄影获取的航空像片做数据源,即利用测区的航空摄影测量获得的立体像对,在解析测图仪上或在经过改装的立体量测仪上采集地形特征点,自动转换成数字信息。这种方法工作量小,采集速度快,是我国测绘基本图的主要方法。由于精度原因,在大比例尺(如1∶500)测图中受到一定限制。目前,该法已逐渐被全数字摄影测量系统所取代。现在国内外已有20多家厂商推出数字摄影测量系统,如原武汉测绘科技大学推出的Virtuozo,北京测绘科学研究院推出的JX4A DPW,美国Intergraph公司推出的ImageStation,Leica公司推出的Helava数字摄影测量系统等。基于影像数字化仪、计算机、数字摄影测量软件和输出设备构成的数字摄影测量工作站是摄影测量、计算机立体视觉影像理解和图像识别等学科的综合成果,计算机不但能完成大多数摄影测量工作,而且借助模式识别理论,实现自动或半自动识别,从而大大提高了摄影测量的自动化功能。全数字摄影测量系统大致作业过程为:将影像扫描数字化,利用立体观测系统观测立体模型(计算机视觉),利用系统提供的一系列量测软件——扫描数据处理、测量数据管理、数字走向、立体显示、地物采集、自动提取(或交互采集)DTM(数字地面模型)、自动生成正射影像等软件(其中利用了影像相关技术、核线影像匹配技术),使量测过程自动化。全数字摄影测量系统在我国迅速推广和普及,目前已基本上取代了解析摄影测量。

四、数据处理

(一)概述

数字测图的关键是进行数据处理,但这里讲的数据处理阶段是指在数据采集以后到图形输出之前对图形数据的各种处理。数据处理主要包括数据传输、数据预处理、数据转换、数据计算、图形生成、图形编辑与整饰、图形信息的管理与应用等。数据预处理包括坐标变换、各种数据资料的匹配、图形比例尺的统一、不同结构数据的转换等。数据转换内容很多,如将野外采集到的带简码的数据文件或无码数据文件转换为带绘图编码的数据文件,供自动绘图使用;将AutoCAD的图形数据文件转换为GIS的交换文件。数据计算主要是针对地貌关系的。当数据输入到计算机后,为建立数字地面模型绘制等高线,需要进行插值模型建立、插值计算、等高线光滑处理三个过程的工作。在计算过程中,需要给计算机输入必要的数据,如插值等高距、光滑的拟合步距等。必要时,需对插值模型进行修改,其余的工作都由计算机自动完成。数据计算还包括对房屋类呈直角拐弯的地物进行误差调整,消除非直角化误差等。

经过数据处理后,可产生平面图形数据文件和数字地面模型文件。要想得到一幅规范的地形图,还要对数据处理后生成的“原始”图形进行修改、编辑、整理;还需要加上汉字注记、高程注记,并填充各种面状地物符号;还要进行测区图形拼接、图形分幅和图廓整饰等。数据处理还包括对图形信息的全息保存、管理与使用等。

数据处理是数字测图的关键阶段,数据处理能力的关键是测图软件的功能。测图软件具有数据量大、算法复杂、涉及外部设备繁多等特点。目前,常用的数字测图软件有以下几种:

(1)广州南方测绘仪器公司的数字化成图软件。

(2)威远图SV300R2002测图的标准化软件。

(3)清华山维EPSW2003全息测图系统成图软件。

(二)CASS软件作图过程

CASS软件是基于AutoCAD平台技术的GIS前端数据处理系统,广泛应用于地形成图、地籍成图、工程测量应用、空间数据建库等领域,全面面向GIS,彻底打通数字化成图系统与

GIS 接口,使用骨架线实时编辑、简码用户化、GIS 无缝接口等先进技术。自 CASS 软件推出以来,已经成为用户量最大、升级最快、服务最好的主流成图系统。

CASS7.0 版本相对于以前各版本除了平台、基本绘图功能上作了进一步升级之外,积极响应"金土工程"的要求,针对土地详查、土地勘测定界的需要开发了很多专业实用的工具。在空间数据建库的前端数据的质量检查和转换上提供更灵活更自动化的功能,特别是为适应当前 GIS 系统对基础空间数据的需要。

我们在这里重点介绍使用 CASS7.0 软件的作图过程。

CASS7.0 安装之后即显示如图 7-20 所示主界面。

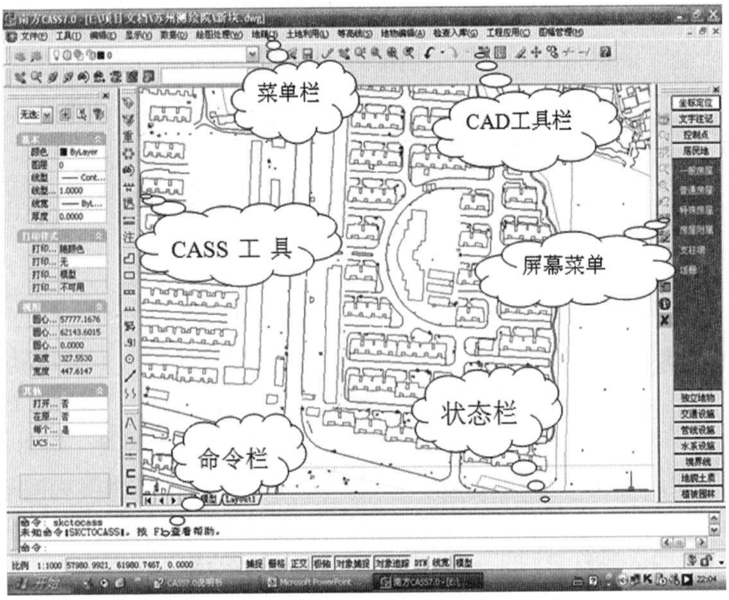

图 7-20　GASS7.0 主界面

1. 数据输入

在使用全站仪或者 GPS 进行外业数据采集后,先需要进行数据传输。一般是先通过"数据"菜单读取全站仪数据;还能通过测图精灵和手工输入原始数据来输入。

在使用时,先将全站仪与电脑连接好,选择 CASS7.0 菜单栏中的菜单栏"数据"选项,选择"读取全站仪数据",会出现如图 7-21 所示的界面,再选择正确的仪器类型,并在全站仪和 CASS7.0 中设置相同的通信参数:波特率、通信协议和字符/校验,然后选择"CASS 坐标文件",设置存储路径并输入文件名。最后点击"转换",即可将全站仪外业测量的数据转换成标准的 CASS 坐标数据。CASS 坐标数据的标准格式为:

点名,编码,Y 坐标,X 坐标,H 坐标

每个点的坐标的单位都是米;编码可输也可不输,但即使编码为空,后面的逗号也不能省略。

需要注意的是:如果仪器类型里无所需型号或无法通信,先用该仪器自带的传输软件将数据下载。将"联机"去掉,"通信临时文件"选择下载的数据文件,"CASS 坐标文件"输入文件名。点击"转换",也可完成数据的转换。

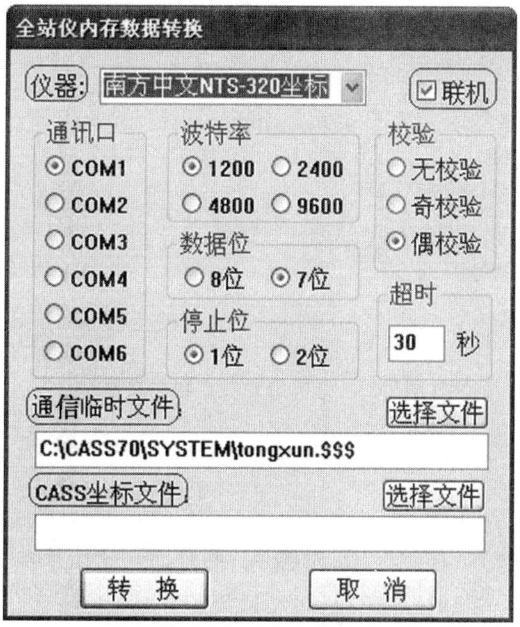

图 7-21 "全仪站内存数据转换"对话框

2. 定显示区、展点

1)定显示区

鼠标移动到菜单栏"绘图处理"选项，点击即出现如图 7-22 所示下拉菜单，点击"定显示区"项，即出现如图 7-23 所示对话框，根据提示选择输入数据文件名，点击打开，即定下了该文件确定的显示区域。

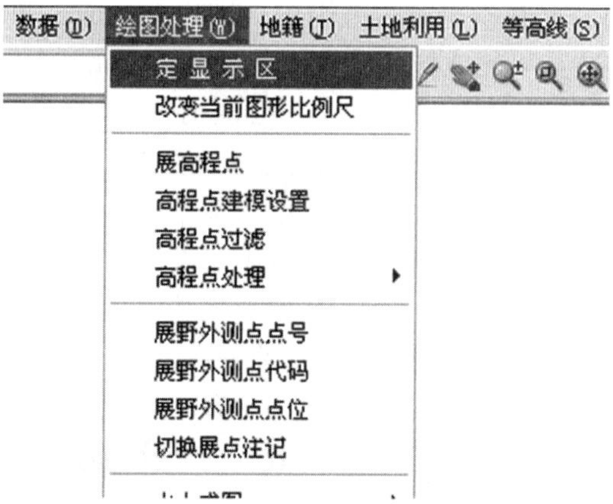

图 7-22 "定显示区"菜单

2)选择测点点号定位成图法

点击右侧屏幕菜单之"测点点号"项，出现如图 7-23 对话框，同样的方法输入数据文件，命令行提示:"读点完成! 共读入 × 个点"。

3)展野外测量点点号

移动鼠标到菜单栏"绘图处理"选项，在下拉菜单里选择"展野外测点点号"项，即出现如图 7-23 所示的对话框，用同样的方法输入数据文件，屏幕上即按照点的坐标展出了野外

图 7-23 选择野外测点数据文件

测量点的点号。

3. 绘平面图

1)绘制平面图

根据外业所绘草图或者编码,采用"草图法"或者"编码引导法"进行绘制。绘图时,结合窗口右侧屏幕菜单,选择适当的地物符号进行绘制,只需将相应的外业测量点的点号按顺序连接,按照命令行的提示进行输入,软件即可自动生成所需的地形图标准图式符号。

2)绘制等高线

在地形图中,等高线是表示地貌起伏的一种重要手段。常规的平板测图,等高线是由手工描绘的,等高线可以描绘得比较圆滑但精度稍低。在数字化自动成图系统中,等高线是由计算机自动勾绘的,生成的等高线精度相当高。在绘等高线之前,必须先将野外测的高程点建立数字地面模型(DTM),然后在数字地面模型上生成等高线。

数字地面模型(DTM),是在一定区域范围内规则格网点或三角网点的平面坐标(x,y)和其地物性质的数据集合,如果此地物性质是该点的高程 Z,则此数字地面模型又称为数字高程模型(DEM)。这个数据集合从微分角度三维地描述了该区域地形地貌的空间分布。DTM 作为新兴的一种数字产品,与传统的矢量数据相辅相成,各领风骚,在空间分析和决策方面发挥越来越大的作用。借助计算机和地理信息系统软件,DTM 数据可以用于建立各种各样的模型解决一些实际问题,主要的应用有:按用户设定的等高距生成等高线图、透视图、坡度图、断面图、渲染图、与数字正射影像 DOM 复合生成景观图,或者计算特定物体对象的体积、表面覆盖面积等,还可用于空间复合、可达性分析、表面分析、扩散分析等方面。

进行绘图时,先通过菜单栏"等高线"选项建立数字地面模型(DTM),如图 7-24 所示,然后对其进行修改,主要是对三角网进行修改,最后选择绘制等高线并对其进行修饰。

3)图幅整饰

地形平面图和等高线绘制完毕之后,还需要对图形进行整饰。进行图幅整饰时,应先对图形中的地物、地貌、高程点加入注记,包括文字注记和高程注记;然后根据地形图的大小,通过"绘图处理"菜单里的标准图幅或者任意图幅对地形图加入图框,如图 7-25 所示,填写相关信息之后,点击确定,就形成了带有图名、图框等信息的完整的数字地形图。

其他软件绘图方法基本相似,在此就不一一赘述了。

五、成果输出

经过数据处理以后,即可得到数字地图,也就是形成一个图形文件,由磁盘或磁带作永久性保存，也可以将数字地图转换成地理信息系统所需要的图形格式，用于建立和更新 GIS 图形数据库。输出图形是数字测图的主要目的，通过对层的控制，可以编制和输出各种专题地图（包括平面图、地籍图、地形图、管网图、带状图、规划图等），以满足不同用户的需要。可采用矢量绘图仪、栅格绘图仪、图形显示器、缩微系统等绘制或显示地形图图形。为了使用方便，往往需要用绘图仪或打印机将图形或数据资料输出。在用绘图仪输出图形时，还可按层来控制线划的粗细或颜色，绘制美观、实用的图形。如果以生产出版原图为目的，可采用带有光学绘图头或刻针（刀）的平台矢量绘图仪，它们可以产生带有线划、符号和文字等高质量的地图图形。

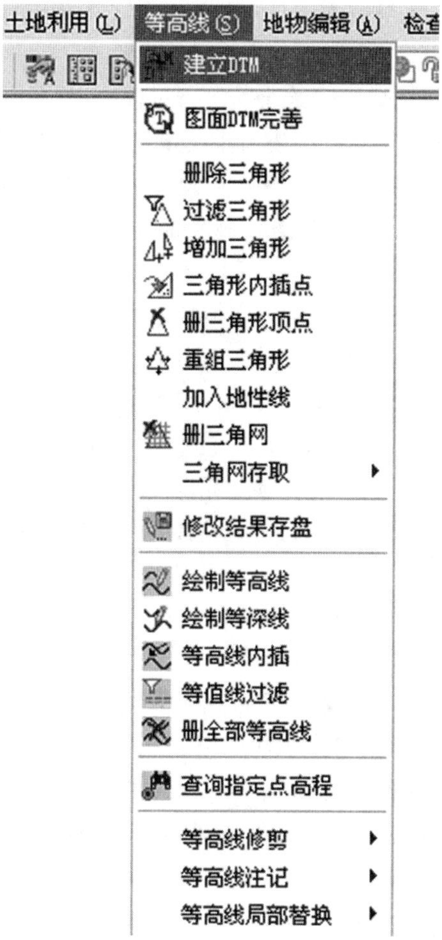

图 7-24　等高线菜单

六、检查验收

测绘产品的检查验收与质量是生产过程必不可少的环节，是测绘产品的质量保证，是对测绘产品质量的评价。为了控制测绘产品的质量，测绘工作者必须具有较高的质量意识和管理才能。因此，完成数字地形图成图后也必须做好检查验收工作。

（一）检查验收的依据

（1）有关的测绘任务书、合同书中关于产品质量特性的摘录文件或委托检查、验收文件。

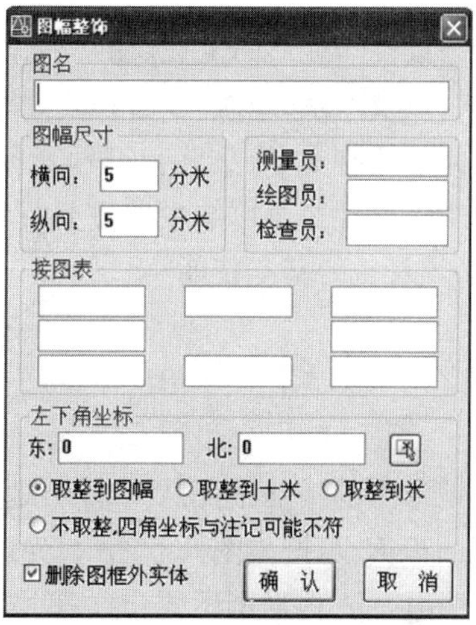

图 7-25　“图幅整饰”对话框

（2）有关法规和技术标准。

(3)技术设计书和有关的技术规定等。

(二)二级检查一级验收制

对数字测绘产品实行过程检查、最终检查和验收制度。

(1)过程检查由生产单位的中队(室)检查人员承担。

(2)最终检查由生产单位的质量管理机构负责实施。

(3)验收工作由任务的委托单位组织实施,或由该单位委托具有检验资格的检验机构验收。

各级检查工作必须独立进行,不得省略或代替。

(三)应提交检查验收的资料

提交的成果资料必须齐全,一般应包括:

(1)项目设计书、技术设计书、技术总结等;

(2)文档簿、质量跟踪卡等;

(3)数据文件,包括图廓内外整饰信息文件、原始数据文件等;

(4)作为数据源使用的原图或复制的底图;

(5)图形或影像数据输出的检查图或模拟图;

(6)技术规定或技术设计书规定的其他文件资料。

凡资料不全或数据不完整者,承担检查或验收的单位有权拒绝检查验收。

(四)检查验收的记录及存档

检查验收记录包括质量问题的记录、问题处理的记录以及质量评定的记录等。记录必须及时、认真、规范、清晰。检查、验收工作完成后,须编写检查、验收报告,并随产品一起归档。

课题 4　地形图的应用

地形图的特点是综合性和易读性。地形图上提供的信息内容非常丰富,如居民地、交通网、境界线等各种社会经济要素,以及水系、地貌、土壤和植被等自然地理要素,还有控制点、坐标格网、比例尺等数字要素,此外还有文字、数字和符号等各种注记。大比例尺地形图更是建筑工程规划、设计、施工和竣工管理等不可缺少的重要资料。因此,正确地识读和应用地形图,是建筑工程技术人员必须具备的基本技能。

一、地形图的识读及应用

(一)识读

地形图的识读是正确应用地形图的基础,这就要求能将地形图上的每一种注记、符号的含义准确地判读出来。地形图的识读,可按先图外后图内、先地物后地貌、先主要后次要、先注记后符号的基本顺序,并参照相应的《地形图图式》逐一阅读。

1. 图外注记识读

读图时,先了解所读图幅的图名、图号、接合图表、比例尺、坐标系统、高程系统、等高距、测图时间、测图类别、图式版本等内容,然后进行地形图内地物和地貌的识读。

2. 地物识读

根据地物符号和有关注记，了解地物的分布和地物的位置，因此熟悉地物符号，是提高识图能力的关键。

3. 地貌识读

根据等高线判读出山头、洼地、山脊、山谷、山坡、鞍部等基本地貌，并根据特定的符号判读出雨裂、冲沟、峭壁、悬崖、崩坍、陡坎等特殊地貌。同时，根据等高线的密集程度来分析地面坡度的变化情况。在地形图上，除读出各种地物和地貌外，还应根据图上配置的各种植被符号或注记说明，了解植被的分布、类别特征、面积大小等。按以上读图的基本程序和方法，可对一幅地形图获得较全面的了解，以达到真正读懂地形图的目的，为用图打下良好的基础。

（二）基本应用

1. 求点的坐标

欲确定地形图上某点的坐标，可根据格网坐标用图解法求得。

如图 7-26 所示，欲求图上 A 点的坐标，首先找出 A 点所处的小方格，并用直线连成小正方形 $abcd$，其西南角 a 点的坐标为 x_a、y_a，再量取 ap 和 an 的长度，即可获得 A 点的坐标为

$$\left.\begin{aligned} x_A &= x_a + apM \\ y_A &= y_a + anM \end{aligned}\right\} \tag{7-4}$$

式中：M 为地形图比例尺分母。

为了提高坐标量算的精度，必须考虑图纸伸缩的影响，可按式(7-5)计算 A 点的坐标：

$$\left.\begin{aligned} x_A &= x_a + \frac{10}{ad}apM \\ y_A &= y_a + \frac{10}{ab}anM \end{aligned}\right\} \tag{7-5}$$

式中：ap、an、ab、ad 均为图上量取的长度（单位为 mm），量至 0.1 mm；M 为地形图比例尺分母。

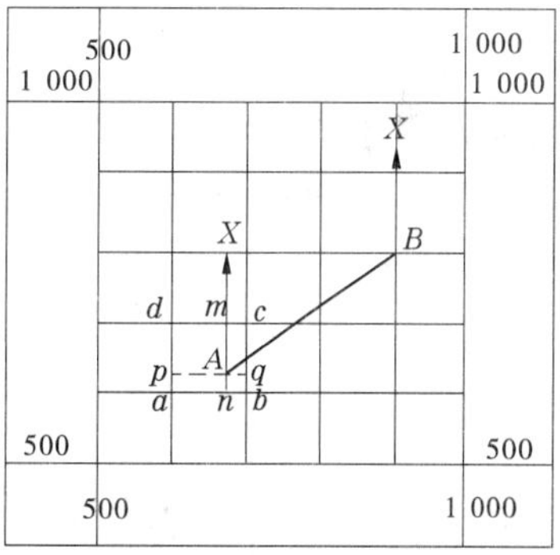

图 7-26　求点的坐标

图解法求得的坐标精度受图解精度的限制，一般认为，图解精度为图上 0.1 mm，则图解坐标精度不会高于 $0.1M$（单位为 mm）。

2. 求两点间的水平距离

如图 7-26 所示，欲确定 A、B 两点间的距离，可用以下两种方法。

1）图解法

用直尺直接量取 A、B 两点间的图上长度 d_{AB}，再根据比例尺计算两点间的距离 D_{AB}。公式为

$$D_{AB} = d_{AB}M \tag{7-6}$$

也可以用卡规在图上直接卡出线段长度，再与图示比例尺比量，得出图上两点间的水平 距离。

2）解析法

利用图上两点的坐标计算出两点间的距离。这种方法能消除图纸变形的影响，提高距

离精度。如图 7-26 所示，先按式(7-5)求出 A、B 两点的坐标值(x_A,y_A)、(x_B,y_B)，然后按式(7-7)计算出两点间的距离

$$D_{AB} = \sqrt{(x_B - x_A)^2 + (y_B - y_A)^2} = \sqrt{\Delta x_{AB}^2 + \Delta y_{AB}^2} \tag{7-7}$$

若图解坐标的求得考虑了图纸伸缩变形的影响，则解析法求距离的精度高于图解法的精度。图纸上绘有图示比例尺时，一般用图解法量取两点间的距离，这样既方便，又能保证精度。

3. 求直线的方位角

在图 7-26 中，欲确定直线 AB 的坐标方位角，可用以下两种方法。

1)图解法

过 A、B 两点分别作坐标纵轴的平行线，然后用测量专用量角器量出 α_{AB} 和 α_{BA}，取其平均值作为最后结果，即

$$\bar{\alpha}_{AB} = \frac{1}{2}[\alpha_{AB} + (\alpha_{BA} \pm 180°)] \tag{7-8}$$

此法受量角器最小分划的限制，精度不高。当精度要求较高时，可用解析法。

2)解析法

先求出 A、B 两点的坐标，然后按式(7-9)计算 AB 直线的方位角 α_{AB}

$$\alpha_{AB} = \arctan\frac{\Delta y_{AB}}{\Delta x_{AB}} = \arctan\frac{y_B - y_A}{x_B - x_A} \tag{7-9}$$

由于坐标量算的精度比角度量测的精度高，因此解析法获得的方位角比图解法可靠。

4. 求点的高程

如果所求点正好处在等高线上，则此点的高程即为该等高线的高程。如图 7-27 所示，A 点的高程 $H_A = 45$ m。若所求点不在等高线上，则应根据比例内插法确定该点的高程。在图 7-27 中，欲求 B 点的高程，首先过 B 点作相邻两条等高线的近似公垂线，与等高线相交于 m、n 两点，然后在图上量取 mn 和 nB，按式(7-10)计算 B 点的高程

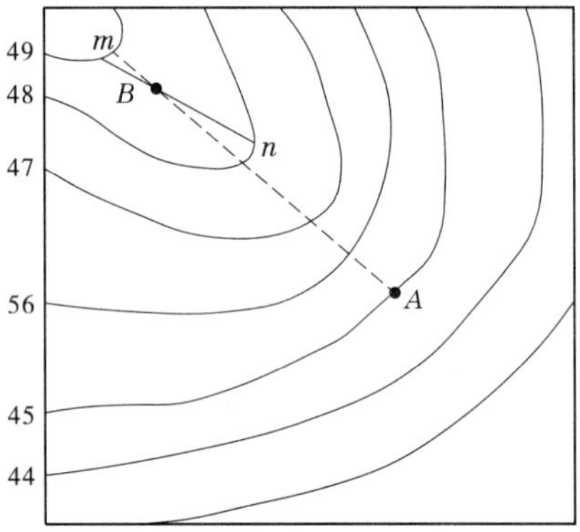

图 7-27　求点的高程

$$H_B = H_n + \frac{nB}{mn}h \tag{7-10}$$

式中：h 为等高距，m；H_n 为 n 点的高程。

如图 7-27 中，有

$$H_B = 48 + \frac{6.3}{9.0} \times 1.0 = 48.7(\text{m})$$

当精度要求不高时，也可用目估内插法确定待求点的高程。

5. 求两点间的坡度

设图 7-27 上直线两端点间的高差为 h，两点间的距离为 D，则地面上该直线的平均坡度为

$$i = \frac{h}{D} = \frac{h}{dM} \tag{7-11}$$

坡度 i 通常用百分率(%)或千分率(‰)表示。

如图 7-27 所示,$h_{AB}=48.7-45=3.7$(m),若 $D_{AB}=100$ m,则 $i=3.7\%$。如果直线两端位于相邻两条等高线上,则所求的坡度与实地坡度相符;如果直线跨越多条等高线,且相邻等高线之间的平距不等,则所求的坡度是两点间的平均坡度,与实地坡度不完全一致。

二、量算图形面积

(一)几何图形法

此法是利用分规和比例尺,在地形图上量取图形的各几何要素(一般为线段长度),通过公式计算面积。常用的图形有三角形、梯形和矩形等简单几何图形。对于较为复杂的图形,可将其划分成简单的几何图形,用上述方法求出各简单几何图形的面积再相加,如图 7-28 所示。为了保证面积量测、计算的精度,要求在图上量测线段长度时精确到 0.1 mm。

(二)坐标计算法

如果欲求面积的图形为任意多边形,且各顶点的坐标已知,则可根据公式计算面积。如图 7-29 所示,$ABCD$ 为任意四边形,各顶点 A、B、C、D 的坐标按顺时针方向编号,分别为 (x_1,y_1)、(x_2,y_2)、(x_3,y_3)、(x_4,y_4),各顶点向 x 轴投影得 A'、B'、C'、D' 点,则四边形 $ABCD$ 的面积等于 $D'DCC'$ 的面积加 $D'DAA'$ 的面积减去 $B'BCC'$ 和 $B'BAA'$ 的面积。四边形 $ABCD$ 的面积为

$$S = \frac{1}{2}[(y_3+y_4)(x_3-x_4)] + \frac{1}{2}[(y_4+y_1)(x_4-x_1)] - \frac{1}{2}[(y_3+y_2)(x_3-x_2)] - \frac{1}{2}[(y_2+y_1)(x_2-x_1)]$$

$$= \frac{1}{2}[x_1(y_2-y_4) + x_2(y_3-y_1) + x_3(y_4-y_2) + x_4(y_1-y_3)]$$

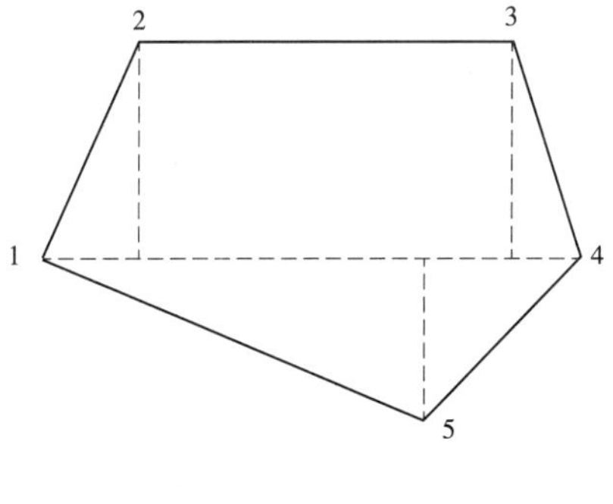

图 7-28 几何图形法求面积

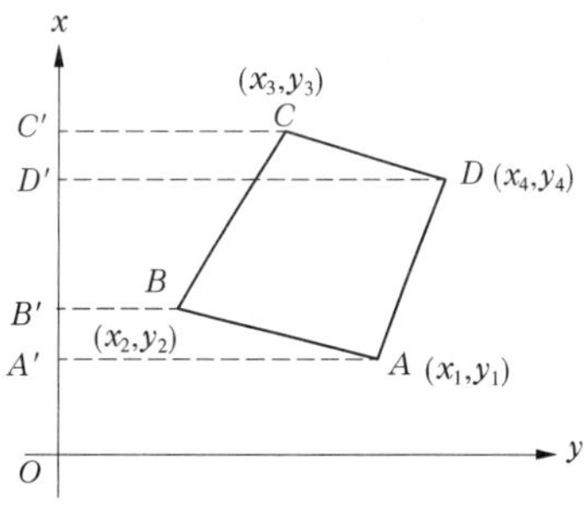

图 7-29 坐标计算

若图形有 n 个顶点,则上式可推广为

$$S = \frac{1}{2}[x_1(y_2-y_n) + x_2(y_3-y_1) + \cdots + x_n(y_1-y_{n-1})]$$

即

$$S = \frac{1}{2}\sum_{i=1}^{n} x_i(y_{i+1}-y_{i-1}) \tag{7-12}$$

若将各顶点投影于 y 轴,同理可推出

$$S = \frac{1}{2}\sum_{i=1}^{n} y_i(x_{i-1} - x_{i+1}) \tag{7-13}$$

注意,在式(7-12)和式(7-13)中,当 $i=1$ 时,$i-1$ 取 n 值;当 $i=n$ 时,$i+1$ 取 1。

式(7-12)和式(7-13)为坐标法求面积的通用公式。如果多边形顶点按顺时针方向编号,面积值为正号,反之则为负号,但最终取值为正。

(三)模片法

模片法是利用聚酯薄膜、玻璃、透明胶片等制成的模片,在模片上建立一组有单位面积的方格、平行线等,然后利用这种模片去覆盖被量测的面积,从而求得相应的图上面积值,再根据地形图的比例尺,计算出所测图形的实地面积。模片法具有量算工具简单,方法容易掌握,又能保证一定的精度等特点。因此,在图解面积测算中是一种常用的方法。

1. 方格法

如图 7-30 所示,在透明模片上绘制边长为 1 mm 的正方形格网,把它覆盖在待测算面积的图形上,数出图形内的整方格数和图形边缘的零散方格个数。对零散方格采用目估凑整,通常每两个凑成一个,则所测算图形的面积为

$$S = \left(n_{整} + \frac{1}{2}n_{零}\right)a^2M^2 \tag{7-14}$$

式中:S 为图形面积,m^2;$n_{整}$ 为整方格个数;$n_{零}$ 为零散方格个数;a 为方格边长,m;M 为比例尺分母。

2. 平行线法

如图 7-31 所示,在透明模片上绘有间距为 2 ~5 mm 的平行线(同一模片上间距相同),把它覆盖在待测算面积的图形上,并转动模片使平行线与图形的上、下边线相切。此时,相邻两平行线之间所截的部分为若干个等高的近似梯形。量出各梯形的底边长度 $l_1, l_2, \cdots, l_n$,则各梯形的面积分别为

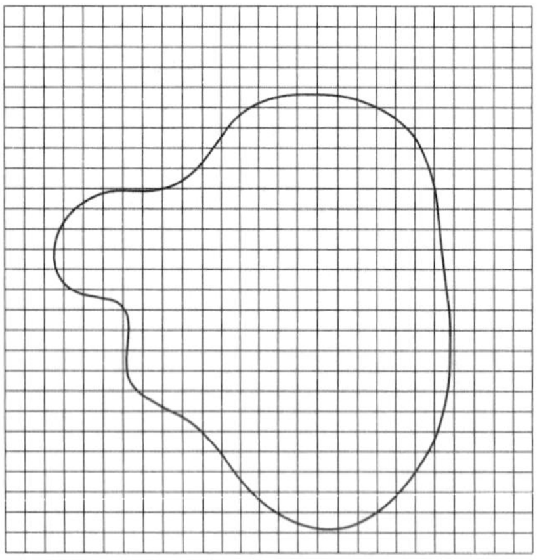

图 7-30　方格法求面积

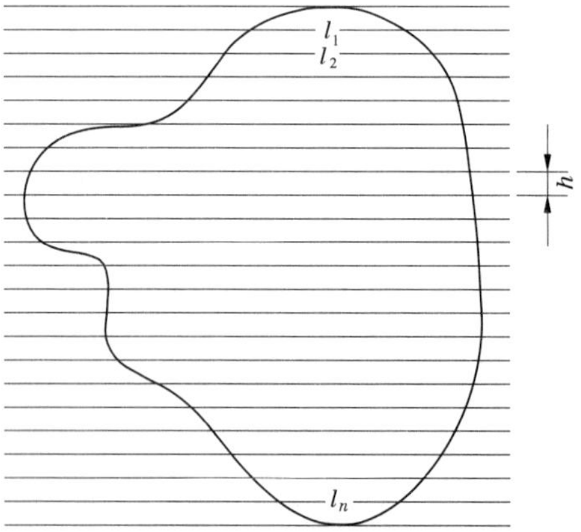

图 7-31　平行线法求面积

$$S_1 = \frac{1}{2}(0 + l_1)hM^2$$

$$S_2 = \frac{1}{2}(l_1 + l_2)hM^2$$

$$\vdots$$

$$S_n = \frac{1}{2}(l_{n-1} + l_n)hM^2$$

$$S_{n+1} = \frac{1}{2}(l_n + 0)hM^2$$

则图形的总面积为

$$S = S_1 + S_2 + \cdots + S_{n+1} = (l_1 + l_2 + \cdots + l_n)hM^2 \tag{7-15}$$

式中：S 为图形面积，m^2；$l_1, l_2, \cdots, l_n$ 为梯形底边长度，m；h 为平行线间距，m；M 为比例尺分母。

3. 求积仪法

求积仪是一种专门用于在图纸上量算图形面积的仪器，适用于不同的图形。

图 7-32 是日本 KOIZUMI 公司生产的 KP－90N 电子求积仪，仪器是在机械装置动极、动极轴、跟踪臂（相当于机械求积仪的描迹臂）等的基础上，增加了电子脉冲记数设备和微处理器，能自动显示测量的面积，具有面积分块测定后相加、相减和多次测定取平均值、面积单位换算、比例尺设定等功能。面积测量的相对误差为 2/1 000。

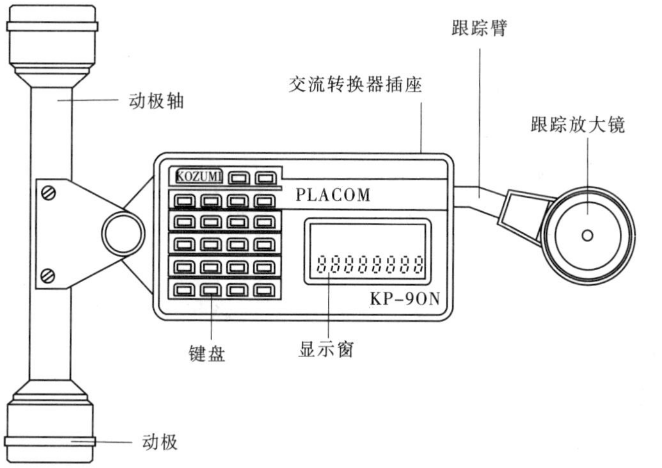

图 7-32　KP－90N 电子求积仪

有关电子求积仪的具体操作方法和其他功能，可参阅使用说明书。

三、场地平整时的土石方计算

建筑工程施工必不可少的前期工作之一是场地平整，即按照设计的要求事先将施工场地的原始地貌整治成水平或倾斜的平面。如图 7-33 所示，需将地形图范围内的原始地貌整治成水平场地，按挖方和填方基本相等的原则设计，其步骤如下。

（一）确定图上网格角点的高程

在图上绘制方格网，网格的边长一般取实地 20 m（在 1∶1 000 地形图上为 2 cm）为宜。

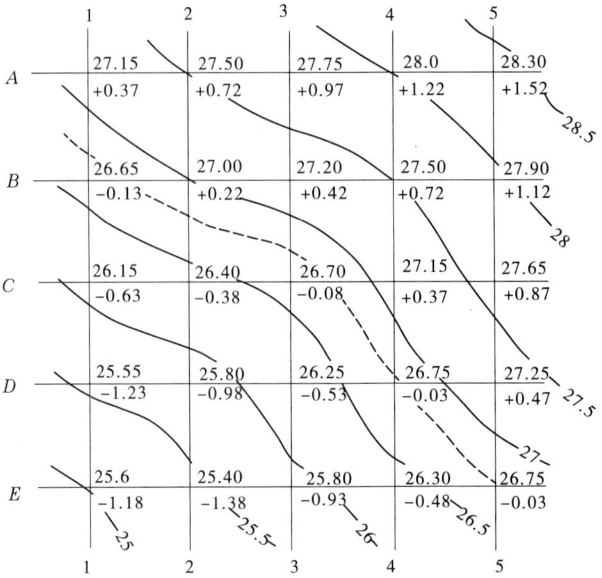

图 7-33　平整水平场地设计示意图

然后根据等高线逐一确定每个方格角点的高程,注于各方格角顶的右上方。

(二)计算设计高程

设计高程又称零线高程,即场地平整后的高程。为了满足挖方和填方基本相等的原则,设计高程实际上就是场地原始地貌的平均高程。

随后,在地形图上插绘出该设计高程的等高线,称为零线,即挖、填土方的分界线(图 7-33 中,虚线即为零线,其高程为算得的设计高程 26. 78 m)。

(三)计算挖深和填高

将每个方格角点的原有高程减去设计高程,即得该角点的挖深(差值为正),或填高(差值为负),注于图上相应角点的右下方(单位为 m)。

(四)计算土方量

土方量的计算有两种方法。

一种是分别取每个方格角点挖深或填高的平均值与每个方格内需要挖方或填方的实地面积相乘,即得该方格的挖方量或填方量;分别取所有方格挖方量与填方量之和,即得场地平整的总土方量。

另一种是在图上分别量算零线及各条等高线与场地格网边界线所围成的面积(如果零线或等高线在图内闭合,则量算各闭合线所围成的面积),根据零线与相邻等高线的高差,以及各相邻等高线之间的等高距,分层计算零线与相邻等高线之间的体积及各相邻等高线之间的体积,即可通过累加,分别计算出总的填方量和挖方量。

四、城市用地的地形分析

(一)按限制坡度选择最短路线

在山区或丘陵地区进行管线或道路工程设计时,均有指定的坡度要求。在地形图上选线时，先按规定坡度找出一条最短路线，然后综合考虑其他因素，获得最佳设计路线。

如图 7-34 所示，欲在 A 和 B 两点间选定一条坡度不超过限制坡度 i 的线路，设图上等高距为 h，地形图的比例尺为 1∶M，由式(7-16)可得线路通过相邻两条等高线的最短距离为

$$d = \frac{h}{i_{限} M} \tag{7-16}$$

在图上选线时，以 A 点为圆心，以 d 为半径画弧，交 155 m 等高线于 1、1′，再分别以 1、1′两点为圆心，以 d 为半径画弧，交 160 m 等高线于 2、2′两点，依次类推直至 B 点。将这些相邻的交点依次连接起来，便可获得两条同坡度线 $A-1-2\cdots-B$ 和 $A-1'-2'\cdots-B$，最后通过实地调查比较，从中选定一条最合理的路线。

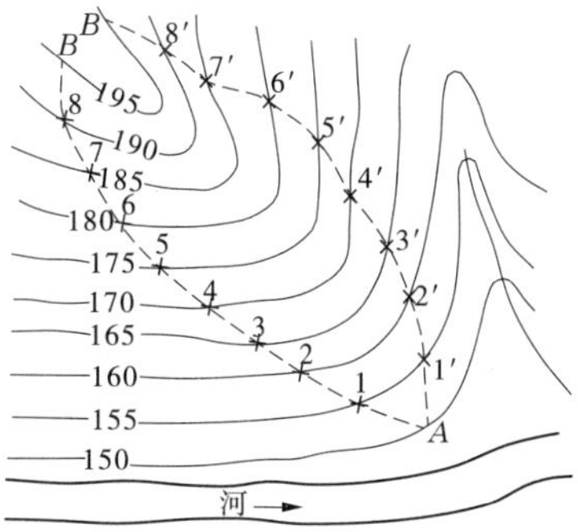

图 7-34　按限制坡度选择最短路线

在作图过程中，如果出现半径小于相邻等高线平距的情况，即圆弧与等高线不能相交，说明该处的坡度小于指定坡度，此时，路线可按最短距离定线。

(二)绘制地形断面图

在道路、管线等线路工程设计中，为了合理地确定线路的纵坡，或在场地平整中，进行填、挖土方量的概算，或为布设测量控制网，进行图上选点，以及判断通视情况等，均需详细了解沿线方向的坡度变化情况。因此，要根据地形图并按一定比例绘制能反映某一方向地面起伏状况的断面图。

如图 7-35 所示，若要绘制 AB 方向的断面图，具体步骤如下：

(1)在图纸上绘制一直角坐标，横轴表示水平距离，纵轴表示高程。水平距离的比例尺与地形图的比例尺一致。为了明显地反映地面的起伏情况，高程比例尺一般为水平距离比例尺的 10～20 倍，如图 7-35 所示。

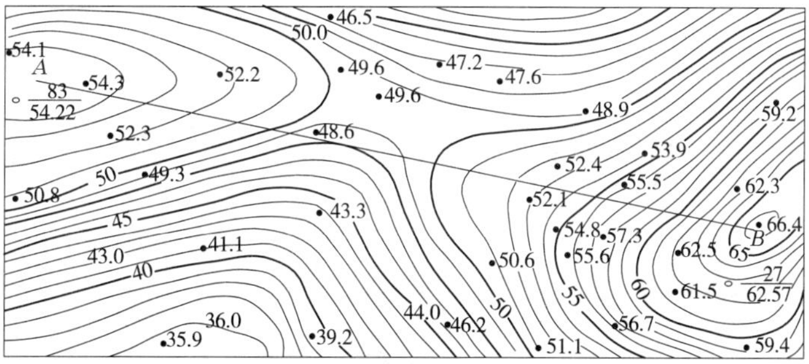

图 7-35　山顶上的两点 A、B

(2)在纵轴上标注高程，在横轴上适当位置标出 A 点。将直线 AB 与各等高线的交点，按其与 A 点之间的距离转绘在横轴上。

(3)根据横轴上各点相应的地面高程，在坐标系中标出相应的点位。

(4)把相邻的点用光滑的曲线连接起来，便得到地面直线 AB 的断面图，如图 7-36 所示。若要判断地面上两点是否通视，只需在这两点的断面图上用直线连接两点，如果直线与断面线不相交，说明两点通视，否则，两点之间视线受阻。在图 7-35 中，A、B 两点互相通视。

这类问题的研究，对于架空索道、输电线路、水文观测、测量控制网布设、军事指挥及军事设施的兴建等都有很重要的意义。

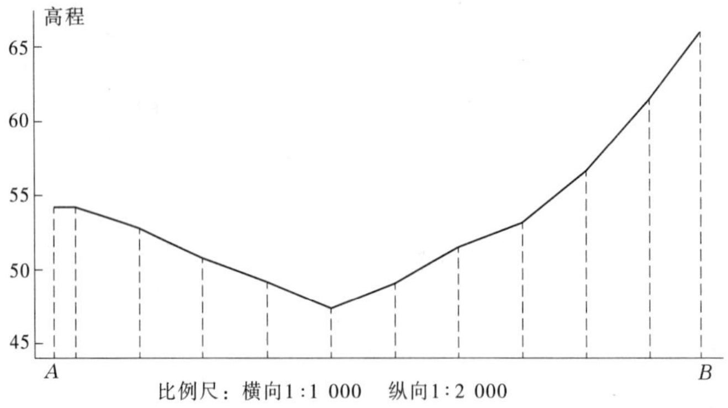

图 7-36　绘制 *AB* 方向的纵断面线

（三）确定汇水区域

在修筑桥涵或水库大坝等工程中，桥梁、涵洞孔径的大小，大坝的设计位置、高度，水库的库容量大小等，都需要了解这个区域水流量的大小，而水流量是根据汇水面积来计算的。汇集水流量的面积称为汇水面积。汇水面积由一系列的分水线连接而成。

如图 7-37 所示，一条公路跨越山谷，拟在 *P* 处架一座桥梁或修一涵洞，此时必须了解此处的汇水量。欲确定汇水量，先应确定汇水面积的边界线，以确定汇水区域。在图 7-37 中，由山脊线 *BCDEFGHI* 与公路上的 *AB* 所围成的闭合图形的面积即为这个山谷的汇水面积。利用中面积计算的方法，求得汇水面积的大小，再结合气象水文资料，可确定流经公路 *P* 处的水流量。

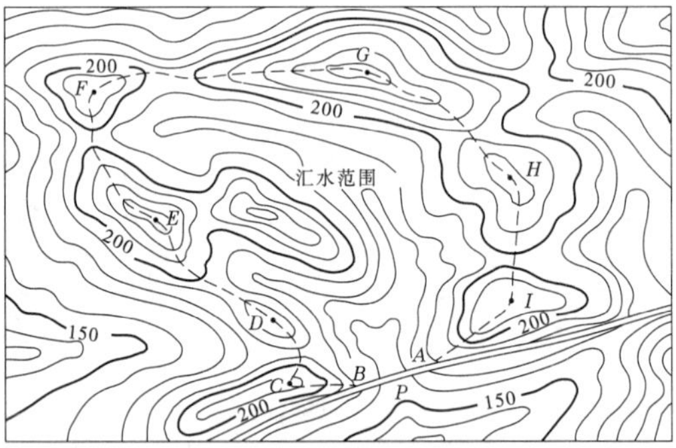

图 7-37　确定汇水范围

小　结

本章以大比例尺地形图为主，重点介绍地形图比例尺、地形图的分幅和编号方法、地形图上地物和地貌的表示方法、地形图上注记的内容、地形图图式等内容。

测图方法上以大比例尺地形图测绘为中心，着重讲述地形图测绘的全过程，几种目前常用的测图方法，平板仪的构造和使用，以及全站仪、数字化测图的基本知识。

地形图的应用上重点介绍地形图的识读和在工程建设中的应用。内容包括:地物、地貌的识读;应用地形图求某点的坐标和高程,求某直线的坐标方位角、长度和坡度;利用地形图量算图形面积、绘纵断面图、选等坡度线、确定汇水面积,以及用地形图进行场地平整的土方量计算。

技能训练十一　经纬仪测绘法

一、目的和要求

(1)了解小平板仪的构造和用途。

(2)练习用经纬仪测绘地形图,平板仪辅助画图。

(3)掌握选择地形点的要领。

二、仪器和工具

经纬仪 1 台,小平板仪 1 台,视距尺 1 把,皮尺 1 把,计算器 1 个,伞 2 把,记录本 1 本,木桩 1 根,斧子 1 把,测图纸 1 张,透明胶带纸 1 卷。

三、方法和步骤

先将经纬仪安置在测站点 A 上,绘图板安置于测站近旁。如图 7-11 所示,用经纬仪测定碎部点方向与已知方向之间的水平角,并测定测站到碎部点的距离和碎部点的高程。然后根据数据用量角器和比例尺把碎部点的平面位置展绘于图纸上,并在点的右侧注记高程,对照实地勾绘地形。经纬仪测绘法测图操作简单、灵活,适用于各种类型的测区。以下所讲的是经纬仪测绘法在一个测站的测绘工序。

四、经纬仪测绘法的步骤

(一)安置仪器和图板

如图 7-11 所示,观测员安置经纬仪于测站点(控制点)A 上,包括对中和整平。量取仪器高 i,测量竖盘指标差 x。记录员在“碎部测量记录手簿”中记录,包括表头的其他内容。绘图员在测站的同名点上安置量角器。

(二)定向

照准另一控制点 B 作为后视方向,置水平度盘读数为 $0°00'00''$。绘图员在后视方向的同名方向上画一短直线,短直线过量角器的半径,作为量角器读数的起始方向线。

(三)立尺

司尺员依次将标尺立在地物、地貌特征点上。立尺前,司尺员应弄清实测范围和实地概略情况,选定立尺点,并与观测员、绘图员共同商定立尺路线。

(四)观测

观测员照准标尺,读取水平角 β、视距间隔 l、中丝读数 s 和竖盘读数 L。

(五)记录

记录员将读数依次记入手簿。有些手簿视距间隔栏为视距 K_l,由观测者直接读出视距值。对于有特殊作用的碎部点,如房角、山头、鞍部等,应在备注中加以说明。

（六）计算

记录员依据视距间隔 l、中丝读数 s、竖盘读数 L 和竖盘指标差 x、仪器高 i、测站高程 $H_{站}$，按视距测量公式计算平距和高程。

（七）展绘碎部点

绘图员转动量角器，将量角器上等于 β 角值（其碎部点为 114°00′）的刻划线对准起始方向线，如图 7-12 所示，此时量角器零刻划方向便是该碎部点的方向。根据图上距离 d，用量角器零刻划边所带的直尺定出碎部点的位置，用铅笔在图上点示，并在点的右侧注记高程。同时，应将有关地形点连接起来，并检查测点是否有错。

（八）测站检查

为了保证测图正确、顺利地进行，必须在工作开始时进行测站检查。检查方法是在新测站上测试已测过的地形点，检查重复点精度在限差内即可，否则应检查测站点是否展错。此外，在工作中间和结束前，观测员可利用时间间隙照准后视点进行归零检查，归零差不应大于 4′。在每测站工作结束时进行检查，确认地物、地貌无错测或漏测时，方可迁站。

五、测图过程中的注意事项

（1）为方便绘图员工作，观测员在观测时，应先读取水平角，再读取视距尺的三丝读数和竖盘读数；在读取竖盘读数时，要注意检查竖盘指标水准管气泡是否居中；读数时，水平角估读至 5′，竖盘读数估读至 1′即可；每观测 20～30 个碎部点后，应重新瞄准起始方向检查其变化情况，经纬仪测绘法起始方向水平度盘读数偏差不得超过 3′。

（2）立尺人员在跑点前，应先与观测员和绘图员商定跑尺路线；立尺时，应将标尺竖直，并随时观察立尺点周围情况，弄清碎部点之间的关系，地形复杂时还需绘出草图，以协助绘图人员做好绘图工作。

（3）绘图人员要注意图面正确、整洁，注记清晰，并做到随测点，随展绘，随检查。

（4）当每站工作结束后，应进行检查，在确认地物、地貌无测错或漏测时，方可迁站。

六、测绘碎部时的精度要求

（1）经纬仪对中误差≤5 mm，归零差≤4′。

（2）当竖直角超过 3°时，应进行水平距离改正，即

$$D = kl \cdot \cos^2\alpha = 100l \cdot \cos^2\alpha$$

（3）每一测站必须选择两个明显的地物点与上一站进行校对，若无明显地物，则应用重点法进行检核。误差范围：平距不可超过 0.6 mm，高程不可超过 3 cm。

（4）主要街道及建筑物，应用经纬仪直接测绘，一般建筑物可用卷尺丈量标绘。应注意合理取舍，凡建筑物、构筑物轮廓凸凹部分在图上大于 0.5 mm 者，应按实测绘，反之，可用直线连出。

（5）地物按比例表示的，应实测外廓，填绘符号；不能按比例表示的，应准确表示其定位点或定位线。道路及其附属物，均应按实测绘；管线转角均应实测。线路密集时或居民区的低压电力线路和通信线路，可选择要点测绘；当管线直线部分的支架、线杆和附属设施密集时，可适当取舍；多种线路在同一杆时，表示主要的。

七、实验报告

日期__________ 班级__________ 小组__________ 姓名__________ 成绩__________

视距测量手簿

天气： 仪器编号： 立尺： 观测： 记录： 绘图：

测站： 后视： 仪器高 $i=$ 水平读数 $L_0=$ 测站点高程 $H_A=$

测点	水平角（° ′ ″）	下丝	上丝	kl	中丝	竖盘读数（° ′ ″）	竖直角（° ′ ″）	水平距离（m）	高差（m）	高程（m）	备注

习　题

1. 什么是比例尺精度？它在测绘工作中有何作用？

2. 地物符号有几种？各有何特点？

3. 何谓等高线？在同一幅图上，等高距、等高线平距与地面坡度三者之间的关系如何？

4. 等高线有哪些基本特性？测图前有哪些准备工作？控制点展绘后，怎样检查其正确性？

5. 测图前有哪些准备工作？控制点展绘后，怎样检查其正确性？

6. 试述用经纬仪测绘法在一个测站上测绘地形图的工作步骤。

7. 小平板仪的安置包括哪几项？其中哪一项最为重要？为什么？

8. 为了确保地形图质量，应采取哪些主要措施？

9. 根据图 7-38 各碎部点的平面位置和高程，试勾绘等高距为 1 m 的等高线。图中点画线表示山脊线，虚线表示山谷线。

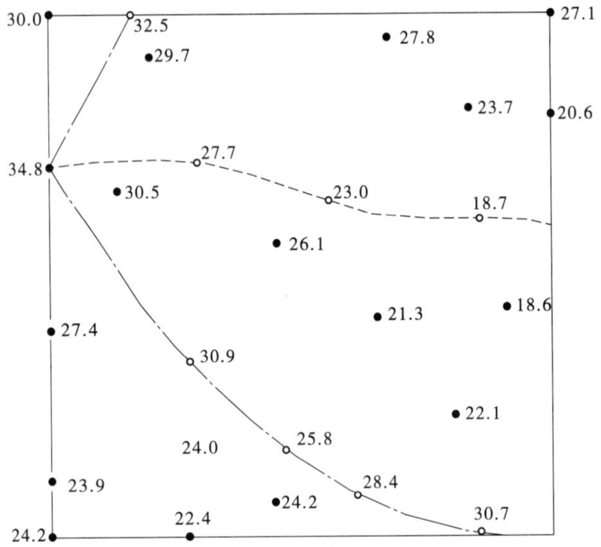

图 7-38

10. 地物、地貌一般分为哪 10 大类？

11. 土石方估算有哪些方法？各适合于哪种场地？

单元 8　建筑施工测量

【引言】

建筑施工中测量是一项重要工作，是保证施工顺利进行的关键。本章重点介绍测设的基本工作，工业与民用建筑物的定位和放线。通过学习，使学生掌握民用建筑和工业建筑施工测量的内容及程序。

课题 1　测设的基本工作和测设点位的方法

一、测设的基本工作

（一）水平角测设

测设已知水平角就是根据已知地面点和给定的方向，测设出另一方向，使它们的水平角等于给定的角值。按测设精度要求不同，水平角的测设分为正倒镜分中法（一般方法）和垂线改正法（精确方法）。

1. 正倒镜分中法

当测设水平角的精度要求不高时，可采用盘左、盘右分中的方法进行测设，即采用盘左、盘右取平均值的方法。如图 8-1 所示，设地面已知方向 OA，O 为角顶，β 为已知水平角角值，OB 为欲定的方向线。测设方法如下：

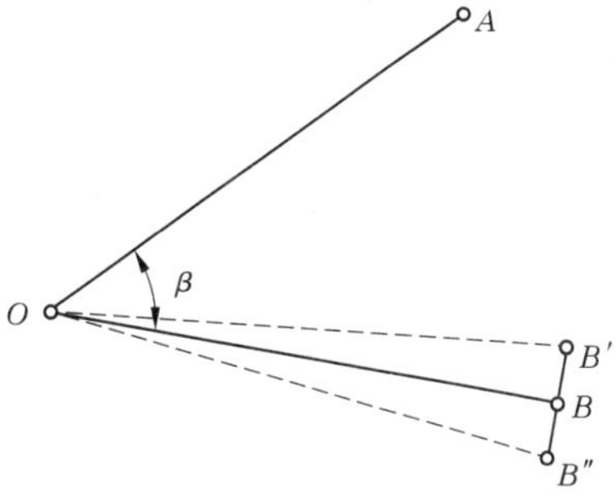

图 8-1　一般方法测设水平角

（1）在 O 点安置经纬仪，盘左位置瞄准 A 点，调整水平度盘读数为 0。

（2）转动照准部，使水平度盘读数恰好为 β 值，在此视线上定出 B' 点，并使 OB' 的距离为 L。

（3）盘右位置重复上述步骤，定出 B'' 点，且 OB'' 长度也为 L。

（4）取 B' 和 B'' 的中点 B，则 $\angle AOB$ 就是要测设的 β 角。

2. 垂线改正法

当测设精度要求较高时，可采用精确方法测设已知水平角。如图 8-2 所示，测设方法如下：

（1）用一般方法测设出 B' 点，并将此点作为过渡点。

（2）在 O 点安置经纬仪，采用多个测回取平均值的方法测量 $\angle AOB'$ 的角值，设平均角值为 β_1，测量出 OB' 的距离。

（3）计算出 $\Delta\beta = \beta - \beta_1$。

（4）用下式计算出改正距离

$$BB' = OB'\tan\Delta\beta \tag{8-1}$$

(5)从 B' 作直线 BB'，使得 $OB' \perp BB'$，并定出 B 点位置，则 $\angle AOB$ 即为要测设的点。

注：若 $\Delta\beta$ 为正，则沿 OB' 的垂直方向向外量取 BB'；反之，则向内量取。

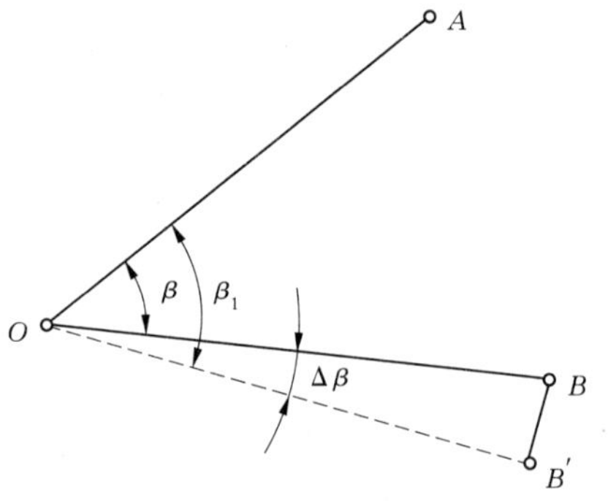

图 8-2　精确方法测设水平角

(二)水平距离测设

水平距离测设是从地面上一已知点开始，沿已知方向测设出给定的水平距离，从而确定地面上的第二个点，即两点间的水平距离等于给定的已知值。例如：在施工现场将建筑物的轴线长度在地面上标定出来等。

1. 钢尺测设法

(1)当测设精度要求不高时，从地面点 A 沿直线 AB 的方向，直接用钢尺丈量出已知水平距离，定出这段距离的另一端点 B。为使测设结果更为准确，应再丈量一次，若两次丈量的相对误差在 1/3 000 ~ 1/ 5 000 以内，取平均位置作为该端点的最后位置。

(2)当测设精度要求较高时，应使用经检定的钢尺，并用经纬仪定线，根据给定的水平距离 D，经过尺长改正、温度改正和倾斜改正后，计算出地面上应测设的距离 L。计算公式如下

$$L = D - (\Delta L_d + \Delta L_t + \Delta L_h) \tag{8-2}$$

式中：ΔL_d 为尺长改正；ΔL_t 为温度改正；ΔL_h 为倾斜改正。

2. 光电测距仪测设法

由于光电测距仪的普及应用，当测设精度要求较高时，一般采用光电测距仪测设法。测设方法如下：

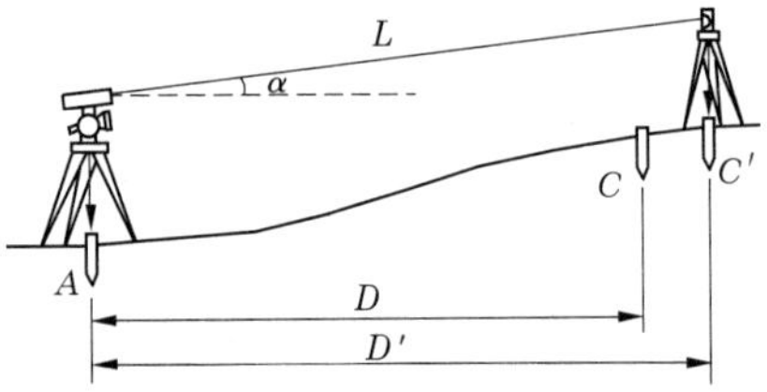

图 8-3　测距仪测设水平距离

(1)如图 8-3 所示，在 A 点安置光电测距仪，反光棱镜在已知方向上前后移动，使仪器显示值略大于测设的距离，定出 C' 点。

(2)在 C' 点安置反光棱镜，测出水平距离 D'，同时求出 D' 与应测设的水平距离 D 之差 $\Delta D = D - D'$。

(3)根据 ΔD 的数值，在实地用钢尺沿测设方向将 C' 改正至 C 点，并用木桩标定其点位。

(4)将反光棱镜安置于 C 点，再实测 AC 距离，其不符值应在限差之内，否则应再次进行改正，直至符合限差。

(三)高程测设

测设已知高程点，是根据施工现场已有水准点，将设计高程标定在某一位置，作为施工的依据。通常把建筑物的室内地坪用 ±0.000 表示，平整场地、房屋基础开挖、管道坡度等的测设，都是以 ±0.000 为依据确定的。因此，通常需要先把 ±0.000 标设出来，以便施工。

1. 地面点的高程测设

如图 8-4 所示，某建筑物的室内地坪设计高程为 46.000 m，附近有一水准点 BM_3，其高程为 $H_3 = 45.680$ m。现在要求把该建筑物的室内地坪高程测设到木桩 A 上，作为施工时控

制高程的依据。测设方法如下：

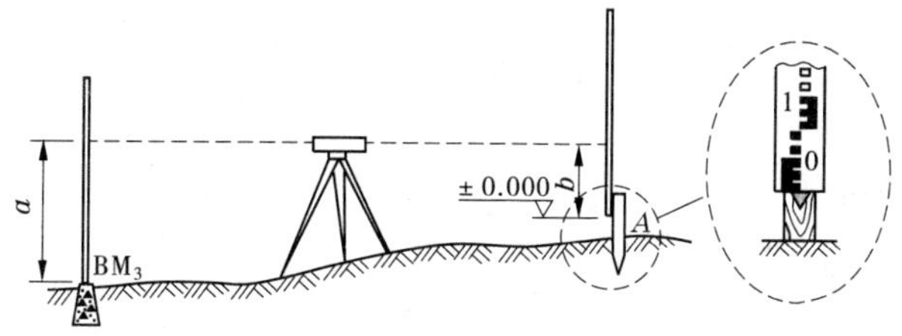

图 8-4　已知高程的测设

(1)在水准点 BM_3 和木桩 A 之间安置水准仪,在 BM_3 上立水准尺,用水准仪的水平视线测得后视读数为 1.556 m,此时视线高程为:45.680 + 1.556 = 47.236(m)。

(2)计算 A 点水准尺尺底为室内地坪高程时的前视读数:$b = 47.236 - 46.000 = 1.236$(m)。

(3)上下移动竖立在木桩 A 侧面的水准尺,直至水准仪的水平视线在尺上截取的读数为 1.236 m 时,尺底面高度即为欲测设的高度。一般用红油漆以倒三角符号"▼"表示,"▼"的水平边位于测设的高程线上,其高程即为 46.000 m。

2. 空间点的高程传递

当向较深的基坑或较高的建筑物上测设已知高程点时,水准尺长度明显不够,只用水准尺已无法放样,此时可借助钢尺将地面水准点向下或向上引测到基坑或高楼上。

如图 8-5 所示,欲在深基坑内设置一点 B,使其高程为 $H_{设}$。地面附近有一水准点 BM_R,其高程为 H_R。测设方法如下:

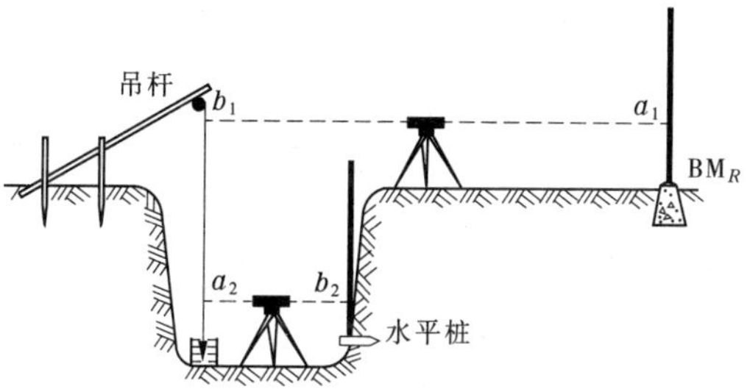

图 8-5　高程测设的传递方法

(1)在基坑一边架设吊杆,杆上吊一根零点向下的钢尺,尺的下端挂上 10 kg 的重锤以减少摆动,并放入油桶中。

(2)在地面安置一台水准仪,设水准仪在 BM_R 点所立水准尺上读数为 a_1,在钢尺上读数为 b_1。

(3)在坑底安置另一台水准仪,设水准仪在钢尺上读数为 a_2。

(4)计算 B 点水准尺寸底高程为 $H_{设}$ 时,B 点处水准尺的读数应为

$$B_{应} = (H_R + a_1) - (b_1 - a_2) - H_{设} \tag{8-3}$$

用同样的方法,亦可从低处向高处测设已知高程的点,方法与上述相似。

(四)直线坡度测设

在道路和管线工程施工中,经常需要测设已知坡度的直线。测设时,如坡度较小,一般采用水准仪;坡度较大时,则采用经纬仪。测设方法有倾斜视线法和水平视线法。

1. 倾斜视线法

已知坡度线的测设是根据设计坡度和坡度端点的设计高程,将坡度线上各点的设计高程标定在地面上。

如图 8-6 所示,A、B 为坡度线的两端点,其水平距离为 D,设 A 点的高程为 H_A,要沿 AB 方向测设一条坡度为 i_{AB} 的坡度线。测设方法如下:

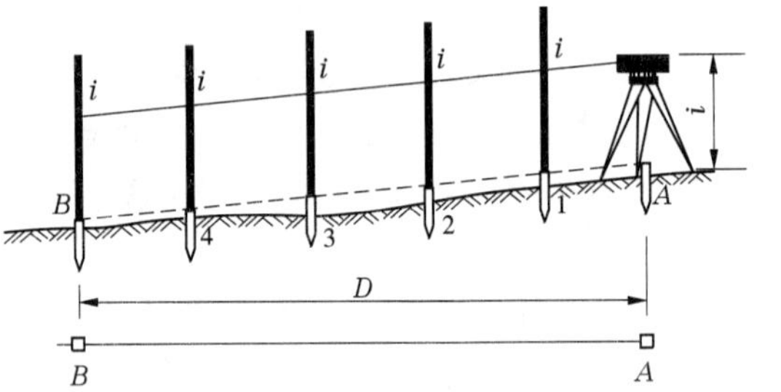

图 8-6 倾斜视线法测设坡度

(1)根据 A 点的高程、坡度 i_{AB} 和 A、B 两点间的水平距离 D,计算出 B 点的设计高程。

$$H_B = H_A + i_{AB}D \tag{8-4}$$

(2)按测设已知高程的方法,在 B 点处将设计高程 H_B 测设于 B 桩顶上,此时,AB 直线即构成坡度为 i_{AB} 的坡度线。

(3)将经纬仪安置在 A 点上,量取仪器高度 i,用望远镜瞄准 B 点的水准尺,使十字丝中丝对准 B 点水准尺上等于仪器高 i 的读数,此时,仪器的视线与设计坡度线平行。

(4)在 AB 方向线上测设中间点,分别在 1、2、3、…处打下木桩,使各木桩上水准尺的读数均为仪器高 i(方法同高程测设),这样各桩顶的连线就是欲测设的坡度线。

2. 水平视线法

当测设的坡度较小时,可利用水准仪进行水平视线测量。如图 8-7 所示,A、B 为设计坡度线的两个端点,设计高程分别为 H_A、H_B,AB 设计坡度为 i。测设方法简要介绍如下:

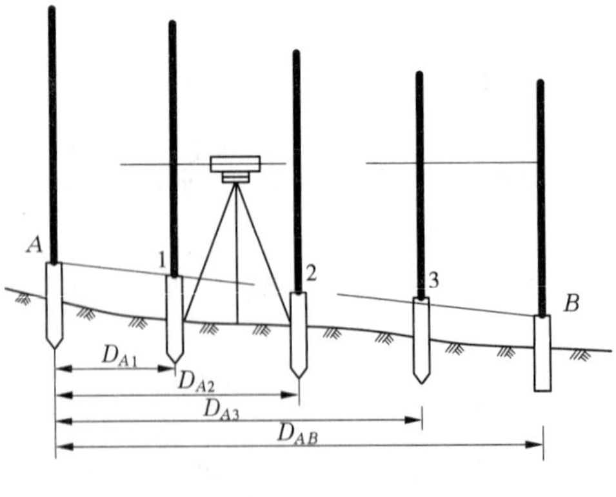

图 8-7 水平视线法测设坡度

(1)沿 AB 方向分别在 1、2、3、…处打下木桩,并量出各桩之间的水平距离。

(2)计算各桩的设计高程。例如:1 点的设计高程为 $H_1 = H_A + iD_{A1}$。同理,可计算出其余各点的设计高程。

(3)在 A、B 间安置水准仪,测出 A 点标尺读数,根据此读数和 A 点、1 点的高程,计算出标尺在 1 点位置时的读数,然后进行测设,方法同高程测设。依次进行 2、3、…点的测设。这样各桩顶的连线就是欲测设的坡度线。

二、测设点位的方法

点的平面位置测设的方法主要有直角坐标法、极坐标法、角度交会法和距离交会法。

(一)直角坐标法

直角坐标法是根据直角坐标原理进行点的平面位置测设的一种方法,主要是利用纵横坐标之差,测设点的平面位置。适用于当施工现场已建立相互垂直的主轴线或建筑方格网线,而待测建筑物轴线平行于主轴线或格网线且与其距离较近,同时量距方便的建筑施工场地。测设方法如下:

如图 8-8 所示,Ⅰ、Ⅱ、Ⅲ为建筑基线端点(或建筑方格网点),其坐标为已知。a、b、c、d 为要测设的建筑物的四个角点,其轴线平行于建筑基线,其坐标由设计图给定。根据已知坐标可计算出 a 点相对于Ⅰ点的坐标增量:$\Delta x = x_a - x_{\text{I}}$,$\Delta y = y_a - y_{\text{I}}$。本书中假设 $\Delta x = 50$ m,$\Delta y = 40$ m。

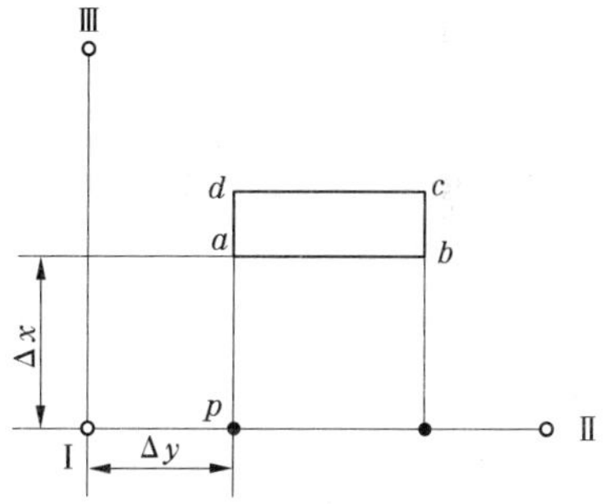

图 8-8 直角坐标法

在Ⅰ点安置经纬仪,照准Ⅱ点,沿Ⅰ→Ⅱ方向精确量取水平距离 40 m,得出 p 点位置;在 p 点安置经纬仪,用盘左、盘右分别照准Ⅱ点,测设 90°取平均位置确定 pa 方向线,在此方向上量取 50 m 即得出 a 点。用同样的方法可测设 b、c、d 点。最后用钢尺检查 ab、bc、cd、da 的长度,其值应等于设计长度,允许相对误差为 1/2 000。

(二)极坐标法

极坐标法是根据水平角和水平距离测设地面点平面位置的方法。适用于量距方便,且待测设点距控制点较近的建筑施工场地。当施工控制网为导线时,常采用极坐标法进行放样。特别是当控制点与测站点距离较远时,用全站仪进行极坐标法放样非常方便。

如图 8-9 所示,A、B 为地面上已有的控制点,坐标为已知。P 为要测设的点,坐标由设计图给定。测设方法如下:

根据 A、B 和 P 点坐标,计算出 AB 边、AP 边的方位角和 AP 的距离如下

$$\left.\begin{aligned}\alpha_{AB} &= \arctan\frac{\Delta y_{AB}}{\Delta x_{AB}}\\ \alpha_{AP} &= \arctan\frac{\Delta y_{AP}}{\Delta x_{AP}}\\ D_{AP} &= \sqrt{(x_P - x_A)^2 + (y_P - y_A)^2} = \sqrt{\Delta x_{AP}^2 + \Delta y_{AP}^2}\end{aligned}\right\} \tag{8-5}$$

在 A 点安置经纬仪,并以 AB 为起始边,照准 B 点定向,采用正倒镜分中法测设 β 角值。沿此方向用钢尺量出 D_{AP} 值,定出 P 点在实地上的位置。值得注意的是:距离较近时采用此

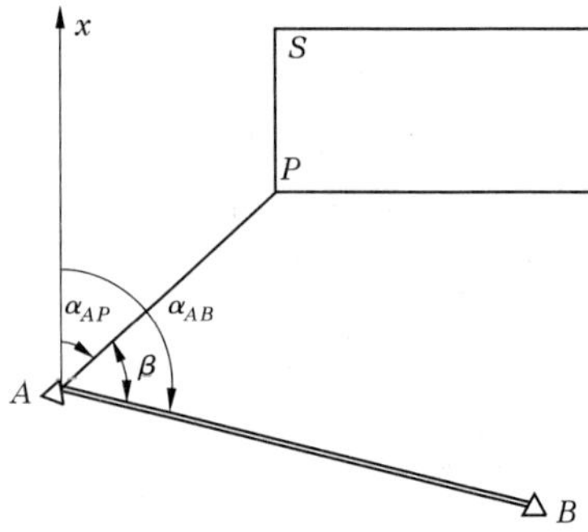

图 8-9　极坐标法

方法；当距离较远时，则采用全站仪进行测设，方法与经纬仪测设相似。

（三）角度交会法

此法适用于待测点距离控制点较远或量距较困难的情况，是将经纬仪分别安置在两个控制点上，通过测设两个已知角度交会出待定点的平面位置的方法。如图 8-10 所示，根据控制点 A、B 的位置，测设待测点 P 的位置。测设方法如下：

根据 A、B、P 的坐标计算出 β_1、β_2 的角值，将经纬仪安置于 A 点，测设出 AP 的方向线（方法同水平角测设），再将经纬仪安置于 B 点，测设出 BP 的方向线，直线 AP 与 BP 的交点即为待测设点 P 的位置。可用标杆作为照准目标，通过两个观测者指挥把标杆移到交点处即可。

当测设精度要求较高时，则需用三个控制点测设待测点。若三个方向线经过同一点，则交点即为测设点 P，否则将形成一个“示误三角形”，如图 8-11 所示。若边长不超过 1 cm，则取三角形的重心为测设点 P。

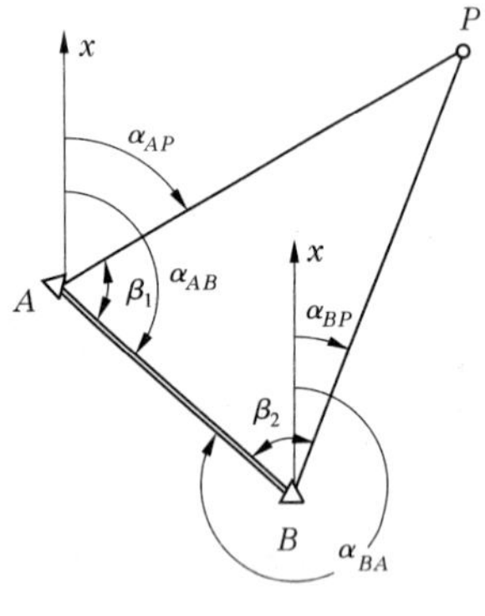

图 8-10　角度交会法

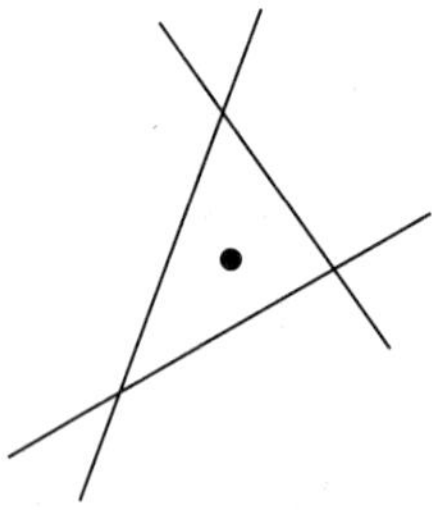

图 8-11　示误三角形

（四）距离交会法

距离交会法是在两个控制点上各测设已知长度交会出点的平面位置，适用于场地平坦、量距方便，且控制点离待测点的距离较小的地区。

如图 8-12 所示，A、B 为已知控制点，P 为待测设点，测设方法如下：

根据坐标计算出 AP 和 BP 的距离，测设时用两把钢尺，分别使尺子的零点位置对准 A

和 B,同时拉紧、拉平钢尺,分别以 D_{AP} 和 D_{BP} 为半径在地面上画弧,两弧线的交点即为 P 点的实地位置。

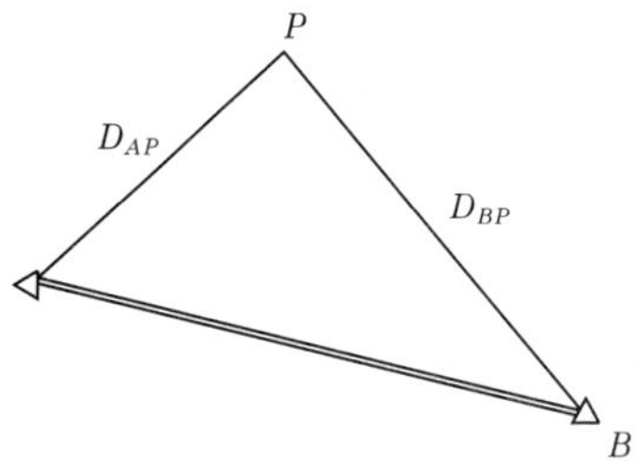

图 8-12 距离交会法

【能力训练】

使学生掌握使用测量仪器进行水平距离、水平角和高程的测设,进而掌握平面点及水平线、坡度线的测设工作。

一、水平角与水平距离测设

已知地面点 A 和 B,AB 的水平距离为 30 m,试测设地面点 C,使得直线 AC 的长度为 25 m,且直线 AB 与 AC 之间的夹角为 74°18′54″。

注意:此案例可测设出两个 C 点位置。

二、高程测设

假设某教学楼二层楼面高程为 3.625 m,试测设出高程为 0 的 C 点位置。已知 C 点的平面位置位于教学楼前 20 m 处,教师可根据实际确定具体位置。

三、直线坡度测设

已知 A、E 两点的水平位置和水平距离(60 m),$H_A = 25.326$ m,$H_E = 28.326$ m。试使用两种方法测设 B、C、D 点,使得 A、B、C、D、E 五个点在同一坡度线上。

课题 2　建筑场地上的控制测量

一、施工控制网的建立

施工控制网不仅是施工放样的依据,也是工程竣工测量的依据,还是建筑物沉降观测以及建筑物改建、扩建的依据。施工控制网的建立可利用已有的测图平面控制和高程控制网。当已有的控制网在密度、精度上不能满足施工测量的技术要求时,应重新建立统一的施工平面控制网和高程控制网。

(一)施工控制网的分类

施工控制网分为平面控制网和高程控制网两种。

1. 施工平面控制网

施工平面控制网可以布设成三角网、导线网、建筑方格网和建筑基线等多种形式。

(1)三角网:对于地势起伏较大,通视条件较好的施工场地,可采用三角网。

(2)导线网:对于地势平坦,通视又比较困难的施工场地,可采用导线网。

(3)建筑方格网:对于建筑物多为矩形且布置比较规则和密集的施工场地,可采用建筑方格网。

(4)建筑基线:对于地势平坦且又简单的小型施工场地,可采用建筑基线。

2. 施工高程控制网

施工高程控制网采用水准网。

(二)施工控制网的特点

与测图控制网相比,施工控制网具有控制范围小、控制点密度大、精度要求高及使用频繁等特点。

二、建筑基线

在面积不大且地势较平坦的建筑场地上,布设一条或多条基准线,作为建筑场地施工测量的平面控制基准线,称为建筑基线。适用于建筑设计总平面图布置比较简单的小型建筑场地。

(一)建筑基线的布设形式

建筑基线的布设形式应根据建筑物的分布、施工场地地形等因素来确定。常用的布设形式有三点"一"字形、三点或四点"L"形、五点"十"字形和四点"T"字形等,如图 8-13 所示。

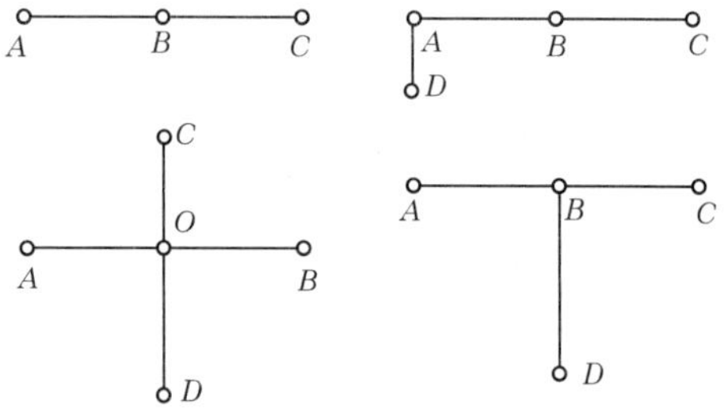

图 8-13 建筑基线的布设形式

(二)建筑基线的布设要求

(1)建筑基线应尽可能靠近拟建的主要建筑物,并与其主要轴线平行,以便使用比较简单的直角坐标法进行建筑物的定位。

(2)建筑基线上的基线点应不少于 3 个,以便相互检核。

(3)建筑基线应尽可能与施工场地的建筑红线相联系。

(4)基线点位应选在通视良好和不易被破坏的地方,为能长期保存,要埋设永久性的混凝土桩。

(三)建筑基线的测设方法

根据施工场地的条件不同,建筑基线的测设方法有以下两种。

1. 根据建筑红线测设建筑基线

由城市测绘部门测定的建筑用地界定基准线,称为建筑红线。在城市建设区,建筑红线可用作建筑基线测设的依据。如图 8-14 所示,*AB*、*AC* 为建筑红线,1、2、3 为建筑基线点,利用建筑红线测设建筑基线的方法如下:

首先,从 *A* 点沿 *AB* 方向量取 d_2 定出 *P* 点,沿 *AC* 方向量取 d_1 定出 *Q* 点。

然后,过 *B* 点作 *AB* 的垂线,沿垂线量取 d_1 定出 2 点,作出标志;过 *C* 点作 *AC* 的垂线,沿垂线量取 d_2 定出 3 点,作出标志;用细线拉出直线 *P*3 和 *Q*2,两条直线的交点即为 1 点,作出标志。

最后，在1点安置经纬仪，精确观测∠213，其与90°的差值应小于±20″。

2.根据附近已有控制点测设建筑基线

在新建筑区，可以利用建筑基线的设计坐标和附近已有控制点的坐标，用极坐标法测设建筑基线。如图8-15所示，A、B为附近已有控制点，1、2、3为选定的建筑基线点。测设方法如下：

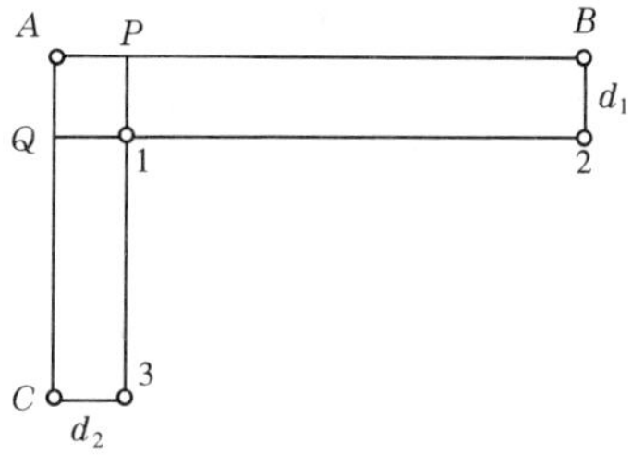

图8-14　根据建筑红线测设建筑基线

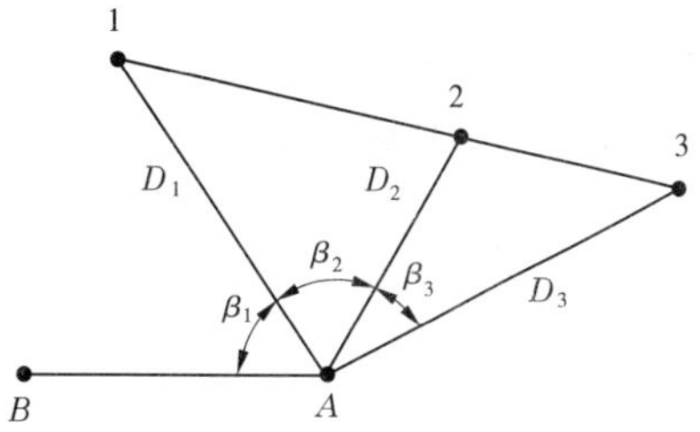

图8-15　根据控制点测设建筑基线

首先，根据已知控制点和建筑基线点的坐标，计算出测设数据β_1、β_2、β_3的角值和D_1、D_2、D_3的距离。然后，用极坐标法测设1、2、3点。在测设时，为使测设结果更精确，每个待测点都应以直线AB为已知条件进行测设，而不能利用直线$A1$测设2点，或利用直线$A2$测设3点。

其次，由于存在测量误差，测设的基线点往往不在同一直线上，且点与点之间的距离与设计值也不完全相符。因此，需要精确测出已测设直线的折角β'和距离D'，并与设计值相比较。

1）角度超限

如图8-16所示，如果$\Delta\beta=\beta'-180°$超过±15″，则应对1′、2′、3′点在与基线垂直的方向上进行等量调整，调整量按下式计算

$$\delta = \frac{ab}{a+b} \times \frac{\Delta\beta}{2\rho} \tag{8-6}$$

式中：δ为各点的调整值，m；a、b分别为12、23的长度，m。

2）距离超限

若$\Delta D/D>1/10\ 000$，则以2点为准，按设计长度沿基线方向调整1′、3′点。

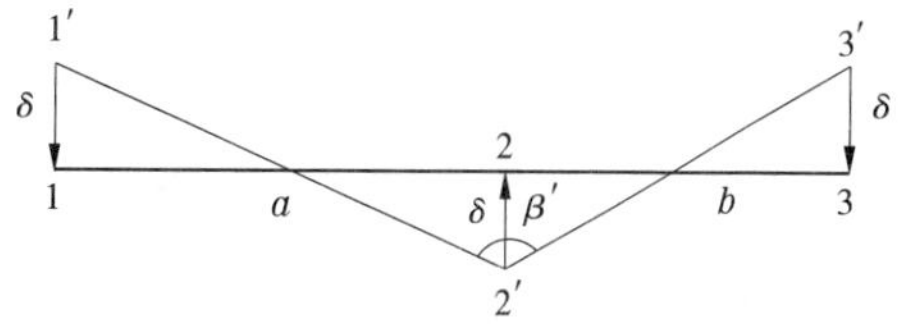

图8-16　基线点的调整

三、建筑方格网

对于地形平坦的大、中型建筑场区，主要建筑物、道路及管线常按互相平行或垂直关系进行布置。为简化计算或方便施测，施工平面控制网多由正方形或矩形组成，称为建筑方格网，或称矩形网。建筑方格网适用于按矩形布置的建筑群或大型建筑场地。

（一）建筑方格网的布设

布设建筑方格网时，应根据总平面图上各建（构）筑物、道路及各种管线的布置，结合现

场的地形条件来确定。如图 8-17 所示,先确定方格网的主轴线 AOB 和 COD,然后布设方格网。

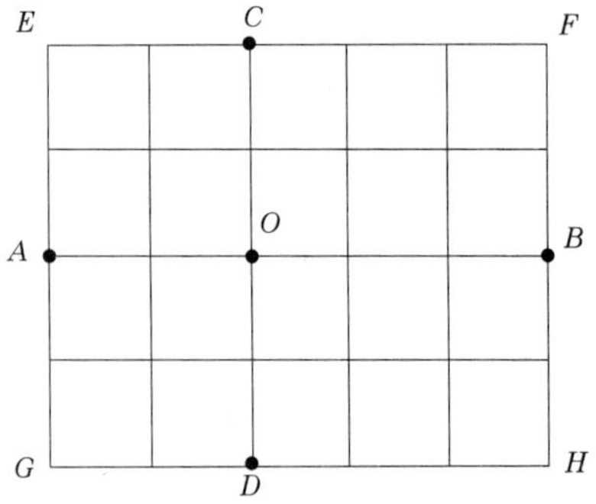

图 8-17　建筑方格网

(二)建筑方格网的测设

1. 主轴线测设

主轴线测设与建筑基线测设方法相似。首先,准备测设数据。然后,测设两条互相垂直的主轴线 AOB 和 COD。主轴线实质上是由 5 个主点 A、B、O、C 和 D 组成的。最后,精确检测主轴线点的相对位置关系,并与设计值相比较,如果超限,则应进行调整。建筑方格网的主要技术要求如表 8-1 所示。

表 8-1　建筑方格网的主要技术要求

等级	边长(m)	测角中误差(″)	边长相对中误差	测角检测限差(″)	边长检测限差
Ⅰ级	100 ~ 300	5	1/30 000	10	1/15 000
Ⅱ级	100 ~ 300	8	1/20 000	16	1/10 000

2. 方格网点测设

主轴线测设后,分别在主点 A、B 和 C、D 安置经纬仪,后视主点 O,向左、右测设 90°水平角,即可交会出田字形方格网点。随后作检核,测量相邻两点间的距离,看是否与设计值相等,测量其角度是否为 90°,误差均应在允许范围内,并埋设永久性标志。

建筑方格网轴线与建筑物轴线平行或垂直。因此,可用直角坐标法进行建筑物的定位,其计算简单,测设比较方便,而且精度较高。其缺点是必须按照总平面图布置,其点位易被破坏,而且测设工作量也较大。

由于建筑方格网的测设工作量大,测设精度要求高,因此可委托专业测量单位进行。

四、施工坐标系与测量坐标系的坐标换算

施工坐标系亦称建筑坐标系,其坐标轴与主要建筑物主轴线平行或垂直,以便用直角坐标法进行建筑物的放样。

施工控制测量的建筑基线和建筑方格网一般采用施工坐标系,而施工坐标系与测量坐标系往往不一致。因此,施工测量前常常需要进行施工坐标系与测量坐标系的坐标换算。

如图 8-18 所示,设 xoy 为测量坐标系,$x'o'y'$ 为施工坐标系。x_o、y_o 为施工坐标系的原点 o' 在测量坐标系中的坐标,α 为施工坐标系的纵轴 $o'x'$ 在测量坐标系中的坐标方位角。设已知 P 点的施工坐标为(x'_P, y'_P),则可按式(8-7)将其换算为测量坐标(x_P, y_P),如已知 P 点的测量坐标,则可按式(8-8)将其换算为施工坐标。

$$\left.\begin{aligned} x_P &= x_o + x'_P\cos\alpha - y'_P\sin\alpha \\ y_P &= y_o + x'_P\sin\alpha + y'_P\cos\alpha \end{aligned}\right\} \tag{8-7}$$

$$\left.\begin{aligned} x'_P &= (x_P - x_o)\cos\alpha + (y_P - y_o)\sin\alpha \\ x'_P &= -(x_P - x_o)\sin\alpha + (y_P - y_o)\cos\alpha \end{aligned}\right\} \tag{8-8}$$

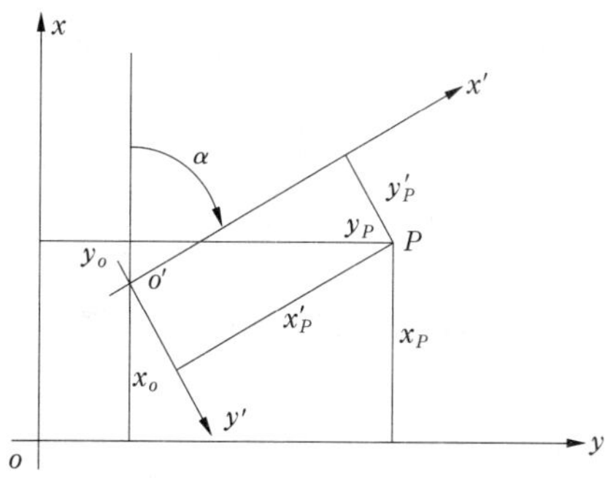

图 8-18　施工坐标系与测量坐标系的换算

五、高程控制网

(一)施工场地高程控制网的建立

建筑施工场地的高程控制测量一般采用水准测量方法,应根据施工场地附近的已知水准点,测定施工场地水准点的高程,以便纳入统一的高程系统。

在施工场地上,水准点的密度应尽可能满足安置一次仪器即可测设出所需的高程。而测图时敷设的水准点往往是不够的,因此还需增设一些水准点。在一般情况下,建筑基线点、建筑方格网点以及导线点也可兼作高程控制点。只要在平面控制点桩面上中心点旁边设置一个突出的半球状标志即可。

为了便于检核和提高测量精度,施工场地高程控制网应布设成闭合或附合路线。高程控制网可分为首级网和加密网,相应的水准点称为基本水准点和施工水准点。

(二)基本水准点

基本水准点应布设在土质坚实、不受施工影响、无振动和便于施测的地方,并埋设永久性标志。一般情况下,按四等水准测量的方法测定其高程。而对于为连续性生产车间或地下管道测设所建立的基本水准点,则需按三等水准测量的方法测定其高程。

(三)施工水准点

施工水准点是用来直接测设建筑物高程的。为了测设方便和减少误差,施工水准点应靠近建筑物。

此外,由于设计建筑物常以底层室内地坪高 ±0.000 标高为高程起算面,为了施工引测方便,常在建筑物内部或附近测设 ±0.000 水准点。±0.000 水准点的位置一般选在稳定的建筑物墙、柱的侧面,用红漆绘成顶为水平线的“▼”形,其顶端表示 ±0.000 位置。

课题 3　民用建筑施工测量

民用建筑是指住宅、办公楼、食堂、医院和学校等建筑物,可分为单层、低层(2～3 层)、多层(4～8 层)和高层(9 层以上)。民用建筑施工测量的主要任务是按设计要求,把建筑物的位置测设到施工场地上,并配合施工以保证工程质量。民用建筑施工测量主要包括放样、基础施工测量、墙体工程施工测量以及使用基础皮数杆和墙体轴线测设等。

一、施工前的准备工作

民用建筑因其类型、结构和层数各不相同,因而施工测量的方法和精度要求也有所不同。在进行施工测量前,应对测量仪器设备和工具进行检校,还应做好以下准备工作。

(一)熟悉设计图纸

设计图纸是施工测量的主要依据,测设前应充分熟悉各种有关的设计图纸,了解施工建筑物与相邻地物的相互关系,以及建筑物本身的内部尺寸关系。同时,对取得的资料进行检查、核对,确认资料准确无误后方可使用。与测设工作有关的设计图纸包括控制测量成果、建筑总平面图、建筑平面图、基础平面图及基础详图、建筑物剖面图及立面图等。

(二)现场踏勘

为了了解建筑施工现场上地物、地貌以及原有测量控制点的分布情况,应进行现场踏勘,并对建筑施工现场上的平面控制点和水准点进行检核,以便获得正确的测量数据,然后根据实际情况考虑测设方案。

(三)确定测设方案和准备测设数据

在熟悉设计图纸、掌握施工计划和施工进度的基础上,结合现场条件和实际情况,在满足《工程测量规范》(GB 50026—2007)中建筑物施工放样的主要技术要求的前提下,拟订测设方案。测设方案包括测设方法、测设步骤、采用的仪器工具、精度要求、时间安排等。

在每次现场测设之前,应根据设计图纸和测量控制点的分布情况,准备好相应的测设数据并对数据进行检核,需要时还可绘出测设略图,把测设数据标注在略图上,使现场测设时更方便、快速,并减少出错的可能。

二、定位和放线

(一)建筑物的定位

建筑物的定位就是根据设计条件将建筑物四周外廓主要轴线的交点测设到地面上,作为基础放线和细部轴线放线的依据。由于设计条件和现场条件不同,建筑物的定位方法也有所不同,以下为三种常见的定位方法。

1. 根据控制点定位

如果待定位建筑物的定位点设计坐标已知,且附近有高级控制点可供利用,可根据实际情况选用极坐标法、角度交会法或距离交会法来测设定点位。在这三种方法中,极坐标法是用得最多的一种定位方法。

2. 根据建筑方格网和建筑基线定位

如果待定位建筑物的定位点设计坐标已知,并且建筑场地已设有建筑方格网或建筑基线,可利用直角坐标法测设定位点。

3. 根据与原有建筑物和道路的关系定位

如果设计图上只给出新建建筑物与附近原有建筑物或道路的相互关系,而没有提供建筑物定位点的坐标,周围又没有测量控制点、建筑方格网和建筑基线可供利用,可根据原有建筑物的边线或道路中心线将新建建筑物的定位点测设出来。

如图 8-19 所示,拟建建筑物的外墙边线与原有建筑物的外墙边线在同一条直线上,两栋建筑物的间距为已知。可按下述方法测设其四条主轴线的交点:

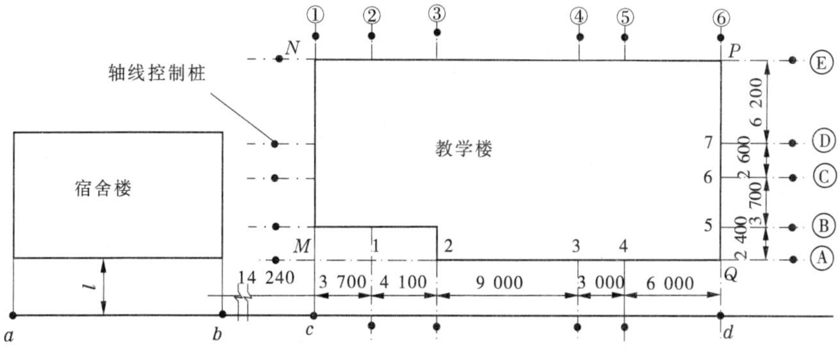

图 8-19　根据与原有建筑物的关系定位

(1)沿原有建筑物的两侧外墙拉线,用钢尺顺线从墙角往外量一段较短的距离(这里设为2),在地面上定出 a 和 b 两个点,a 和 b 的连线即为原有建筑物的平行线。

(2)在 a 点安置经纬仪,照准 b 点,用钢尺从 b 点沿视线方向量取($L_{bc}+0.12$)m,L_{bc} 为两建筑物外墙的距离,0.12 为外墙至轴线的距离,此时假设墙厚为 240 mm,在地面上定出 c 点,再从 c 点沿视线方向量取 L_{cd},在地面上定出 d 点,c 和 d 的连线即为拟建建筑物的平行线,其长度等于轴长。

(3)在 c 点安置经纬仪,照准 d 点,逆时针测设 90°,在视线方向上量取($2+0.12$)m,在地面上定出轴Ⓐ和轴①的交点,从此点开始沿视线方向继续量取某已知距离,在地面上定出轴Ⓔ和轴①的交点。同理,可测设出另外两个轴线交点,区别在于在 d 点安置经纬仪,照准 c 点,应顺时针测设 90°。

(4)在四个轴线交点上安置经纬仪,检核四个角是否为 90°,同时用钢尺丈量四条轴线的长度。

(二)建筑物的放线

建筑物的放线是指根据现场已测设好的建筑物定位点,详细测设其他各轴线交点的位置,并将其延长到安全的地方做好标志。然后以细部轴线为依据,按基础宽度和放坡要求用白灰撒出基础开挖边线。放样方法如下。

1. 测设细部轴线交点

如图 8-19 所示,轴Ⓐ、轴Ⓔ、轴①和轴⑥是四条建筑物的外墙主轴线,其轴线交点 A_1、A_6、E_1 和 E_6 是建筑物的定位点,这些定位点已在地面上测设完毕,各主次轴线间隔为已知。

在 A_1 点安置经纬仪,照准 A_6 点,把钢尺的零端对准 A_1 点,沿视线方向拉钢尺,在钢尺上读数等于轴①和轴②间距(3 700 mm)的地方打下木桩,打桩时要经常用仪器检查桩顶是否偏离视线方向,钢尺读数是否还在桩顶上,如有偏移要及时调整。打好桩后,用经纬仪视线指挥在桩顶上画一条纵线,再拉好钢尺,在读数等于轴间距处画一条横线,两线交点即轴Ⓐ与轴②的交点 A_2。

在测设轴Ⓐ与轴③的交点 A_3 时,方法同上,注意仍然要将钢尺的零端对准 A_1 点,并沿视线方向拉钢尺,而钢尺读数应为轴①和轴③间距(7 800 mm),这种做法可以减小钢尺对点误差,避免轴线总长度增长或减短。如此依次测设轴Ⓐ与其他有关轴线的交点。测设完最后一个交点后,用钢尺检查各相邻轴线桩的间距是否等于设计值,误差应小于 1/3 000。

测设完轴Ⓐ上的轴线点后，用同样的方法测设轴Ⓔ、轴①和轴⑥上的轴线点。

2. 引测轴线

在基槽或基坑开挖时，定位桩和细部轴线桩均会被挖掉，为了使开挖后各阶段施工能准确地恢复各轴线位置，应把各轴线延长到开挖范围以外的地方并做好标志，这个工作称为引测轴线，具体有设置龙门板和轴线控制桩两种形式。

1）设置龙门板

（1）如图 8-20 所示，在建筑物四角和中间隔墙的两端，距基槽边线 1 ~ 2 m 以外，竖直钉设大木桩，称为龙门桩，并使桩的外侧面平行于基槽。

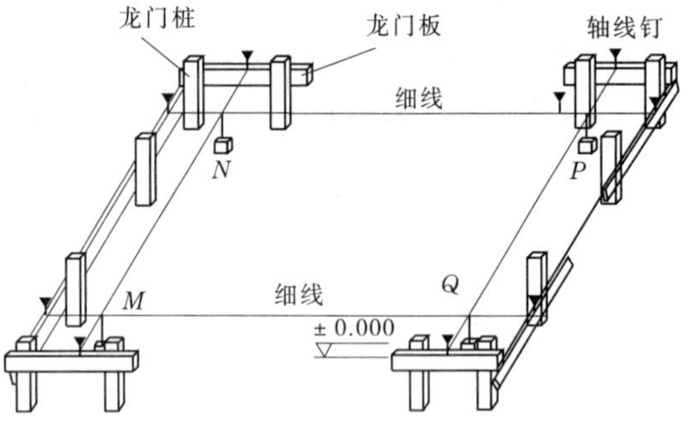

图 8-20　龙门桩与龙门板

（2）根据附近水准点，用水准仪将 ±0. 000 标高测设在每个龙门桩的外侧，并画出横线标志。如果现场条件不允许，也可测设比 ±0. 000 高或低一定数值的标高线，同一建筑物最好只用一个标高，如因地形起伏大需用两个标高，一定要标注清楚，以免使用时发生错误。

（3）在相邻两龙门桩上钉设木板，称为龙门板，龙门板的上沿应和龙门桩上的横线对齐，使龙门板的顶面标高在一个水平面上，并且标高为 ±0. 000，或比 ±0. 000 高低一定的数值，龙门板顶面标高的误差应在 ±5 mm 以内。

（4）根据轴线桩，用经纬仪将各轴线投测到龙门板的顶面，并钉上小钉作为轴线标志，此小钉也称为轴线钉，投测误差应在 ±5 mm 以内。

（5）用钢尺沿龙门板顶面检查轴线钉的间距，其相对误差不应超过 1/3 000。恢复轴线时，将经纬仪安置在一个轴线钉上方，照准相应的另一个轴线钉，其视线即为轴线方向，往下转动望远镜，便可将轴线投测到基槽或基坑内。

2）轴线控制桩

由于龙门板需要较多木料，而且占用场地，使用机械开挖时容易被破坏，因此也可以在基槽或基坑外各轴线的延长线上测设轴线控制桩，作为以后恢复轴线的依据。即使采用了龙门板，为了防止被碰动，对主要轴线也应测设轴线控制桩。

轴线控制桩一般设在开挖边线 4 m 以外的地方，并用水泥砂浆加固。最好是附近有固定建筑物和构筑物，这时应将轴线投测在这些物体上，使轴线更容易得到保护，以便今后能安置经纬仪来恢复轴线。

轴线控制桩的引测主要采用经纬仪法，当引测到较远的地方时，要注意采用盘左和盘右两次投测取中数法来引测，以减少引测误差和避免错误的出现。

3. 撤开挖边线

如图 8-21 所示，先按基础剖面图给出的设计尺寸计算基槽的开挖宽度 $2d$。

$$d = B + mh \tag{8-9}$$

式中：B 为基底宽度，m，可由基础剖面图中查取；h 为基槽深度，m；m 为边坡坡度的分母。

根据计算结果，在地面上以轴线为中线往两边各量出 d，拉线并撒上白灰，即为开挖边线。

三、基础工程施工测量

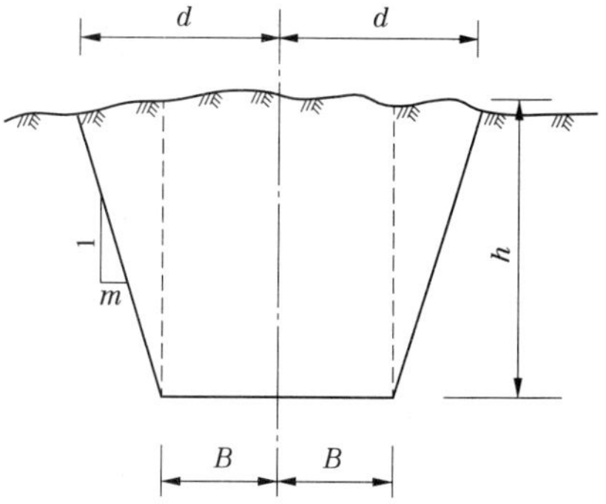

图 8-21　基槽宽度

(一)基槽抄平

建筑施工中的高程测设，又称抄平。

1. 设置水平桩

为了控制基槽的开挖深度，当快挖到槽底设计标高时，应用水准仪根据地面上 ±0.000 点，在槽壁上测设一些水平小木桩(称为水平桩)，如图 8-22 所示，使木桩的上表面离槽底的设计标高为一固定值(如 0.500 m)。

为了施工时使用方便，一般在槽壁各拐角处、深度变化处和基槽壁上每隔 3～4 m 测设一水平桩。水平桩可作为挖槽深度、修平槽底和打基础垫层的依据。

2. 水平桩的测设方法

如图 8-22 所示，槽底设计标高为 −1.700 m，欲测设比槽底设计标高高 0.500 m 的水平桩，测设方法如下：

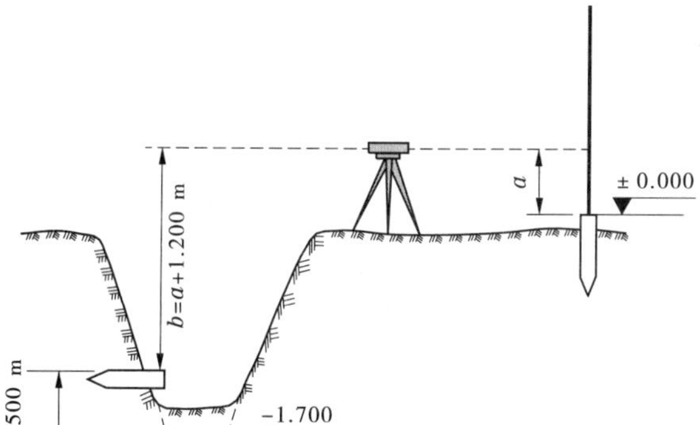

图 8-22　设置水平桩

(1)在地面适当地方安置水准仪，在 ±0.000 标高线位置上立水准尺，读取后视读数为 1.318 m。

(2)计算测设水平桩的应读前视读数 $b_{应}$

$$b_{应} = a - h = 1.318 - (-1.700 + 0.500) = 2.518(\text{m})$$

(3)在槽内一侧立水准尺，并上下移动，直至水准仪视线读数为 2.518 m 时，沿水准尺尺底在槽壁上打入一小木桩。

(二)垫层中线的投测

基础垫层打好后,根据轴线控制桩或龙门板上的轴线钉,用经纬仪或用拉绳挂垂球的方法,把轴线投测到垫层上,如图 8-23 所示,并用墨线弹出墙中心线和基础边线,作为砌筑基础的依据。

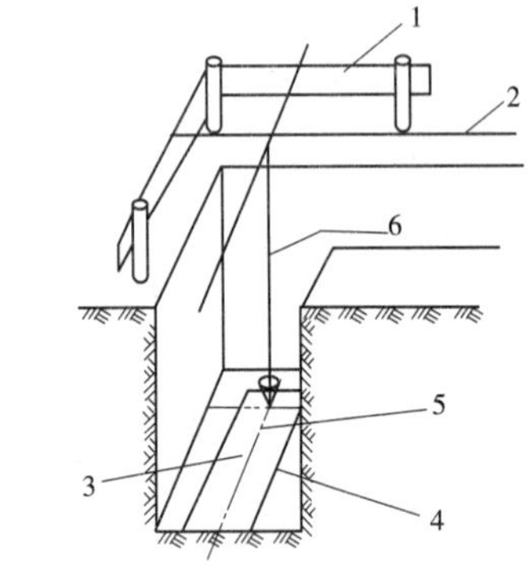

1—龙门板;2—细线;3—垫层;
4—基础边线;5—墙中线;6—拉绳垂球

图 8-23　垫层中线的投测

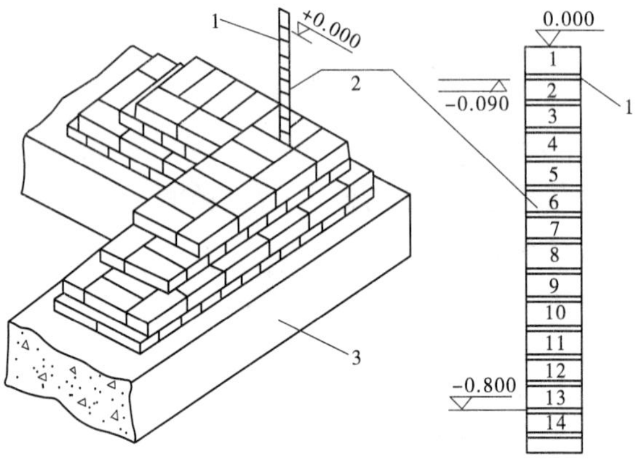

1—防潮层;2—皮数杆;3—垫层

图 8-24　基础墙标高的控制

由于整个墙身砌筑均以此线为准,这是确定建筑物位置的关键环节,所以要严格校核后方可进行砌筑施工。

(三)基础墙标高的控制

房屋基础墙是指 ±0.000 以下的砖墙,它的高度是用基础皮数杆来控制的。

(1)基础皮数杆是一根木制的杆子,如图 8-24 所示,在杆上事先按照设计尺寸,将砖、灰缝厚度画出线条,并标明 ±0.000 和防潮层的标高位置。

(2)立皮数杆时,先在立杆处打一木桩,用水准仪在木桩侧面定出一条高于垫层某一数值(如 100 mm)的水平线,然后将皮数杆上标高相同的一条线与木桩上的水平线对齐,并用大铁钉把皮数杆与木桩钉在一起,作为基础墙的标高依据。

(四)基础面标高的检查

基础施工结束后,应检查基础面的标高是否符合设计要求(也可检查防潮层)。用水准仪测出基础面上若干点的高程和设计高程比较,允许误差为 ±10 mm。

四、墙体施工测量

(一)墙体定位

(1)利用轴线控制桩或龙门板上的轴线和墙边线标志,用经纬仪或拉细绳挂垂球的方法将轴线投测到基础面上或防潮层上。

(2)用墨线弹出墙中线和墙边线。

(3)检查外墙轴线交角是否等于 90°。

(4)把墙轴线延伸并画在外墙基础上,如图 8-25 所示,作为向上投测轴线的依据。

(5)把门、窗和其他洞口的边线,也在外墙基础上标定出来。

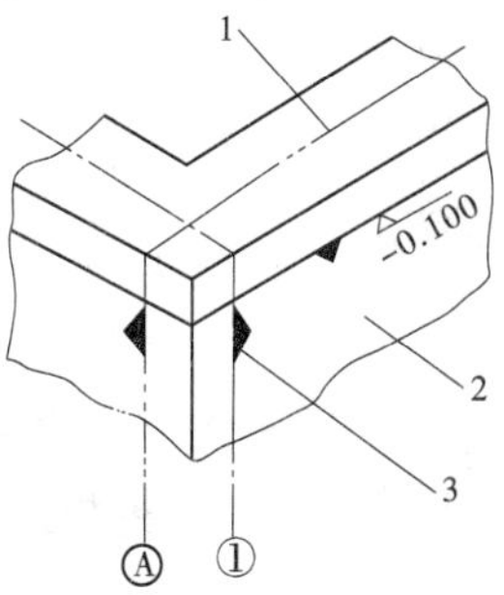

1—墙中心线;2—外墙基础;3—轴线

图 8-25　墙体定位

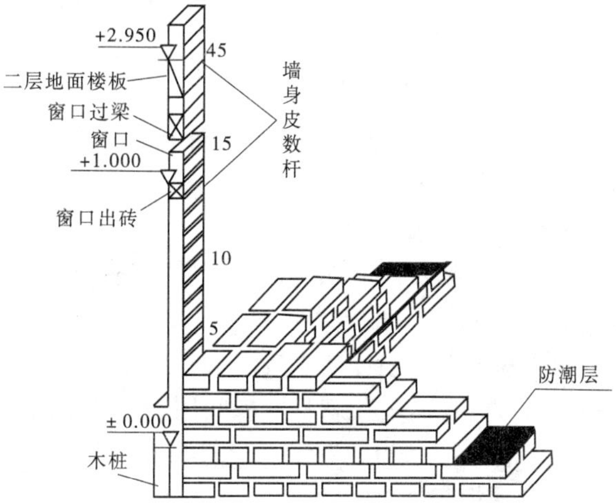

图 8-26　墙体皮数杆的设置

(二)墙体各部位标高控制

(1)在墙体施工中,墙身各部位标高通常也用皮数杆控制。

在墙身皮数杆上,根据设计尺寸,按砖、灰缝的厚度画出线条,并标明 ±0.000,门、窗、楼板等的标高位置,如图 8-26 所示。

(2)墙身皮数杆的设立与基础皮数杆相同,使皮数杆上的 ±0.000 标高与房屋的室内地坪标高相吻合。在墙的转角处,每隔 10～15 m 设置一根皮数杆。

(3)在墙身砌起 1 m 以后,就在室内墙身上定出 +0.500 m 的标高线,供该层地面施工和室内装修用。

(4)第二层以上墙体施工中,为了使皮数杆在同一水平面上,要用水准仪测出楼板四角的标高,取平均值作为地坪标高,并以此作为立皮数杆的标志。

框架结构的民用建筑,墙体砌筑是在框架施工后进行的,故可在柱面上画线,代替皮数杆。

五、建筑物的轴线投测

在多层建筑墙身砌筑过程中,为了保证建筑物轴线位置正确,可用吊垂球或经纬仪将轴线投测到各层楼板边缘或柱顶上。

(一)吊垂球法

将较重的垂球悬吊在楼板或柱顶边缘,当垂球尖对准基础墙面上的轴线标志时,线在楼板或柱顶边缘的位置即为楼层轴线端点位置,并画出标志线。各轴线的端点投测完后,用钢尺检核各轴线的间距,符合要求后,继续施工,并把轴线逐层自下向上传递。

吊垂球法简便易行,不受施工场地限制,一般能保证施工质量,但当有风或建筑物较高时,投测误差较大,应采用经纬仪投测法。

(二)经纬仪投测法

在轴线控制桩上安置经纬仪,严格整平后,瞄准基础墙面上的轴线标志,用盘左、盘右分中投点法，将轴线投测到楼层边缘或柱顶上。将所有端点投测到楼板上之后，用钢尺检核其间距，相对误差不得大于1/2 000。检查合格后，才能在楼板上分间弹线，继续施工。

六、建筑物的高程传递

在多层建筑施工中，要由下层向上层传递高程，以便楼板、门窗口等的标高符合设计要求。高程传递的方法有以下几种。

(一)利用皮数杆传递高程

一般建筑物可用墙体皮数杆传递高程。具体方法参照“墙体各部位标高控制”。

(二)利用钢尺直接丈量

对于高程传递精度要求较高的建筑物，通常用钢尺直接丈量来传递高程。对于二层以上的各层，每砌高一层，就从楼梯间用钢尺从下层的“+0.500 m”标高线，向上量出层高，测出上一层的“+0.500 m”标高线。用钢尺逐层向上引测。

(三)吊钢尺法

用悬挂钢尺代替水准尺，用水准仪读数，从下向上传递高程。

七、高层建筑施工测量

高层建筑物施工测量中的主要问题是控制垂直度，就是将建筑物的基础轴线准确地向高层引测，并保证各层相应轴线位于同一竖直面内，控制竖向偏差，使轴线向上投测的偏差值不超限。

轴线向上投测时，要求竖向误差在本层内不超过5 mm，全楼累计误差值不应超过$2H/10\,000$（H为建筑物总高度），且不应大于：

(1)$30\ \text{m} < H \leqslant 60\ \text{m}$时，10 mm；

(2)$60\ \text{m} < H \leqslant 90\ \text{m}$时，15 mm；

(3)$90\ \text{m} < H$时，20 mm。

高层建筑物轴线的竖向投测，主要有外控法和内控法两种，本书重点介绍外控法。

外控法是在建筑物外部，利用经纬仪，根据建筑物轴线控制桩来进行轴线的竖向投测，亦称作“经纬仪引桩投测法”。具体操作方法如下。

(一)在建筑物底部投测中心轴线位置

高层建筑的基础工程完工后，将经纬仪安置在轴线控制桩A_1、A_1'、B_1和B_1'上，把建筑物主轴线精确地投测到建筑物的底部，并设立标志，如图8-27中的a_1、a_1'、b_1和b_1'，以供下一步施工与向上投测之用。

(二)向上投测中心线

随着建筑物不断升高，要逐层将轴线向上传递，如图8-27所示，将经纬仪安置在中心轴线控制桩A_1、A_1'、B_1和B_1'上，严格整平仪器，用望远镜瞄准建筑物底部已标出的轴线a_1、a_1'、b_1和b_1'点，用盘左和盘右分别向上投测到每层楼板上，并取其中点作为该层中心轴线的投影点，如图8-27中的a_2、a_2'、b_2和b_2'。

(三)增设轴线引桩

当楼房逐渐增高，而轴线控制桩距建筑物又较近时，望远镜的仰角较大，操作不便，投测精度也会降低。为此，要将原中心轴线控制桩引测到更远的安全地方，或者附近大楼的屋面。

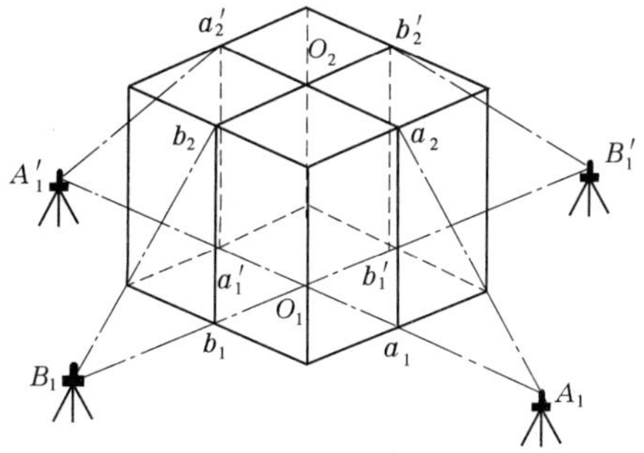

图 8-27　经纬仪投测中心轴线

内控法是在建筑物内 ±0.000 平面上设置轴线控制点，并预埋标志，以后在各层楼板相应位置上预留 200 mm×200 mm 的传递孔，在轴线控制点上直接采用吊线坠法或激光铅垂仪法，通过预留孔将其点位垂直投测到任一楼层。

课题 4　工业建筑施工测量

一、厂房控制网的测设

工业厂房一般都应建立厂房矩形控制网，作为厂房施工测设的依据。下面介绍根据建筑方格网，采用直角坐标法测设厂房矩形控制网的方法。

如图 8-28 所示，*H*、*I*、*J*、*K* 四点是厂房的房角点，从设计图中已知 *H*、*J* 两点的坐标。*S*、*P*、*Q*、*R* 为布置在基础开挖边线以外的厂房矩形控制网的四个角点，称为厂房控制桩。厂房矩形控制网的边线到厂房轴线的距离为 4 m，厂房控制桩 *S*、*P*、*Q*、*R* 的坐标可按厂房角点的设计坐标，加减 4 m 算得。测设方法如下：

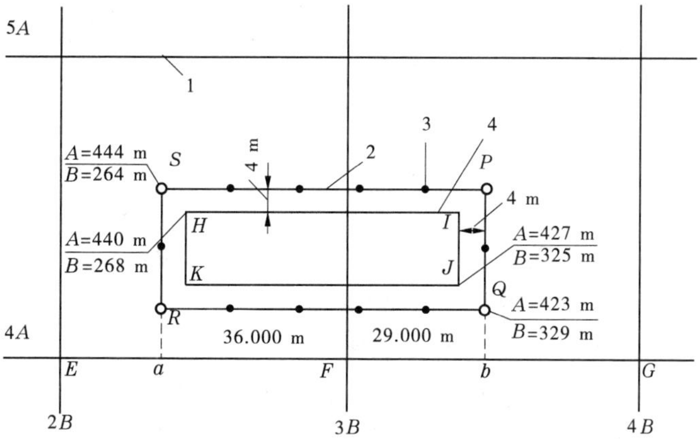

1—建筑方格网；2—厂房矩形控制网；3—距离指标桩；4—厂房轴线

图 8-28　厂房矩形控制网的测设

（一）计算测设数据

根据厂房控制桩 *S*、*P*、*Q*、*R* 的坐标，计算利用直角坐标法进行测设时所需测设数据，计算结果标注在图中。

(二)厂房控制点的测设

(1)从 F 点起沿 FE 方向量取 36 m,定出 a 点;沿 FG 方向量取 29 m,定出 b 点。

(2)在 a 点与 b 点上安置经纬仪,分别瞄准 E 与 F 点,顺时针方向测设 90°,得两条视线的方向,沿视线方向量取 23 m,定出 R、Q 点。再向前量取 21 m,定出 S、P 点。

(3)为了便于进行细部的测设,在测设厂房矩形控制网的同时,还应沿控制网测设距离指标桩,如图 8-28 所示,距离指标桩的间距一般等于柱子间距的整倍数。

(三)检查

(1)检查∠S、∠P 是否等于 90°,其误差不得超过 ±10″。

(2)检查 SP 是否等于设计长度,其误差不得超过 1/10 000。

以上这种方法适用于中小型厂房,对于大型或设备复杂的厂房,应先测设厂房控制网的主轴线,再根据主轴线测设厂房矩形控制网。

二、厂房柱列轴线与柱基施工测量

(一)厂房柱列轴线测设

根据厂房平面图上所注的柱间距和跨距尺寸,用钢尺沿矩形控制网各边量出各柱列轴线控制桩的位置,如图 8-29 中的 1′、2′、…并打入大木桩,桩顶用小钉标出点位,作为柱基测设和施工安装的依据。丈量时应以相邻的两个距离指标桩为起点分别进行,以便检核。

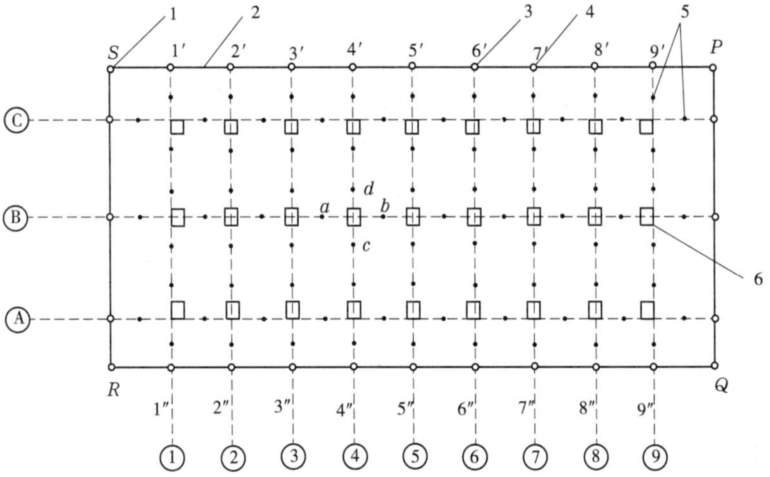

1—厂房控制桩;2—厂房矩形控制网;3—柱列轴线控制桩;4—距离指标桩;5—定位小木桩;6—柱基础

图 8-29　厂房柱列轴线和柱基测量

(二)柱基定位和放线

(1)安置两台经纬仪,在两条互相垂直的柱列轴线控制桩上,沿轴线的方向交会出各柱基的位置(即柱列轴线的交点),此项工作称为柱基定位。

(2)在柱基的四周轴线上,打入四个定位小木桩 a、b、c、d,如图 8-29 所示,其桩位应在基础开挖边线以外,比基础深度大 1.5 倍的地方,作为修坑和立模的依据。

(3)按照基础详图所注尺寸和基坑放坡宽度,用特制角尺放出基坑开挖边界线,并撒出白灰线以便开挖,此项工作称为基础放线。

(4)在进行柱基测设时,应注意柱列轴线不一定都是柱基的中心线,而一般立模、吊装等习惯用中心线,此时,应将柱列轴线平移,定出柱基中心线。

(三)柱基施工测量

(1)基坑开挖深度的控制。当基坑挖到一定深度时,应在基坑四壁离基坑底设计标高0.5 m处,测设水平桩,作为检查基坑底标高和控制垫层的依据。

(2)杯形基础立模测量。杯形基础立模测量有以下三项工作:

①基础垫层打好后,根据基坑周边定位小木桩,用拉线吊垂球的方法,把柱基定位线投测到垫层上,弹出墨线,用红漆画出标记,作为柱基立模板和布置基础钢筋的依据。

②立模时,将模板底线对准垫层上的定位线,并用垂球检查模板是否垂直。

③将柱基顶面设计标高测设在模板内壁,作为浇灌混凝土的高度依据。

三、厂房结构安装测量

(一)柱子安装测量

1. 柱子安装应满足的基本要求

柱子中心线应与相应的柱列轴线一致,其允许偏差为±5 mm。牛腿顶面和柱顶面的实际标高应与设计标高一致,其允许误差为±(5~8 mm),柱高大于5 m时柱身垂直允许误差为±8 mm;柱高≤5 m时柱身垂直允许误差为±5 mm;当柱高为5~10 m时,柱身垂直允许误差为±10 mm;当柱高超过10 m时,则柱高允许误差为柱高的1/1 000,但不得大于20 mm。

2. 柱子安装前的准备工作

柱子安装前的准备工作有以下几项:

(1)在柱基顶面投测柱列轴线。柱基拆模后,用经纬仪根据柱列轴线控制桩,将柱列轴线投测到杯口顶面上,如图8-30所示,并弹出墨线,用红漆画出"▶"标志,作为安装柱子时确定轴线的依据。如果柱列轴线不通过柱子的中心线,应在杯形基础顶面上加弹柱中心线。

用水准仪在杯口内壁测设一条-0.600 m的标高线(一般杯口顶面的标高为-0.500 m),并画出"▼"标志,如图8-30所示,作为杯底找平的依据。

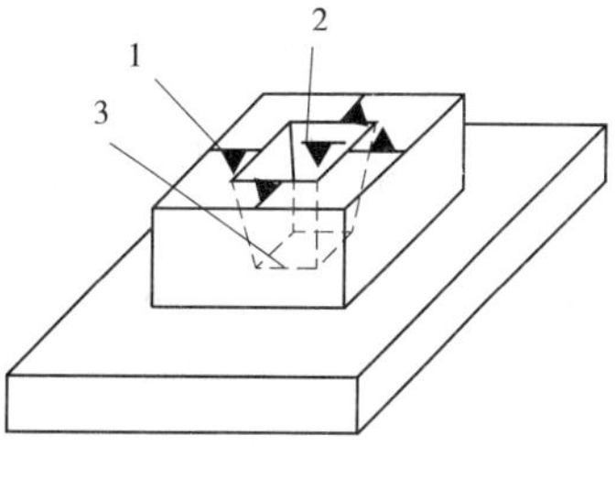

1—柱中心线;2—-0.600 m标高线;3—杯底

图8-30 杯形基础

(2)柱身弹线。柱子安装前,应将每根柱子按轴线位置进行编号。如图8-31所示,在每根柱子的三个侧面弹出柱中心线,并在每条线的上端和下端近杯口处画出"▶"标志。根据牛腿面的设计标高,从牛腿面向下用钢尺量出-0.600 m的标高线,并画出"▼"标志。

(3)杯底找平。先量出柱子的-0.600 m标高线至柱底面的长度,再在相应的柱基杯口内量出-0.600 m标高线至杯底的高度,并进行比较,以确定杯底找平厚度,用水泥砂浆根据找平厚度,在杯底进行找平,使牛腿面符合设计高程。

3. 柱子的安装测量

柱子安装测量的目的是保证柱子平面和高程符合设计要求,柱身铅直。

(1)预制的钢筋混凝土柱子插入杯口后,应使柱子三面的中心线与杯口中心线对齐,如图8-32(a)所示,用木楔或钢楔临时固定。

(2)柱子立稳后,立即用水准仪检测柱身上的 ±0.000 标高线,其容许误差为 ±3 mm。

(3)如图 8-32(a)所示,用两台经纬仪分别安置在柱基纵、横轴线上,离柱子的距离不小于柱高的 1.5 倍,先用望远镜瞄准柱底的中心线标志,固定照准部后,再缓慢抬高望远镜观察柱子偏离十字丝竖丝的方向,指挥用钢丝绳拉直柱子,直至从两台经纬仪中观测到的柱子中心线都与十字丝竖丝重合。

(4)在杯口与柱子的缝隙中浇入混凝土,以固定柱子的位置。

(5)在实际安装时,一般是一次把许多柱子都竖起来,然后进行垂直校正。这时,可把两台经纬仪分别安置在纵横轴线的一侧,一次可校正几根柱子,如图 8-32(b)所示,但仪器偏离轴线的角度应在 15°以内。

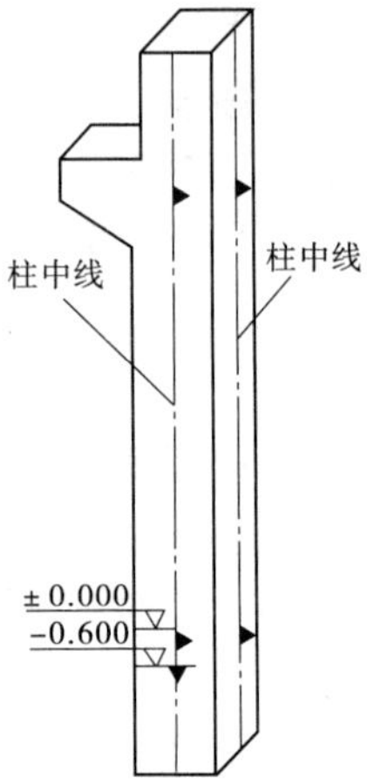

图 8-31　柱身弹线

4. 柱子安装测量的注意事项

所使用的经纬仪必须严格校正,操作时,应使照准部水准管气泡严格居中。校正时,除注意柱子垂直外,还应随时检查柱子中心线是否对准杯口柱列轴线标志,以防柱子安装就位后产生水平位移。在校正变截面的柱子时,经纬仪必须安置在柱列轴线上,以免产生差错。在日照下校正柱子的垂直度时,应考虑日照使柱顶向阴面弯曲的影响,为避免此种影响,宜在早晨或阴天校正。

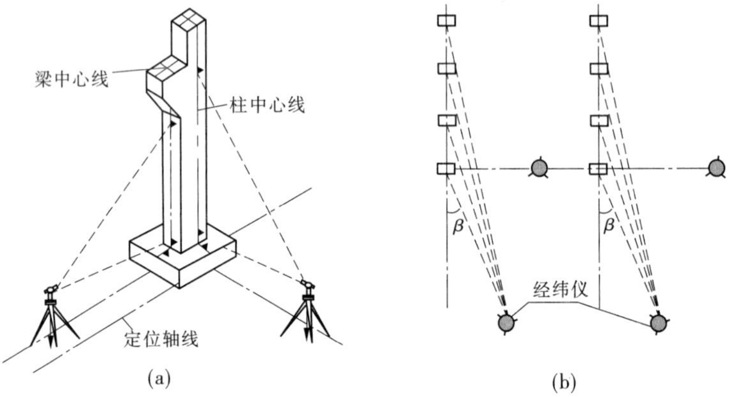

图 8-32　柱子垂直度校正

(二)吊车梁安装测量

吊车梁安装测量主要是保证吊车梁中线位置和吊车梁的标高满足设计要求。

1. 吊车梁安装前的准备工作

吊车梁安装前的准备工作有以下几项:

(1)在柱面上量出吊车梁顶面标高。根据柱子上的 ±0.000 标高线,用钢尺沿柱面向上量出吊车梁顶面设计标高线,作为调整吊车梁面标高的依据。

(2)在吊车梁上弹出梁的中心线。如图 8-33 所示,在吊车梁的顶面和两端面上,用墨线弹出梁的中心线,作为安装定位的依据。

(3)在牛腿面上弹出梁的中心线。根据厂房中心线,在牛腿面上投测出吊车梁的中心线,投测方法如下:

如图 8-34(a)所示,利用厂房中心线 A_1A_1,根据设计轨道间距,在地面上测设出吊车梁中心线(也是吊车轨道中心线)$A'A'$和 $B'B'$。在吊车梁中心线的一个端点 A'(或 B')上安置经纬仪,瞄准另一个端点 A'(或 B'),固定照准部,抬高望远镜,即可将吊车梁中心线投测到每根柱子的牛腿面上,并用墨线弹出梁的中心线。

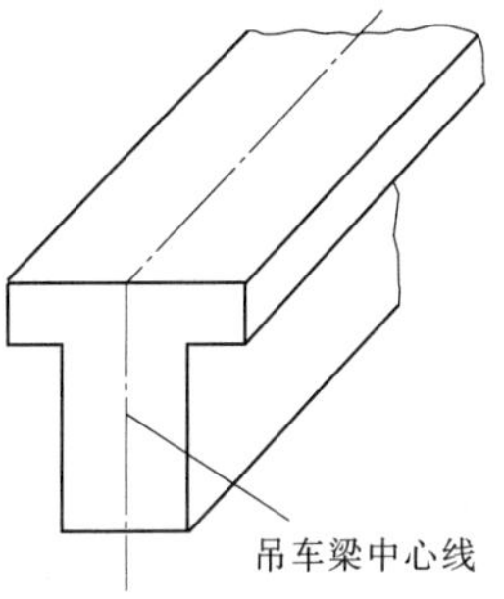

图 8-33 在吊车梁上弹出梁的中心线

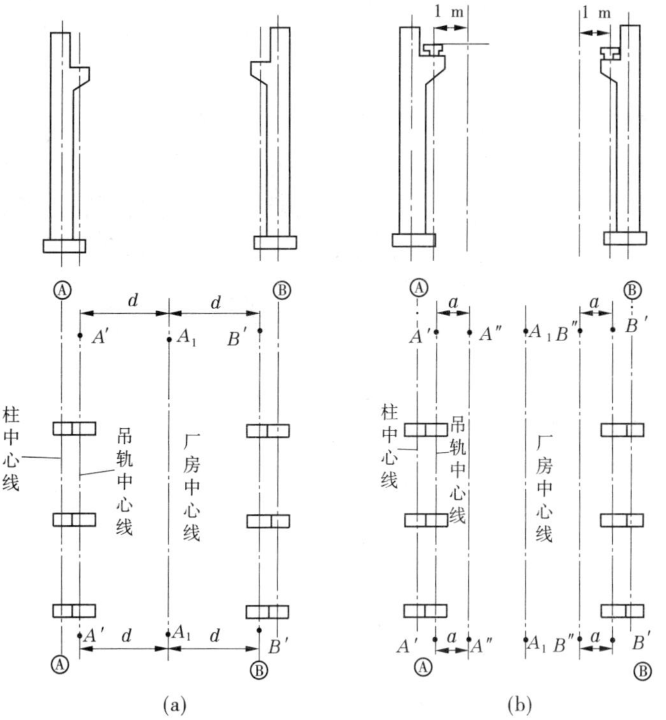

图 8-34 吊车梁的安装测量

2. 吊车梁的安装测量

安装时,使吊车梁两端的梁中心线与牛腿面梁中心线重合,使吊车梁初步定位。采用平行线法,对吊车梁的中心线进行检测,校正方法如下:

(1)如图 8-34(b)所示,在地面上,从吊车梁中心线向厂房中心线方向量出长度 a(1 m),得到平行线 $A''A''$和 $B''B''$。

(2)在平行线一端点 A''(或 B'')上安置经纬仪,瞄准另一端点 A''(或 B''),固定照准部,抬高望远镜进行测量。

(3)此时,另外一人在梁上移动横放的木尺,当视线正对准尺上 1 m 刻划线时,尺的零点应与梁面上的中心线重合。如不重合,可用撬杠移动吊车梁,使吊车梁中心线到 $A''A''$(或 $B''B''$)的间距等于 1 m。

吊车梁安装就位后,先按柱面上定出的吊车梁设计标高线对吊车梁面进行调整,然后将水准仪安置在吊车梁上,每隔 3 m 测一点高程,并与设计高程比较,误差应在 3 mm 以内。

(三)屋架安装测量

1. 屋架安装前的准备工作

屋架吊装前,用经纬仪或其他方法在柱顶面上测设出屋架定位轴线。在屋架两端弹出屋架中心线,以便进行定位。

2. 屋架的安装测量

屋架吊装就位时,应使屋架的中心线与柱顶面上的定位轴线对准,允许误差为 5 mm。屋架的垂直度可用垂球或经纬仪进行检查。用经纬仪检校方法如下:

(1)如图 8-35 所示,在屋架上安装三把卡尺,一把卡尺安装在屋架上弦中点附近,另外两把分别安装在屋架的两端。自屋架几何中心沿卡尺向外量出一定距离,一般为 500 mm,作出标志。

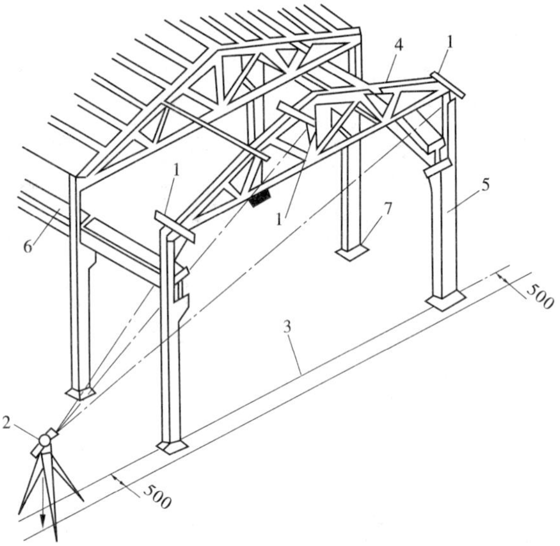

1—卡尺;2—经纬仪;3—定位轴线;4—屋架;5—柱;6—吊车梁;7—柱基

图 8-35　屋架的安装测量

(2)在地面上距屋架中线同样距离处安置经纬仪,观测三把卡尺的标志是否在同一竖直面内,如果屋架竖向偏差较大,则用机具校正,最后将屋架固定。

垂直度允许偏差:薄腹梁为 5 mm,桁架为屋架高的 1/250。

四、烟囱、水塔施工测量

烟囱和水塔的施工测量相近似,现以烟囱为例加以说明。烟囱是截圆锥形的高耸构筑物,其特点是基础小、主体高。施工测量工作主要是严格控制其中心位置,保证烟囱主体竖直。

(一)烟囱的定位、放线

1. 烟囱的定位

烟囱的定位主要是定出基础中心的位置。定位方法如下:

(1)按设计要求,利用与施工场地已有控制点或建筑物的尺寸关系,在地面上测设出烟囱的中心位置 O(即中心桩)。

(2)如图 8-36 所示,在 O 点安置经纬仪,任选一点 A 作后视点,并在视线方向上定出 a 点,倒转望远镜,通过盘左、盘右分中投点法定出 b 和 B;然后,顺时针测设 90°,定出 d 和 D,倒转望远镜,定出 c 和 C,得到两条互相垂直的定位轴线 AB 和 CD。

(3)A、B、C、D 四点至 O 点的距离为烟囱高度的 1 ~ 1.5 倍。a、b、c、d 是施工定位桩,用于修坡和确定基础中心,应设置在尽量靠近烟囱而不影响桩位稳固的地方。

2. 烟囱的放线

以 O 点为圆心，以烟囱底部半径 r 加上基坑放坡宽度 s 为半径,在地面上用皮尺画圆,并撒出灰线,作为基础开挖的边线。

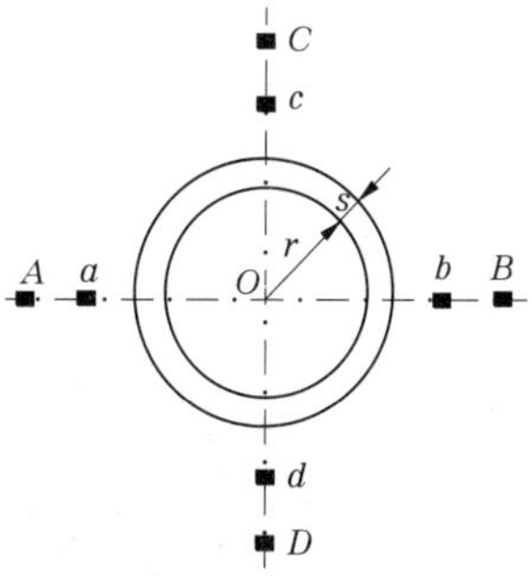

图 8-36 烟囱的定位、放线

(二)烟囱的基础施工测量

(1)当基坑开挖接近设计标高时,在基坑内壁测设水平桩,

作为检查基坑底标高和打垫层的依据。

(2)坑底夯实后,从定位桩拉两根细线,用垂球把烟囱中心投测到坑底,钉上木桩,作为垫层的中心控制点。

(3)浇灌混凝土基础时,应在基础中心埋设钢筋作为标志,根据定位轴线,用经纬仪把烟囱中心投测到标志上,并刻上“ + ”字,作为施工过程中控制筒身中心位置的依据。

(三)烟囱筒身施工测量

1. 引测烟囱中心线

在烟囱施工中,应随时将中心点引测到施工的作业面上。

(1)在烟囱施工中,一般每砌一步架或每升一次模板,就应引测一次中心线,以检核该施工作业面的中心与基础中心是否在同一铅垂线上。引测方法如下:

在施工作业面上固定一根枋子,在枋子中心处悬挂 8 ~ 12 kg 的垂球,逐渐移动枋子,直到垂球对准基础中心。此时,枋子中心就是该作业面的中心位置。

(2)另外,烟囱每砌筑完 10 m,必须用经纬仪引测一次中心线。引测方法如下:

如图 8-36 所示,分别在控制桩 A、B、C、D 上安置经纬仪,瞄准相应的控制点 a、b、c、d,将轴线点投测到作业面上,并作出标记。然后,按标记拉两条细绳,其交点即为烟囱的中心位置,并与垂球引测的中心位置比较,以作校核。烟囱的中心偏差一般不应超过砌筑高度的 1/1 000。

(3)对于高大的钢筋混凝土烟囱,烟囱模板每滑升一次,就应采用激光铅垂仪进行一次烟囱的铅直定位,定位方法如下:

在烟囱底部的中心标志上,安置激光铅垂仪,在作业面中央安置接收靶。在接收靶上,显示的激光光斑中心即为烟囱的中心位置。

(4)在检查中心线的同时,以引测的中心位置为圆心,以施工作业面上烟囱的设计半径为半径,用木尺画圆,如图 8-37 所示,以检查烟囱壁的位置。

2. 烟囱外筒壁收坡控制

烟囱外筒壁的收坡,是用靠尺板来控制的。靠尺板的形状如图 8-38 所示,靠尺板两侧的斜边应严格按设计的筒壁斜度制作。使用时,把斜边贴靠在筒体外壁上,若垂球线恰好通过下端缺口,说明筒壁的收坡符合设计要求。

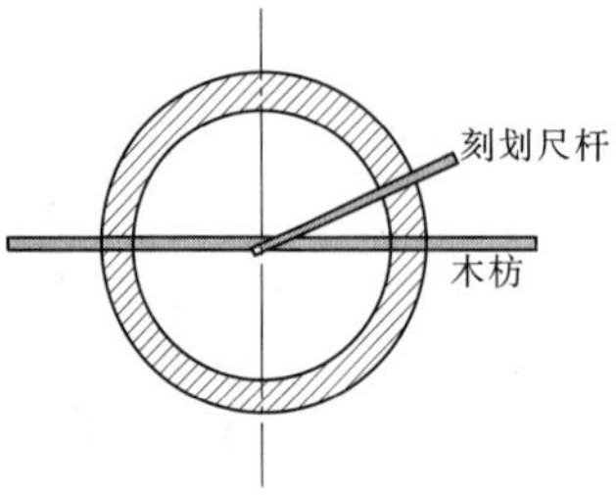

图 8-37 烟囱壁位置的检查

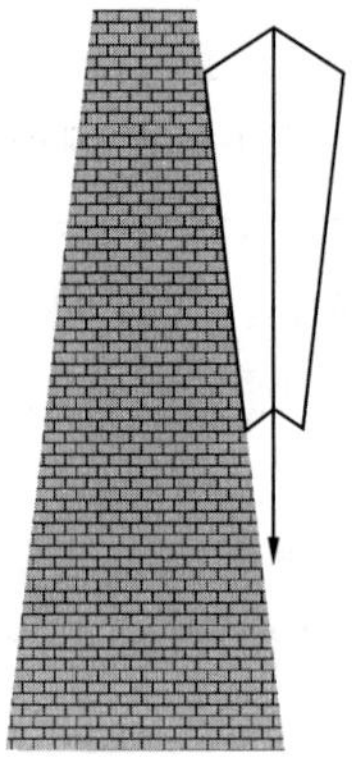

图 8-38 坡度靠尺板

3. 烟囱筒体标高的控制

一般是先用水准仪在烟囱底部的外壁上测设出 +0.500 m(或任一整分米数)的标高线,以此标高线为准,用钢尺直接向上量取高度。

小 结

建筑场地施工控制测量是施工放线的依据,按工程要求布设施工控制网进行施工控制测量,以确保施工放样的精度和工程质量。

民用建筑施工测量的基本工作包括建筑物的定位、放线以及基础施工测量和主体施工测量等,这些工作对保证工程质量和工程进度有着重要意义;高层建筑的施工测量要结合高层建筑的特殊要求,严格控制轴线投测的精度并适当采用高程传递的方法。

工业建筑施工测量中,厂房矩形控制网的测设一定要严格按要求执行施工测量规范并严格校核;在厂房基础施工测量中要注意柱基中心的测设和基础标高的控制;在厂房构件的安装测量中,安装完毕后要严格检核。

技能训练十二 测设水平角与水平距离

一、目的和要求

(1)练习用精确法测设已知水平角,要求角度误差不超过 ±40″。

(2)练习测设已知水平距离,测设精度要求相对误差不应低于 1/5 000。

二、仪器和工具

经纬仪 1 台,钢尺 1 把,测钎 6 个,斧子 1 把,伞 1 把,记录本 1 本,水准仪 1 台,水准尺 1 把,温度计 1 个,弹簧秤 1 个。

三、方法和步骤

(一)测设角值为 β 的水平角

(1)在地面上选 A、B 两点打桩,作为已知方向,安置经纬仪于 B 点,瞄准 A 点并使水平度盘读数为 $0°00'00''$(或略大于 $0°$)。

(2)顺时针方向转动照准部,使度盘读数为 β(或 A 方向读数 $+\beta$),在此方向打桩为 C 点,在桩顶标出视线方向和 C 点的点位,并量出 BC 距离。用测回法观测 $\angle ABC$ 两个测回,取其平均值为 β_1;计算改正数 $\overline{CC_1} = D_{BC}\dfrac{\beta-\beta_1}{\rho} = D_{BC}\dfrac{\Delta\beta}{\rho}$,过 C 点作 BC 的垂线,沿垂线向外($\beta>\beta_1$)或向内($\beta<\beta_1$)量取 CC_1 定出 C_1 点,则 $\angle ABC_1$ 即为要测设的 β 角。再次检测改正,直到满足精度要求。

(二)测设长度为 D 的水平距离

利用测设水平角的桩点,沿 BC_1 方向测设水平距离为 D 的线段 BE。

(1)安置经纬仪于 B 点,用钢尺沿 BC_1 方向概量长度 D,并钉出各尺段桩,用检定过的钢尺按精密量距的方法往、返测定距离,并记下丈量时的温度(估读至 0.5 ℃)。

(2)用水准仪往、返测量各桩顶间的高差,两次测得高差之差不超过 10 mm 时,取其平均值作为结果。

(3)将往、返丈量的距离分别加尺长、温度和倾斜改正后,取其平均值 D' 与要测设的长度 D 相比较求出改正数 $\Delta D = D - D'$。

(4)若 ΔD 为负,则应由 E 点向 B 点改正,若 ΔD 为正,则以相反的方向改正。最后检测 BE 的距离,它与设计的距离之差的相对误差不得高于 1/5 000。

四、实验报告

日期__________ 班级__________ 小组__________ 姓名__________ 成绩__________

(一)水平角测设

(1)测设过程描述

(2)水平角测设手簿

<table>
<tr><th>测站</th><th>设计角值
(° ′ ″)</th><th>竖盘
位置</th><th>目标</th><th>水平度盘置数
(° ′ ″)</th><th>测设略图</th><th>备注</th></tr>
<tr><td rowspan="4"></td><td rowspan="4"></td><td rowspan="2">左</td><td></td><td></td><td rowspan="8"></td><td rowspan="8">此表精密测设时反用盘左位置</td></tr>
<tr><td></td><td></td></tr>
<tr><td rowspan="2">右</td><td></td><td></td></tr>
<tr><td></td><td></td></tr>
<tr><td rowspan="4"></td><td rowspan="4"></td><td rowspan="2">左</td><td></td><td></td></tr>
<tr><td></td><td></td></tr>
<tr><td rowspan="2">右</td><td></td><td></td></tr>
<tr><td></td><td></td></tr>
</table>

(3)水平角检测手簿

<table>
<tr><th>测站</th><th>竖盘</th><th>目标</th><th>水平度盘置数
(° ′ ″)</th><th>角值
(° ′ ″)</th><th>平均角值
(° ′ ″)</th><th>备注</th></tr>
<tr><td rowspan="4"></td><td rowspan="2"></td><td></td><td></td><td rowspan="2"></td><td rowspan="4"></td><td rowspan="8"></td></tr>
<tr><td></td><td></td></tr>
<tr><td rowspan="2"></td><td></td><td></td><td rowspan="2"></td></tr>
<tr><td></td><td></td></tr>
<tr><td rowspan="4"></td><td rowspan="2"></td><td></td><td></td><td rowspan="2"></td><td rowspan="4"></td></tr>
<tr><td></td><td></td></tr>
<tr><td rowspan="2"></td><td></td><td></td><td rowspan="2"></td></tr>
<tr><td></td><td></td></tr>
</table>

(4)疑难问题备注

(二)距离测设

(1)测设过程描述

(2)距离测设手簿

线名	设计距离 D(m)	测设钢尺读数(m)		精密检测距离 D'(m)	距离改正数 $\Delta D=D'-D$ (mm)	备注
		后端	前端			

(3)距离检测手簿

钢尺号码：　　　　　　钢尺膨胀系数：　　　　　　钢尺检定温度：

钢尺名义长度：　　　　钢尺检定长度：　　　　　　钢尺检定拉力：

尺段	次数	前尺读数(m)	后尺读数(m)	尺段长度(m)	温度改正数(mm)	高差改正数(mm)	尺长改正数(mm)	改正后尺段长度(m)	备注

(4)疑难问题备注

技能训练十三　测设已知高程和坡度线

一、目的和要求

(1)练习测设已知高程点，要求误差不超过 ±8 mm。

(2)练习测设坡度线。

二、仪器和工具

水准仪 1 台,水准尺 1 把,木桩 6 根,斧子 1 把,伞 1 把,记录本 1 本,皮尺 1 把。

三、方法和步骤

(一)测设已知高程 $H_{设}$

(1)在水准点 A 与待测高程点 B(打一木桩)之间安置水准仪,读取 A 点的后视读数 a,根据水准点高程 H_A 和待测设点 B 的高程 $H_{设}$,计算出 B 点的前视读数 $b = H_A + a - H_{设}$。

(2)使水准尺紧贴 B 点木桩侧面上、下移动,当视线水平,中丝对准尺上读数为 b 时,沿尺底在木桩上画线,即为测设的高程位置。

(3)重新测定上述尺底线的高程,检查误差是否超限。

(二)测设坡度线

欲从 A 至 B 测设距离为 D、坡度为 i 的坡度线,规定每隔 10 m 打一木桩。

(1)从 A 点开始,沿 AB 方向量距、打桩并依次编号。

(2)起点 A 位于坡度线上,其高程为 H_A,根据设计坡度及 AB 两点的距离,计算出点 B 的设计高程,并用测设已知高程点的方法将点 B 测设出来。

(3)安置水准仪于 A 点,使一个脚螺旋位于 AB 方向上,另两只脚螺旋连线与 AB 垂直,量取仪器高 i。

(4)用望远镜瞄准点 B 上的水准尺,转动位于 AB 方向上的脚螺旋,使中丝对准尺上读数 i 处。

(5)不改变视线,依次立尺于各桩顶,轻轻打桩,待尺上读数为 i 时,桩顶即位于坡度线上。

若受地形所限,不许可将桩顶打在坡度线上,可读取水准尺上的读数,然后计算出各中间点桩顶距坡度线的填、挖数值:填(挖)数 $= i -$ 尺上读数,“$-$”为填,即坡度线在桩顶上面;“$+$”为挖,即坡线在桩顶下面。

四、实验报告

日期__________ 班级__________ 小组__________ 姓名__________ 成绩__________

(一)高程测设

(1)测设过程描述

(2)高程测设手簿

测站	水准点号	水准点高程	后视	视线高	测点编号	设计高程	桩顶应读数	桩顶实读数	桩顶挖填数

(3)高程检测手簿

测站	水准点号	水准点高程	后视	视线高	测点编号	设计高程	检测高程	设计高程	测设误差

(4)疑难问题备注

(二)坡度线的测设

(三)测设过程描述

（四）坡度线测设手簿

线名：　　　　设计坡度：　　　　水准点高程：　　　　$H_{水}=$

点号	后视 a	视线高 $H_{视}$	坡线设计高程 $H_{设}$	坡线读数 $b_{坡}$	桩顶读数 $b_{桩}$	挖填数 W	备注
1	2	3	4	5	6	7	8

（五）疑难问题备注

习　题

1. 何谓施工测量？施工测量的任务是什么？

2. 建筑施工场地平面控制网的布设形式有哪几种？各适用于什么场合？

3. 建筑基线的布设形式有哪几种？

4. 如图 8-39 所示，“一”字形建筑基线 A'、O'、B' 三点已测设在地面上，经检测 $\beta'=180°00'42''$。设计 $a=150.000$ m，$b=100.000$ m，试求 A'、O'、B' 三点的调整值，并说明如何调整才能使三点成一直线。

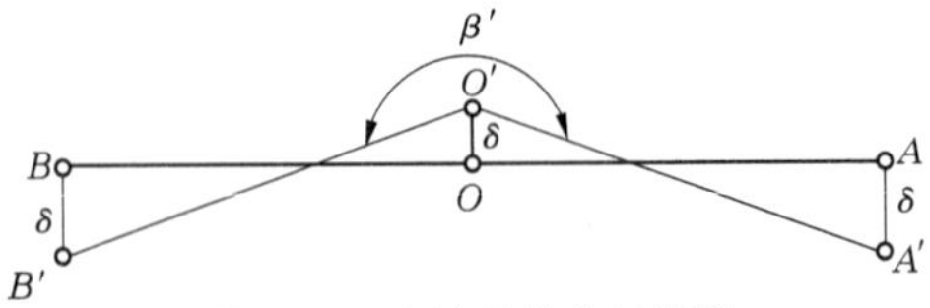

图 8-39　建筑基线点的调整

5. 民用建筑施工测量包括哪些主要工作？

6. 在图 8-40 中，已标出新建建筑物的尺寸，以及新建建筑物与原有建筑物的相对位置尺寸，另外，建筑物轴线距外墙皮 240 mm，试述测设新建建筑物的方法和步骤。

7. 轴线控制桩和龙门板的作用是什么？如何设置？

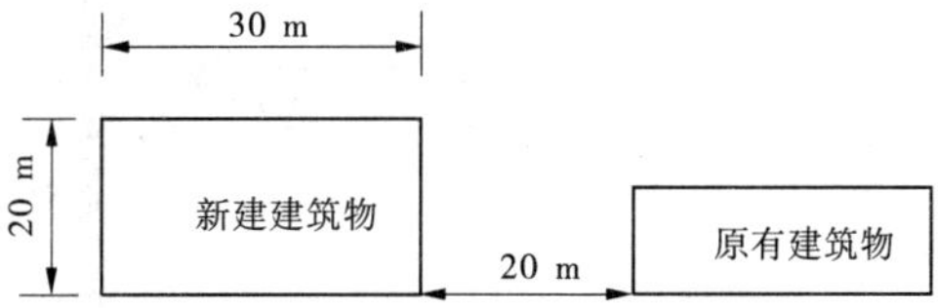

图 8-40　新建建筑物的定位

8. 高层建筑轴线投测的方法有哪两种?

9. 工业建筑施工测量包括哪些主要工作?

单元9　变形观测和竣工测量

【引言】

近些年,由于经济的飞速发展,高层建筑、地铁、高铁、桥梁、大坝到处兴建,这些设施的安全问题越来越受到重视,变形监测和灾害预报变得越来越重要。在变形监测中,基准点和观测点布设的优劣直接影响到观测数据能否反映出建筑物的整体沉降趋势和沉降特点。那么规范中对基准点和观测点的布设是怎么要求的呢?高层建筑中的观测点布设有哪些注意事项呢?

本单元重点介绍产生变形的原因、基准点和观测点的布设要求、沉降观测和位移观测的基本方法以及成果处理原则。

课题1　变形观测概述

随着经济的飞速发展,全国各地兴建了大量的基础设施,包括桥梁、大坝、高层建筑,安装了许多精密机械、导轨,以及科学试验设备和设施。由于各种因素影响,这些建筑物及其设备在运营管理的过程中都会产生形变,这种形变在一定范围内是正常现象,但若超过了规定的界限,就会影响建筑物的正常使用,严重时还会危及建筑物的安全。为了建筑物的安全使用,研究变形的原因和规律,为建筑物的设计、施工、管理和科学研究提供可靠的资料,在建筑物的施工和运行管理期间需要进行建筑物的变形观测。

既然变形超过一定限度会产生危害,那么就必须通过变形观测的手段了解其变形特点。在变形影响范围之外设置稳定的测量基准点,在变形物外体上设置测量标志(观测点),从基准点出发,定期地测量观测点相对于基准点的变化量,把多次测量的结果进行比较,就可以了解变形随时间的变化情况,这个过程就称为变形测量。

根据变形观测的目的,变形测量工作主要有三个部分组成:

(1)根据不同的观测对象和目的设置基准点和观测点。

(2)进行周期性的重复观测。

(3)进行数据处理和分析。

一、建筑物产生变形的原因

在变形观测的过程中,了解其产生的原因是非常重要的。一般来讲,建筑物变形主要是由两方面引起的。

(一)客观原因

(1)自然条件及其变化,即建筑物地基地质构造的差别。

(2)土壤的物理性质的差别。

(3)大气温度。

(4)地下水位的升降及其对基础的侵蚀。

(5)建筑结构与型式,建筑荷载。

(6)土基的塑性变形。

(7)附近新建工程对地基的扰动。

(8)运转过程中的风力、振动等荷载的作用。

(二)主观原因

(1)过量地抽取地下水后,土壤固结,引起地面沉降。

(2)地质钻探不够充分,未能发现废河道、墓穴等。

(3)设计有误,对地基土的特性认识不足,对土的承载力与荷载估算不当,结构计算差错等。

(4)施工方法有误。

(5)施工质量差。

(6)软基处理不当引起地面沉降和位移。

二、变形观测的分类

(一)沉降类

(1)建筑物沉降观测。

(2)基坑回弹观测。

(3)地基土分层沉降观测。

(4)建筑场地沉降观测。

(二)位移类

(1)建筑物主体倾斜观测。

(2)建筑物水平位移观测。

(3)建筑物裂缝观测。

(4)挠度观测。

(5)日照变形观测。

(6)风振观测。

(7)建筑场地滑坡观测。

三、基本规定

建筑变形测量工作开始前,应根据建筑地基基础设计的等级和要求、变形类型、测量目的、任务要求以及测区条件进行施测方案设计,确定变形测量的内容、精度级别、基准点与变形点布设方案、观测周期、仪器设备及检定要求、观测与数据处理方法、提交成果内容等,编写技术设计书或施测方案。《建筑变形测量规范》(JGJ 8—2016)对必须进行变形观测的建筑物和变形测量的等级、精度做出了如下规定:

(1)为监控建筑及其周围环境在施工和使用期间的安全,了解其变形特征,并为工程设计、管理及科研提供资料,下列几类建筑在施工及使用期间必须进行变形观测:

①地基基础设计等级为甲级的建筑。

②软弱地基上的地基基础设计等级为乙级的建筑。

③加层、扩建建筑或处理地基上的建筑。

④受邻近施工影响或受场地地下水等环境因素变化影响的建筑。

⑤采用新型基础或新型结构的建筑。

⑥大型城市基础设施。

⑦体型狭长且地基土变化明显的建筑。

(2)建筑变形测量过程中发生下列情况之一时,应立即实施安全预案,同时应提高观测频率或增加观测内容:

①变形量或变形速率出现异常变化。

②变形量或变形速率达到或超出变形预警值。

③开挖面或周边出现塌陷、滑坡。

④建筑本身或其周边环境出现异常。

⑤由于地震、暴雨、冻融等自然灾害引起的其他变形异常情况。

(3)建筑变形测量的级别、精度指标及其适用范围应符合表9-1的规定。

表9-1 建筑变形测量的等级及其精度要求

变形测量级别	沉降观测	位移观测	主要适用范围
	观测点测站高差中误差(mm)	观测点坐标中误差(mm)	
特级	0.05	0.3	特高精度要求的变形测量
一等	0.15	1.0	地基基础设计为甲级的建筑的变形测量;重要的古建筑、历史建筑的变形测量;重要的城市基础设施的变形测量等
二等	0.50	3.0	地基基础设计为甲、乙级的建筑的变形测量;重要场地的边坡监视;重要的基坑监测;重要管线的变形测量;地下工程施工及运营中的变形测量;重要的城市基础设施的变形测量等
三等	1.50	10.0	地基基础设计为乙、丙级的建筑的变形测量;一般场地的边坡监视;一般的基坑监测;地表、道路及一般管线的变形测量;一般的城市基础设施的变形测量;日照变形测量;风振变形测量等
四等	3.0	20.0	精度要求低的变形测量

注:1. 沉降监测点测站高差中误差:对水准测量,为其测站高差中误差;对静力水准测量、三角高程测量,为相邻沉降监测点间等价的高差中误差。

2. 位移监测点坐标中误差:监测点相对于基准点或工作基点的坐标中误差,监测点相对于基准线的偏差中误差,建筑上某点相对于其底部对应点的水平位移分量中误差等。坐标中误差为其点位中误差的$1/\sqrt{2}$倍。

课题 2　沉降观测

一、高程控制点的布设与测量

(一)高程控制网点的布设

高程控制网点分为基准点和工作基点。

基准点是为进行变形测量而布设的稳定的、需长期保存的测量控制点。特级沉降观测的高程基准点数不应少于 4 个;其他级别沉降观测的高程基准点数不应少于 3 个。工作基点是为直接观测变形点而在现场布设的相对稳定的测量控制点。高程工作基点可根据需要设置,基准点和工作基点应形成闭合环或形成由附合路线构成的结点网。

高程基准点和工作基点位置的选择应符合如下要求:

(1)高程基准点和工作基点应避开交通干道主路、地下管线、仓库堆栈、水源地、河岸、松软填土、滑坡地段、机器振动区以及其他可能使标石、标志易遭腐蚀和破坏的地方。

(2)高程基准点应选设在变形影响范围以外且稳定、易于长期保存的地方。在建筑区内,其点位与邻近建筑的距离应大于建筑基础最大宽度的 2 倍,其标石埋深应大于邻近建筑基础的深度。高程基准点也可选择在基础深且稳定的建筑上。

(3)高程基准点、工作基点之间宜便于进行水准测量。当使用电磁波测距三角高程测量方法进行观测时,宜使各点周围的地形条件一致。当使用静力水准测量方法进行沉降观测时,用于联测观测点的工作基点宜与沉降观测点设在同一高程面上,偏差不应超过 ±1 cm。当不能满足这一要求时,应设置上下高程不同但位置垂直对应的辅助点传递高程。

高程基准点和工作基点标石、标志的选型及埋设应符合下列规定:

(1)高程基准点的标石应埋设在基岩层或原状土层中,可根据点位所处的不同地质条件,选埋基岩水准基点标石、深埋双金属管水准基点标石、深埋钢管水准基点标石、混凝土基本水准标石。在基岩壁或稳固的建筑上也可埋设墙上水准标志。

(2)高程工作基点的标石可按点位的不同要求,选用浅埋钢管水准标石、混凝土普通水准标石或墙上水准标志等。

(3)标石、标志的形式和传统的水准测量基准点相同。特殊土地区和有特殊要求的标石、标志规格及埋设,应另行设计。

(二)高程控制网的观测技术要求

(1)对特级、一级沉降观测,应使用 DSZ_{05} 或 DS_{05} 型水准仪、因瓦合金标尺,按光学测微法观测;对二级沉降观测,应使用 DS_1 或 DS_{05} 型水准仪、因瓦合金标尺,按光学测微法观测;对三级沉降观测,可使用 DS_3 型仪器、区格式木质标尺,按中丝读数法观测,亦可使用 DS_1、DS_{05} 型仪器、因瓦合金标尺,按光学测微法观测。

(2)各等级观测中,每周期的观测线路数,可根据所选等级精度和使用的仪器类型确定。

(3)各等级水准观测的视线长度、前后视距差、视线高度,应符合表 9-2 的规定。

表 9-2　水准观测的视线长度、前后视距差和视线高度　　（单位:m）

等级	视线长度	前后视距差	前后视距累积差	视线高度
特级	≤10	≤0.3	≤0.5	≥0.8
一级	≤30	≤0.7	≤1.0	≥0.5
二级	≤50	≤2.0	≤3.0	≥0.3
三级	≤75	≤5.0	≤8.0	≥0.2

（4）各等级水准观测的限差应符合表 9-3 的规定。

表 9-3　各等级水准观测的限差

<table>
<tr><th colspan="2">等级</th><th>基辅分划（黑红面）读数之差</th><th>基辅分划（黑红面）所测高差之差</th><th>往返较差及附合或环线闭合差</th><th>单程双测站所测高差较差</th><th>检测已测测段高差之差</th></tr>
<tr><td colspan="2">特级</td><td>0.15</td><td>0.2</td><td>$\leqslant 0.1\sqrt{n}$</td><td>$\leqslant 0.07\sqrt{n}$</td><td>$\leqslant 0.15\sqrt{n}$</td></tr>
<tr><td colspan="2">一级</td><td>0.3</td><td>0.5</td><td>$\leqslant 0.3\sqrt{n}$</td><td>$\leqslant 0.2\sqrt{n}$</td><td>$\leqslant 0.45\sqrt{n}$</td></tr>
<tr><td colspan="2">二级</td><td>0.5</td><td>0.7</td><td>$\leqslant 1.0\sqrt{n}$</td><td>$\leqslant 0.7\sqrt{n}$</td><td>$\leqslant 1.5\sqrt{n}$</td></tr>
<tr><td rowspan="2">三级</td><td>光学测微法</td><td>1.0</td><td>1.5</td><td rowspan="2">$\leqslant 3.0\sqrt{n}$</td><td rowspan="2">$\leqslant 2.0\sqrt{n}$</td><td rowspan="2">$\leqslant 4.5\sqrt{n}$</td></tr>
<tr><td>中丝读数法</td><td>2.0</td><td>3.0</td></tr>
</table>

注:表中 n 为测站数。

（5）使用的水准仪、水准标尺,项目开始前应进行检验,项目进行中也应定期检验。

二、沉降观测点的布设

观测点是设立在变形体上、能反映其变形特征的点。点的位置和数量应根据地质情况、支护结构型式、基坑周边环境和建筑物（构筑物）荷载等情况而定;点位埋设合理,就可全面、准确地反映出变形体的沉降情况。

沉降观测点的布设应能全面反映建筑及地基的变形特征,并顾及地质情况及建筑结构特点。点位宜选设在下列位置:

（1）建筑的四角、核心筒四角、大转角处及沿外墙每 10 ~ 20 m 处或每隔 2 ~ 3 根柱基上。

（2）高低层建筑、新旧建筑、纵横墙等交接处的两侧。

（3）建筑裂缝、后浇带和沉降缝两侧、基础埋深相差悬殊处、人工地基与天然地基接壤处、不同结构的分界处及填挖方分界处。

（4）对于宽度大于等于 15 m 或小于 15 m 而地质复杂以及膨胀土地区的建筑,应在承重内隔墙中部设内墙点,并在室内地面中心及四周设地面点。

（5）邻近堆置重物处、受振动有显著影响的部位及基础下的暗浜（沟）处。

（6）框架结构建筑的每个或部分柱基上或沿纵横轴线上。

（7）筏形基础、箱形基础底板或接近基础的结构部分的四角处及其中部位置。

（8）重型设备基础和动力设备基础的四角、基础形式或埋深改变处以及地质条件变化处两侧。

（9）对于电视塔、烟囱、水塔、油罐、炼油塔、高炉等高耸建筑,应设在沿周边与基础轴线相交的对称位置上,点数不少于 4 个。

沉降观测的标志可根据不同的建筑结构类型和建筑材料，采用墙(柱)标志、基础标志或隐蔽式标志，比如锁口梁、设备基础上的观测点，可将直径 20 mm 的铆钉或钢筋头(上部锉成半球状)埋设于混凝土中作为标志(见图 9-1(a))，墙体上或柱子上的观测点，可将直径 20 mm 的钢筋按图 9-1(b)、(c)的形式设置。各类标志的立尺部位应加工成半球形或有明显的突出点，并涂上防腐剂；标志的埋设位置应避开雨水管、窗台线、散热器、暖水管、电气开关等有碍设标与观测的障碍物，并应视立尺需要离开墙(柱)面和地面一定距离。

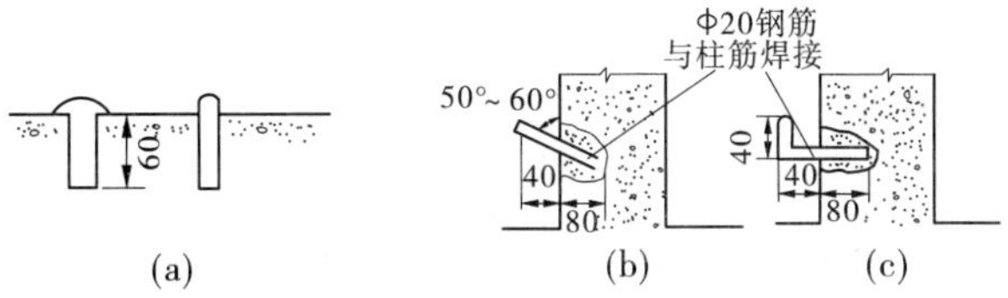

图 9-1　沉降观测点埋设　(单位:mm)

三、建筑沉降观测

(一)沉降观测周期和观测时间的确定

沉降观测的周期应根据建筑物(构筑物)的特征、变形速率、观测精度和工程地质条件等因素综合考虑，并根据沉降量的变化情况适当调整。

沉降观测的周期和观测时间应按下列要求并结合实际情况确定。

(1)建筑施工阶段的观测应符合下列规定：

①普通建筑可在基础完工后或地下室砌完后开始观测，大型、高层建筑可在基础垫层或基础底部完成后开始观测。

②观测次数与间隔时间应视地基与加荷情况而定。民用高层建筑可每加高 1 ~ 5 层观测一次，工业建筑可按回填基坑、安装柱子和屋架、砌筑墙体、设备安装等不同施工阶段分别进行观测。若建筑施工均匀增高，应至少在增加荷载的 25%、50%、75% 和 100% 时各测一次。

③施工过程中若暂停工，在停工时及重新开工时应各观测一次，停工期间每隔 2 ~ 3 个月观测一次。

(2)建筑使用阶段的观测次数，应视地基土类型和沉降速率大小而定。除有特殊要求外，可在第一年观测 3 ~ 4 次，第二年观测 2 ~ 3 次，第三年后每年观测 1 次，直至稳定。

(3)在观测过程中，若有基础附近地面荷载突然增减、基础口周围大量积水、长时间连续降雨等情况，均应及时增加观测次数。当建筑突然发生大量沉降、不均匀沉降或严重裂缝时，应立即进行逐日或 2 ~ 3 d/次连续观测。

(4)建筑沉降是否进入稳定阶段，应由沉降量与时间关系曲线判定。当最后 100 d 的沉降速率小于 0.01 ~ 0.04 mm/d 时可认为已进入稳定阶段。具体取值宜根据各地区地基土的压缩性能确定。

(二)观测方法

沉降观察点首次观测的高程值是以后各次观测用以比较的依据，如果首次观测的高程精度不够或存在错误，不仅无法补测，而且会造成沉降观测的矛盾现象。因此，必须提高初测精度，应在同期进行两次观测后取平均值。

沉降观测的水准路线应形成闭合线路。进行沉降观测，除建筑转角点、交接点、分界点等主要变形特征点外，允许使用间视法进行观测，但视线长度一般不大于 25 m，每次安置仪器可以有几个前视点。观测时，仪器应避免安置在有空压机、搅拌机、卷扬机、起重机等振动影响的范围内；每次观测应记载施工进度、荷载量变动、建筑倾斜裂缝等各种影响沉降变化和异常的情况。

四、沉降观测的成果整理

(一)观测资料的整理

每次观测结束后，应检查记录的数据和计算是否正确，精度是否合格，然后，调整高差闭合差，推算出各沉降观测点的高程，并填入沉降观测记录表中(见表 9-4)。

表 9-4　沉降观测记录表

观测时间(年-月-日)	各观测点的沉降情况							施工进展情况	荷载情况(t/m^2)
	1			2			…		
	高程(m)	本次下沉(mm)	累积下沉(mm)	高程(m)	本次下沉(mm)	累积下沉(mm)	…		
2001-01-10	80.954	0	0	80.973	0	0	…	1 层平口	
2001-02-23	80.948	-6	-6	80.967	-6	-6		3 层平口	40
2001-03-16	80.943	-5	-11	80.962	-5	-11		5 层平口	60
2001-04-14	80.940	-3	-14	80.959	-3	-14		7 层平口	70
2001-05-14	80.938	-2	-16	80.956	-3	-17		9 层平口	80
2001-06-04	80.934	-4	-20	80.952	-4	-21		主体完	110
2001-08-30	80.929	-5	-25	80.947	-5	-26		竣工	
2001-11-06	80.925	-4	-29	80.945	-2	-28		使用	
2002-02-28	80.923	-2	-31	80.944	-1	-29			
2002-05-06	80.922	-1	-32	80.943	-1	-30			
2002-08-05	80.921	-1	-33	80.943	0	-30			
2002-12-25	80.921	0	-33	80.943	0	-30			

注：水准点的高程：BM.1：89.538 mm；BM.2：90.123 mm；BM.3：89.776 mm。

(二)计算沉降量

计算内容和方法如下。

(1)计算各沉降观测点的本次沉降量：

沉降观测点的本次沉降量 = 本次观测所得的高程 − 上次观测所得的高程

(2)计算累积沉降量：

累积沉降量 = 本次沉降量 + 上次累积沉降量

将计算出的沉降观测点本次沉降量、累积沉降量和观测日期、荷载情况等记入沉降观测表(见表9-4)中。

(三)绘制沉降曲线

沉降曲线图(见图9-2)分为两部分,即时间与沉降量关系曲线和时间与荷载关系曲线。

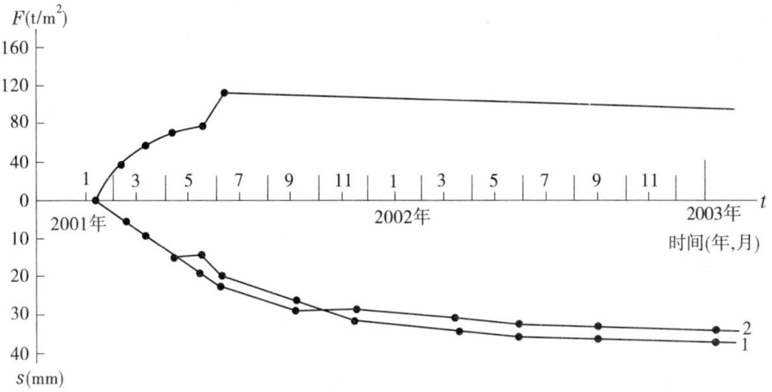

图9-2　沉降曲线图

(1)绘制时间与沉降量关系曲线。首先,以沉降量 s 为纵轴,以时间 t 为横轴,画直角坐标系。然后,以每次累积沉降量为纵坐标,以每次观测日期为横坐标,标出沉降观测点的位置。最后,用曲线将标出的各点连接起来,并在曲线的一端注明沉降观测点号码,这样就绘制出了时间与沉降量关系曲线,如图9-2所示。

(2)绘制时间与荷载关系曲线。首先,以荷载为纵轴,以时间为横轴,画直角坐标系。再根据每次观测时间和相应的荷载标出各点,将各点连接起来,即可绘制出时间与荷载关系曲线,如图9-2所示。

(四)问题及处理方法

1. 曲线在首次观测后即发生回升现象

在第二次观测时即发现曲线上升,至第三次后,曲线又逐渐下降,发生此种现象,一般都是由于首次观测成果存在较大误差所引起的。此时,应将第一次观测成果作废,而采用第二次观测成果作为首测成果。

2. 曲线在中间某点突然回升

发生此种现象的原因,多半是水准基点或沉降观测点被碰所致,如水准基点被压低,或沉降观测点被撬高,此时,应仔细检查水准基点和沉降观测点的外形有无损伤。如果众多沉降观测点出现此种现象,则水准基点被压低的可能性很大,此时可改用其他水准点作为水准基点来继续观测,并再埋设新水准点,以保证水准点个数不少于3个;如果只有一个沉降观测点出现此种现象,则多半是该点被撬高,如果观测点被撬后已活动,则需另行埋设新点,若点位尚牢固,则可继续使用,对于该点的沉降计算,则应进行合理处理。

3. 曲线自某点起渐渐回升

此种现象一般是由水准基点下沉所致。此时,应根据水准点之间的高差来判断出最稳定的水准点,以此作为新水准基点,将原来下沉的水准基点废除。另外,埋在裙楼上的沉降观测点,由于受上楼的影响,有可能会出现属于正常的渐渐回升现象。

4. 曲线的波浪起伏现象

曲线在后期呈现微小波浪起伏现象,此现象是测量误差所造成的。曲线在前期波浪起伏之所以不突出，是因为下沉量大于测量误差；但到后期，由于建筑物下沉极微或已接近稳定，因此在曲线上就出现测量误差比较突出的现象。此时，可将波浪曲线改成水平线，并适当地延长观测的间隔时间。

五、应上交成果

（1）对观测成果的综合分析评价是沉降监测中一项十分重要的工作。沉降观测全部结束之后应提交下列资料：

①工程平面位置图及基准点分布图。

②沉降观测点位分布图。

③沉降观测成果表。

④时间—荷载—沉降量曲线图。

⑤等沉降曲线图。

（2）如果监测过程出现下列情况，必须立即报告委托方，同时应及时增加观测次数或调整变形测量方案：

①变形量或变形速率出现异常变化。

②变形量达到或超出预警值。

③周边或开挖面出现塌陷、滑坡。

④建筑本身、周边建筑及地表出现异常。

⑤由于地震、暴雨、冻融等自然灾害引起的其他变形异常情况。

课题 3　位移观测

一、平面控制点的布设与测量

进行位移的变形测量需要布设平面控制点，包括平面基准点和工作基点。

（一）平面基准点和工作基点的布设

平面基准点和工作基点在布设时应满足如下要求：

（1）各级别位移观测的基准点（含方位定向点）不应少于 3 个，工作基点可根据需要设置。

（2）基准点、工作基点应便于检核校验。

（3）当使用 GPS 测量方法进行平面或三维控制测量时，基准点位置还应满足下列要求：

①应便于安置接收设备且便于操作。

②视场内障碍物的高度角不宜超过 15°。

③离电视台、电台、微波站等大功率无线电发射源的距离不应小于 200 m；离高压输电线和微波无线电信号传输通道的距离不应小于 50 m；附近不应有强烈反射卫星信号的大面积水域、大型建筑以及热源等。

④通视条件好，应方便后续采用常规测量手段进行联测。

（二）平面基准点和工作基点的埋设

平面基准点和工作基点在埋设时应满足如下要求：

(1)对特级、一级位移观测的平面基准点、工作基点,应建造具有强制对中装置的观测墩或埋设专门观测标石(见图9-3),强制对中装置的对中误差不应超过 ±0.1 mm。

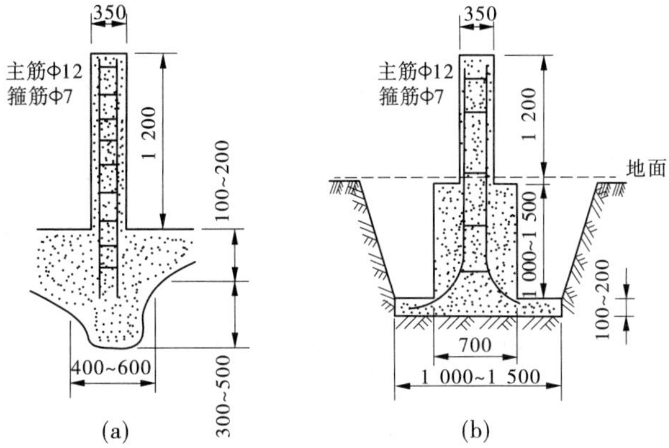

图9-3 水平位移观测墩 (单位:mm)

(2)照准标志应具有明显的几何中心或轴线,并应符合图像反差大、图案对称、相位差小和本身不变形等要求。根据点位不同情况,可选用重力平衡球式标、旋入式杆状标、直插式觇牌、屋顶标和墙上标等形式的标志(见图9-4)。

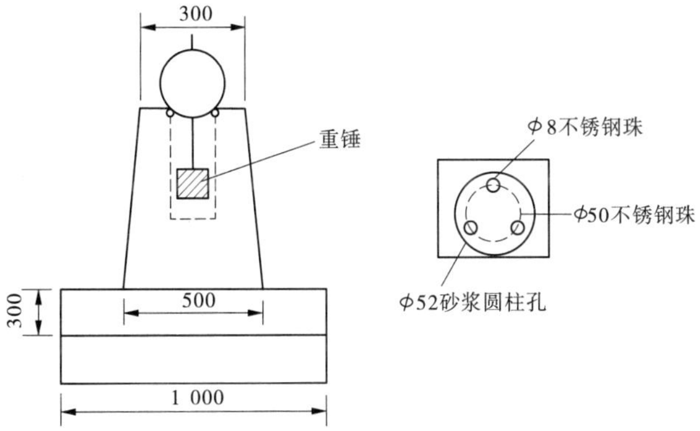

图9-4 重力平衡球式照准标志 (单位:mm)

对用作平面基准点的深埋式标志、兼作高程基准点的标石和标志以及特殊土地区或有特殊要求的标石、标志及其埋设应另行设计。

平面控制测量可采用边角测量、导线测量、GPS 测量及三角测量、三边测量等形式。三维控制测量可使用 GPS 测量及边角测量、导线测量、水准测量和电磁波测距三角高程测量的组合方法。

除特级控制网和其他大型、复杂工程以及有特殊要求的控制网应专门设计外,对于一、二、三级平面控制网,其技术要求应符合下列规定:

(1)测角网、测边网、边角网、GPS 网应符合表9-5 的规定。

表 9-5

级别	平均边长（m）	角度中误差（″）	边长中误差（mm）	最弱边边长相对中误差
一级	200	±1.0	±1.0	1/200 000
一级	300	±1.5	±3.0	1/100 000
一级	500	±2.5	±10.0	1/50 000

（2）各级测角、测边控制网宜布设为近似等边三角形网，其三角形内角不宜小于30°；当受地形或其他条件限制时，个别角可放宽，但不应小于25°。宜优先使用边角网，在边角网中应以测边为主，加测部分角度，并合理配置测角和测边的精度。

二、建筑主体倾斜观测

基础的不均匀沉降将使建筑物的主体倾斜，对于高大建筑物影响更大，严重的不均匀沉降会使建筑物产生裂缝甚至倒塌。因此，必须及时观测、处理，以保证建筑物的安全。

（一）一般建筑物主体的倾斜观测

应测定建筑物顶部观测点相对于底部观测点的偏移值，再根据建筑物的高度，计算建筑物主体的倾斜度，即

$$i = \tan\alpha = \frac{\Delta D}{H} \tag{9-1}$$

式中：i 为建筑物主体的倾斜度；ΔD 为建筑物顶部观测点相对于底部观测点的偏移值，m；H 为建筑物的高度，m；α 为倾斜角（°）。

由式（9-1）可知，倾斜测量主要是测定建筑物主体的偏移值 ΔD。偏移值 ΔD 的测定一般采用经纬仪投影法。具体观测方法如下：

（1）如图 9-5 所示，将经纬仪安置在固定测站上，该测站到建筑物的距离为建筑物高度的1.5倍以上。瞄准建筑物 X 墙面上部的观测点 M，用盘左、盘右分中投点法，定出下部的观测点 N。用同样的方法，在与 X 墙面垂直的 Y 墙面上定出上观测点 P 和下观测点 Q。M、N 和 P、Q 即为所设观测标志。

（2）相隔一段时间后，在原固定测站上，安置经纬仪，分别瞄准上观测点 M 和 P，用盘左、盘右分中投点法，得到 N' 和 Q'。如果，N 与 N'、Q 与 Q' 不重合，如图 9-5 所示，说明建筑物发生了倾斜。

（3）用尺子量出在 X、Y 墙面的偏移值 ΔA、ΔB，然后用矢量相加的方法，计算出该建筑物的总偏移值 ΔD，即

$$\Delta D = \sqrt{\Delta A^2 + \Delta B^2} \tag{9-2}$$

根据总偏移值 ΔD 和建筑物的高度 H，用式（9-1）即可计算出其倾斜度 i。

（二）对圆形建筑物（构筑物）的倾斜观测

比如观测烟囱、水塔等的倾斜度时，首先要求得顶部中心 O' 点对底部中心 O 点的偏心距，如图 9-6 所示的 OO'。

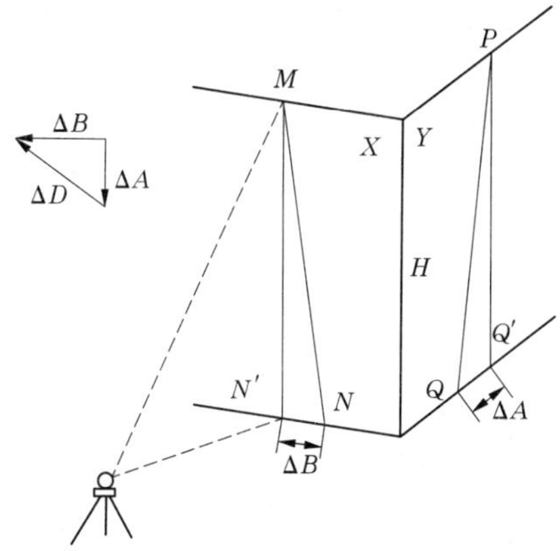

图 9-5　一般建筑物主体的倾斜观测

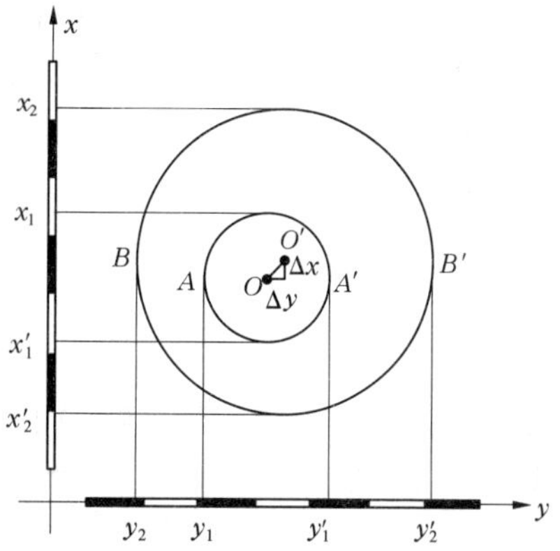

图 9-6　圆形建筑的倾斜观测

具体做法如下：

(1)在烟囱底部边沿放一根标尺,在标尺的垂直平分线方向上安置经纬仪,使经纬仪距烟囱的距离不小于烟囱高度的 1.5 倍。

(2)用望远镜瞄准顶部边缘两点 A、A'及底部边缘两点 B、B',并分别投点到标尺上,得读数为 y_1、y_1'及 y_2、y_2',则横向倾斜量

$$\Delta y = \frac{y_1 + y_1'}{2} - \frac{y_2 + y_2'}{2}$$

(3)用同样的方法,可测得在 x 方向上,顶部中心 O 的偏移值 Δx 为

$$\Delta x = \frac{x_1 + x_1'}{2} - \frac{x_2 + x_2'}{2}$$

(4)烟囱的总偏移量为

$$\Delta D = \sqrt{\Delta x^2 + \Delta y^2} \tag{9-3}$$

根据总偏移值 ΔD 和圆形建筑物(构筑物)的高度 H,用式(9-1)即可计算出其倾斜度 i。

以上观测,要求仪器水平轴严格水平。因此,观测前应对仪器进行检验和校正,使观测误差在允许误差范围之内,观测使用盘左、盘右观测两次取平均值。

(三)倾斜仪观测

倾斜仪一般能连续读数、自动记录和数字传输,又有较高的精度,故在倾斜观测中应用较多。常见的倾斜仪有水管式倾斜仪、水平摆倾斜仪、气泡式倾斜仪和电子倾斜仪四种,下面仅以气泡式倾斜仪为例作简单介绍。

气泡式倾斜仪由一个高灵敏度的气泡水准管和一套精密的测微器组成,测微器中包括测微杆、读数盘和指标。气泡水准管固定在支架上,将倾斜仪安置在需要的位置上,转动读数盘,使测微杆向上(向下)移动,直至水准管气泡居中。此时在读数盘上读数,即可得出该处的倾斜度。

我国制造的气泡式倾斜仪灵敏度为 2″,总的观测范围为 1°。气泡式倾斜仪适用于观测较大的倾斜角或量测局部地区的变形,例如测定设备基础和平台的倾斜。

为了实现倾斜观测的自动化,可采用电子水准器。它是在普通的玻璃管水准器的上、下

方装三个电极1、2、3，形成差动电容器。电子水准器的工作原理是当玻璃管水准器倾斜时，气泡向旁边移动，介电常数发生变化，引起桥路两臂的电抗发生变化，因而桥路失去平衡，可用测量装置将其记录下来。这种电子水准器可固定地安置在建筑物或设备的适当位置上，能自动地进行动态的倾斜观测。当测量范围在200″以内时，测定倾斜值的中误差在±0.2″以内。

三、建筑水平位移观测

根据平面控制点测定建筑物的平面位置随时间而移动的大小及方向，称为位移观测。位移观测首先要在建筑物附近埋设测量控制点，再在建筑物上设置位移观测点。

某些建筑物只要求测定某特定方向上的位移量，如大坝在水压力方向上的位移量，这种情况可采用基准线法进行水平位移观测。

观测时，先在位移方向的垂直方向上建立一条基准线，A、B为施工中平面控制点，M为在墙上设立的观测标志，用经纬仪测量$\angle BAM=\beta$，视线方向大致垂直于厂房位移的方向。若厂房有平面位移MM'，则测得$\angle BAM'=\beta'$，设$\Delta\beta=\beta'-\beta$，则位移量MM'按下式计算

$$MM' = AM\frac{\Delta\beta}{\rho} \tag{9-4}$$

四、裂缝观测

当建筑物出现裂缝之后，应及时进行裂缝观测。常用的裂缝观测方法有以下两种。

（一）石膏板标志法

用厚10 mm、宽50～80 mm的石膏板（长度视裂缝大小而定），固定在裂缝的两侧。当裂缝继续发展时，石膏板也随之开裂，从而观察裂缝继续发展的情况。

（二）白铁皮标志法

如图9-7所示，用两块白铁皮，一片取150 mm×150 mm的正方形，固定在裂缝的一侧。另一片为50 mm×200 mm的矩形，固定在裂缝的另一侧，使两块白铁皮的边缘相互平行，并使其中的一部分重叠。在两块白铁皮的表面，涂上红色油漆。如果裂缝继续发展，两块白铁皮将逐渐拉开，露出正方形上原被覆盖没有油漆的部分，其宽度即为裂缝加大的宽度。定期分别量取两组端线与边线之间的距离，取其平均值，即为裂缝扩大的宽度，连同观测时间一并记入手簿内。此外，还应观测裂缝的走向和长度等项目。

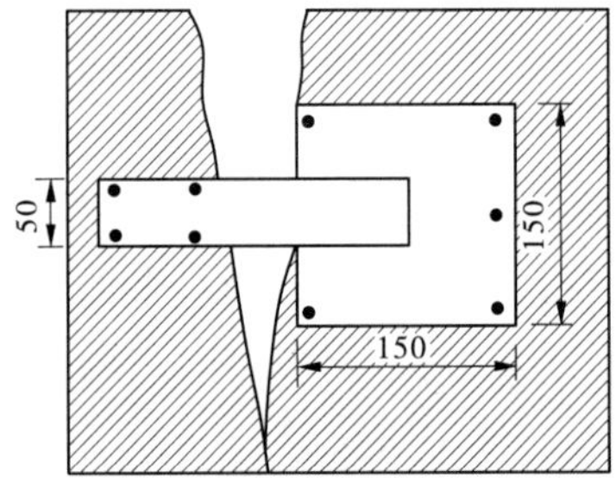

图9-7 建筑物的裂缝观测

课题4 竣工总平面图的编绘

一、编制竣工总平面图的目的

施工总平面图是施工单位在工程竣工后、交付使用前所提出的技术文件之一。在施工

过程中,由于设计时没有考虑到的因素及临时变更、施工误差等原因,工程的竣工位置和设计位置可能不完全一致,所以需要编绘竣工总平面图。

编制竣工总平面图的目的:一是全面反映竣工后的现状;二是为以后建筑物(构筑物)的管理、维修、扩建、改建及事故处理提供依据;三是为工程验收提供依据。

竣工总平面图的编绘包括竣工测量和资料编绘两方面内容。

二、竣工测量

建筑物(构筑物)竣工验收时进行的测量工作,称为竣工测量。

在每一个单项工程完成后,必须由施工单位进行竣工测量,并提出该工程的竣工测量成果,作为编绘竣工总平面图的依据。

(一)竣工测量的内容

(1)工业厂房及一般建筑物。测定各房角坐标、几何尺寸,各种管线进出口的位置和高程,室内地坪及房角标高,并附注房屋结构层数、面积和竣工时间。

(2)地下管线。测定检修井、转折点、起终点的坐标,井盖、井底、沟槽和管顶等的高程,附注管道及检修井的编号、名称、管径、管材、间距、坡度和流向。

(3)架空管线。测定转折点、结点、交叉点和支点的坐标,支架间距、基础面标高等。

(4)交通线路。测定线路起终点、转折点和交叉点的坐标,路面、人行道、绿化带界线等。

(5)特种构筑物。测定沉淀池的外形和四角坐标、圆形构筑物的中心坐标,基础面标高,构筑物的高度或深度等。

(二)竣工测量的方法与特点

竣工测量的基本测量方法与地形测量相似,区别有以下几点:

(1)图根控制点的密度。一般竣工测量图根控制点的密度,要大于地形测量图根控制点的密度。

(2)碎部点的实测。地形测量一般采用视距测量的方法,测定碎部点的平面位置和高程;而竣工测量一般采用经纬仪测角、钢尺量距的极坐标法测定碎部点的平面位置,采用水准仪或经纬仪视线水平测定碎部点的高程;亦可用全站仪进行测绘。

(3)测量精度。竣工测量的测量精度要高于地形测量的测量精度。地形测量的测量精度要求满足图解精度,而竣工测量的测量精度一般要满足解析精度,应精确至厘米。

(4)测绘内容。竣工测量的内容比地形测量的内容更丰富。竣工测量不仅要测地面的地物和地貌,还要测地下各种隐蔽工程,如上、下水及热力管线等。

三、竣工总平面图的编绘

(一)编绘竣工总平面图的依据

(1)设计总平面图,单位工程平面图,纵、横断面图,施工图及施工说明。

(2)施工放样成果,施工检查成果及竣工测量成果。

(3)更改设计的图纸、数据、资料(包括设计变更通知单)。

(二)竣工总平面图的编绘方法

(1)在图纸上绘制坐标方格网。绘制坐标方格网的方法、精度要求,与地形测量绘制坐标方格网的方法、精度要求相同。

(2)展绘控制点。坐标方格网画好后，将施工控制点按坐标值展绘在图纸上。展点对所临近的方格而言，其容许误差为 ±0.3 mm。

(3)展绘设计总平面图。根据坐标方格网，将设计总平面图的图面内容，按其设计坐标，用铅笔展绘于图纸上，作为底图。

(4)展绘竣工总平面图。对凡按设计坐标进行定位的工程，应以测量定位资料为依据，按设计坐标（或相对尺寸）和标高展绘。对原设计进行变更的工程，应根据设计变更资料展绘。对凡有竣工测量资料的工程，若竣工测量成果与设计值之比差，不超过所规定的定位容许误差，按设计值展绘；否则，按竣工测量资料展绘。

(三)竣工总平面图的整饰

(1)竣工总平面图的符号应与原设计图的符号一致。有关地形图的图例应使用国家地形图图示符号。

(2)对于厂房应使用黑色墨线，绘出该工程的竣工位置，并应在图上注明工程名称、坐标、高程及有关说明。

(3)对于各种地上、地下管线，应用各种不同颜色的墨线，绘出其中心位置，并应在图上注明转折点及井位的坐标、高程及有关说明。

(4)对于没有进行设计变更的工程，用墨线绘出的竣工位置，与按设计原图用铅笔绘出的设计位置应重合，但其坐标及高程数据与设计值比较可能稍有出入。

(四)竣工总平面图的附件

为了全面反映竣工成果，便于生产管理、维修和日后企业的扩建或改建，与竣工总平面图有关的一切资料，应分类装订成册，作为竣工总平面图的附件归档。

竣工总平面图的附件主要有：

(1)地下管线竣工纵断面图。

(2)铁路、公路竣工纵断面图。

(3)建筑场地及其附近的测量控制点布置图及坐标与高程一览表。

(4)建筑物的沉降及变形观测资料。

(5)工程定位、检查及竣工测量的资料。

(6)设计变更文件。

(7)建设场地原始地形图。

(8)设计图纸文件及图纸会审记录。

(9)验收记录。

小　结

本单元介绍了建筑物产生变形的原因，变形观测的分类，变形测量的基本要求，高程控制与沉降观测方法，建筑物的倾斜观测方法，建筑物的裂缝与位移观测。重点掌握变形观测工作基点和观测点的布设方法以及建筑物进行沉降观测的外业工作和成果整理方法。

习 题

1. 简述变形观测的含义。
2. 高程控制网点的布设有哪些要求?
3. 变形观测的种类有哪些?
4. 试简述一下沉降观测的操作程序。

单元10 线路工程测量

课题1 线路规划设计阶段的测量

一、概述

线路工程包括公路、铁路、隧道、渠道、输电线路、输油管道、输气管道及各种用途的管道工程等。它们的中线称为线路，其特点是总体长度呈延伸状态并有方向变化，线路的宽度比长度小，通常宽度有所限制而长度则视需要而定。

线路在勘测设计阶段的测量工作称为线路测量。线路测量与施工建设阶段及竣工阶段所进行的测量工作，统称为线路工程测量。线路工程测量是为线路的工程设计、地面定位、施工监理等方面服务的。线路工程测量的主要内容包括勘察选线、中线测量、曲线测设、带状地形图测绘、纵横断面测量、施工放线与土方量计算等。它的任务有两方面：一是为线路工程的设计提供地形图和断面图；二是按设计位置要求将线路（公路和管道）敷设于实地。

线路勘测选线一般分为初测和定测两个阶段。

（一）初测

1. 任务

初测阶段的任务是：沿着设计线路在指定的范围内布设导线或进行控制测量，测量各个方案的沿线带状地形图和纵断面图，收集沿线的水文、地质等有关资料，为纸上定线、编制比较方案及初步设计提供依据。

2. 方法

（1）纸上定线法。先测绘大比例尺地形图，然后在地形图上选定线路方案的方法，称为纸上定线法。

（2）现场定线法。采用现场直接测量路线导线或中线，然后以测绘的地形图等确定路线方位的方法，称为现场定线法。现场定线法主要用于受地形条件限制或地形条件、设计方案比较简单的路线。

（二）定测

1. 任务

定测的任务是：在选定设计方案的线路上进行中线、曲线、高程、纵横断面等测量，并进一步收集有关的资料，为线路的纵坡设计、工程量计算等有关施工技术文件的编制提供资料。

2. 方法

通过定线可以在地形图上选定路线的曲线与直线位置、定出交点、计算坐标和转角、拟定平面曲线要素、计算路线的连续里程，然后将设计的交点位置在实地标定出来。当相邻两交点互不通视或直线距离较长时，需要在其连线上测定一个或几个转点，以便在交点测量转角及直线距离测量时作为照准和定线的目标。

二、中线测量

线路中线测量的任务是根据线路设计的平面位置，将线路中心线测设在实地上。中线的平面几何线形由直线段和曲线段组成，其中曲线段又由圆曲线和缓和曲线组成，如图 10-1 所示。

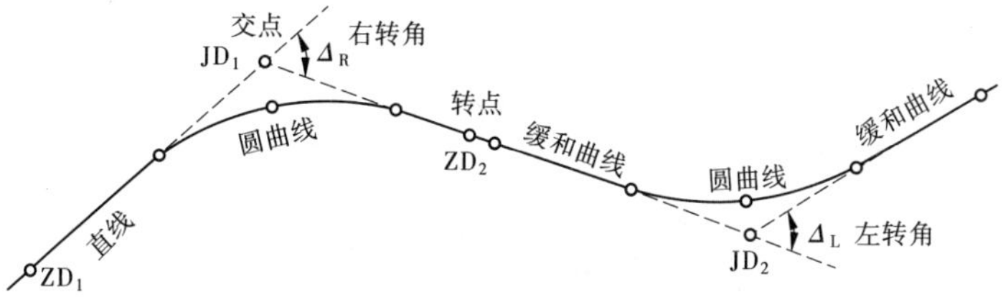

图 10-1　线路的中线

中线测量的主要任务是：测设线路中线的交点（JD）和转点（ZD）、量距和钉桩、测量交点上的转角（Δ）、测设曲线等内容。

（一）交点与转点的测设

1. 交点的测设

线路转折点又称交点，工程上用 JD 表示，它是中线测量的控制点。对于低等级公路，在地形条件不复杂时，一般根据技术标准，结合地形、地貌等条件，直接在现场标定交点；对于高等级公路或地形复杂的地段，则先在实地布设导线，测绘大比例尺带状地形图，经方案比较后在图上定出路线，然后采用穿线交点法或拨角法将交点标定在地面上。

1）根据中心线与相邻地物的关系测设交点

如图 10-2 所示，交点 JD_{10} 的位置已经在地形图上选定，在图上量得该点距离两房角和电线杆的距离分别为 29. 81 m、18. 45 m 和 10. 53 m，在现场用距离交会法测设 JD_{10}。

2）根据导线点测设交点

根据导线点的测量坐标和交点的设计坐标，计算出交点的测设数据，即交点到相邻导线点的水平距离和方位角（或水平角），用极坐标法、距离交会法或角度交会法测设交点，如图 10-3所示。根据导线点 C_4 、C_5 和 JD_{10} 三点的坐标，计算出导线边的方位角 α_{45} 和 C_4 至 JD_{10} 的水平距离 D 及方位角 α ，用极坐标法测设 JD_{10}。

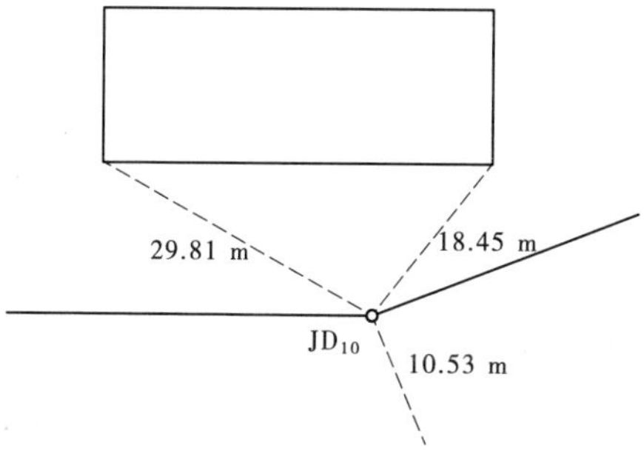

图 10-2　根据地物测设交点

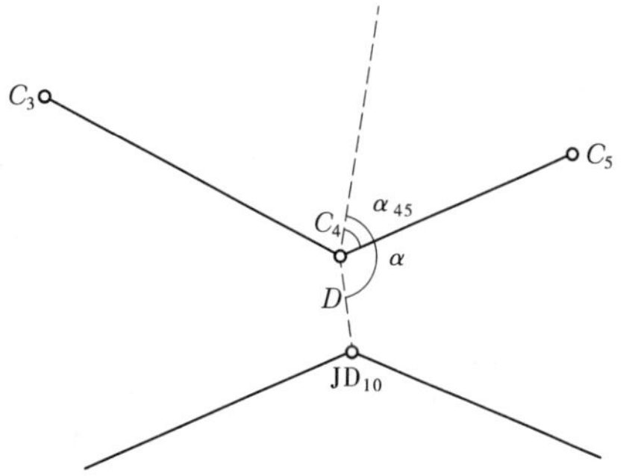

图 10-3　根据导线点测设交点

3)穿线法测设交点

穿线法测设交点就是利用图上附近的导线点或地物点与纸上定线的直线段之间的角度和距离关系,用图解法求出测设数据,通过实地的导线点或地物点,把中线的直线段独立地测设到地面上,然后将相邻直线延长相交,定出地面交点桩的位置。测设程序如下:

(1)放点。放点常用的方法有极坐标法和支距法。

①极坐标法放点:如图 10-4 所示,$P_1 \sim P_4$ 为纸上定线的某直线段欲放的临时点。在图上以最近的 4、5 号导线点为依据,用量角器和比例尺分别量出放样数据 β_1、l_1、β_2、l_2 等,并在实地上用经纬仪和皮尺分别在 4、5 点按极坐标法定出各临时点的位置。

②支距法放点:如图 10-5 所示,在图上从导线点 14、15、16、17 作导线边的垂线,分别与中线相交得各临时点,用比例尺量取各相应的支距 $l_1 \sim l_4$。在现场以相应导线点为垂足,用方向架标定垂线方向,按支距测设出相应的各临时点 $P_1 \sim P_4$。

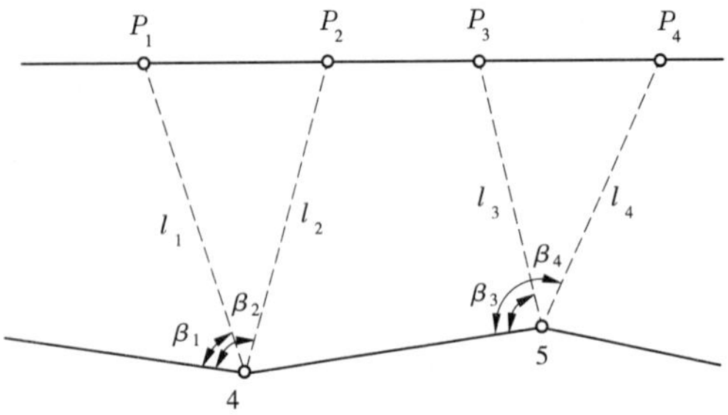

图 10-4　极坐标法放点

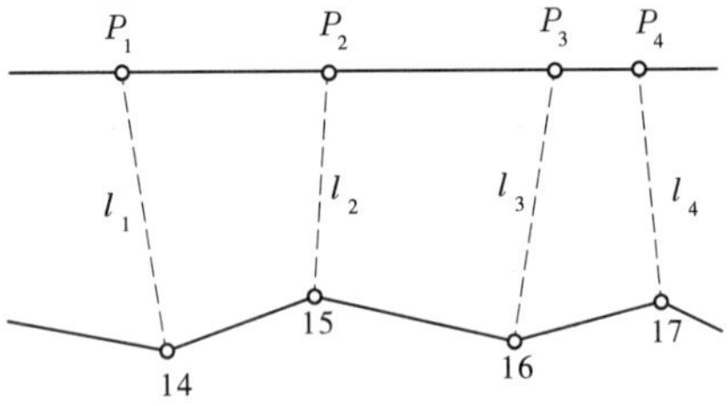

图 10-5　支距法放点

(2)穿线。放出的各临时点理论上应在一条直线上,由于图解数据和测设工作均存在误差,实际上并不严格在一条直线上,如图 10-6(a)所示。在这种情况下可根据现场实际情况,采用目估法穿线或经纬仪视准法穿线,目的是通过比较和选择,定出一条尽可能多地穿过或靠近临时点的直线 AB 。最后在 AB 或其方向上打下两个以上的转点桩,取消临时点桩。

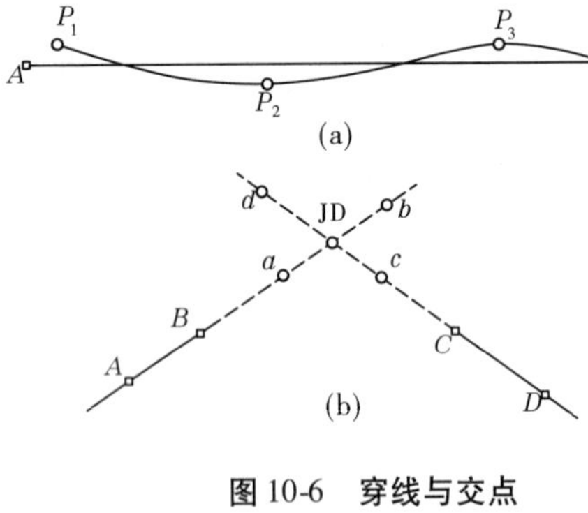

图 10-6　穿线与交点

(3)交点。如图 10-6(b)所示,当两条相交的直线 AB、CD 在地面上确定后,可进行交点。将经纬仪置于 B 点瞄准 A 点,倒镜,在视线上接近交点 JD 的概略位置前后打下两桩(骑马桩)。采用正倒镜分中法在该两桩上定出 a、b 两点,并钉以小钉,挂上细线。仪器搬至 C 点,同法定出 c、d 点,挂上细线,两细线的相交处打下木桩,并钉以小钉,得到 JD 点。

2. 转点的测设

当两交点间距离较远但能够通视或已有的转点需要加密时,可以采用经纬仪正倒镜分中法进行直接测设。

当相邻两交点不能互相通视时,需要在两交点连线或延长线上,测定一点或数点,供交点、测角、量距或延长直线时瞄准用,这样的点称为转点(ZD)。转点测设方法有以下两种。

1)转点位于两交点之间

如图 10-7 所示,JD_5和 JD_6为相邻而互不通视的两个交点,ZD′为初定转点。欲检查 ZD′是否在两交点的连线上,可将经纬仪安置在 ZD′上,用正倒镜分中法延长直线 JD_5 – ZD′至 JD_6',JD_6'与 JD_6的偏差为 f,用视距法测定 a、b,则 ZD′应移动的距离 e 可按下式计算

$$e = \frac{a}{a+b}f \tag{10-1}$$

将 ZD′按 e 值移至 ZD,在 ZD 上安置经纬仪,按上述方法逐渐趋近,直至符合要求。

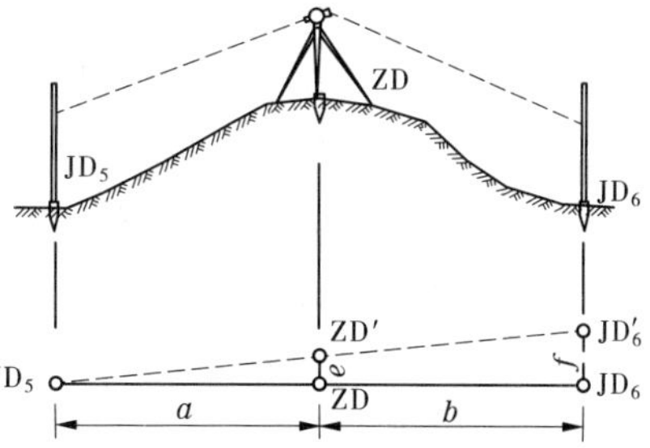

图 10-7　转点测设(转点位于交点之间)

2)转点位于两交点之外

如图 10-8 所示,JD_8、JD_9互不通视,可在其延长线上初定转点 ZD′。在 ZD′上安置经纬仪,用正倒镜瞄准 JD_8,固紧水平制动螺旋俯视 JD_9,两次取中得到中点 JD_9',若 JD'_9与 JD_9重合或偏差值 f 在容许范围内,即可将 JD_9'作为转点,否则应重设转点。用视距法定出 a、b,则 ZD′应横向移动的距离 e 可按下式计算

$$e = \frac{a}{a-b}f \tag{10-2}$$

将 ZD′按 e 值移至 ZD,重复上述方法,直至符合要求。

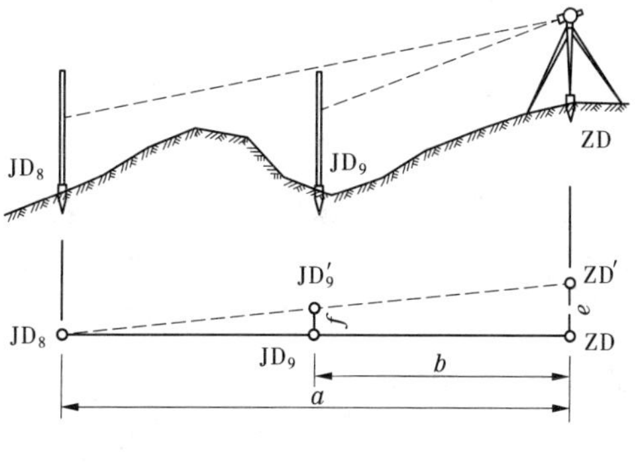

图 10-8　转点测设(转点位于交点之外)

(二)转角的测设

在线路交点上,要根据交点前后的转点测设线路的转向角,即转角。

测设好中线交点桩后,还应测出线路在交点处的偏转角(转向角),以便测设曲线。偏转角是线路中线在交点处由一个方向转到另一个方向时,转变后的方向与原方向延长线的夹角,用 α 表示,如图 10-9 所示。当偏转后的方向位于原方向左侧时,为左转角,记为 $\alpha_{左}$;当偏转后的方向位于原方向右侧时,为右转角,记为 $\alpha_{右}$。

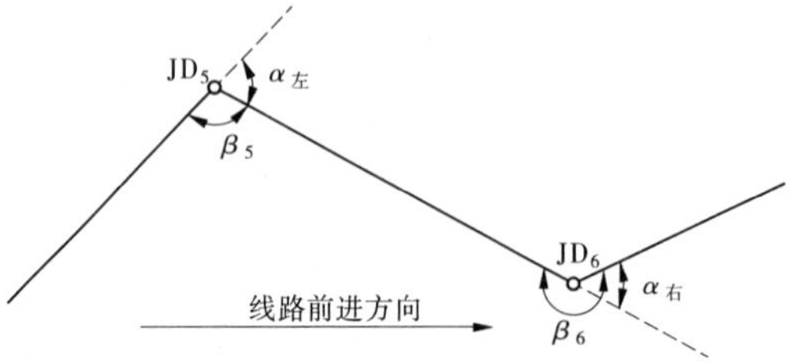

图 10-9　线路转向角

一般通过观测线路右侧的水平角来计算偏转角。观测时,将 DJ_6经纬仪安置在交点上,用测回法观测一个测回,取盘左、盘右的平均值,得到水平角 β。当 $\beta>180°$时为左转角,当 $\beta<180°$时为右转角。左转角和右转角的计算式分别为:

$$\alpha_{左} = \beta - 180° \qquad (10\text{-}3)$$

$$\alpha_{右} = 180° - \beta \qquad (10\text{-}4)$$

《公路勘测规范》(JTG C10—2007)规定:高速公路、一级公路应使用精度不低于 DJ_6 级经纬仪,采用方向观测法用一个测回测量右角 β。两个半测回间应变动度盘位置,角度限差为 ±20″, 取其平均值,并取位至 1″;二级及二级以下公路角度限差为 ±60″,取其平均值,并取位至 30″。

测定偏转角 β 后,在不变动水平度盘位置的情况下,定出该测角 β 的分角线方向,以便于测设圆曲线中点 QZ。

(三)里程桩的设置

路线中线上设置里程桩的作用是:标定路线中线的位置和长度,施测路线纵横断面的依据。设置里程桩的工作主要是定线、量距和打桩。距离测量可以用钢尺或测距仪,等级较低的公路可以用皮尺。

里程桩分为整桩和加桩两种,如图 10-10 所示,每个桩的桩号表示该桩距路线起点的里程。如某加桩距路线起点的距离为 6 543.21 m,则其桩号记为 K6 +543.21。

整桩是由路线起点开始,每隔 10 m、20 m 或 50 m 的整倍数桩号而设置的里程桩。

加桩分为地形加桩、地物加桩、曲线加桩和关系加桩,见图 10-10(b)、(c)。

地形加桩是指沿中线地面起伏突变处、横向坡度变化处以及天然河沟处等所设置的里程桩。地物加桩是指沿中线有人工构筑物的地方,如桥梁、涵洞处,路线与其他公路、铁路、渠道、高压线等交叉处,拆迁建筑物处,土壤地质变化处等加设的里程桩。曲线加桩是指曲线上设置的主点桩,如圆曲线起点(简称直圆点 ZY)、圆曲线中点(简称曲中点 QZ)、圆曲线终点(简称圆直点 YZ)。关系加桩是指路线上的转点(ZD)桩和交点(JD)桩。

钉桩时,对于交点桩、转点桩、距路线起点每隔 500 m 处的整桩、重要地物加桩(如桥、隧位置桩)以及曲线主点桩,均应打下断面为 6 cm×6 cm 的方桩(图 10-10(d)),桩顶钉以

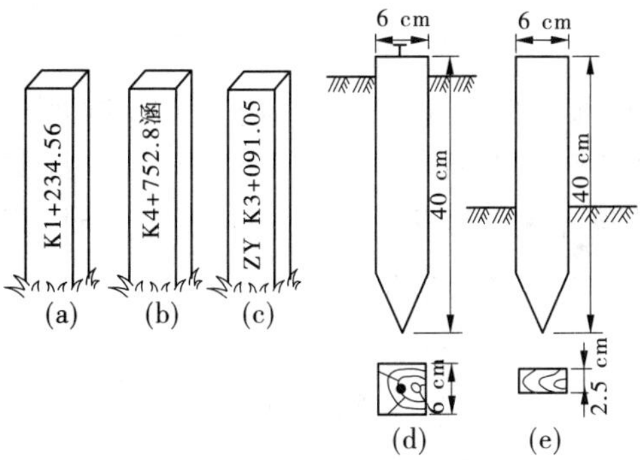

图 10-10　里程桩的种类

中心钉,桩顶露出地面约 2 cm,并在其旁边钉一指示桩(见图 10-10(e))。交点桩的指示桩应钉在圆心和交点连线外离交点约 20 cm 处,字面朝向交点。曲线主点的指示桩字面朝向圆心。其余里程桩一般使用板桩,一半露出地面,以便书写桩号,字面一律背向路线前进方向。

三、圆曲线的测设

当线路由一个方向转向另一个方向时,必须用曲线来连接。曲线的形式较多,其中,圆曲线是最基本的平面连接曲线,如图 10-11 所示。圆曲线半径 R 根据地形和工程要求按设计选定,由转角 α 和圆曲线半径 R(α 根据所测转角计算得到,R 则根据地形条件和工程要求在线路设计时选定),可以计算出图中其他各测设元素值。

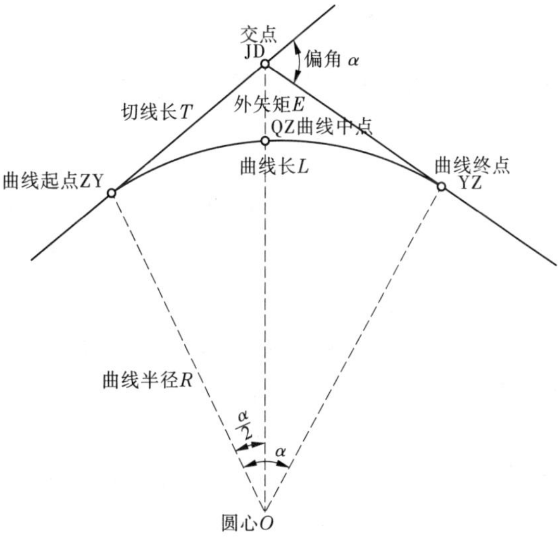

图 10-11　圆曲线的主点及测设元素

圆曲线的测设分两步进行,先测设曲线上起控制作用的主点(ZY、QZ、YZ),称为主点测设,然后以主点为基础,详细测设其他里程桩,称为详细测设,下面进行分述。

（一）主点测设

1. 主点测设元素的计算

为测设圆曲线的主点，即曲线起点（也称直圆点 ZY）、曲线中点（也称曲中点 QZ）、曲线终点（也称圆直点 YZ）的需要，应先计算出曲线的切线长 T、曲线长 L、外矢矩 E 和切曲差 q，这些元素称为主点的测设元素。根据图 10-11 可以写出其计算公式如下

$$T = R\tan\frac{\alpha}{2} \tag{10-5}$$

$$L = R\alpha\frac{\pi}{180} \tag{10-6}$$

$$E = R\left(\sec\frac{\alpha}{2} - 1\right) \tag{10-7}$$

$$q = 2T - L \tag{10-8}$$

式中：转角 α 以度（°）为单位。

2. 主点桩号的计算

曲线主点的桩号 ZY、QZ、YZ 是根据 JD 桩号和曲线测设元素计算的，计算公式如下

$$ZY_{桩号} = JD_{桩号} - T \tag{10-9}$$

$$QZ_{桩号} = ZY_{桩号} + \frac{L}{2} \tag{10-10}$$

$$YZ_{桩号} = QZ_{桩号} + \frac{L}{2} \tag{10-11}$$

$$YZ_{桩号} = JD_{桩号} + T - q \tag{10-12}$$

3. 圆曲线主点的测设

1）测设曲线起点（ZY）

在 JD 点安置经纬仪，后视相邻交点或转点方向，自 JD 点沿视线方向量取切线长 T，打下曲线起点桩 ZY。

2）测设曲线终点（YZ）

经纬仪照准前视相邻交点或转点方向，自 JD 点沿视线方向量取切线长 T，打下曲线终点桩 YZ。

3）测设曲线中点（QZ）

经纬仪照准前视（后视）相邻交点或转点方向，向测设曲线方向旋转角 β 的一半，沿着视线方向量取外矢矩 E，打下曲线中点桩 QZ。

（二）圆曲线的详细测设

当地形变化不大、曲线长度小于 40 m 时，测设曲线的 3 个主点已能满足设计和施工的需要。如果曲线较长、地形复杂，则除了测定 3 个主点以外，还需要按照一定的桩距 l（一般为 20 m、10 m 和 5 m），在曲线上测设整桩和加桩。测设曲线的整桩和加桩称为圆曲线的详细测设。圆曲线的详细测设方法很多，下面介绍两种常用的测设方法。

1. 偏角法

偏角法是一种极坐标定点的方法，它是用偏角和弦长来测设圆曲线的。

1）计算测设数据

如图 10-12 所示，圆曲线的偏角就是弦线和切线之间的夹角，以 δ 表示。为了计算和施

工方便，把各细部点里程凑整，曲线可以分为首尾两段零头弧长 l_1 、l_2 和中间几段相等的整弧长 l 之和，即

$$L = l_1 + nl + l_2 \tag{10-13}$$

弧长 l_1 、l_2 及 l 所对的相应圆心角为 φ_1、φ_2 及 φ 可以按照下列公式计算：

$$\varphi_1 = \frac{180°}{\pi} \times \frac{l_1}{R} \tag{10-14}$$

$$\varphi_2 = \frac{180°}{\pi} \times \frac{l_2}{R} \tag{10-15}$$

$$\varphi = \frac{180°}{\pi} \times \frac{l}{R} \tag{10-16}$$

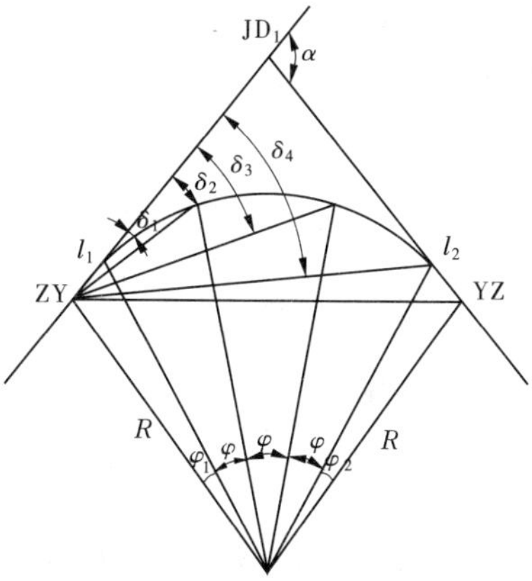

图 10-12　偏角法测设圆曲线

相对应弧长 l_1、l_2 及 l 的弦长 d_1、d_2、d 计算公式如下：

$$d_1 = 2R\sin\frac{\varphi_1}{2} \tag{10-17}$$

$$d_2 = 2R\sin\frac{\varphi_2}{2} \tag{10-18}$$

$$d = 2R\sin\frac{\varphi}{2} \tag{10-19}$$

曲线上各点的偏角等于相应弧长所对圆心角的一半，即

第 1 点的偏角　$$\delta_1 = \frac{\varphi_1}{2} \tag{10-20}$$

第 2 点的偏角　$$\delta_2 = \frac{\varphi_1}{2} + \frac{\varphi}{2} \tag{10-21}$$

第 3 点的偏角　$$\delta_3 = \frac{\varphi_1}{2} + \frac{\varphi}{2} + \frac{\varphi}{2} = \frac{\varphi_1}{2} + \varphi \tag{10-22}$$

终点 YZ 的偏角　$$\delta_r = \frac{\varphi_1}{2} + \frac{\varphi}{2} + \cdots + \frac{\varphi_2}{2} = \frac{\alpha}{2} \tag{10-23}$$

2）测设方法

（1）将经纬仪安置在曲线起点 ZY 上，以 0°00′00″后视 JD_1。

(2)松开照准部,置水平度盘读数为 1 点的偏角值 δ_1 ,在此方向上用钢尺量取弦长 d_1 ,钉出 1 点。

(3)将角拨至 2 点的偏角值 δ_2 ,将钢尺零刻划对准 1 点,以弦长 d 为半径,在经纬仪的方向线上,定出 2 点。

(4)再将角拨至 3 点的偏角值 δ_3 ,将钢尺零刻划对准 2 点,以弦长 d 为半径,在经纬仪的方向线上,定出 3 点,其余依次类推。

(5)最后拨角到转角的一半处,视线应通过曲线终点 YZ。最后一个细部点到曲线终点的距离为 d_2 ,以此来检查测设的质量。

用偏角法测设曲线细部点时,常因障碍物挡住视线或距离太长而不能直接测设,如图 10-13所示。经纬仪在曲线起点 ZY 上测设出细部点 1、2、3 后,建筑物挡住了视线,这时可以把经纬仪移到 3 点,使其水平度盘为 0°00′00″,用盘右后视 ZY 点,然后纵转望远镜,并使水平度盘对在 4 点的偏角值 δ_4 上,此时视线在 3 点至 4 点的方向上,量取弦长 d ,即可定出 4 点。其余点依次类推。

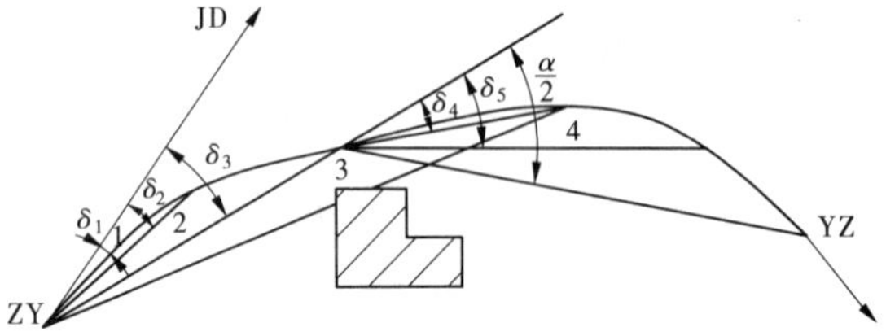

图 10-13　视线被遮挡住时的测设

2. 切线支距法

切线支距法又称直角坐标法。它是以曲线的起点(ZY)或终点(YZ)为坐标原点,以该点切线为 x 轴,过原点的半径为 y 轴建立坐标系,如图 10-14 所示。根据曲线上各细部点的坐标(x , y),按直角坐标法测设点的位置。

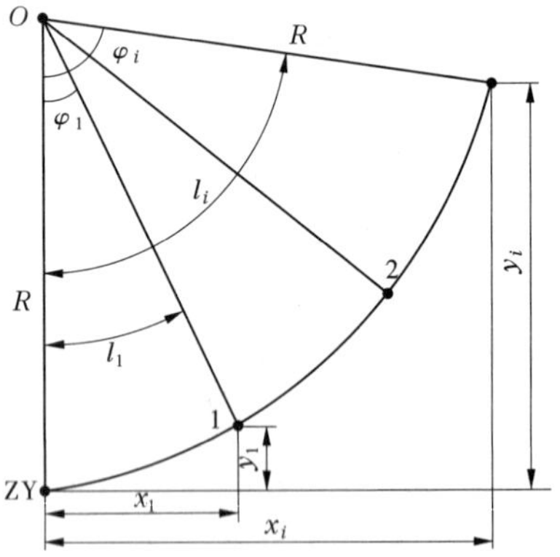

图 10-14　切线支距法测设圆曲线

1)计算测设数据

如图 10-14 所示,圆曲线上任一点的坐标为

$$\varphi_i = \frac{180°}{\pi} \times \frac{l_i}{R} \tag{10-24}$$

$$x_i = R\sin\varphi_i \tag{10-25}$$

$$y_i = R(1 - \cos\varphi_i) \tag{10-26}$$

2)测设方法

(1)在 ZY 点安置经纬仪,定出切线方向,沿视线方向分别量取 x_1 、x_2 、x_3 、…标定各点。

(2)在标定的各点上安置经纬仪拨直角方向,分别量取支距 y_1 、y_2 、y_3 、…由此得到曲线上 1、2、3、…各点的位置。

(3)曲线另一半也可以 YZ 为原点,用同样的方法测设。

(4)测量曲线上相邻点间的距离(弦长)与计算长度比较,以此作为测设工作的校核。

四、缓和曲线测设

(一)缓和曲线概述

当车辆由直线驶入曲线时,即从无穷大半径到一个定值半径,会产生离心力。离心力的大小除与行车速度有关外,还与圆曲线的曲率成正比,曲线半径越小,所产生的离心力越大。为保证行车安全,须用公路外侧超高或铁路外轨超高使车辆向曲线内侧倾斜来抵消这种离心力。但是,为使车辆能安全、迅速、平稳、舒适地在路线上从直线段进入曲线段,超高不应突然产生,需要在直线段与曲线段之间插入一段超高渐变的过渡曲线,即缓和曲线。

(二)带有缓和曲线的圆曲线要素计算与主点测设

在圆曲线与直线之间加入缓和曲线,成为具有缓和曲线的圆曲线,如图 10-15 所示,图中虚线部分为一转向角为 α、半径为 R 的圆曲线 FG,今欲在两侧插入长度为 l_0 的缓和曲线。圆曲线的半径不变而圆心将发生变化,使得移动后的曲线离切线的距离为 P。曲线起点沿切线向外侧移至 A 点,设 $AF = q$,同时从 A 点到 C 点之间用弧长为 l_0 的缓和曲线代替,故缓和曲线大约有一半在原圆曲线范围内,另一半在原直线范围内,缓和曲线的倾角即 $\angle COF = \beta_0$。

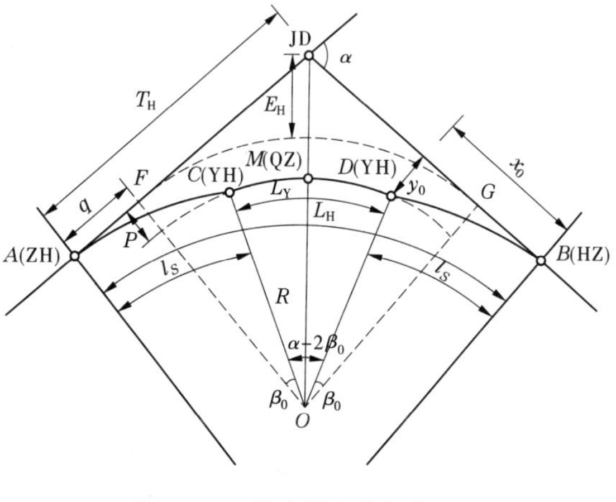

图 10-15 带有缓和曲线的圆曲线

1. 缓和曲线常数的计算

缓和曲线的常数包括缓和曲线的倾角 β_0、圆曲线的内移值 P 和切线外移量 q，根据设计部门确定的缓和曲线长度 l_0 和圆曲线半径 R，其计算公式如下：

$$\left.\begin{aligned} \beta_0 &= \frac{l_0}{2R}\frac{180°}{\pi} = \frac{l_0}{2R}\rho \\ P &= \frac{l_0^2}{24R} - \frac{l_0^4}{2\ 688R^3} \approx \frac{l_0^2}{24R} \\ q &= \frac{l_0}{2} - \frac{l_0^3}{240R^2} \approx \frac{l_0}{2} \end{aligned}\right\} \qquad (10\text{-}27)$$

2. 有缓和曲线的圆曲线要素计算

在计算出缓和曲线的倾角 β_0、圆曲线的内移值 P 和切线外移量 q 后，就可计算具有缓和曲线的圆曲线要素

切线长度 $$T = (R + P)\tan\frac{\alpha}{2} + q \qquad (10\text{-}28)$$

曲线长度 $$L = R(\alpha - 2\beta_0)\frac{\pi}{180°} + 2l_0 \qquad (10\text{-}29)$$

外矢距 $$E = (R + P)\sec\frac{\alpha}{2} - R \qquad (10\text{-}30)$$

切曲差 $$q = 2T - L \qquad (10\text{-}31)$$

3. 曲线主点里程的计算和主点的测设。

具有缓和曲线的圆曲线主点包括：直缓点 ZH、缓圆点 HY、曲中点 QZ、圆缓点 YH、缓直点 HZ。

1) 曲线主点里程的计算

曲线上各点的里程从一已知里程的点开始沿曲线逐点推算。一般已知 JD 的里程，它是从前一直线段推算而得，然后从 JD 的里程推算各控制点的里程。

$$\left.\begin{aligned} \mathrm{ZH}_{里程} &= \mathrm{JD}_{里程} - T \\ \mathrm{HY}_{里程} &= \mathrm{ZH}_{里程} + l_0 \\ \mathrm{QZ}_{里程} &= \mathrm{HY}_{里程} + (L/2 - l_0) \\ \mathrm{YH}_{里程} &= \mathrm{QZ}_{里程} + (L/2 - l_0) \\ \mathrm{HZ}_{里程} &= \mathrm{YH}_{里程} + l_0 \end{aligned}\right\} \qquad (10\text{-}32)$$

计算检核条件为

$$\mathrm{HZ}_{里程} = \mathrm{JD}_{里程} + T - D \qquad (10\text{-}33)$$

2) 曲线主点的测设

(1) ZH、QZ、HZ 点的测设。

ZH、QZ、HZ 点可采用圆曲线主点的测设方法。经纬仪安置在交点(JD)，瞄准第一条直线上的某已知点(D_1)，经纬仪水平度盘置零。由 JD 出发沿视线方向丈量 T，定出 ZH 点。经纬仪向曲线内转动 $\frac{\alpha}{2}$，得到分角线方向，在该方向线上沿视线方向从 DJ 出发丈量 E，定出 QZ 点。继续转动 $\frac{\alpha}{2}$，在该线上丈量 T，定出 HZ 点。如果第二条直线已经确定则该点就

应位于该直线上。

（2）HY、YH 点的测设。

ZH 和 HZ 点测设好后，分别以 ZH 和 HZ 点为原点建立直角坐标系，利用式（10-32）计算出 ZH、HZ 点的坐标，采用切线支距法确定 HY、YH 点的位置。

通过式（10-32）计算出 HY、YH 点的坐标，在 HY、YH 点确定后，可以采用切线支距法进行放样。如以 ZH ~ JD 为切线，ZH 为切点建立坐标系，按计算的直角坐标放样出 HY 点，同样可以测设出 YH 点的具体位置。

在以上主点确定后，应及时复核距离，然后分别设立对应的里程桩。

（三）带有缓和曲线的圆曲线的详细测设

1. 切线支距法

切线支距法是以 ZH 点（对于前半曲线）或 HZ 点（对于后半曲线）为坐标原点，以过原点的切线为 x 轴，过原点的半径为 y 轴，利用缓和曲线段和圆曲线段上的各点的坐标（x,y）测设曲线。

在缓和曲线段上各点坐标（x,y）可按下面缓和曲线的参数方程求得，即

$$\left.\begin{aligned} x &= l - \frac{l^5}{40R^2 l_0^2} \\ y &= \frac{l^2}{6Rl_0} - \frac{l^7}{336R^3 l_0^3} \end{aligned}\right\} \tag{10-34}$$

式中：l 为某点到 ZH 或 HZ 的曲线长。

在圆曲线段上各点的坐标可由图 10-16 按几何关系求得：

$$\left.\begin{aligned} x &= R\sin\varphi + q \\ y &= R(1 - \cos\varphi) + p \end{aligned}\right\} \tag{10-35}$$

式中：$\varphi = \frac{l - l_0}{r} \times \frac{180°}{\pi} + \beta_0$。

在计算出缓和曲线段和圆曲线段上各点的坐标（x,y）后，即可按用切线支距法测设圆曲线的方法进行测设。

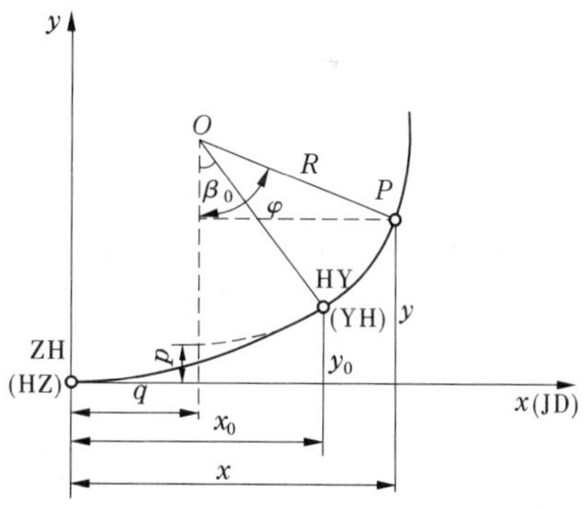

图 10-16　圆曲线段上的点的坐标

2. 偏角法

用偏角法详细测设带有缓和曲线的圆曲线时，其偏角应分两部分进行计算。

1）缓和曲线段上各点测设

对于缓和曲线段上的各点，可将经纬仪安置于缓和曲线的 ZH 点（或 HZ 点）上进行放样，如图 10-17 所示，设缓和曲线上任一点 $P(x,y)$ 的偏角值为 δ，由图可知：

$$\tan\delta = \frac{y}{x} \tag{10-36}$$

式中：x、y 可由曲线参数方程式（10-34）求得。

则

$$\delta = \arctan\frac{y}{x} \tag{10-37}$$

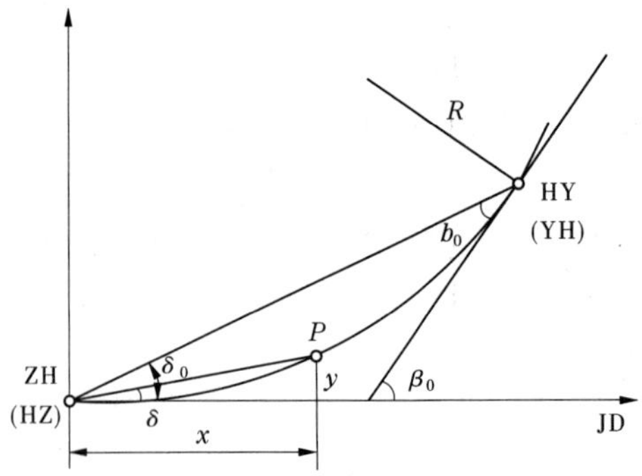

图 10-17 偏角法

在实际工作中,因偏角 δ 很小,一般取

$$\delta \approx \tan\delta = \frac{y}{x} \tag{10-38}$$

将曲线参数方程式(10-34)中 x、y 代入式(10-38),并略去高次项得

$$\delta = \frac{l^2}{6Rl_0} \tag{10-39}$$

在式(10-39)中,当 $l = l_0$ 时,可得 HY 点或 YH 点的总偏角值 δ_0,称为缓和曲线的总偏角,即

$$\delta = \frac{l_0}{6R} \tag{10-40}$$

由于

$$\beta_0 = \frac{l_0}{2R}$$

因此得

$$\delta_0 = \frac{1}{3}\beta_0 \tag{10-41}$$

由式(10-39)、式(10-40)、式(10-41)可得

$$\delta = \left(\frac{l}{l_0}\right)^2\delta_0 = \frac{1}{3}\left(\frac{l}{l_0}\right)^2\beta_0 \tag{10-42}$$

在按式(10-39)或式(10-42)计算出缓和曲线上各点的偏角值后,采用与偏角法测设圆曲线同样的步骤进行缓和曲线的测设。

2)圆曲线上各点测设

对于圆曲线段上各点的测设,应先将仪器安置于 HY 点或 YH 点上进行。这时只要定出 HY 点或 YH 点的切线方向,就可按前面所讲的一般的圆曲线的测设方法进行。如图 10-17所示,确定 HY 或者 YH 点的切线放线,关键是确定 b_0,根据几何关系有

$$b_0 = \beta_0 - \delta_0 = \frac{2}{3}\beta_0 \tag{10-43}$$

求得 b_0后,将仪器安置于 HY 点上,瞄准 ZH 点,将水平度盘读数配置为 b_0后,旋转照准部,使水平度盘读数为 0°00′00″时倒镜,此时视线方向即为 HY 的切线方向,然后按前面所讲的偏角法测设圆曲线段上的各点。

3. 极坐标法

用极坐标法测设带有缓和曲线的圆曲线时,首先要设定一个直角坐标系:可以 ZH 点或

者 HZ 点为坐标原点，以其切线方向为 x 轴，正向朝向交点 JD，自 x 轴正向顺时针旋转 90°为 y 轴正向。这时，曲线上任一点 P 的坐标(x,y)仍可按照式(10-34)或式(10-35)计算。但当曲线位于 x 轴正向左侧时，y 应为负值。

测设方法如下：

如图 10-18 所示，在待测设曲线附近选择一视野开阔、便于安置仪器的点 A，将仪器安置于坐标原点 O 上，测定 OA 的距离 S 和 x 轴正向顺时针旋转至 A 点的角度 α_{OA}（直线 OA 在设定坐标系中的方位角），则 A 点的坐标为

$$\left.\begin{aligned} x_A &= S\cos\alpha_{OA} \\ y_A &= S\sin\alpha_{OA} \end{aligned}\right\} \tag{10-44}$$

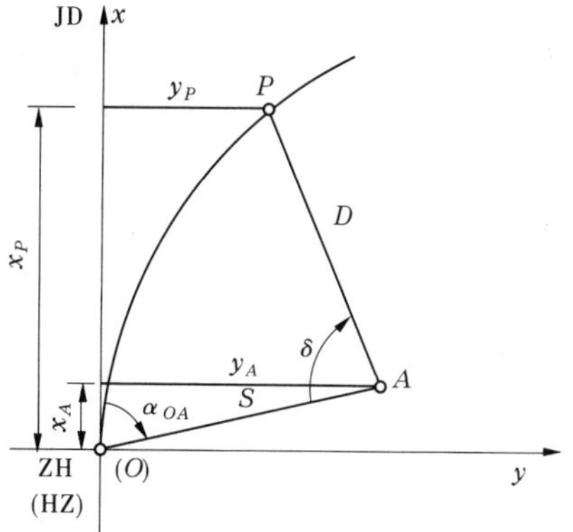

图 10-18　极坐标法

直线 AO 和 AP 在设定的坐标系中的为

$$\left.\begin{aligned} \alpha_{AO} &= \alpha_{OA} \pm 180° \\ \alpha_{AP} &= \arctan\frac{y_P - y_A}{x_P - x_A} \end{aligned}\right\} \tag{10-45}$$

则

$$\left.\begin{aligned} \delta &= \alpha_{AP} - \alpha_{AO} \\ D_{AP} &= \sqrt{(x_P - x_A)^2 + (y_P - y_A)^2} \end{aligned}\right\} \tag{10-46}$$

在按式(10-46)计算出曲线上各点测设角度和距离后，将仪器安置在 A 点，后视 O 点，并将水平度盘配置为 0°00′00″，然后拨角 δ，即得到 A 点至 P 点的方向线，沿此方向量取距离 D_{AP}，就可得到待放样点 P 的地面位置。曲线上其他点的位置都可按此方法测设。

由于全站仪进行点位测设的实质就是极坐标法放样，目前全站仪在各类线路工程中的使用非常广泛，极坐标法成为曲线测设中一种简便、迅速、快捷的方法。

五、道路纵横断面测量

（一）纵断面测量

当线路的平面位置在实地测设以后，应测量出各个里程桩的高程，以便绘制出表示沿线起伏情况的断面图和进行线路纵向坡度、桥涵位置、隧道洞口位置的设计以及土方量的计算等。纵断面的测量是用水准测量的方法测出道路中线上各里程桩的高程，然后根据里程桩

号和测出的相应点的高程，按一定比例绘制出线路纵断面图的。

铁路、公路、管线等线形工程在勘测设计阶段进行的水准测量，称为线路水准测量。线路水准测量一般分为两个部分进行：一是在沿线每隔一定距离设置一水准点，并按四等水准测量的方法测定其高程，称为基平测量。二是根据基平测量的水准点高程按图根水准测量的要求测量线路中线上各个里程桩的高程，称为中平测量。

1. 基平测量

（1）基平测量的水准点是线路水准测量的控制点，勘测设计阶段、施工阶段和运营阶段都要使用，因此一般点位选在线路沿线距离中心线 30 ~ 50 m 处、不受施工影响、使用方便和易于保存的地方。水准点的密度也要适当，一般每隔 1 ~ 2 km 一个，在桥涵、隧道等构筑物附近也要设置点位，作为施工引测高程的依据。

（2）基平测量在进行水准点高程测量时，首先应与国家高等级的水准点联测，以获得绝对高程，然后按四等水准测量的方法测定各水准点的高程。在沿线水准测量中应尽量与附近的国家水准点进行联测，以作为校核。

2. 中平测量

中平测量也称为中桩水准测量，进行中平测量时应起闭于基平测量的水准点上，按图根水准测量的技术要求沿中桩逐桩测量。在施测过程中，应同时检查中桩、加桩位置是否合适，里程桩号是否正确等，若发现错误或遗漏，需进行补测和修正。相邻基平测量水准点间的高差与中桩测量后高差的较差，不应超过 2 cm。由于中桩较多，中桩之间的距离一般不大，所以在一站上可以测量多个中桩点；当距离较远时，可以测设中间点，再在中间点上设站进行其他中桩测量。

3. 纵断面图的绘制

纵断面图是沿着中线方向绘制的反映沿线地面起伏和纵坡设计的现状图，是线路设计和施工中的重要文件资料。

纵断面图是以中桩的里程为横坐标、中桩的地面高程为纵坐标绘制的，一般情况下，绘图时横坐标的比例尺，也就是里程比例尺，应与线路带状地形图的比例尺一致；纵坐标的比例尺，也就是高程比例尺，一般比绘制里程比例尺大 10 倍，如当里程比例尺为 1∶1 000 时，绘制高程时的比例尺为 1∶100。

纵断面图的绘制方法如下：

（1）按照选定的比例尺绘制表示里程和高程的坐标轴线，填写里程桩号、地面高程、设计高程、设计坡度、土壤地质情况、直线及曲线元素，并计算和填写填挖高度等数据和资料。

（2）绘制地面线。首先选定纵坐标的起始高程，使绘出的地面线位置适中。然后根据中桩的里程和高程，在图上按纵横比例尺依次绘出各中桩的地面位置，再用直线将相邻点连接起来，就得到地面线。

（二）横断面测量

在线路设计中，只有线路的纵断面图还不能满足隧道、桥涵、路基等专业设计以及土石方量计算等方面的要求。因此，必须绘制出表示线路两侧地形起伏情况的横断面图。一般应在曲线控制点，公里桩以及线路纵、横向地形变化明显处测绘横断面图。

横断面图的测量是施测中桩处垂直于中线的两侧地面坡度变化点的高差以及与中桩间的水平距离，然后按一定比例尺展绘成横断面图。横断面施测的宽度应满足工程需要，一般要求在中线两侧各测 15 ~ 30 m。

横断面的方向，在直线部分应与中线垂直，在曲线部分应在该点的法线方向上。

1. 横断面的测量方法

1) 水准仪法

水准仪在适当位置安置后，以中桩为后视，依次以中线两侧横断面方向上的地面特征点为前视，读数到厘米，并用皮尺丈量各特征点到该中桩的水平距离，记录测量数据。此法适用于施测断面较窄的平坦地区。

2) 经纬仪法

将经纬仪安置在所在中线桩上，依次读取中线桩两侧各地形特征点的视距和竖直角，计算各观测点到中桩的水平距离和高差。此法适用于地形起伏变化较大的地区。

3) 全站仪法

将全站仪安置在所在中线桩上，依次读取中线桩两侧各地形特征点的水平距离和高差（或高程），记录所测数据。

2. 横断面图的绘制

1) 建立坐标系

绘制横断面图时均以中桩为原点，以水平距离为横坐标，高差为纵坐标。

2) 确定比例尺

为了计算横断面面积和确定路基的填、挖边界，横断面的水平距离和高差应是相同的，通常用 1∶100 或 1∶200。

3) 绘制方法

在图纸的适当位置绘出中心桩位置，并注上相应的桩号和高程，然后根据记录的水平距离和高差，按选定的比例尺绘出地面上各特征点的位置，并把路基的设计位置也绘制出来。

课题 2　管道施工测量

管道工程一般属于地下构筑物。在较大的城镇及工矿企业中，各种管道通常相互上下穿插，纵横交错。因此，在施工过程中，要严格按设计要求进行测量工作，并做到“步步有校核”，这样才能确保施工质量。

管道施工测量的主要任务是根据工程进度的要求，为施工测设各种基准标志，以便在施工中能随时掌握中线方向和高程位置。

一、管道施工准备测量

（一）熟悉图纸和现场情况

施工前，要认真研究图纸，了解设计意图及工程进度安排。到现场找到各交点桩、转点桩、里程桩及水准点位置。

（二）校核中线并测设施工控制桩

中线测量时所钉各桩，在施工过程中会丢失或被破坏一部分。为保证中线位置准确可靠，应根据设计及测量数据进行复核，并补充已丢失的桩。

在施工时由于中线上各桩要被挖掉，为便于恢复中线和其他附属构筑物的位置，应在不受施工干扰、引测方便和易于保存桩位处设置施工控制桩。施工控制桩分中线控制桩和附属构筑物的位置控制桩两种，如图 10-19 所示。

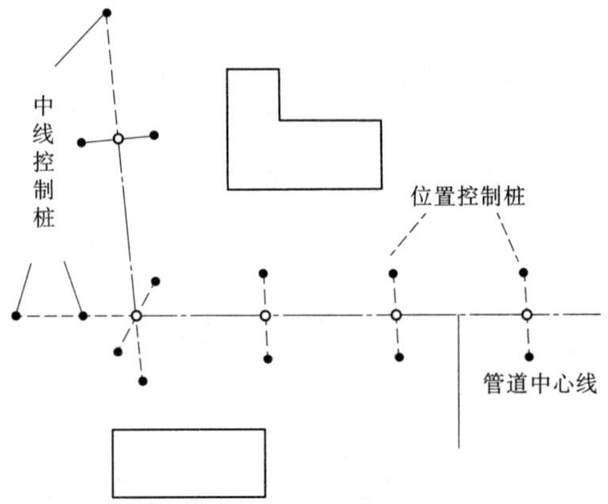

图 10-19　管道的施工控制桩

（三）加密控制点

为便于施工过程中引测高程，应根据原有水准点，在沿线附近每隔 150 m 增设一个临时水准点。

（四）槽口放线

槽口放线就是按设计要求的埋深和土质情况、管径大小等计算出开槽宽度，并在地面上定出槽边线位置，划出白灰线，以便开挖施工。

二、管道施工测量

管道施工测量的主要内容有：中线控制桩的测设、管道开挖边界线放线测量和管道坡度控制标志的测设。

（一）中线控制桩的测设

明挖管道施工时，管道中线桩将被挖掉。开挖后为了恢复管道中线位置和确定检查井位置，应在管线主点处的中线延长线上，测设中线控制桩；在检查井处垂直于中线方向测设检查井位置控制桩。如图 10-20 所示，这些控制桩应布设在不影响施工、引测方便和容易保存的地方。

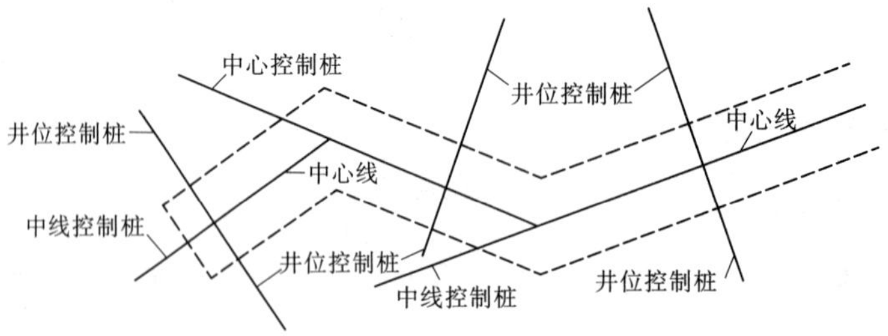

图 10-20　中线控制桩的测设

（二）管道开挖边界线放线测量

管道基槽开挖之前，根据中线位置进行开挖边界线放线测量工作。开槽宽度根据管道埋深、管径大小和土质情况通过计算确定。

(1)地面平坦时,中线两侧开挖宽度相等,如图 10-21(a)所示,计算公式为

$$\frac{B}{2}=\frac{b}{2}+mh \tag{10-47}$$

式中:b 为管槽底开挖宽度;m 为槽壁坡度系数;h 为管槽开挖深度;B 为管槽地面开口宽度。

(2)地面坡度较大,管槽挖深在 2.5 m 以内时,中线两侧开挖宽度不相等,如图 10-21(b)所示,计算公式为

$$B_1=\frac{b}{2}+mh_1 \tag{10-48}$$

$$B_2=\frac{b}{2}+mh_2 \tag{10-49}$$

式中:B_1 为中线左侧槽口开挖宽度;h_1 为中线左侧槽口边界线处开挖深度;B_2 为中线右侧槽口开挖宽度;h_2 为中线右侧槽口边界线处开挖深度;b 、m 意义同式(10-47)。

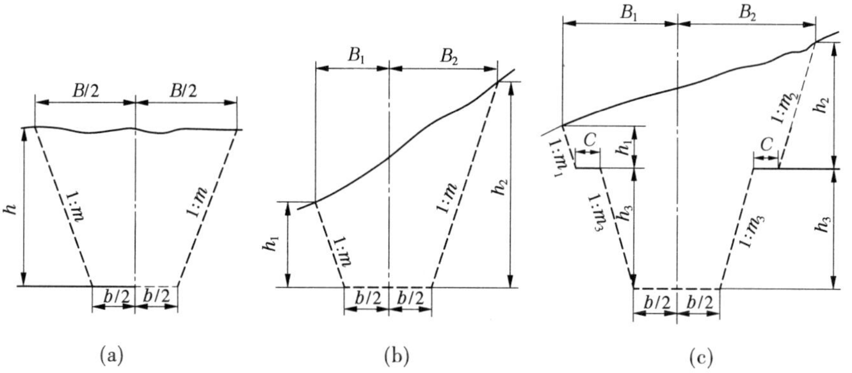

图 10-21　管道开挖边界线放线测量

(3)地面坡度较大,管槽挖深大于 2.5 m 时,中线两侧开挖宽度不相等,槽壁在某高程设有槽肩(即马道),如图 10-21(c)所示,计算公式为

$$B_1=b/2+m_1h_1+m_3h_3+C \tag{10-50}$$

$$B_2=b/2+m_2h_2+m_3h_3+C \tag{10-51}$$

式中:C 为槽肩宽度;其他符号意义同前。

求得中线左、右开挖宽度之后,按桩号将其宽度放线于地面上,并用白灰连线,即为管道开挖边界线的放线。

(三)管道坡度控制标志的测设

管道的铺设要按设计的管道中线、高程和坡度进行施工,因此在开槽前应设置控制管道中线、高程和坡高的施工测量标志。设置测量标志的方法,工程上常采用龙门板法和平行轴腰桩法。

放坡系数表见表 10-1。

表 10-1　放坡系数表

土类别	放坡起点（m）	人工挖土	机械挖土		
			在沟槽、坑内作业	在沟槽侧、坑边上作业	顺沟槽方向坑上作业
一、二类土	1.20	1∶0.5	1∶0.33	1∶0.75	1∶0.50
三类土	1.50	1∶0.33	1∶0.25	1∶0.67	1∶0.33
四类土	2.00	1∶0.25	1∶0.10	1∶0.33	1∶0.25

1. 沟槽、基坑中土壤类别不同时，分别按其放坡起点、放坡系数，依不同土类别厚度加权平均计算。

2. 计算放坡工程量时交接处的重复工程量不扣除，符合放坡深度规定时才能放坡，放坡高度应自垫层下表面至设计室外地坪标高计算。

1. 龙门板法

龙门板是由坡度板、高程板、中线钉和坡度钉组成的，如图 10-22 所示。

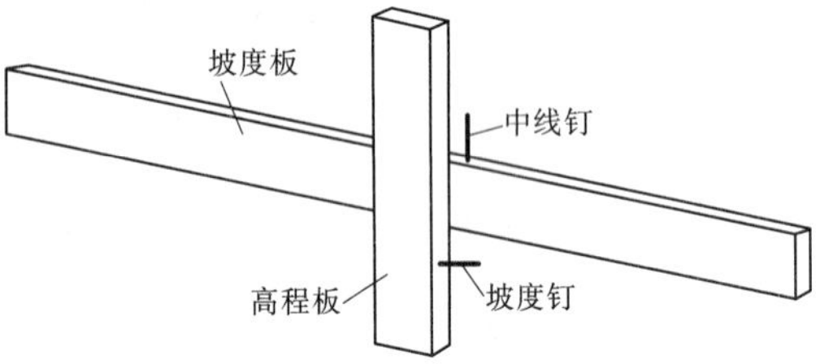

图 10-22　龙门板法

（1）龙门板的埋设。龙门板应该根据工程进度要求及时埋设。当管槽挖深在 2.5 m 以内时，应在开槽前沿管道中线每隔 10～20 m 埋设一块龙门板，遇到检查井等构筑物时，应加设龙门板；当管槽挖深大于 2.5 m 时，应等挖至距离槽底小于 2.5 m，再在槽内埋设龙门板，如图 10-23 所示。用机械开槽时，龙门板应根据工程进度在挖完土方后及时埋设。龙门板埋设要牢固，不得露出地面。如土质过于松软，要有加固措施。埋设龙门板时应注意使坡度板顶面近于水平。

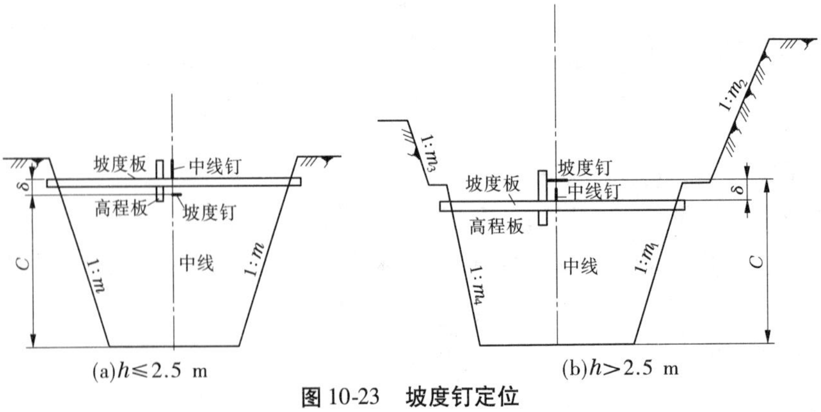

图 10-23　坡度钉定位

（2）测设中线钉。龙门板埋设之后，将经纬仪安置于管道中线控制点处，照准沿线的另一个中线控制桩，此时经纬仪的视线方向，即为管道中线方向。然后用经纬仪逐块照准坡度板顶面，把管道中线投影在坡度板顶面上，并在投影处钉中线钉标出中线位置。将坡度板上的中线钉连成线就得到管道中线。在连线上挂垂球即将管道中线投影到管槽底面上，从而给出管道铺设的正确平面位置。

(3)测设坡度钉。管道中线测设后，为了控制管道的设计坡度和高程，掌握管槽设计挖深，应根据附近的水准点，测出所有龙门板的坡度板顶面高程，再根据管道的设计坡度和龙门板所在位置，计算出龙门板处的管槽底面设计高程。可见，坡度板顶面高程与管槽底面设计高程之差，就是龙门板以下的挖深。此挖深通称为下返数。下返数往往不是整数，不便于施工时用来检查挖深，因此工程上常取下返数为 1.5 ~2.5 m 的预定整数，并以此整数测设坡度钉在高程板上的位置，具体做法是：根据坡度板顶高程、管底高程和选定的下返数求出调整数，其计算公式为

$$C - \delta = H_{顶} - H_{底} \tag{10-52}$$

则

$$\delta = C - (H_{顶} - H_{底}) \tag{10-53}$$

式中：$H_{顶}$为坡度板顶高程；$H_{底}$为龙门板处管底或垫层底高程；C 为坡度钉至管底或垫层底的距离，即下返数；δ 为调整数。

通过式(10-53)计算出各龙门板的调整数，进而确定坡度钉在高程板上的位置。若调整数为正，表示自坡度板顶往上量 δ 值，并在高程板上钉上坡度钉；若调整数为负，表示自坡度板顶往下量 δ 值，并在高程板上钉上坡度钉。

坡度钉定位之后，根据下返数及时测出开挖深度是否满足设计要求，这是检查欠挖或避免超挖的最简便方法。

测设坡度钉时，应注意以下几点：①坡度钉是施工中掌握高程的基本标志，必须准确可靠。为了防止误差超过限值或发生差错，应该经常校测，在重要工序施工(如浇混凝土基础、稳管等)之前和雨、雪天之后，一定要做好校核工作，保证高程的准确。②在测设坡度钉时，除校核本段外，还应联测已建成管道或已测设好的坡度钉，以防止因测量错误造成各段无法衔接的事故。③在地面起伏较大的地方，常需分段选取合适的下返数，在变换下返数处，一定要特别注明，正确引测，避免错误。④为了便于施工中掌握高程，每块龙门板上都应写上有关高程和下返数，供随时取用。

2. 平行轴腰桩法

当管道的管径较小、坡度较大而施工精度要求又较低时，施工测量一般不采用龙门板法，多采用平行轴腰桩法。其工作程序为：

(1)测设平行轴线放开挖线后，在挖槽之前，在管道中线一侧或两侧钉一排平行轴线桩，桩位在开挖边界线之外，距离管道中线为 a，如图 10-24 所示。桩距以 20 m 为宜，各检查井位置也相应在平行轴线上设桩。

(2)平行轴线桩高程测量。引用附近水准点，测出平行轴线桩顶高程，与对应的管底高程计算出挖深 h，如图 10-25(a)所示。

(3)控制管底高程。制作一个一边活动的直角尺，用活动边测挖深，及时检查平行轴线桩处的挖深 h_i，并与 h 进行比较，以便随时掌握挖深，如图 10-25(b)所示。

(4)钉腰桩。为了避免超挖和控制管底高程，当 h_i 接近 h 时，在槽壁上距底约 1 m 处钉一排与管道中线平行的腰桩，腰桩与中线距离为 b，如图 10-25(c)所示。

(5)测量腰桩高程。根据已知水准点求得腰桩高程，并求出腰桩高程与对应位置的管

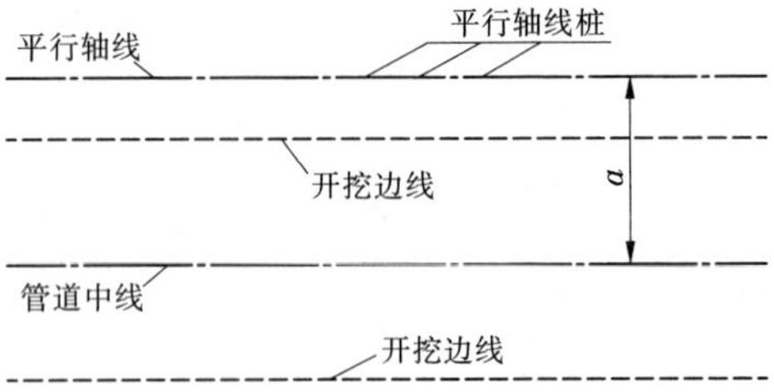

图 10-24　测设平行轴线

底设计高程之差 h_b，如图 10-25（c）所示。通过腰桩利用 b 和 h_b 即可确定管道铺设的正确位置。为了方便施工，按桩号将 b 和 h_b 列成表格，供施工时查用。

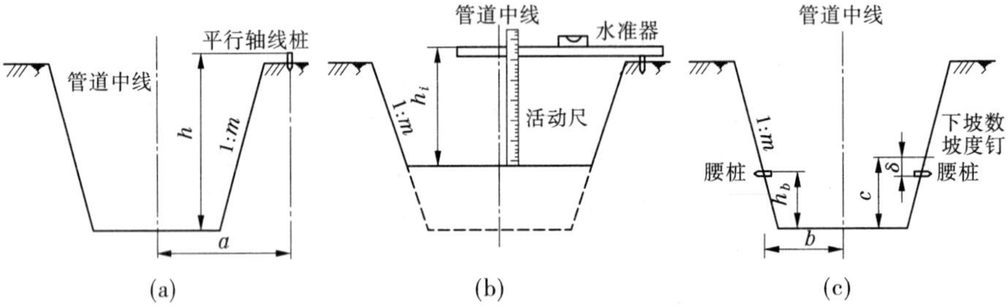

图 10-25　高程测量与控制

逐桩列表很烦琐，也可以采用下返数取整数的方法，根据下返数从腰桩垂直向上或向下钉出坡度钉，施测方法同龙门板法，如图 10-25（c）所示。

三、顶管施工测量

当管道穿越铁路、公路或重要建筑物时，为了避免大量的拆迁工作和保证原有建筑物不被破坏，往往不允许开挖沟槽，而采用顶管施工的方法。这种方法，随着机械化施工程度的提高，已经被广泛地采用。

此方法是在管道的一端和一定长度内，先挖好工作坑，在坑内安置导轨，将管筒放在导轨上，然后用顶镐将管筒沿管线方向顶进土中，并挖出管内泥土。顶管施工比开挖沟槽施工复杂，精度要求高。顶管施工中测量工作的主要任务是掌握好管道中线方向、高程和坡度。

（一）顶管测量的准备工作

1. 设置中线桩

中线桩是工作坑放线和控制管道中线的依据。首先根据设计图上管道的要求，利用经纬仪将中线桩分别测设在工作坑的前后，让前后两个中线桩互相通视，然后确定工作坑开挖边界。工作坑的开挖尺寸一般为 4 m × 6 m 或 5 m × 7 m（可根据管径、管长和顶管机械而定），开挖边界取决于坑的深度和开槽坡度（开槽坡度取决于土质），开挖边界用白灰线表示。

工作坑开挖到设计高程时，可将中线桩引测到坑壁上，并钉立大钉或木桩，此桩称为顶管中线桩，以此标定顶管的中线位置，如图 10-26 所示。

2. 设置坡度板和水准点

在工作坑开挖到一定深度后，即可在坑的两端牢固埋设坡度板，然后根据中线桩把管道

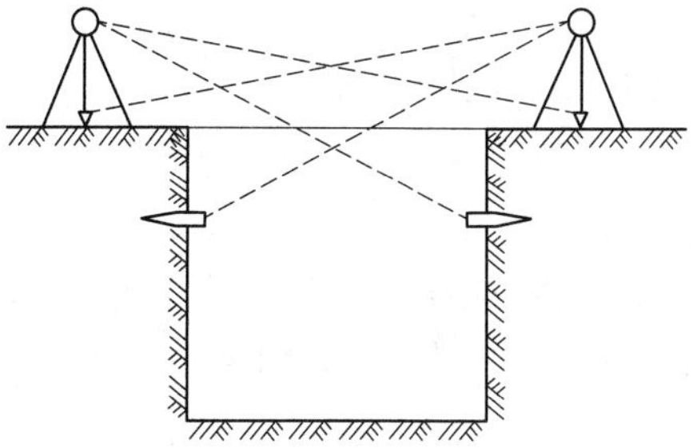

图 10-26　顶管位置中线标定

中线测设在坡度板上，并钉上中心钉。再钉高程板，按设计要求放样出坡度钉的位置。中心钉是管道顶进过程中的中线依据，坡度钉是控制挖槽深度和安装导轨的依据。

为了控制管道按设计高程和坡度顶进，需要在工作坑内设置临时水准点，一般要求设置两个，以便相互检核。

3. 导轨的计算与安装

顶管时，坑内要安装导轨，以控制顶进方向和高程。导轨常用铁轨，如图 10-27 所示，或断面为 15 cm×20 cm 的方木。导轨一般安装在混凝土垫层上，垫层面的高程及坡度都应符合设计要求。

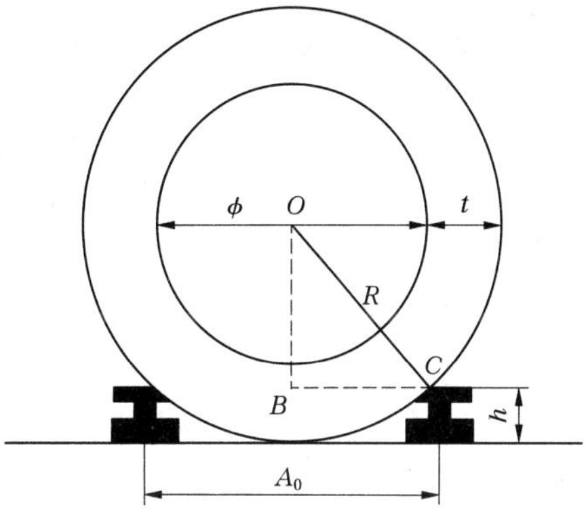

图 10-27　常用导轨

为了准确地安装导轨，应先算出导轨间距 A_0；使用木导轨时还应计算出导轨抹角 x 值和 y 值（y 值一般规定为 5 cm）。

铁轨导轨间距 A_0 的计算，从图 10-27 可以看出

$$A_0 = 2 \times BC + \text{导轨顶宽} \tag{10-54}$$

$$BC = \sqrt{R^2 - (R - h)^2} \tag{10-55}$$

式中：R 为管外壁半径；h 为铁轨高度。

根据计算的导轨间距安装导轨，根据顶管中线桩及水准点检查中心线和高程，准确无误后，将导轨固定。

（二）顶进中的测量工作

在顶管施工过程中，测量的主要任务是控制中线方向、高程和坡度。

1. 中线测量

在坑内两个中线桩之间拉一条细线，并在细线上挂两个垂球，两个垂球的连线即为顶管

中线方向。在管内设置一把横放水平尺，尺长略小于管的内径，尺上有刻划及中心钉。顶管时用水准器将尺放平，通过管外两垂球，投入管内一条细线，与水平尺的中心钉作比较，即可测量出顶管中心是否有偏差。若偏差超过1.5 cm，则需要校正管子。

2. 高程测量

将水准仪安置在坑内，以临时水准点为后视，在管内前进方向上，竖立一根略小于管内径而有分划的木尺作为前视，即可求出待测点的高程。将测得的高程与设计高程相比较，其差值超过±1 cm时就需要校正。

在顶进过程中，每顶进0.5 m需要进行一次中线和高程测量，以保证施工质量。如果误差在限差之内，可继续顶进。

短距离顶管（小于50 m）可按上述方法进行测设。当距离较长时，需要分段施工，一般100 m设一个工作坑，采用对向顶管施工方法，在贯通时管子错口不得超过3 cm。

课题3　道路及桥梁施工测量

一、道路施工测量技术

道路施工测量主要是配合道路的施工来进行的。主要工作包括：施工控制桩的测设、路基测设、竖曲线测设等。

（一）施工控制桩的测设

由于中桩在路基施工中会被破坏，所以需要在容易保存桩位、不受施工影响又便于引测的地方测设施工控制桩，作为道路中线和中线高程控制的依据。为了给施工提供依据，施工控制桩的连线最好平行于道路中线。常用的测设方法有以下几种。

1. 平行线法

平行线法是在设计的路基宽度以外，测设两排平行于中线的施工控制桩，如图10-28所示。控制桩的间距一般取10～20 m。

2. 延长线法

延长线法是在路线转折处的中线延长线上以及曲线中点至交点的延长线上测设施工控制桩，如图10-29所示。控制桩至交点的距离应量出并作记录。

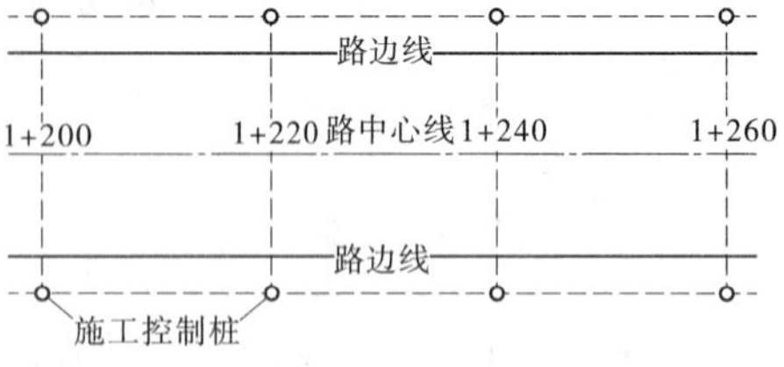

图10-28　平行线法

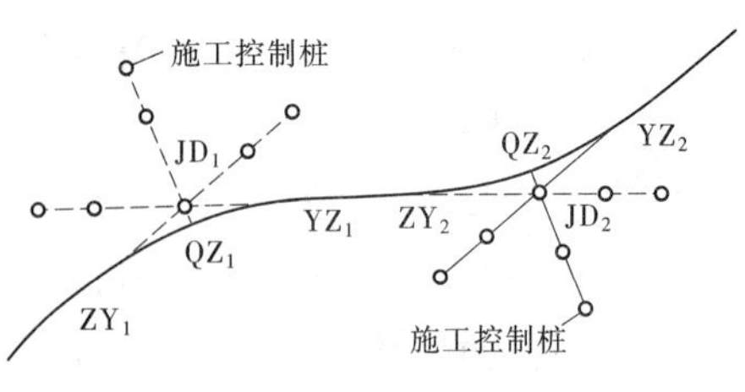

图10-29　延长线法

（二）路基测设

路基测设就是根据横断面设计图及中桩填挖深度，测设路基的坡脚、坡顶以及路面中心位置等，作为施工时填挖边界线的依据。通常，把高出地面的路基称为路堤，低于地面的路基称为路堑。

1. 路基边坡桩的测设

如图 10-30 所示，在平坦地面上，拟放样路堤两边坡桩 A、B。b 为路基宽度；h 为填土高度；$1:m$ 为边坡坡度，$1/m = h/a$；由此可计算中桩到边坡桩的水平距离

$$L_{左} = L_{右} = \frac{b}{2} + a = \frac{b}{2} + mh \tag{10-56}$$

如图 10-31 所示，路堑边桩至中桩的距离为

$$L = L_{左} = \frac{b}{2} + S + mh \tag{10-57}$$

式中：S 为路堑边沟的顶宽。

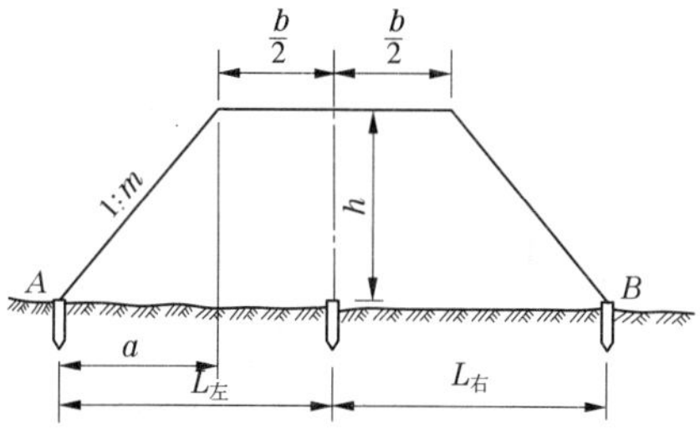

图 10-30　路堤测设

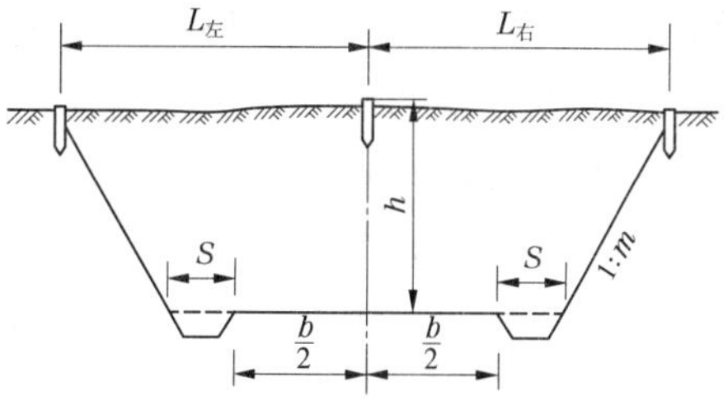

图 10-31　路堑测设

因此，在中桩的横断面方向上，由中桩向两侧量出 $L_{左}$、$L_{右}$ 的距离，即得到 A、B 两点。

如果地面倾斜（见图 10-32），放样边桩时，按下式计算边坡桩的距离

$$\left.\begin{aligned} L_{左} &= \frac{b}{2} + S + mh_{左} \\ L_{右} &= \frac{b}{2} + S + mh_{右} \end{aligned}\right\} \tag{10-58}$$

由于地面倾斜，边桩的位置无法确定，因而 $h_{左}$、$h_{右}$ 也不能确定，只能知道其大概位置，由此测定左右两边高差，计算出 $h_{左}$、$h_{右}$，逐渐趋近找到边坡桩的位置。

2. 路基边坡及路基高程的测设

边坡桩标定后，还应标定其高程。一般可在路基边竖立一竹竿（见图 10-33），将高差 h 标于竹竿上，由此用细绳连接边坡桩，即得路基边坡。如果路基填筑较高，可分层拉线。

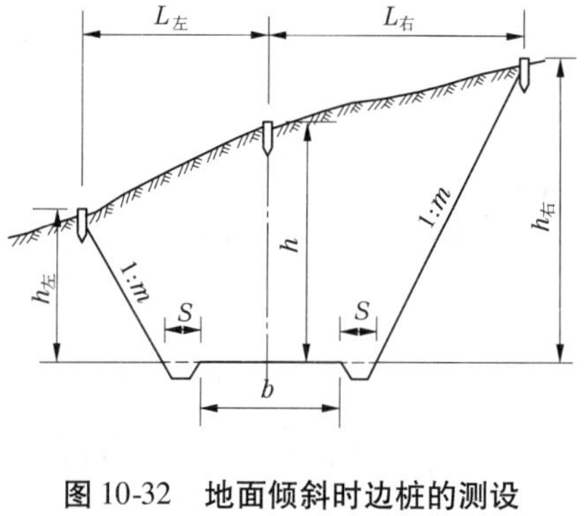

图 10-32　地面倾斜时边桩的测设

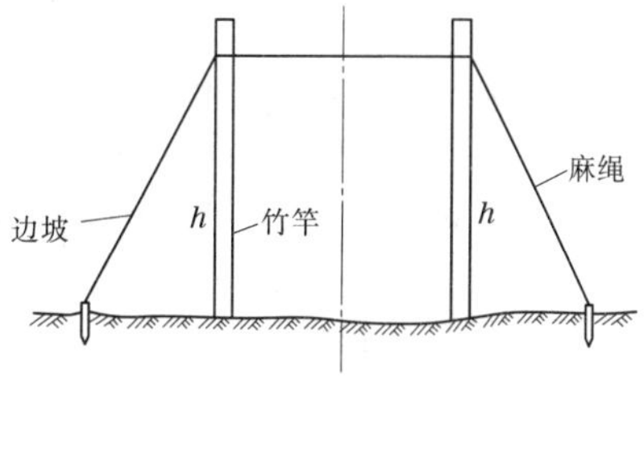

图 10-33　路基边坡的测设

有时也可做一边坡尺，其坡度为 $1:m$，在施工过程中用此尺检查边坡是否符合施工要

求。当路基填筑接近设计高程时，进行路基抄平，以指导路基施工。

（三）竖曲线测设

道路在纵向上是高低起伏的，当纵向坡度发生变化，且两坡度的代数差超过一定范围时，会给行车安全带来不利影响。通常在线路的纵向变化处，考虑行车的平稳和视距受限，在竖直面内用圆曲线连接，这种曲线称竖曲线。如图 10-34 所示，竖曲线有凸形和凹形两种。

竖曲线在进行测设时方法同平面圆曲线的测设方法一致，在此不再赘述。

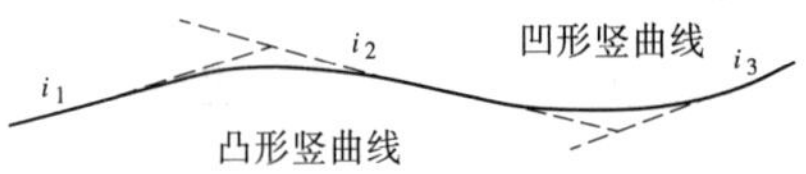

图 10-34 竖曲线

二、桥梁施工的控制测量

在桥梁施工中，测量的主要任务是准确测设出桥墩、桥台的位置和跨越结构的各部分的尺寸。为了按规定精度求出桥轴线的长度和测设墩台的位置，通常需要建立桥梁控制网。

（一）平面控制测量

平面控制测量的传统方法是采用三角网、测边网及边角网等形式。测角网、测边网及边角网只是观测要素不同，而观测方法及布设形式是相同的。桥位控制网布设形式如图 10-35 所示，图 10-35（a）为双三角形，图 10-35（b）为四边形，图 10-35（c）为较大河流上采用的双四边形。

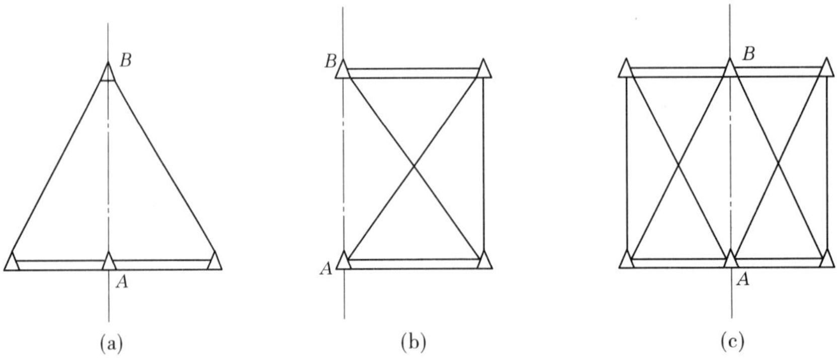

图 10-35 桥位平面控制网布设形式

桥位三角网布设时应满足如下要求：

（1）满足三角点选点的一般要求；

（2）控制点要选在不被水淹、不受施工干扰的地方；

（3）桥轴线应与基线一端连接且尽可能正交；

（4）基线长度一般不小于桥轴线长度的 0.7 倍，困难地段不小于 0.5 倍。

桥位三角网的主要技术要求应符合表 10-2 的规定。

表 10-2 桥位三角网主要技术指标

等级	桥轴线长度（m）	测角中误差（″）	桥轴线相对中误差	基线相对中误差	三角形最大闭合差（″）
五	501～1 000	±5.0	1/20 000	1/40 000	±15.0
六	201～500	±10.0	1/10 000	1/20 000	±30.0
七	≤200	±20.0	1/5 000	1/10 000	±60.0

桥位三角网基线观测采用精密量距的方法或测距仪测距的方法，三角网水平角观测采用方向观测法。

（二）高程控制

桥位的高程控制，是指在路线上通过水准测量的方法设立一系列水准点，以指导桥梁施工。在由河的一岸到另一岸时，由于过河路线较长，两岸水准点的高程应采用跨河水准测量的方法建立。桥梁在施工过程中，还必须加设施工水准点。所有桥址高程水准点不论是基本水准点还是施工水准点，都应根据其稳定性和应用情况定期检测，以保证施工高程放样测量和以后桥梁墩台变形观测的精度。检测间隔期一般在标石建立初期应短一些，随着标石稳定性逐步提高，间隔期亦逐步加长。桥址高程控制测量采用的高程基准必须与其连接的两端路线所采用的高程基准完全一致，一般多采用国家高程基准。跨河水准跨越的宽度大于300 m时，必须参照《国家水准测量规范》，采用精密水准仪观测。

过河水准测量采用两台水准仪同时对向观测，两岸测站点和立尺点布设形式，如图10-36所示，图中 A 、B 为立尺点，C 、D 为测站点，要求 AD 和 BC 的距离基本相等，AC 与 BD 的距离也基本相等，且 AC 和 BD 不小于10 m。

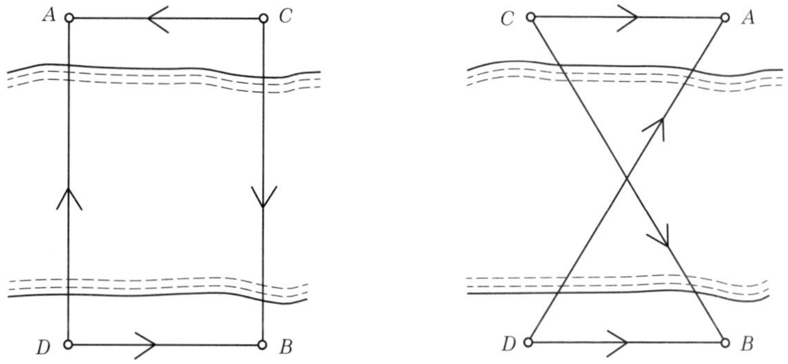

图10-36　跨河水准测量

三、桥梁墩台测设

桥梁墩台测设是桥梁施工测量中的关键工作。水中桥墩的基础施工定位时，采用方向交会法，这是由于水中桥墩基础一般采用浮运法施工，目标处于浮动中的不稳定状态，在其上无法使测量仪器稳定。在已稳固的墩台基础上定位，可以采用方向交会法、距离交会法或全站仪极坐标法。同样，桥梁上层结构的施工放样也可以采用这些方法。

（一）方向交会法定位

如图10-37所示，AB 为桥轴线，C、D 为桥梁平面控制网中的控制点，P_i 点为第 i 个桥墩设计的中心位置（待测设的点）。在 A、C、D 三点上各安置一台经纬仪。A 点上的经纬仪瞄准 B 点，定出桥轴线方向；C、D 两点上的经纬仪均先瞄准 A 点，并分别测设根据 P_i 点的设计坐标和控制点坐标计算出的 α、β 角，以正倒镜分中法定出交会方向线。

由于测量误差的影响，从 C、A、D 三点指示的三条方向线一般不会正好交会于一点，而构成误差三角形（$\triangle P_1P_2P_3$）。如果误差三角形在桥轴线上的边长（P_1P_3）在容许范围之内（对于墩底放样为2.5 cm，对于墩顶放样为1.5 cm），则取 C、D 两点指示方向线的交点 P_2 在

桥轴线上的投影 P_i 作为桥墩放样的中心位置。

在桥墩施工中随着桥墩的逐渐增高，中心的放样工作需要重复进行，且要求迅速、准确。因此，在第一次求得正确的桥墩中心位置 P_i 以后，将 CP_i 和 DP_i 方向线延长到对岸，设立固定的瞄准标志 C'、D'，如图 10-38 所示。以后每次作方向交会法放样时，从 C、D 点直接瞄准 C'、D' 点，即可恢复对 P_i 点的交会方向。

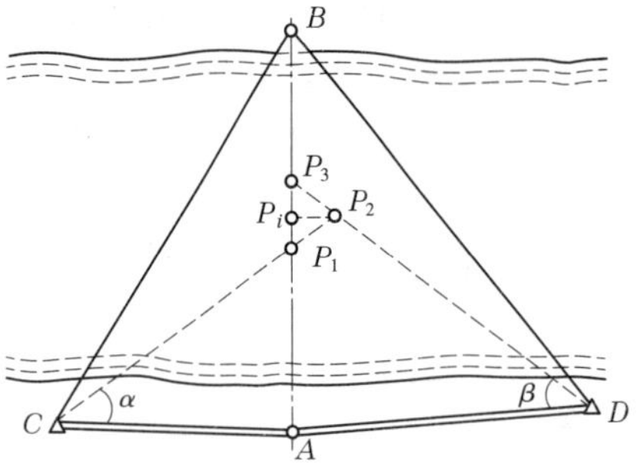

图 10-37　交会法

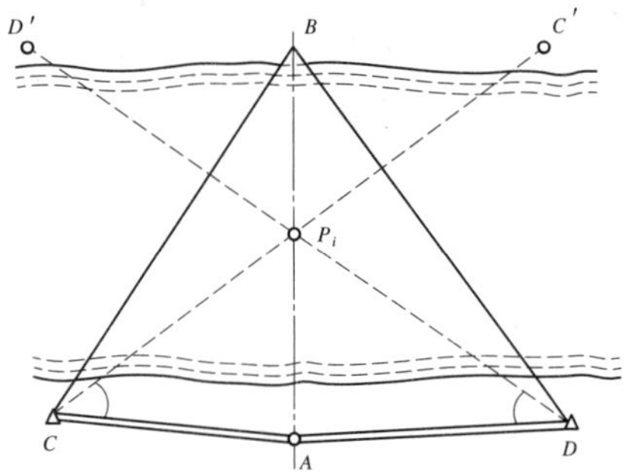

图 10-38　方向交会的固定瞄准目标

（二）全站仪极坐标法定位

用全站仪进行桥梁墩台定位，简便、快速、精确，只要在墩台中心处可以安置反射棱镜，而且仪器与棱镜能够通视，即使其间有水流障碍亦可进行。

在使用全站仪并在被测设的点位上可以安置棱镜的条件下，若用极坐标法放样桥墩中心位置，可以将仪器放于任何控制点上，按计算的放样标定要素即水平角度和距离测设点位。测设时最好将仪器置于桥轴线的一个控制桩上，瞄准另一控制桩，此时望远镜所指方向为桥轴线方向。在此方向上移动棱镜，通过放样模式，定出各墩台中心位置。这样测设可有效地控制横向误差。

若在桥轴线控制桩上测设有障碍，可将仪器置于任何一个控制点上，利用墩台中心的坐标进行测设。为了确保测设点位的准确，测后应将仪器迁至另一控制点上，按上述程序测设一次，以进行校核。只有两次测设的位置满足限差要求才能停止。

四、桥梁施工测量

桥梁架设是桥梁施工的最后一道工序。桥梁梁部结构较复杂，要求对墩台方向、距离和高程用较高的精度测定，作为架梁的依据。

墩台施工时，对其中心点位、中线方向和垂直方向以及墩顶高程都作了精密测定，但当时是以各个墩台为单元进行的。架梁时需要将相邻墩台联系起来，考虑其相关精度，要求中心点间的方向距离和高差符合设计要求。

桥梁中心线方向测定，在直线部分采用准直法，用经纬仪正倒镜观测，刻划方向线。如果跨距较大（>100 m），应逐墩观测左、右角。在曲线部分，则采用测定偏角的方法。

相邻桥墩中心点间距离用光电测距仪观测，适当调整使中心点里程与设计里程完全一致。在中心标板上刻划里程线，与已刻划的方向线正交，形成墩台中心十字线。

墩台顶面高程用精密水准测定，构成水准路线，附合到两岸的基本水准点上。

大跨度钢桁架或连续梁采用悬臂或半悬臂安装架设，拼装开始前，应在横梁顶部和底部分中点做出标志，架梁时，用以测量钢梁中心线与桥梁中心线的偏差值。

在梁的拼装开始后，应通过不断的测量保证钢梁始终在正确的平面位置上，立面位置（高程）应符合设计的大节点挠度和整跨拱度的要求。

如果梁的拼装是自两端悬臂、跨中合龙，则合龙前的测量重点应放在两端悬臂的相对关系上，如中心线方向偏差、最近节点高程差和距离差要符合设计和施工的要求。

全桥架通后，作一次方向、距离和高程的全面测量，其成果资料可作为钢梁整体纵、横移动和起落调整的施工依据，称为全桥贯通测量。

课题 4　高速铁路施工测量

根据 UIC（国际铁道联盟）的定义，高速铁路是指营运速度达每小时 200 km 的铁路系统。高速铁路除了列车在营运速度达到一定标准外，车辆、路轨、操作都需要配合提升。广义的高速铁路包含使用磁悬浮技术的高速轨道运输系统。

一、高速铁路施工测量的目的

高速铁路精密工程测量的目的是通过建立各级平面高程控制网，在各级精密测量控制网的控制下，实现线下工程按设计线形准确施工和保证轨道铺设的精度能满足旅客列车高速、安全行驶。

高速铁路旅客列车行驶条件下，旅客列车的安全性和舒适性，要求：

（1）线路严格按照设计的线形施工，即保持精确的几何线形参数。

（2）轨道必须具有非常高的平顺性，精度要保持在毫米级的范围以内。

为了满足上述要求，应根据线下工程和轨道铺设的精度要求设计高速铁路的各级平面高程控制网测量精度。

二、高速铁路精密工程测量特点

（一）高速铁路精密测量控制网按分级布网的原则布设

客运专线铁路轨道必须具有非常精确的几何线性参数，精度要保持在毫米级的范围以内，测量控制网的精度在满足线下工程施工控制测量要求的同时必须满足轨道铺设的精度要求，使轨道的几何参数与设计的目的位置之间的偏差保持最小。轨道的外部几何尺寸体现出轨道在空间中的位置和高程，根据轨道的功能和周围相邻建筑物的关系来确定，由其空间坐标进行定位。轨道的外部几何尺寸的测量也称为轨道的绝对定位，轨道的绝对定位通过各级平面高程控制网组成的测量系统来实现，从而保证轨道与线下工程路基、桥梁、隧道、站台的空间位置相匹配协调。如果一次性建成高等级的控制网，则控制测量的费用巨大，也会造成不必要的浪费。由此可见，必须按分级控制的原则建立铁路测量控制网。

客运专线铁路工程测量平面控制网第一级为基础平面控制网（CPⅠ），第二级为线路控制网（CPⅡ），第三级为轨道控制网（CPⅢ）。各级平面控制网的作用和精度要求为：

（1）CPⅠ主要为勘测、施工、运营维护提供坐标基准，采用 GPS B 级网精度要求施测。

（2）CPⅡ主要为勘测和施工提供控制基准，一般采用 GPS C 级网精度要求施测。

（3）CPⅢ主要为铺设无砟轨道和运营维护提供控制基准，一般采用自由设站后方交会的方法施测。CPⅢ主要强调内符合精度，点位相对精度不超过 ±1 mm。

(二)高速铁路精密工程测量"三网合一"的测量体系

高速铁路工程测量的平面、高程控制网，按施测阶段、施测目的及功能不同分为勘测控制网、施工控制网、运营维护控制网。我们把高速铁路工程测量这三个阶段的控制网，简称"三网"。

(1)勘测控制网包括：CPⅠ控制网、CPⅡ控制网、二等水准基点控制网。

(2)施工控制网包括：CPⅠ控制网、CPⅡ控制网、水准基点控制网、CPⅢ控制网。

(3)运营控制网包括：CPⅡ控制网、水准基点控制网、CPⅢ控制网、加密维护基标。

为保证控制网的测量成果质量满足高速铁路勘测、施工、运营维护三个阶段测量的要求，适应高速铁路工程建设和运营管理的需要，三阶段的平面、高程控制测量必须采用统一的基准。即勘测控制网、施工控制网、运营维护控制网均采用 CPⅠ为基础平面控制网，以二等水准基点网为基础高程控制网，简称为"三网合一"。"三网合一"的内容和要求如下：

(1)勘测控制网、施工控制网、运营维护控制网坐标高程系统的统一。

在高速铁路的勘测设计、线下施工、轨道施工及运营维护的各阶段均采用坐标定位控制。因此，必须保证三网的坐标高程系统的统一，才能使高速铁路的勘测设计、线下施工、轨道施工及运营维护工作顺利进行。

(2)勘测控制网、施工控制网、运营维护控制网起算基准的统一。

高速铁路勘测控制网、施工控制网、运营维护控制网平面测量应以基础平面控制网 CPⅠ为平面控制基准，高程测量应以二等水准基点为高程控制测量基准。

"三网合一"是高速铁路采用坐标进行线路的勘测设计、工程施工以及运营维护管理的前提。在"三网合一"基础上，线路及其附属建筑物的里程和坐标一一对应，每一个里程只有一个唯一的坐标(x,y,h)，使施工和运营维护能够严格按照设计的线形进行施工和养护，保证高速铁路轨道的平顺性，同时也为工务管理信息化和构建数字化铁路创造条件。"三网合一"是高速铁路工程测量技术体系的基础和核心。

(三)高速铁路工程测量平面坐标系统

应采用边长投影变形值≤10 mm/km 的工程独立坐标系。

高速铁路工程测量精度要求高，施工中要求由坐标反算的边长值与现场实测值一致，即所谓的尺度统一。由于地球是个椭球曲面，地面上的测量数据需投影到施工面上，由曲面的几何图形投影到平面时，不可避免地会产生变形。采用国家 3°带投影的坐标系统，在投影带边缘的边长投影变形值达到 340 mm/km，这对无砟轨道的施工是很不利的，对工程施工的影响呈系统性。从理论上来说，边长投影变形值越小越有利。德国高速铁路采用 MKS 定义的特殊技术平面坐标系统。MKS 可根据需要把地球表面正形投影到设计和计算平面上，发生的(不可避免的)长度变形限定在 10 mm/km 的数量级上，即投影变形误差控制在 1/100 000以内。在京津城际高速铁路工程测量中，平面坐标系统投影变形值按 1/100 000 控制。据武广线、郑西线无砟轨道 CPⅢ控制网的测量实践表明，在满足边长投影长度变形值不大于 10 mm/km 的条件下，线下工程施工时，可不进行边长投影改正，直接利用坐标反算距离进行施工放线，CPⅢ观测距离不需进行投影改正进行平差计算就可以满足 CPⅢ控制网的精度要求。

三、高速铁路施工测量的内容

高速铁路精密工程测控贯穿于高速铁路工程勘测设计、施工、竣工验收及运营维护测量全过程,包括高速铁路控制测量、线下工程施工测量、轨道施工测量和运营维护测量。

(一)高速铁路控制测量

1. 平面控制测量

根据《高速铁路工程测量规范》(TB 10601—2009)要求,CPⅢ控制网平面测量应当采用自由测站边角交会法施测,不得使用导线法进行测量。其测量布网形式如图 10-39 所示,测站点间距 120 m 左右,图中虚线连接的 CPⅢ控制点为成对布设、对称的横向点对。

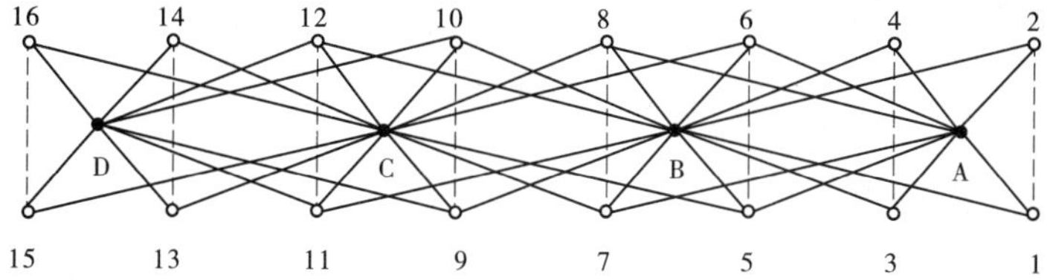

图 10-39　CPⅢ控制网外业观测网形

CPⅢ平面控制网的主要技术指标应符合表 10-3 的规定。

表 10-3　CPⅢ平面控制网的主要技术指标

控制网名称	测量方法	方向观测中误差	距离测量的中误差	相邻点的相对点位中误差
CPⅢ平面网	自由测站边角交会	±1.8″	±1.0 mm	±1 mm

CPⅢ控制网测量仪器设备应满足下列要求:

(1)使用的全站仪应具有自动目标搜索、自动照准、自动观测、自动记录功能,其标称精度应满足:测角中误差不超过 ±1″,测距中误差不超过 $\pm(1\ \text{mm} + 2\times10^{-6})$。

(2)观测前须按要求对全站仪进行检校,作业期间须在仪器鉴定有效期内。边长观测应进行温度、气压等气象元素改正,温度量测精度不低于 ±0.5 ℃,气压量测精度不低于 ±2 hPa。

2. 高程控制测量

高速铁路测量除测量精度要求高之外,还对线路的平顺性提出了更高的要求,对路基、桥涵、隧道及过渡段的沉降观测也有较高要求。因此,对高程控制网的布设必须满足两个基本要求:一个是沉降观测,一个是轨道平顺性要求。鉴于上述两个要求,高程控制网应采用分级布网,首级采用二等水准为全线统一的高程控制网,次级采用精密水准网。高程控制测量可分为线路水准基点测量、轨道控制网(CPⅢ)水准测量、轨道控制网(CPⅢ)自由测站三角高程测量三项典型工作任务。

(1)线路水准基点应按二等水准测量要求施测,每 150 km 应与国家一、二等水准点进行联测,特殊情况下,不应超过 400 km,全线应一次布网联测。

(2)轨道控制网(CPⅢ)水准测量应附合于线路水准基点,按精密水准测量技术要求施测,水准路线附合长度不得大于 3 km。

(3)轨道控制网(CPⅢ)自由测站三角高程网应附合于线路水准基点,每2 km左右与线路水准基点进行联测,应按精密水准测量技术要求进行往返测。

(二)线下工程施工测量

所谓线下工程就是无砟轨道以下的铁路土建部分(含轨道板)施工,即路基、隧道和桥涵。高速铁路的线下工程测量,按照施工测量的过程顺序,其工作内容主要包括以下几个方面:

(1)收集资料,熟悉图纸,制订施测方案,编制技术措施。

(2)对原有控制网复核测量。

(3)标定线路走向,中线桩测定。

(4)征地红线和施工临时用地的标定。

(5)施工控制网CPⅡ加密。

(6)对线路路基区段原始地形测绘。

(7)主体工程建筑物施工测量。

(8)路基、隧道、墩台的沉降变形与桥梁的形变观测。

(9)底座板与轨道板的施工测量。

(三)轨道施工测量

轨道施工测量是高速铁路(无砟轨道)施工的关键环节。它是在混凝土基础之上,进入轨道板、道岔的安装及铺轨阶段。由于无砟轨道不同于普通有砟轨道,其建成后整体性强的结构特点,决定了施工过程各环节的测量放线均应按照相应规范标准执行。轨道施工测量按照施工程序,基本可分为基标测量、轨道安装测量、道岔安装测量及轨道精调测量等几个任务。

1.基标测量

基标测量是在轨道控制网(CPⅢ)基础上加密的轨道控制点。基标作为测设线路中线所需要的加密控制点(亦称轨道铺设所建立的基准点),一般是沿线路中线来布设的。

基于轨道铺设的精度要求,CPⅢ点的分布密度还不能完全满足施工需要,须在其基础上进行加密。加密基标的过程是该任务的核心。

2.轨道安装测量

轨道安装测量是在混凝土基础(或支承层)上,进行轨道板定位(精调)的一系列测量工作。它是借助于轨道控制网(CPⅢ)点和加密的轨道控制点(基标)进行轨道板的测设工作。

3.道岔安装测量

道岔安装测量是以CPⅢ控制网为基准,测设道岔控制桩(岔尖、岔心、岔尾),沿直股、曲股中心线的法线测设道岔各分段控制点;测设过渡段起讫点以及道岔前后100~200 m范围内直股、曲股的中线控制点及轨道加密基桩;用电子水准仪测设道岔控制基桩高程。

4.轨道精调测量

轨道精调测量是在长钢轨应力放散并锁定后,在CPⅢ控制点基础上,采用全站仪自由设站方式配合轨道几何状态测量仪等,对线路中线位置、轨面高程、测点里程、轨距、水平、高低、扭曲等状态参数进行系统测量和调整。最终使轨道静态平顺性达到规范要求。

(四)运营维护测量

运营维护测量内容应包括各级控制网的复测、构筑物变形监测、区域沉降地段变形监测、轨道几何状态检测等。

控制网的复测包括CP 0、CPⅠ、CPⅡ、CPⅢ及线路水准基点复测，复测的频率应根据工程和途经地区的具体情况而定。

《高速铁路工程测量规范》（TB 10601—2009）规定，在运营阶段，属于下列情况之一的应对相关线路或周边环境进行变形监测：

（1）施工阶段的监测对象仍未稳定，需要继续进行监测的项目。

（2）不良岩土条件和特殊岩土条件的地区（段）。

（3）地面沉降变化大的地区和不均匀沉降段落。

（4）临近线路两侧进行建设施工的地段。

（5）新建线路和既有线路衔接、交叉、穿越的地段。

（6）新建线路穿越地下工程和大型管线的地段。

（7）地震、列车振动等外力作用对线路产生较大影响的地段。

运营监测的对象应包括现有线路轨道、轨道板、混凝土底座和桥涵、隧道、路基等构筑物以及受线路运营影响的周边环境变形区内的道路、建筑、管线、桥梁等。

构筑物（桥梁、隧道、涵洞和路基等）的变形监测贯穿于工程的各个阶段，在运营期间，应继续进行，要重点监测对区域地面的不均匀沉降地段。运营期间沉降监测应尽量利用建设期间布设的观测点，并根据运营监测需要在重点地段增设特征断面。

区域沉降地段的监测方法可采用InSAR技术、GPS技术、水准测量方法或建立分层水位监测井和分层沉降标的方法。

轨道几何状态检测的内容应包括轨距、轨向、高低、水平、扭曲以及轨道中线三维坐标。检测时可利用轨道控制网（CPⅢ），采用轨道几何状态测量仪进行测量。

小　结

本单元首先介绍了常规的线路工程在勘测设计阶段的基本工作任务，然后结合几种基本的线路工程——管道工程、道路桥梁工程、高速铁路工程重点介绍在施工过程中常见的测量工作技术要点。

（1）圆曲线的测设。

①圆曲线的主点测设：圆曲线主点有直圆点（ZY）、圆直点（YZ）和曲中点（QZ），主点测设元素切线长（T）、曲线长（L）、外距（E）和切曲差（D）的计算方法，以及根据圆曲线的主点测设元素计算各主点里程和测设主点。

②圆曲线的详细测设：首先根据整桩距法或者整桩号法确定所要测设的详细点位的里程桩号，然后使用偏角法、切线支距法和极坐标法进行圆曲线的详细测设。

（2）线路中线测量。

①线路中线的测设：线路的主点（起点、中点、交点、转点等）的测设方法，路线转向角的测量以及线路里程桩的测设方法。

②线路的复测：一般在中线测设后至工程施工前还有很长一段时间，原来测设的中桩可能会丢失或移位，对丢失或移位的桩位进行修正和补测的工作为线路的复测，主要包括导线控制点的恢复、中桩的恢复两部分。导线点的恢复包括导线控制点的补测和移位，中桩的恢

复包括交点的恢复、转点的恢复和中桩的恢复。

(3) 线路的纵横断面测量。

①纵断面测量分两部分进行:基平测量和中平测量。基平测量是沿线路前进的方向布设水准点并测其高程,是路线的控制测量。中平测量是测定中线里程桩的高程,为线路的纵坡设计提供资料。

②横断面测量包括横断面方向的测定、横断面方向上各变坡点高程和距离的测量,以及横断面图的绘制,为土方工程量的计算提供资料。

(4) 管道施工测量的主要内容有:中线控制测量、开挖边界线放线测量和管道坡度控制测量,在必要时进行顶管施工测量。

(5)道路施工测量主要是配合道路的施工来进行的。主要工作包括:施工控制桩的测设、路基测设、竖曲线测设等。桥梁施工中,测量的主要任务是准确测设出桥墩、桥台的位置和跨越结构的各部分的尺寸,桥梁墩台测设是桥梁施工测量中的关键工作,在已稳固的墩台基础上定位,可以采用方向交会法、距离交会法或全站仪极坐标法。

(6)高速铁路精密工程测控贯穿于高速铁路工程勘测设计、施工、竣工验收及运营维护测量全过程,包括高速铁路控制测量、线下工程施工测量、轨道施工测量和运营维护测量。

习　题

1. 名词解释

纵断面测量　横断面测量　里程桩　整桩　加桩　千米桩　百米桩

2. 填空

(1)纵断面测量的主要方法有:________、________、________。

(2)横断面测量的主要方法有:________、________、________。

(3)纵断面图中,通常水平比例尺选择较________,竖直比例尺选择较________。

3. 已知路线的转向角是 ,设计曲线半径为 ,JD 的里程桩号是 K5 + 123. 58,试计算测设圆曲线主点的测设元素及主点的里程。

4. 根据第 3 题中的数据,试用极坐标法计算圆曲线的主点坐标和细部点坐标。

5. 简要说明高速铁路施工测量的内容。

6. 简要介绍顶管施工测量中的技术要点。

单元 11　全站仪与 GNSS 概述

【引言】

根据国家测绘地理信息局颁布的《测绘资质分级标准》(2014 版)的最新规定,从事控制测量、地形测量、建筑工程测量、市政工程测量、线路与桥隧测量等测量子项目的甲级测绘资质单位必须具备以下仪器数量:全站仪 10 台、全球导航卫星接收机 6 台……可见,随着大地测量和工程测量技术的发展,全站仪和 GNSS 接收机已经成为必备的常规测绘仪器,利用全站仪和 GNSS 接收机进行测量也已经成为数据采集、施工放样、变形测量等测量工作的常规测绘手段。

本单元先介绍和讲解全站仪的基本知识、基本功能和发展趋势,然后讲解 GNSS 的发展和其基本原理。

课题 1　全站仪的测量原理

一、全站仪概述

全站仪作为一种常规测量仪器,广泛应用于控制测量、地形测量、规划测量、建筑工程测量、变形形变与精密测量、市政工程测量、线路与桥隧测量、矿山测量等各种测绘工作中。

全站仪(见图 11-1),即全站型电子速测仪(Electronic Total Station),是一种集光、机、电为一体的高技术测量仪器,是由电子测角、电子测距、电子计算和数据存储等单元组成的三维坐标测量系统,可以实现水平角测量、竖直角测量、距离测量、高差测量、坐标测量、坐标放样等功能于一体的测绘仪器系统。

全站仪由采集数据设备和微处理器两大部分组成。采集数据设备主要包括电子测角系统,电子测距系统,还有自动补偿设备等。微处理器是全站仪的核心装置,主要由中央处理器、随机储存器和只读存储器等构成。测量时,微处理器根据键盘或程序的指令控制各分系统的测量工作,进行必要的逻辑和数值运算以及数字存储、处理、管理、传输、显示等。

全站仪根据测角精度可分为 0.5″、1″、2″、3″、5″、10″等几个等级。

全站仪按测距仪测距长短分类,还可以分为三类。

(一)短距离测距全站仪

测程小于 3 km,一般精度为 $\pm(5\ \mathrm{mm}+5\times10^{-6})$,主要用于普通测量和城市测量。

(二)中测程全站仪

测程为 3 ~ 15 km,一般精度为 $\pm(5\ \mathrm{mm}+2\times10^{-6})$,$\pm(2\ \mathrm{mm}+2\times10^{-6})$通常用于一般等级的控制测量。

(三)长测程全站仪

测程大于 15 km,一般精度为 $\pm(5\ \mathrm{mm}+1\times10^{-6})$,通常用于国家三角网及特级导线的测量。

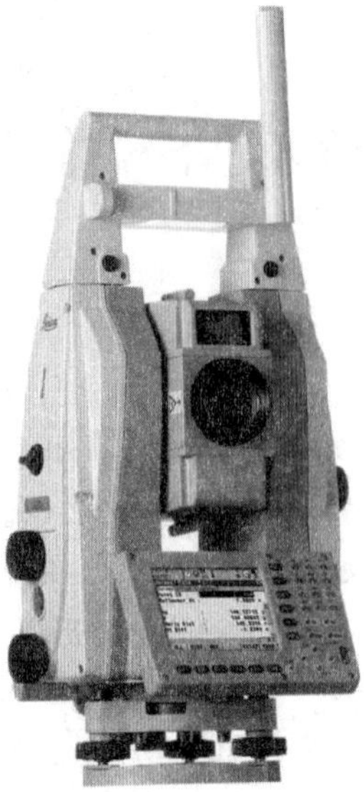
(a)徕卡TS30全站仪

(b)天宝S8全站仪

图 11-1　各品牌全站仪

与 20 世纪 80 年代的积木式全站仪不同，现代全站仪基本都是整体式全站仪，并出现陀螺全站仪（与陀螺仪整合）、超站仪（与 GPS 接收机整合）、智能型全站仪等新型仪器。

二、全站仪的基本原理

（一）测角原理

根据光电扫描度盘获取电信号的原理不同，全站仪测角主要分为以下三类，即编码度盘测角系统、光栅度盘测角系统、动态测角系统。编码度盘测角采用编码度盘及编码测微器的绝对式测角系统；光栅度盘测角采用光栅度盘及莫尔干涉条纹技术的增量式测角系统；动态测角系统采用计时测角度盘并实现光电动态扫描的绝对式测角系统。

编码度盘测角（见图 11-2）是利用二进制编码进行记录角度的。在玻璃圆盘上刻划几个同心圆带，每一个环带表示一位二进制编码，称为码道。如果再将全圆划成若干扇形区，则每个扇形区有几个梯形，如果每个梯形分别以“亮”和“黑”表示“0”和“1”的信号，则该扇形可用几个二进制数表示其角值。

光栅度盘测角（见图 11-3）是指用光栅尺或光栅盘进行测角。均匀地刻有许多一定间隔细线的直尺或圆盘称为光栅尺或光栅盘，刻在直尺上用于直线测量的为直线光栅，刻在圆盘上的等角距的光栅称为径向光栅。设光栅的栅线（不透光区）宽度为 a，缝隙宽度为 b，栅距 $d = a + b$，通常 $a = b$，它们都对应一角度值。在光栅度盘的上下对应位置上装上光源、计数器等，使其随照准部相对于光栅度盘转动，可由计数器累计所转动的栅距数，从而求得所转动的角度值。因为光栅度盘上没有绝对度数，只是累计移动光栅的条数计数，故称为增量式光栅度盘，其读数系统为增量式读数系统。

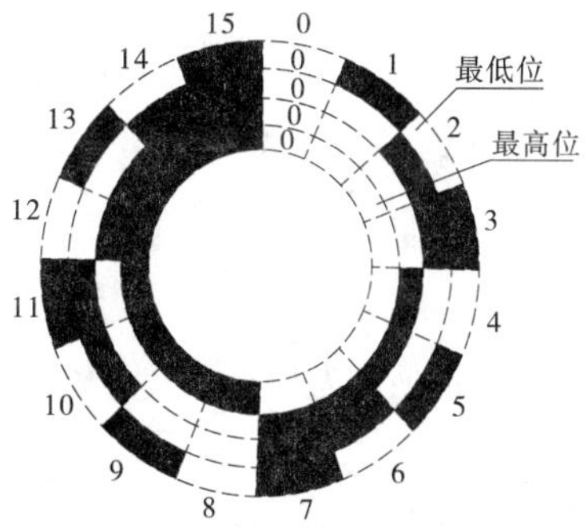

图 11-2　编码度盘测角原理

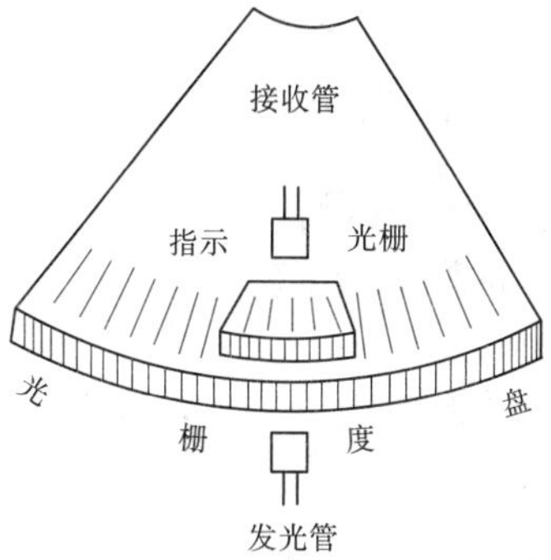

图 11-3　光栅度盘测角原理

动态光栅度盘测角(见图 11-4)是利用可以旋转的度盘光栅测角。度盘光栅可以旋转,另有两个与度盘光栅交角为 β 的指标光栅 S 和 R,S 为固定光栅,位于度盘外侧;R 为可动光栅,位于度盘内侧。同时,度盘上还有两个标志点 a 和 b,S 只接收 a 的信号,R 只接收 b 的信号,测角时,S 代表任一原方向,R 随着照准部旋转,当照准目标后,R 位置已定,此时启动测角系统,使度盘在马达的带动下,始终以一定的速度逆时针旋转,b 点先通过 R,开始计数。接着 a 通过 S,计数停止,此时计下了 R、S 之间的栅距(φ_0)的整数倍 n 和不是一个分划的小数 $\Delta\varphi_0$,则水平角为 $\beta = n\varphi_0 + \Delta\varphi_0$。

(二)测距原理

光电测距是通过测量光波在待测距离上往返一次所经历的时间,来确定两点之间的距离。如图 11-5 所示,在 A 点安置测距仪,在 B 点安置反射棱镜,测距仪发射的调制光波到达反射棱镜后又返回到测距仪。设光速 c 为已知,如果调制光波在待测距离 D 上的往返传播时间为 t,则距离 D 为

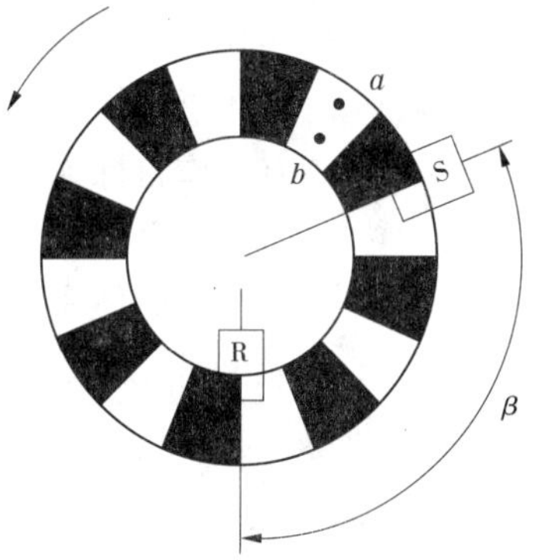

图 11-4　动态光栅度盘测角原理

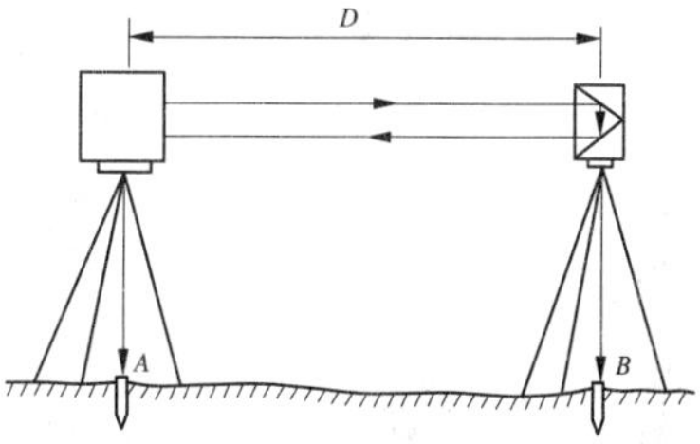

图 11-5　光电测距

$$D = \frac{1}{2}ct \qquad (11\text{-}1)$$

式中:$c = c_0/n$,其中 c_0 为真空中的光速,其值为 299 792 458 m/s;n 为大气折射率,它与光波波长 λ,测线上的气温 T、气压 P 和湿度 e 有关。因此,测距时还需测定气象元素,对距离进

行气象改正。

三、全站仪的常数

（一）测距仪器精度

仪器的标称精度表达式为：

$$m_D = (a + bD) \tag{11-2}$$

式中：m_D 为测距中误差，mm；a 为标称精度中的固定误差，mm；b 为标称精度中的比例误差系数（$\times 10^{-6}$）；D 为测距长度，km。

【例 11-1】 某仪器标称精度为 $m_D = \pm(3 + 2 \times 10^{-6})$ mm，则测量 1 km 的测距精度为 $m_D = \pm(3 + 2 \times 10^{-6} \times 1 \times 10^{6}) = \pm 5(\text{mm})$。

（二）测距常数

由于每台仪器的电气元件性能差异，使得测量值与实际距离有误差，此误差称为测距常数。这种误差在出厂前都进行了检测，给出常数值或调整为零。在使用中若发现测量距离总存在相同误差应对仪器进行检查。

（三）反射镜常数

反射镜（又称棱镜）是测量距离的合作目标，主要作用是将仪器发射的测距光返回到主机。测距光经棱镜折射速度会减慢，因此显示的距离比实际的距离长，应加以改正，此改正称为棱镜折射率改正；如果反射棱镜顶点位于测点的铅垂线上，那么，棱镜折射率改正值即为棱镜常数，但实际顶点的位置不位于测点的铅垂线上，因此应做加减改正。以上两项改正值称为棱镜常数。棱镜常数一般为 −30 mm、−40 mm、0 mm，使用仪器时必须确认棱镜常数。

全站仪测距的合作目标也可以是球形棱镜、反射片等其他特殊目标，也有无合作目标模式的全站仪。无合作目标型全站仪是指在无反射棱镜的条件下，可对一般的目标直接测距的全站仪。因此，对不便安置反射棱镜的目标进行测量，无合作目标型全站仪具有明显优势。无合作目标距离模式一般测距范围在 400 m 以内，个别无合作目标距离测程可达 1 000 m（如徕卡 TCR 系列全站仪），可广泛用于地籍测量、房产测量和施工测量等。

一般情况下，反射片精度低于棱镜精度，无合作目标模式低于有合作目标模式。

（四）气温、气压改正

测距仪的测距光通过大气层时，由于大气的状态不同速度也不同，因此使实测距离产生误差，这是因为仪器生产是在某一特定气温下调整的，只有在这一温度下，所测距离才是正确的，所以实际测距时应输入当前温度与气压，使仪器自动进行改正。

（五）测距模式

在测量模式下选改正功能，进行 EDM 设置。

测距模式选项：均值精测、单次精测、跟踪测量、重复精测。

反射器选项：反射片、无棱镜、棱镜。

棱镜常数、温度、气压在编辑状态下输入。

一般测距前进行四项设置：测距模式、反射镜类型、棱镜常数改正值、气象改正值。

课题2　全站仪的使用

全站仪的应用范围已不仅局限于测绘工程、建筑工程、交通与水利工程、地籍与房地产测量,而且在大型工业生产设备和构件的安装调试、船体设计施工、大桥水坝的变形观测、地质灾害监测及体育竞技等领域中都得到了广泛应用。

全站仪的应用具有以下特点:

(1)在地形测量过程中,可以将控制测量和地形测量同时进行。

(2)在施工放样测量中,可以将设计好的管线、道路、工程建筑的位置测设到地面上,实现三维坐标快速施工放样。

(3)在变形观测中,可以对建筑物(构筑物)的变形、地质灾害等进行实时动态监测。

(4)在控制测量中,导线测量、前方交会、后方交会等程序功能,操作简单、速度快、精度高;其他程序测量功能方便、实用且应用广泛。

(5)在同一个测站点,可以完成全部测量的基本内容,包括角度测量、距离测量、高差测量,实现数据的存储和传输。

(6)通过传输设备,可以将全站仪与计算机、绘图机相连,形成内外一体的测绘系统,从而大大提高地形图测绘的质量和效率。

一、全站仪的基本结构

全站仪的种类很多,目前常用的全站仪主要有瑞士徕卡(Leica)的TPS系列、日本索佳(Sokkia)的SET系列、拓普康(Topcon)公司的GTS系列、尼康(Nikon)公司的DTM系列,以及我国生产的全站仪,南方、苏一光、博飞等型号。各种型号仪器的基本结构大致相同,工作原理也基本相同。现以南方测绘仪器公司生产的NTS－312型全站仪为例进行介绍。

(一)南方NTS－312型全站仪的基本构造

1. 仪器的构造

图11-6标示出了仪器各个部件的名称。全站仪整体结构分为三大部分:照准部、显示屏和基座。照准部和基座上各个构件和功能与经纬仪基本类似,在此不再详述。

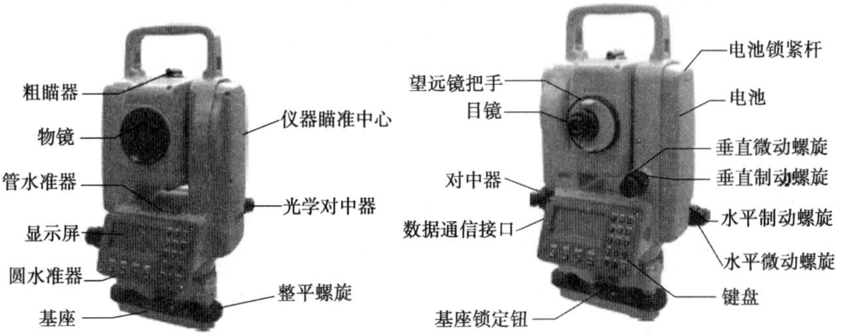

图11-6　南方测绘NTS－312型全站仪

2. 显示屏和操作键

显示屏显示观测结果和仪器工作状态。显示屏上的各操作键如图11-7所示,具体名称及功能说明如表 11-1 所示,各显示符号及其含义如表 11-2 所示。

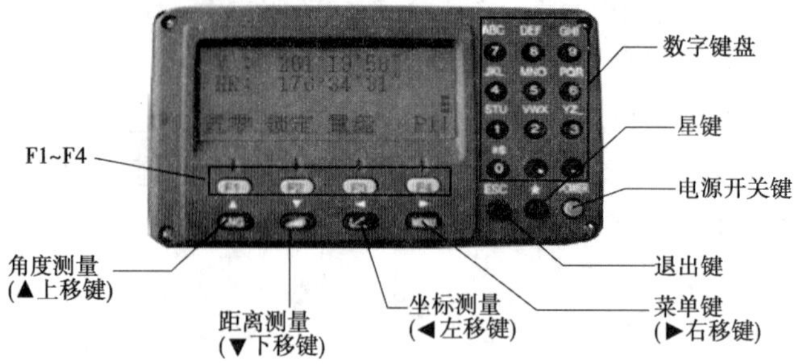

图 11-7　南方测绘 NTS－312 型全站仪键盘

表 11-1　操作键名称及功能说明

键	名称	功能
★	星键	星键模式用于如下项目的设置或显示: (1)显示屏对比度;(2)十字丝照明;(3)背景光;(4)倾斜改正;(5)定线点提示器(仅适用于有定线点指示器类型);(6)设置音响模式
	坐标测量键	坐标测量模式
	距离测量键	距离测量模式
ANG	角度测量键	角度测量模式
POWER	电源键	电源开关
MENU	菜单键	在菜单模式和正常模式之间切换,在菜单模式下可设置应用测量与照明调节、仪器系统误差改正
ESC	退出键	• 返回测量模式或上一层模式 • 从正常测量模式直接进入数据采集模式或放样模式 • 也可作为正常测量模式下的记录键
ENT	确认输入键	在输入值末尾按此键
F1 ~ F4	软键(功能键)	对应于显示的软键功能信息

表 11-2　显示符号及其含义

显示	内容	显示	内容
V%	垂直角(坡度显示)	N	北向坐标
HR	水平角(右角)	E	东向坐标
HL	水平角(左角)	Z	高程
HD	水平距离	*	EDM(电子测距)下在进行
VD	高差	m	以 m 为单位
SD	倾斜	f	以英尺(ft)/英尺与英寸(in)为单位

3. 功能键(软键)

软键共有 4 个,即 F1、F2、F3、F4 键,每个软键盘的功能见相应测量模式的相应显示信息,在各种测量模式下分别有不同的功能。

标准测量模式有三种,即角度测量模式、距离测量模式和坐标测量模式。各测量模式又有若干页,可以用 F4 进行翻页。具体操作及模式说明见图 11-8。

V:		90°10′20″	
HR:		120°30′40″	
置零	锁定	置盘	P1↓
倾斜	复测	V%	P2↓
H-蜂鸣	R/L	竖角	P3↓
[F1]	[F2]	[F3]	[F4]

(a)角度测量模式

HR:		120°30′40″	
HD* [r]			<<m
VD:			m
测量	模式	S/A	P1↓
偏心	放样	m/f/i	P2↓

(b)距离测量模式

N:		123.456 m	
E:		34.567 m	
Z:		78.912 m	
测量	模式	S/A	P1↓
镜高	仪高	测站	P2↓
偏心	----	m/f/i	P3↓

(c)坐标测量模式

图 11-8　标准测量模式

(二)其他全站仪的基本构造

全站仪的生产厂家有很多,精度也各不相同,但操作界面大都相同,现针对不同品牌的全站仪任选其中一种常用型号介绍其构造。图 11-9 ~ 图 11-14 分别列出了不同型号全站仪的基本构造。

1. 徕卡全站仪

徕卡全站仪(TPS1200)的基本构造见图 11-9。

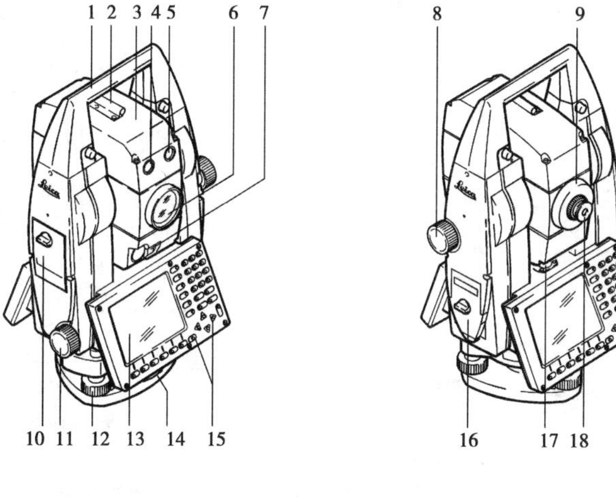

1—提把;2—瞄准器;3—集成了 EDM、ATR、EGL、PS 的望远镜;4—EGL 的闪烁二极管 - 黄;5—EGL 的闪烁二极管 - 红;6—测角测距设置的同轴光学部件,也可用于无棱镜测距仪器的红色激光束输出;7—超级搜索;8—垂直微动螺旋;9—调焦环;10—CF 卡插槽;11—水平微动螺旋;12—基座焦螺旋;13—显示屏;14—基础保险钮;15—键盘;16—电池插槽;17—圆水准器;18—可互换目镜

图 11-9　徕卡全站仪(TPS1200)的基本构造

2. 索佳全站仪

索佳全站仪(SET2130R)的基本构造见图 11-10。

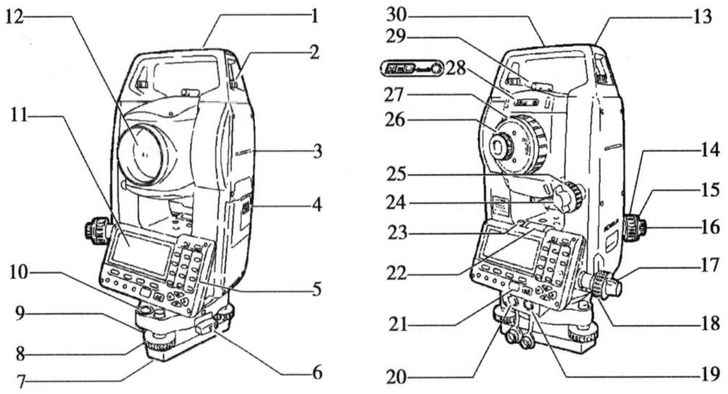

1—提柄;2—提柄固定螺丝;3—仪器高标志;4—电池盒盖;5—操作面板;6—三角基座制动控制杆;7—底板;8—脚螺旋;9—圆水准器校正螺丝;10—圆水准器;11—显示窗;12—物镜;13—管式罗盘插口;14—光学对中器调焦环;15—光学对中器分划板护盖;16—光学对中器目镜;17—水平制动钮;18—水平微动手轮;19—数据通信插口;20—外接电源插口;21—遥控键盘感应器;22—照准部水准器;23—照准部水准器校正螺丝;24—垂直制动钮;25—垂直微动手轮;26—望远镜目镜;27—望远镜调焦环;28—激光发射警示灯;29—粗瞄准器;30—仪器中心标志

图 11-10　索佳全站仪(SET2130R)的基本构造

3. 拓普康全站仪

拓普康全站仪(GTS－330N)的基本构造见图 11-11。

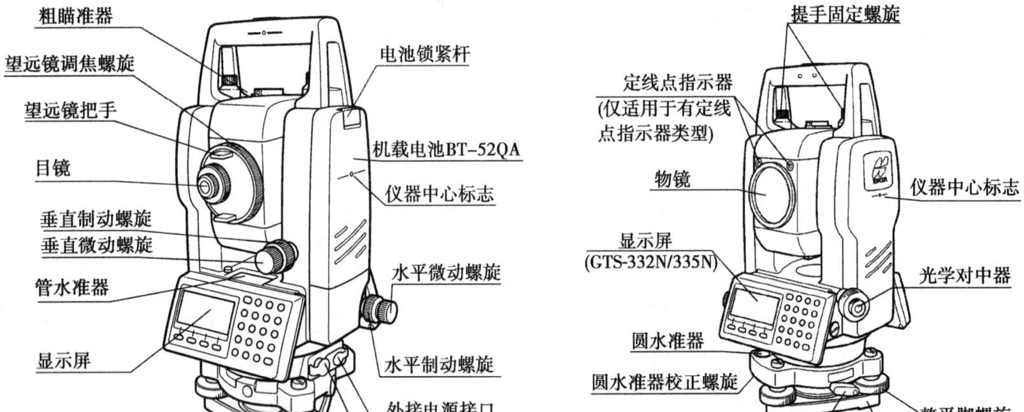

图 11-11　拓普康全站仪(GTS－330N)的基本构造

4. 尼康全站仪

尼康全站仪(DTM500)的基本构造见图 11-12。

5. 博飞全站仪

博飞全站仪(BTS6082C)的基本构造见图 11-13。

6. 苏一光全站仪

苏一光全站仪(RTS600 系列)的基本构造见图 11-14。

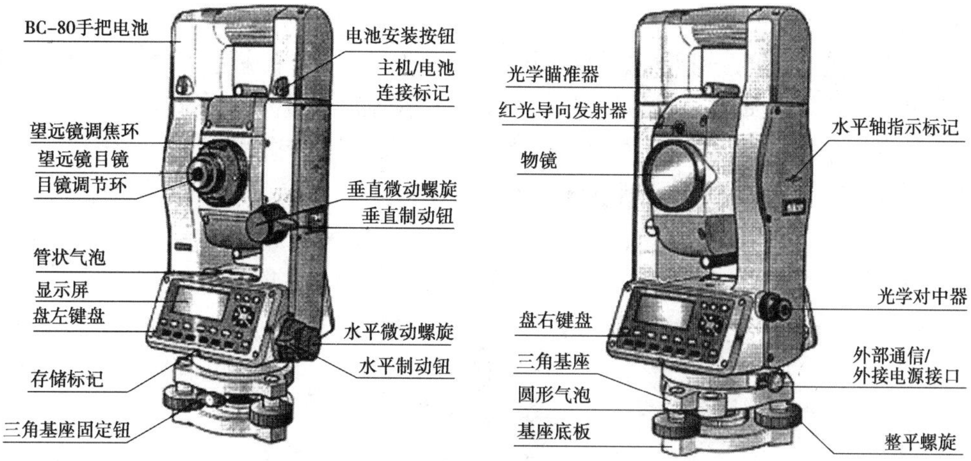

图 11-12　尼康全站仪(DTM500)的基本构造

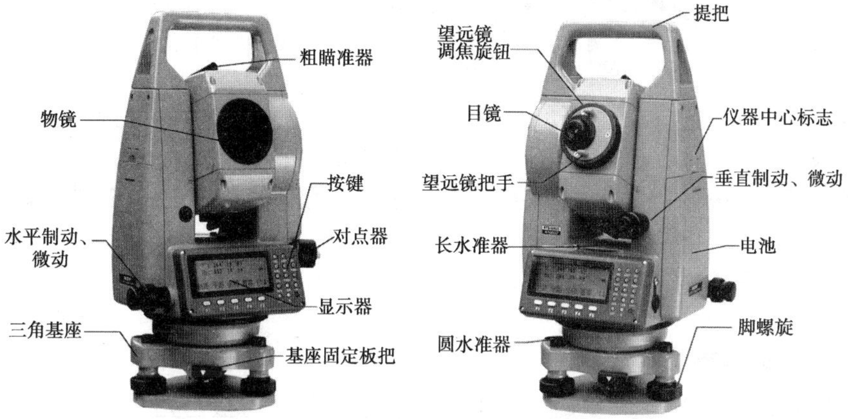

图 11-13　博飞全站仪(BTS6082C)的基本构造

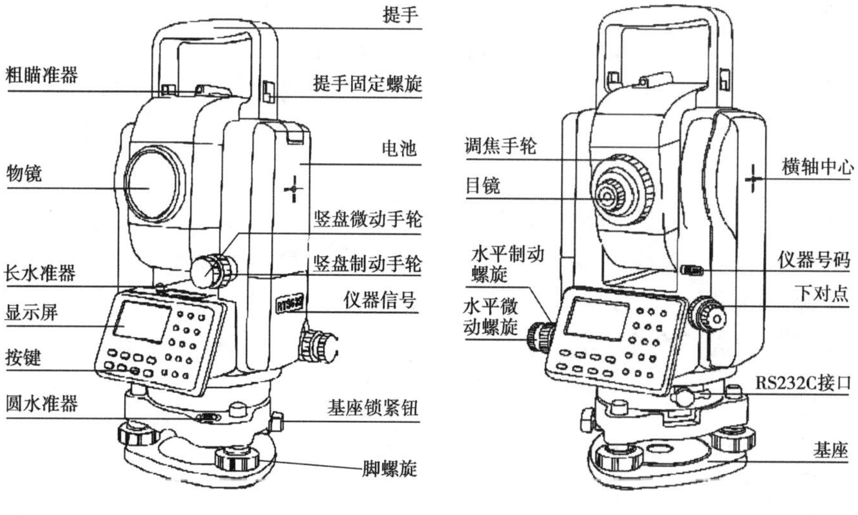

图 11-14　苏一光全站仪(RTS600 系列)的基本构造

(三)配套棱镜

全站仪可根据需要选用各种棱镜框、棱镜、标杆连接器、三角基座连接器以及三角基座等组件,并可根据测量的需要进行了组合,形成满足各种距离测量所需的棱镜组合。

不同的棱镜数量,测程不同,棱镜数越多,测程越大。但全站仪的测程是有限的,所以棱镜数应根据全站仪的测程和所测距离来选择。图 11-15 是全站仪常用的反射棱镜组。

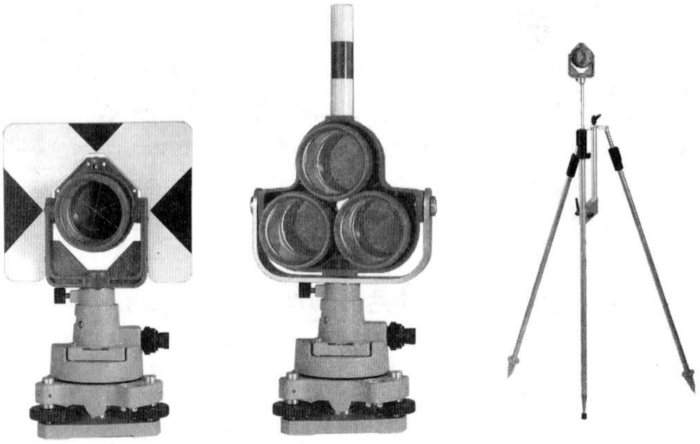

图 11-15　反射棱镜组

单棱镜、三棱镜等在使用时一般安置在三角架上,用于控制测量。在放样测量和精度要求不高的测量中,采用测杆棱镜是十分便利的。

二、全站仪的使用

(一)仪器的安置

将仪器安置在三脚架上,精确对中和整平,其具体操作方法与光学经纬仪的安置相同,在此不再赘述。

(二)仪器的开机

打开电源开关(POWER 键),仪器开机后应确认棱镜常数(PSM)和大气改正值(PPM)并可调节显示屏。确认显示窗中显示有足够的电池电量,当电池电量不多时,应及时更换电池或对电池进行充电。

(三)放置反射棱镜

全站仪在进行距离测量等作业时,需在目标处放置反射棱镜。反射棱镜有单棱镜或者三棱镜组,可通过基座连接器将棱镜组与基座连接,再安置到三脚架上,也可直接安置在对中杆上。棱镜组由用户根据作业需要自行配置。

(四)瞄准棱镜进行相关测量

转动照准部,瞄准棱镜中心,按要求进行测量。

三、全站仪标准测量模式

(一)角度测量

1. 水平角(右角)和竖直角测量

将仪器调为角度测量模式,具体操作如图 11-16 所示。

操作过程	操作	显示
①照准第一个目标 *A*	照准 *A*	V:　　　90°10′20″ HR:　　120°30′40″ 置零　锁定　置盘　P1↓
②设置目标 *A* 水平角为 0°00′00″,按[F1](置零)键和[是]键	[F1]	水平角置零 >OK? ---　----　[是]　[否]
	[F3]	V:　　　90°10′20″ HR:　　0°00′00″ 置零　锁定　置盘　P1↓
③照准第二个目标 *B*,显示目标 *B* 的 V/H	照准 *B*	V:　　　96°48′24″ HR:　　153°29′21″ 置零　锁定　置盘　P1↓

图 11-16　角度测量模式

2. 水平角(右角/左角)的切换

将仪器调为角度测量模式,根据提示进行水平角(右角/左角)的切换。

3. 水平角的设置方法

(1)通过锁定角度值进行设置。将仪器调节为角度测量模式,通过键盘输入锁定角度值。

(2)通过键盘输入进行设置。将仪器调为角度测量模式,可以锁定水平角度值。

4. 竖直角百分度(%)模式

将仪器调为角度测量模式,按以下操作进行。

(1)按[F4](↓)键转到显示屏第二页。

(2)按[F3](%)键。显示屏即显示 V%,进入竖直角百分度(%)模式。

(二)距离测量

1. 大气改正的设置

在一般常规测量中,大气测量改正可以省略。

2. 棱镜常数的设置

拓普康的棱镜常数为 0,设置棱镜改正为 0。若使用其他厂家生产的棱镜,则在使用之前应先设置一个相应的常数,即使电源关闭,所设置的值也仍将被保存在仪器中。

3. 距离测量(连续测量)

将仪器调为角度测量模式,然后按 4 中所述步骤进行操作。

4. 距离测量(*N* 次测量/单次测量)

当输入测量次数后,NTS－312 型全站仪就将按设置的次数进行测量,并显示出距离平均值。当输入测量次数为 1 时,因为是单次测量,仪器不显示距离平均值。该仪器出厂时已经被设置为单次测量。首先将仪器调为角度测量模式,然后按图 11-17 所示操作步骤进行。

操作过程	操作	显示
①照准棱镜中心	照准	V: 90°10′20″ HR: 120°30′40″ 置零 锁定 置盘 P1↓
②按距离测量键,距离测量开始	[◢]	HR: 120°30′40″ HD*[r] <<m VD: m 测量 模式 S/A P1↓
③显示测量的距离		HR: 120°30′40″ HD* 123.456 m VD: 5.678 m 测量 模式 S/A P1↓
④再次按[◢]键,显示变为水平角(HR)、竖直角(V)和斜距(SD)	[◢]	V: 90°10′20″ HR: 120°30′40″ SD: 131.678 m 测量 模式 S/A P1↓

图 11-17 距离测量模式

5. 精测模式/跟踪模式/粗测模式

(1)精测模式。这是正常的测距模式,最小显示单位为 0.2 mm 或 1 mm,其测量时间为:0.2 mm 模式下大约为 2.8 s,1 mm 模式下大约为 1.2 s。

(2)跟踪模式。此模式观测时间要比精测模式短,最小显示单位为 10 mm,测量时间约为 0.4 s。

(3)粗测模式。该模式观测时间比精测模式短,最小显示单位为 10 mm 或 1 mm,测量时间约为 0.7 s。

(三)坐标测量

通过输入仪器高和棱镜高后进行坐标测量时,可直接测定未知点的坐标。具体步骤如下。

1. 设置测站点的坐标值。

设置测站点坐标的方法见图 11-18。

2. 设置仪器高和目标高。

设置棱镜高和目标高的方法见图 11-19、图 11-20。

3. 计算未知点的坐标并显示计算结果

测站点坐标为(N_0,E_0,Z_0),仪器高为 i,棱镜高为 v,高差为 z(VD),相对于仪器中心点的棱镜中心坐标为(n,e,z),见图 11-21。

操作过程	操作	显示
①在坐标测量模式下按[F4](↓)键,进入第2页功能	[F4]	N: 123.456 m E: 34.567 m Z: 78.912 m 测量 模式 S/A P1↓ ------------------------ 镜高 仪高 测站 P2↓
②按[F3](测站)键	[F3]	N: 0.000 m E: 0.000 m Z: 0.000 m 输入 ----- ----- 回车 ------------------------ 1234 5678 90.– [ENT]
③输入 N 坐标	[F1] 输入距离 [F4]	N: 51.456 m E: 0.000 m Z: 0.000 m 输入 ----- ----- 回车
④按同样的方式输入 E 和 Z 坐标。输入数据后,显示返回坐标测量模式		N: 51.456 m E: 34.567 m Z: 78.912 m 测量 模式 S/A P1↓

图 11-18 设置测站点坐标的方法

操作过程	操作	显示
①在坐标测量模式下按[F4](↓)键,进入第2页功能	[F4]	N: 123.456 m E: 34.567 m Z: 78.912 m 测量 模式 S/A P1↓ ------------------------ 镜高 仪高 测站 P2↓
②按[F2](仪高)键,显示当前值	[F2]	仪器高 输入 仪高: 0.000 m 输入 ----- ----- 回车 ------------------------ 1234 5678 90.– [ENT]
③输入仪器高	[F1] 输入距离 [F4]	N: 51.456 m E: 34.567 m Z: 78.912 m 测量 模式 S/A P1↓

图 11-19 设置棱镜高的方法

未知点坐标为(N_1,E_1,Z_1)其中$N_1=N_0+n,E_1=E_0+e,Z_1=Z_0+i+z-v$。

在测站点的坐标未输入的情况下,缺省的测站点坐标为(0,0,0)。

当仪器高未输入时,以0计算;当棱镜高未输入时,以0计算。

用全站仪测量时,具体操作步骤如图11-22所示。

操作过程	操作	显示
①在坐标测量模式下按[F4](↓)键,进入第2页功能	[F4]	N: 123.456 m E: 34.567 m Z: 78.912 m 测量 模式 S/A P1↓ 镜高 仪高 测站 P2↓
②按[F1](镜高)键,显示当前值	[F1]	棱镜高 输入 镜高: 0.000 m 输入 ----- ----- 回车 1234 5678 90.– [ENT]
③输入棱镜高	[F1] 输入距离 [F4]	N: 51.456 m E: 34.567 m Z: 78.912 m 测量 模式 S/A P1↓

图 11-20 设置目标高的方法

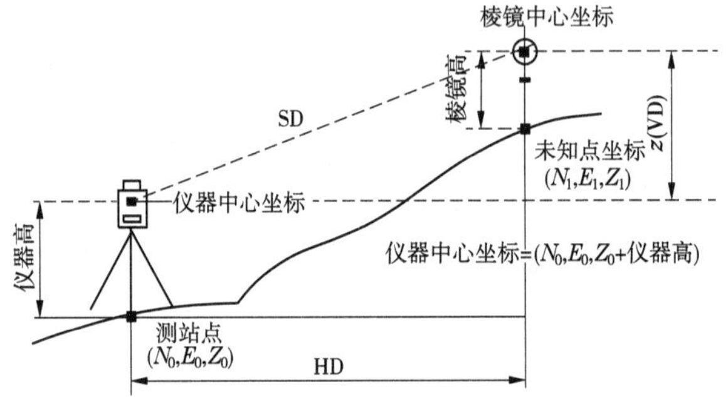

图 11-21 坐标测量示意图

四、全站仪的程序测量功能

(一)数据采集测量

全站仪可将测量数据存储于仪器内存中,内存划分为测量数据文件和坐标文件。

被采集的数据(测量数据)存储在测量数据文件中,仪器测量点数目(在未使用内存于放样模式的情况下)最多可达8 000个点,由于内存供数据采集模式和放样模式使用,因此当放样模式在使用时,可存储测点的数目就会减少。

在关闭电源时,应确认仪器处于主菜单显示屏或角度测量模式,这样可以确保存储器输入、输出过程完成,避免存储数据时可能出现丢失现象。

具体的数据采集菜单操作为:

按下[MENU]键,仪器进入主菜单1/3模式:按下[F1](数据采集)键,显示数据采集菜单1/2,具体操作步骤见图11-23。

操作过程	操作	显示
①设置已知点 *A* 的方向角	设置方向角	V: 90°10′20″ HR: 120°30′40″ 置零 锁定 置盘 P1↓
②照准目标 *B* ③按[F1]键，开始测量	[F1]	N: <<m E: m Z: m 测量 模式 S/A P1↓
④显示结果		N: 123.456 m E: 34.567 m Z: 78.912 m 测量 模式 S/A P1↓

图 11-22 全站仪进行坐标测量的过程

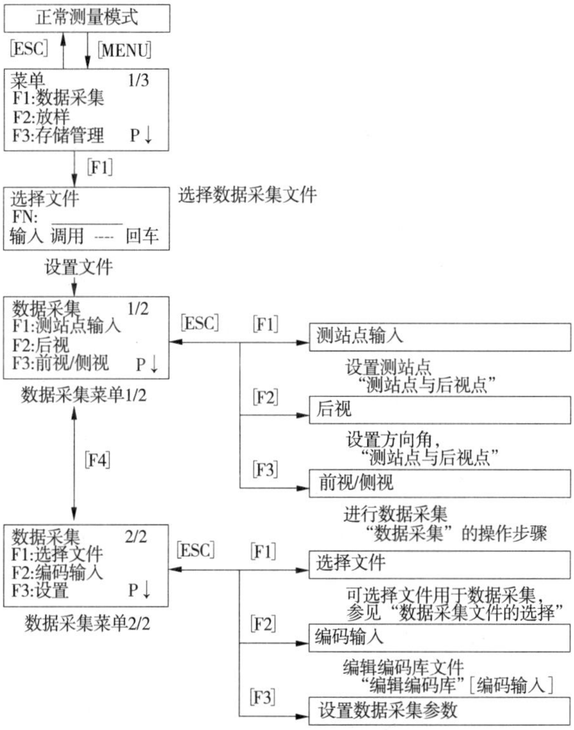

图 11-23 数据采集菜单

1. 数据采集准备工作

1)选定或建立一个数据采集文件

在启动数据采集模式之前，即会出现文件选择显示屏，由此可选定一个文件，文件选择也可在该模式下的数据采集菜单中进行。具体操作步骤如图 11-24 所示。

2)坐标文件的选择(供数据采集用)

若需调用坐标数据文件中的坐标作为测站点或后视点坐标用，则预先应由数据采集菜单 2/2 选择一个坐标文件。具体操作步骤如图 11-25 所示。

操作过程	操作	显示
①由主菜单 1/3 按[F1](数据采集)键		菜单 1/3 F1:数据采集 F2:放样 F3:存储管理 P1↓
	[F1]	选择文件 FN: ________ 输入 调用 ----- 回车
②按[F2](调用)键,显示文件目录	[F2]	AMIDATA /M0123 →*HILDATA /M0345 TOPDATA /M0789 ----- 查找 ----- 回车
③按[▲]或[▼]键使文件表向上下滚动,选定一个文件	[▲] 或 [▼]	TOPDATA /M0123 →RAPDATA /M0345 SATDATA /M0789 ----- 查找 ----- 回车
④按[F4](回车)键,文件即被确认,显示数据采集菜单 1/2	[F4]	数据采集 1/2 F1:测站点输入 F2:后视 F3:前视/侧视 P1↓

图 11-24　数据采集文件选择操作过程

操作过程	操作	显示
		数据采集 2/2 F1:选择文件 F2:编码输入 F3:设置 P1↓
①由数据采集菜单 2/2 按[F1](选择文件)键	[F1]	选择文件 F1:测量数据 F2:坐标数据
②按[F2](坐标数据)键	[F2]	选择文件 FN: ________ 输入 调用 ----- 回车

图 11-25　数据采集调用坐标文件操作过程

3)测站点和后视点

测站点与定向角在数据采集模式下和正常坐标测量模式下是相互通用的,可以在数据采集模式下输入或改变测站点和定向角数值。

(1)测站点坐标可调用内存中的坐标数据或直接由键盘输入数据两种方法设定。

(2)后视点定向角可按如下三种方法设定:利用内存中的坐标数据设定;直接由键盘输入后视点坐标;直接由键盘输入设置的定向角。

2. 数据采集的操作步骤

数据采集测量的具体操作步骤如图 11-26 所示。其中,点编码可以通过输入编码库中的登记号来输入，为了显示编码库文件内容，可按[F2]查找键。

操作过程	操作	显示
		数据采集　　1/2 F1:测站点输入 F2:后视 F3:前视/侧视　　P1↓
①由数据采集菜单1/2按[F3](前视/后视)即显示原有数据	[F3]	点号→ 编码: 镜高: 输入　查找　测量　同前
②按[F1](输入)键，输入点号后，按[F4]确认	[F1] 输入点号 [F4]	点号=PT-01 编码: 镜高:　　0.000 m 1234　5687　90.-　[ENT]
		点号=PT-01 编码: 镜高:　　0.000 m 输入　查找　测量　同前
③用同样的方法输入编码、棱镜高	[F1] 输入 编码 [F4]　[F1] 输入 棱镜高 [F4]	点号→PT-01 编码:　TOPCON 镜高:　　1.200 m 输入　查找　测量　同前 角度　*斜距　坐标　偏心
④按[F3](测量)键 ⑤照准目标 ⑥按[F1]到[F3]中的一个键，开始相应的测量	[F3]照准 [F1] (或其他)	V:　　90°10′20″ HR:　　120°30′40″ SD*[n]　　<m >测量---- <完成>
⑦输入下一个镜点数据并照准该点	照准	点号→PT-02 编码:　TOPCON 镜高:　　1.200 m 输入　查找　测量　同前
⑧按[F4](同前)键，按照上一个镜点的测量方式进行测量，测量数据被存储	[F4]	V:　　90°10′20″ HR:　　120°30′40″ SD*[n]　　<m >测量… <完成>
如此用同样的方式测量，按[ESC]键即可结束数据采集模式		点号→PT-02 编码:　TOPCON 镜高:　　1.200m 输入　查找　测量　同前

图11-26　数据采集测量的基本操作步骤

(二)放样测量

该功能可显示出测量的距离与输入的放样距离之差。测量距离 - 放样距离 = 显示值,其操作步骤如图 11-27 所示,操作时注意以下两点:

(1)放样时可选择平距(HD)、高差(VD)和斜距(SD)中的任意一种放样模式。

(2)若要返回到正常的距离测量模式,可设置放样距离为 0 m 或关闭电源。

操作过程	操作	显示
①在距离测量模式下按[F4](↓)键,进入第 2 页功能	[F4]	HR: 120°30′40″ HD* 123.456 m VD: 5.678 m 测量 模式 S/A P1↓ 偏心 放样 m/f/i P2↓
②按[F2](放样)键,显示出上次设置的数据	[F2]	放样 HD 0.000 m 平距 高差 斜距 ------
③通过按[F1]~[F3]键选择测量模式,例:水平距离	[F1]	放样 HD 0.000 m 输入 ------ ------ 回车 1234 5678 90.- [ENT]
④输入放样距离	[F1] 输入距离 [F4]	放样 HD: 100.000 m 输入 ------ ------ 回车
⑤照准目标(棱镜)测量开始。显示出测量距离与放样距离之差	照准 P	HR: 120°30′40″ dHD*[r] <<m VD: m 测量 模式 S/A P1↓
⑥移动目标棱镜,直至距离等于 0 m 为止		HR: 120°30′40″ dHD*[r] 123.456 m VD: 5.678 m 测量 模式 S/A P1↓

图 11-27 放样测量操作方法

(三)全站仪的其他功能

不同型号的全站仪除以上基本功能外,还有多种其他常见测量功能。下面仅做一简单介绍,在具体实施时可参考仪器使用说明书。

1. 自由设站

通过测量(角度、距离测量的任意组合)不超过 5 个已知点来自动计算所设站点的坐标、高程以及定向方位角,自动进行粗差检测,提示改变、删除、重测点位使重新计算的结果获得最大的精确度和置信度。

2. 高程传递

通过测量不超过 5 个已知点来自动计算所设测站点高程。

3. 对边测量

该程序可以测定任意两点间的距离、方位角和高差。测量模式既可以是相邻两点之间的折线方式，也可以是固定一个点的中心辐射方式。参加对边计算的点既可以是直接测量点，也可以是间接测量点，还可以是由数据文件导入或现场手工输入点。

4. 悬高测量

悬高测量用于测量计算不可接触点的点位坐标和高程。通过测量基准点，然后照准悬高点，测量员可以方便地得到不可接触点（也称悬高点）的三维坐标，还可得到基准点和悬高点之间的高差。

5. 面积测量

该程序用于测量计算闭合多边形的面积，可以用任意直线和弧线段来定义一个面积区域。弧线段由三个点或两点加一半径来确定。用于定义面积计算的点可以通过测量、数据文件导入或手工输入等方式来获得。程序通过图形显示可以查看面积区域的形状。

6. 导线测量

利用方向和距离数据测量，该程序可以编辑计算测站坐标。当导线闭合后，程序可以立即显示导线闭合差作为导线测量的野外检核。

7. 道路放样

该程序可以实现道路曲线放样，线路控制以及测设纵、横断面等功能。这个软件还可以在任意中桩处插入断面、计算各类元素。同时，用道路数据编辑器可以查看、编辑甚至创建新的项目文件。

8. 解析计算

（1）交点计算：交点坐标可以通过两个已知点及两个已知方位或距离来计算，得到的坐标值存入坐标数据文件。

（2）坐标反算：可以计算坐标数据文件中任意两点间的方位角和距离。

（3）面积计算：可以计算同编码或同串号点所构成闭合图形的面积。

（4）极坐标计算：点坐标可以通过已知点坐标及一个已知方位角和距离来计算。

9. 导线平差

测量的导线数据可以按单导线形式进行平差，采用等权分配法计算，如果误差未超限，平差后的坐标将自动记录到仪器内存。

五、全站仪的检校和使用注意事项

（一）全站仪的检校

由于全站仪作为一种现代化的计量工具，必须依法对其进行计量检定，以保证量度的统一性、标准性、合格性。检定周期最多不能超过一年。对全站仪的检定分为三个方面：对测距性能的检测，对测角性能的检测，对数据记录、数据通信及数据处理功能的检查。

光电测距单元性能按国家技术监督局的规程进行，其主要项目包括：调制光相位均匀性，周期误差，内符合精度，精测尺频率，加、乘常数及综合评定其测距精度。必要时，还可以在较长的基线上进行测距的外符合检查。

电子测角系统的检测主要项目包括:光学对中器和水准管的检校、照准部旋转时仪器基座方位稳定性检查、测距轴与视准轴重合性检查、仪器轴系误差(照准差 C、横轴误差 i、竖盘指标差 I)的检定、倾斜补偿器的补偿范围与补偿准确度的检定、一测回水平方向指标差的测定和一测回竖直角标准偏差测定。

数据采集与通信系统的检测包括检查内存中的文件状态,检查储存数据的个数和剩余空间;查阅记录的数据;对文件进行编辑,输入和删除功能的检查;数据通信接口、数据通信专用电缆的检查等。

(二)全站仪使用时的注意事项

1. 全站仪保管的注意事项

(1)仪器的保管由专人负责,每天现场使用完毕带回库房,不得放在现场工具箱内。

(2)仪器箱内应保持干燥,要防潮防水并及时更换干燥剂。仪器必须放置在专用架上或固定位置。

(3)仪器长期不用时,应 1 月左右定期取出通风防霉并通电驱潮,以保持仪器良好的工作状态。

(4)仪器放置要整齐,不得倒置。

2. 使用时的注意事项

(1)开工前应检查仪器箱背带及提手是否牢固。

(2)开箱后提取仪器前,要看准仪器在箱内放置的方式和位置,装卸仪器时,必须握住提手,将仪器从仪器箱取出或装入仪器箱时,应握住仪器提手和底座,不可握住显示单元的下部。切不可拿仪器的镜筒,否则会影响内部固定部件,从而降低仪器的精度。应握住仪器的基座部分,或双手握住望远镜支架的下部。仪器用毕,先盖上物镜罩,并擦去表面的灰尘。装箱时各部位要放置妥帖,合上箱盖时应无障碍。

(3)在太阳光照射下观测仪器,应给仪器打伞,并戴上遮阳罩,以免影响观测精度。在杂乱环境下测量,仪器要有专人守护。当仪器架设在光滑的表面时,要用细绳(或细铅丝)将三脚架三个脚连起来,以防滑倒。

(4)当架设仪器在三脚架上时,尽可能用木制三脚架,因为使用金属三脚架可能会产生振动,从而影响测量精度。

(5)当测站之间距离较远时,搬站时应将仪器卸下,装箱后背着走。行走前要检查仪器箱是否锁好,检查安全带是否系好。当测站之间距离较近时,搬站时可将仪器连同三脚架一起靠在肩上,但仪器要尽量保持直立放置。

(6)搬站之前,应检查仪器与脚架的连接是否牢固,搬运时,应把制动螺旋略微关住,使仪器在搬站过程中不致晃动。

(7)仪器任何部分发生故障,不勉强使用,应立即检修,否则会加剧仪器的损坏程度。

(8)光学元件应保持清洁,如沾染灰沙必须用毛刷或柔软的擦镜纸擦掉。禁止用手指抚摸仪器的任何光学元件表面。清洁仪器透镜表面时,请先用干净的毛刷扫去灰尘,再用干净的无线棉布蘸酒精由透镜中心向外一圈圈地轻轻擦拭。除去仪器箱上的灰尘时切不可用任何稀释剂或汽油,而应用干净的布块沾中性洗涤剂擦洗。

(9)在潮湿环境中工作,作业结束时,要用软布擦干仪器表面的水分及灰尘后装箱。回到办公室后立即开箱取出仪器放于干燥处,彻底晾干后再装入箱内。

(10)冬天室内、室外温差较大时,仪器搬出室外或搬入室内,应隔一段时间后才能开箱。

3.仪器转运时的注意事项

(1)首先把仪器装在仪器箱内,再把仪器箱装在专供转运用的木箱内,并在空隙处填以泡沫、海绵、刨花或其他防震物品。装好后将木箱或塑料箱盖子盖好。需要时应用绳子捆扎结实。

(2)无专供转运的木箱或塑料箱的仪器不应托运,应由测量员亲自携带。在整个转运过程中,要做到人不离开仪器,如乘车,应将仪器放在松软物品上面,并用手扶着,在颠簸厉害的道路上行驶时,应将仪器抱在怀里。

(3)注意轻拿轻放、放正、不挤不压,无论天气晴雨,均要事先做好防晒、防雨、防震等措施。

4.全站仪电池使用的注意事项

全站仪的电池是全站仪最重要的部件之一,现在全站仪所配备的电池一般为 Ni - MH(镍氢电池)和 Ni - Cd(镍镉电池),电池的好坏、电量的多少决定了外业时间的长短。

(1)建议在电源打开期间不要将电池取出,因为此时存储数据可能会丢失,因此请在电源关闭后再装入或取出电池。

(2)可充电池可以反复充电使用,但是如果在电池还存有剩余电量的状态下充电,则会缩短电池的工作时间,此时,电池的电压可通过刷新予以复原,从而改善作业时间,充足电的电池放电时间约需 8 h。

(3)不要连续进行充电或放电,否则会损坏电池和充电器,如有必要进行充电或放电,则应在停止充电约 30 min 后再使用充电器。

(4)不要在电池刚充电后就进行充电或放电,有时这样会造成电池损坏。

(5)超过规定的充电时间会缩短电池的使用寿命,应尽量避免。

(6)电池剩余容量显示级别与当前的测量模式有关,在角度测量的模式下,电池剩余容量够用,并不能够保证电池在距离测量模式下也能用,因为距离测量模式耗电高于角度测量模式,当从角度模式转换为距离模式时,由于电池容量不足,不时会中止测距。

总之,只有在日常的工作中,注意全站仪的使用和维护,注意全站仪电池的充放电,才能延长全站仪的使用寿命,使全站仪的功效发挥到最大。

六、全站仪的前景和发展

随着计算机技术的不断发展与应用以及用户的特殊要求与其他工业技术的应用,全站仪出现了一个新的发展时期,出现了带内存、防水型、防爆型、电脑型等的全站仪。

目前,世界上最高精度的全站仪:测角精度(一测回方向标准偏差)0.52″,测距精度 1 mm + $1\times10^{-6}D$。利用 ATR 功能,白天和黑夜(无须照明)都可以工作。全站仪测量角度和距离已经达到令人不可置信的精度,既可人工操作也可自动操作,既可远距离遥控运行也可在机载应用程序控制下使用。

纵观全站仪的发展,有些是仪器加工制造及传统理论的进化,有些是其他技术的进步所带来的变化,而有些则是思想观念的更新。综合全站仪的发展具有如下几个特点。

(一)仪器的系统性

全站仪从 20 世纪 60 年代末开始出现即显示了其系统性。如德国 ZEISS 厂的 RegElta - 14全站仪和瑞典 AGA 厂的 Geodimeter700 全站仪,它们都配有记录、打印的外围设备,因此全站仪都配有供数据输出的 RS－232C 标准串行端口。目前,这个标准串口的开发应用,不仅能将数据从仪器传输到记录器、电子记录簿或电子平板中,即实现数据的单向流动;而且能够将数据或程序从计算机输入到仪器中,以便对仪器的软件进行更新,甚至通过计算机和仪器的连接,将仪器作为终端由计算机中的程序对仪器进行实时控制操作,实现数据的双向流动。此时全站仪已不再是一台单一的测绘仪器,它和计算机、软件甚至一些通信设备(如电话、传真机、调制解调器等)一起,组成了一个智能型的测绘系统。

(二)双轴自动补偿改正

仪器误差对测角精度的影响,主要是由仪器的三轴之间关系不正确造成的。在光学经纬仪中主要是通过对三轴之间关系的检验校正,减少仪器误差对测角精度的影响;在电子仪器中则主要是通过所谓“自动补偿”实现的。最新的全站仪已实现了“三轴”补偿功能(补偿器的有效工作范围一般为 ±3′),即全站仪中安装的补偿器,自动检测或改正由于仪器垂直轴倾斜而引起的测角误差;通过仪器视准轴误差和横轴误差的检测结果计算出误差值,必要时由仪器内置程序对所观测的角度加以改正。

(三)实时自动跟踪、处理和接收计算机控制

新式结构的全站仪,仪器中都安装有驱动仪器水平方向 360°、望远镜竖直方向 360°旋转的伺服马达,用这种类型的全站仪可以实现无人值守观测、自动放样、自动检测三轴误差、自动寻找和跟踪目标。因此,在变形观测、动态定位及在一些对人体有害的环境中应用,将具有无可比拟的优越性。

(四)操作方便,功能性强

由于现代全站仪所使用的是液晶彩色显示屏、可触摸屏幕、Windows CE 操作系统、流程化测量作业模式、多种语言描述、象形符号菜单、配备蓝牙等通信手段,使得全站仪操作方便,功能性强。

(五)内置程序增多和标准化

近年来,全站仪发展的一个极其重要的特征是内置程序的增多和标准化。内置程序能够实时提供观测过程并计算出最终结果。观测者只要能够按仪器中设定的功能,操作步骤正确就能完成测量工作,而不含程序的全站仪则只能提供观测值和观测值的计算值。也就是说,通过程序将内业计算的工作直接在外业中完成,程序的执行过程实际上也就是仪器操作的执行过程。目前,各厂家仪器都具备有内置程序的功能,比较实用的程序有度盘定向、放样测量、坐标测量等。

(六)开放性环境,用户可二次开发功能

开放性环境最大的特点是它具有足够的包容性和灵活性,在不同的场合中能够适应不同的要求。随着科学技术的进步,开放环境的要求已经遍及整个开发和应用领域。过去用户只能被动地接收全站仪所提供的功能,若遇到一些具有特殊要求的工作,用户只能采用一些变通的方法,不能主动地去指挥仪器工作。而在开放环境的条件下,用户就可以参与到仪器功能的二次开发中,从而使用户真正地成为仪器的“头脑”,使仪器按照人的意愿去进行工作。

(七)仪器的兼容性和标准化

考虑到用户的整体利益,兼容性是必须的。兼容的基础是在计算机领域由 IBM 公司首先完成的,从而使计算机得以飞速发展。在全站仪领域,用户已经体会到了不兼容的弊端,如所购的一套仪器,使用了若干年后,如果其中一个关键部件损坏或技术更新而不能使用,由于设备之间的不兼容性，使这套仪器配置中的其他配件也不能为别的仪器所利用，那么用户只能将其整个淘汰。目前，各厂家的数据记录设备都向 PCM - CIA 卡靠拢，但这仅仅是在兼容性方面迈出的小小一步。考虑到全站仪是一种特殊行业使用的特殊仪器及各厂家自身的利益，兼容性还仅仅只能停留在设想上。

(八)实现数据共享能力

由于对仪器实时作业的要求，“内业”的“外业化”便显得十分必要。过去从外业到内业再到外业的工作过程，将被一次性的外业工作所替代，而这种效率的提高，需要以仪器间数据的共享为基础。这种数据共享主要是指全站仪和其他类型的仪器(如 GPS 接收机、数字水准仪)之间的数据交流。通过不同仪器之间的数据交流，从而减少内业、外业之间的衔接，提高测量工作的自动化水平。

(九)高精度

精度是全站仪最重要的参数之一，现行精度最高的全站仪，测角精度 ±0.5″，测距精度 $\pm(1\ \text{mm}+1\times10^{-6}D)$。高精度仪器的出现，解决了一系列精密工程测量方面的问题，但现实测量工程中有时也需要更高精度的仪器，以降低精密测量的难度和工作量，这是用户的要求，也是技术发展的要求。

课题 3　GNSS 概述

一、GNSS 概述

GNSS 的全称是全球导航卫星系统(Global Navigation Satellite System)，它泛指所有的卫星导航系统，包括全球的、区域的和增强的卫星导航系统，如美国的 GPS、俄罗斯的 GLONASS、欧洲的 Galileo、中国的北斗(COMPASS)卫星导航系统，以及相关的增强系统，如美国的 WAAS(广域增强系统)、欧洲的 EGNOS(欧洲静地导航重叠系统)和日本的 MSAS(多功能运输卫星增强系统)等，还涵盖在建和以后要建设的其他卫星导航系统。国际 GNSS 系统是个多系统、多层面、多模式的复杂组合系统。

GPS 是美国国防部开发的第二代空间定位系统，由 24 颗卫星组成，分别分布在 6 个轨道平面上，轨道高度 20 200 km，运行周期 11 h 58 min，民用定位精度为 10 m 左右，导航精度 10 ~ 20 m，坐标系统为 WGS - 84 坐标系。具有全球化、全天候工作、定位精度高、功能多、应用广等突出优点。

俄罗斯的 GLONASS 系统由 24 颗卫星组成，分布在 3 个轨道平面上，每个轨道面有 8 颗卫星，轨道高度 19 100 km，运行周期 11 h 15 min，定位精度可达 1 m，速度误差仅为 15 cm/s，坐标系为苏联地心坐标系(PE - 90)。由于 GLONASS 卫星寿命短，组网后因为种种原因不能及时替代，从 1999 年起处于瘫痪状态，不能单独提供全球导航卫星服务。俄罗斯计划 2010 年分 3 次发射共 9 颗 GLONASS 卫星，使这一系统恢复正常。

欧洲的 Galileo 系统由 30 颗卫星组成，分布在 3 个轨道，轨道高度 24 126 km，与 GPS 相比具有明显的覆盖面积优势和地面定位精度优势。Galileo 系统使用多种频段工作，在民用领域比 GPS 更经济、更透明、更开放。只是，2002 年启动的欧洲 Galileo 系统一直不够顺利，计划超支和成员国之间利益分配问题导致该计划滞后于原计划。

北斗卫星导航系统由 5 颗静止轨道卫星及 30 颗非静止轨道卫星组成，采用中国 2000 大地坐标系（CGS2000），采用开放服务，定位精度达 10 m，测速精度 0.2 m/s，授时精度 20 ns。计划 2020 年完成全球覆盖。

由于 GPS 系统最为成熟，下面以 GPS 系统为例做一简要介绍。

二、GPS 系统的组成

GPS 定位系统包括三大部分：空间卫星部分、地面监控部分、用户接收部分，如图 11-28 所示。以下分别介绍它们的组成、作用和工作状况等。

（一）空间卫星部分

GPS 的空间部分由 24 颗 GPS 工作卫星所组成，这些 GPS 工作卫星共同组成了 GPS 卫星星座，其中 21 颗处于工作状态，3 颗处于在轨备用状态。这 24 颗卫星均匀分布在 6 个倾角为 55°的轨道平面上绕地球运行，各轨道面之间夹角为 60°，GPS 卫星星座分布如图 11-29 所示。GPS 工作卫星的运行周期约为 12 恒星时，运行的轨道近似于圆形，运行高度为 20 200 km，其外形如图 11-30 所示。每颗 GPS 工作卫星都连续不断地向用户发出用于定位导航的卫星信号。GPS 用户部分通过专门设备来接收处理这些信号从而达到导航定位的目的。

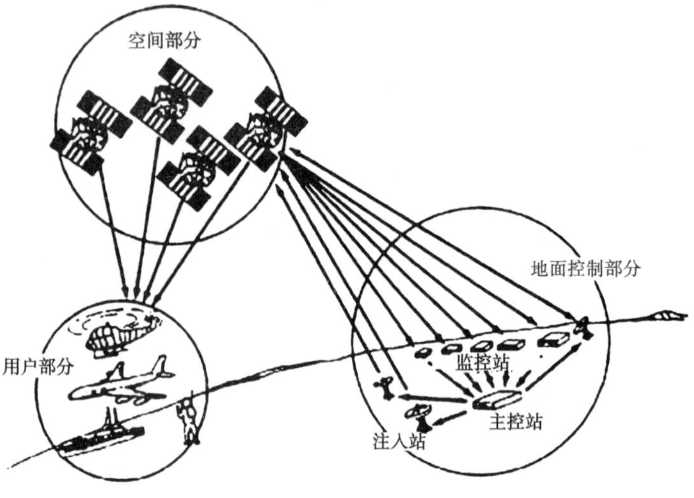

图 11-28　GPS 定位系统的组成

图 11-29　GPS 卫星星座分布

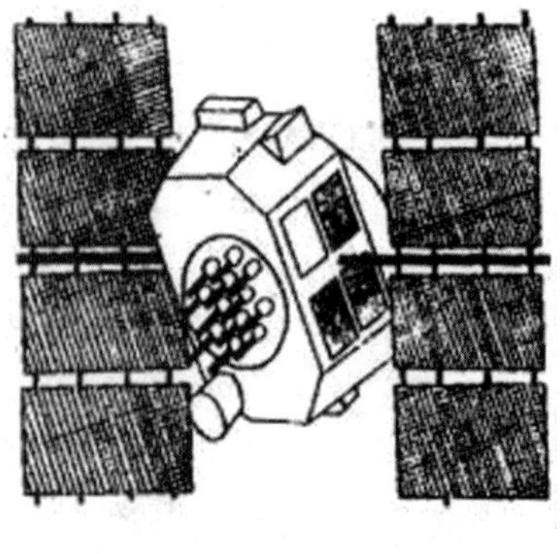

图 11-30　GPS 工作卫星

(二)地面监控部分

GPS 地面控制部分由分布在全球范围内的 1 个主控站、2 个注入站和 5 个监控站组成。其分布情况如图 11-31 所示:主控站设在美国本土克罗拉多的联合空间执行中心 CSOS;3 个注入站分别设在大西洋的阿松森岛、印度洋的迪戈伽西亚和太平洋的卡瓦加兰 3 个美国空军基地上;5 个监控站,除 1 个单独设在夏威夷外,其余 4 个都分设在主控站和注入站上。主控站的作用是根据各监控站对 GPS 卫星的观测数据,计算出各卫星的星历、卫星状态、钟差改正等参数,并将这些数据通过注入站注入到卫星中去。同时,它还能对卫星进行控制,向卫星发布指令,当工作卫星出现故障时,调度备用卫星,替代失效的工作卫星工作。监控站是无人值守的数据自动采集中心,它在主控站的遥控下自动采集定轨数据,其位置精密测定。各个监控站均用 GPS 信号接收机对飞越其上空的所有可见卫星每 6 s 进行一次伪距测量和积分多普勒观测,然后将观测的伪距、导航数据、气象数据及卫星状态数据等传送给主控站。注入站也是无人值守的工作站,其主要作用是将主控站需传送给卫星的资料以既定的方式注入到卫星存储器当中,供卫星向用户发送。

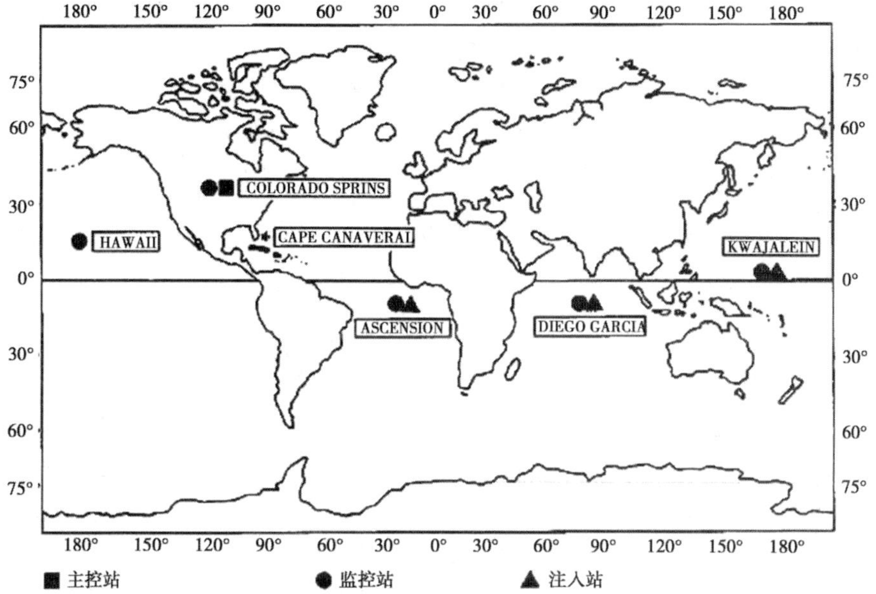

图 11-31 GPS 地面监控部分分布

(三)用户接收部分

GPS 用户部分由 GPS 信号接收机、机内软件以及 GPS 数据的后处理软件包等组成。GPS 信号接收机的任务是跟踪可见卫星,捕获一定卫星高度截止角的待测卫星信号,并对卫星信号进行变换、放大和处理,解译出 GPS 卫星所发送的导航电文,测量出 GPS 信号从卫星到接收机的传播时间,实时计算出测站的三维位置、三维速度和时间。目前,各种类型的 GPS 接收机体积越来越小,质量越来越轻,便于野外观测,并且随着技术的进步,其定位导航的精度也逐步得到提高。

以上这三个部分共同组成了一个完整的 GPS 系统。

三、GPS 定位测量原理

目前,GPS 定位测量技术已经应用于多个方面,在大地测量和工程测量当中应用广泛,显示出了巨大的潜力和前景。在 GPS 定位测量中,通过观测 GPS 卫星并获得某种观测量来实现定位的目的。利用 GPS 进行定位,就是把卫星视为“动态”的控制点,在已知其瞬时坐标(可根据卫星轨道参数计算)的条件下,以 GPS 卫星和用户接收机天线之间的距离(或距离差)为观测量,进行空间距离后方交会,从而确定用户接收机天线所处的位置。

利用 GPS 进行定位有多种方式,如果按参考点位置不同,可以分为单点定位和相对定位;若就用户接收机天线所处的状态而言,定位方式又可分为静态定位和动态定位。下面对其各自定位原理分别予以介绍。

(一)单点定位和相对定位

1. 单点定位原理

单点定位也称为绝对定位,即在协议地球坐标系中,利用一台接收机来测定接收机天线相位中心在该坐标系中的绝对位置。GPS 定位所采用的协议地球坐标系为 WGS－84 坐标系。因此,单点定位的最初坐标成果为 WGS－84 坐标。

GPS 单点定位的实质是空间距离后方交会,如图 11-32 所示。现在欲确定待测点 P 的空间位置,可以在该处安置一台 GPS 接收机,如果在某一时刻 t_i 同时测得了 4 颗 GPS 卫星 A、B、C、D 到接收机的距离 S_{AP}、S_{BP}、S_{CP}、S_{DP},则可以列出下列 4 个观测方程

$$S_{AP} = [(x_P - x_A)^2 + (y_P - y_A)^2 + (z_P - z_A)^2]^{\frac{1}{2}} + c(v_{tA} - v_T)$$

$$S_{BP} = [(x_P - x_B)^2 + (y_P - y_B)^2 + (z_P - z_B)^2]^{\frac{1}{2}} + c(v_{tB} - v_T)$$

$$S_{CP} = [(x_P - x_C)^2 + (y_P - y_C)^2 + (z_P - z_C)^2]^{\frac{1}{2}} + c(v_{tC} - v_T)$$

$$S_{DP} = [(x_P - x_D)^2 + (y_P - y_D)^2 + (z_P - z_D)^2]^{\frac{1}{2}} + c(v_{tD} - v_T)$$

式中:(x_A, y_A, z_A),(x_B, y_B, z_B),(x_C, y_C, z_C),(x_D, y_D, z_D) 分别为卫星 A、B、C、D 在 t_i 时刻的空间直角坐标;$v_{tA}, v_{tB}, v_{tC}, v_{tD}$ 分别为 t_i 时刻 4 颗卫星的钟差,它们均由卫星星历所提供。

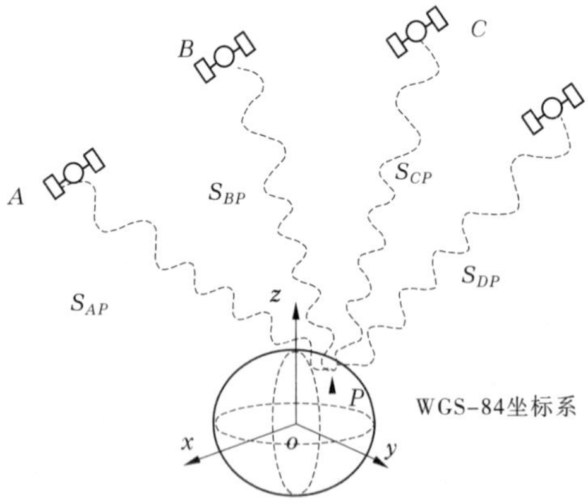

图 11-32　GPS 单点定位原理

图 11-32 中空间直角坐标系 $o-xyz$ 即为 GPS 定位系统所使用的 WGS－84 坐标系。求解上述方程,即得待定点在该空间直角坐标系中的坐标 (x_P, y_P, z_P)。由此可见,GPS 定位

的实质就是利用高速运动的卫星所提供的卫星的瞬时位置作为已知的起算数据，采用空间距离后方交会，确定待定点的空间位置。

2. 相对定位原理

相对定位，是用两台 GPS 接收机，分别安置在基线的两端 P_1 和 P_2，同步观测相同的卫星，通过两测站同步采集 GPS 数据，并经过数据处理以确定基线两端点的相对位置或基线向量，如图 11-33 所示。这种方法可以推广到多台 GPS 接收机安置在若干条基线的端点，通过同步观测相同的 GPS 卫星，以确定多条基线向量。相对定位中，需要多个测站中至少一个测站的坐标值是已知的。以该站点为基准，利用观测解算获得的基线向量，去求解其他各站点的坐标值。

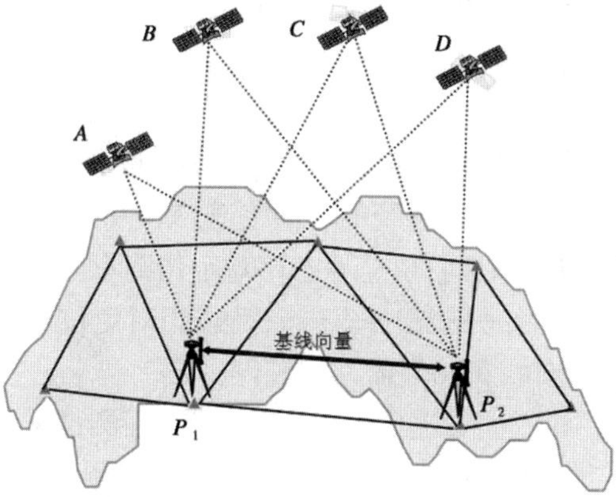

图 11-33　GPS 相对定位原理

在相对定位中，两个或多个测站接收机在同步观测同组卫星的情况下，卫星的轨道误差、卫星钟差、接收机钟差以及大气层延迟误差，对观测量的影响具有一定的相关性。利用这些观测量的不同组合，按照测站、卫星、历元三种要素来求差，可以大大削弱有关误差的影响，从而提高相对定位精度。相对定位在精度要求高的控制测量、工程施工测量中应用广泛。

（二）静态定位和动态定位

1. 静态定位

静态定位是指 GPS 接收机在进行定位时，待定点的位置相对其周围的固定点位没有发生变化，其天线位置处于固定不动的静止状态，即在定位过程中，将接收机安置在测站点上并固定不动。严格说来，这种静止状态只是相对的，通常指接收机相对于其周围点位没有发生变化。由于接收机的位置固定不动，就可以进行大量的重复测量，所以静态定位精度高，可靠性好，在大地测量、精密工程测量当中应用广泛，是目前精密定位中的基本模式。

2. 动态定位

动态定位是指在定位过程中，接收机位于运动着的载体上，接收机通过接收 GPS 卫星信号实时地测定运动载体的位置。其特点是测定一个点的实时位置所采集的多余观测量少，因此定位精度低，一般不能应用于高精度测量工作中，主要应用于导航等方面，可以达到几十米的精度。目前，动态定位与相对定位技术的结合在实际应用中越来越广泛，并且定位的精度相比动态定位而言，也有质的提高，比如实时载波相位差分技术（RTK）的应用。

四、GPS 定位测量技术的特点

GPS 定位测量是通过安置在测站点上的地面接收机来接收天上 GPS 卫星所发射的定位信号来测定该点的坐标，并通过进一步的数据处理，从而得到测站点在国家统一坐标系或地方独立坐标系下的坐标。与传统测量技术相比较，该技术具有以下几方面的优越性。

(1)测站间无须通视。GPS 测量不要求测站点之间相互通视，只需测站点上空开阔即可。因此，该技术的应用很好地解决了传统测量仪器需要点与点之间通视的难题，增加了测量工作的灵活性。

(2)定位精度高。实践证明，GPS 相对定位精度在 50 km 以内可以达到 10^{-6}，100 ~ 500 km 可达 10^{-7}，1 000 km 以上可达 10^{-9}。在 300 ~ 1 500 m 的精密工程定位中，当观测时段长度大于 1 h 时，GPS 接收机所确定的测站坐标平面位置误差小于 1 mm，与 ME－500 电磁波测距仪测定的边长比较，其边长较差最大为 0.5 mm，较差中误差为 0.3 mm。以上所进行的精度比较说明，GPS 测量技术应用于各类工程测量中完全是可行的。

(3)观测时间短。随着 GPS 定位系统的不断完善，软件的不断更新，目前 20 km 以内相对定位，仅需 15 ~ 20 min 的观测时间；快速静态相对定位测量时，当每个流动站与基准站相距 15 km 以内时，流动站观测时间只需 1 ~ 2 min；动态相对定位测量当中，流动站出发时观测 1 ~ 2 min，然后可以随时定位，每站只需几秒钟。

(4)可提供三维坐标。传统测量工作中，将平面和高程测量采用不同的方法分别进行，GPS 可以同时测得点的三维坐标，因此可将平面测量和高程测量同时进行。目前，GPS 水准可以达到四等水准测量的精度，完全满足一般高程测量的精度要求。

(5)操作简便。测绘仪器的发展，有一个重要特点就是不断使观测者的操作减少，降低劳动强度。随着 GPS 接收机不断改进，自动化程度越来越高，接收机的体积和质量越来越小，极大地减轻了测量工作者的劳动强度，使野外工作变得较为轻松。

(6)全天候作业。目前，GPS 测量可以在一天的任何时间进行，不受阴天黑夜、刮风下雨等天气的影响。但雷雨天气不要作业，以免遭受雷击，造成安全事故。

五、GPS 定位系统在建筑工程测量中的应用

(一)在建筑工程控制测量中的应用

由于 GPS 测量能精密确定 WGS－84 三维坐标，所以能用来建立平面和高程控制网，在基本控制测量中的应用是：建立新的地面控制网点；检核和改善已有地面网；对已有的地面网进行加密等。在大型工程建立的独立控制网中，如在大型公用建筑工程、铁路、公路、地铁、隧道、水利枢纽、精密安装等工程中有着重要的作用。

(二)在工程变形监测中的应用

工程变形包括建筑物的位移和由气象等外界因素而造成的建筑物变形或地壳的变形。由于 GPS 具有三维定位能力，可以成为工程变形监测的重要手段，它可以监测大型建筑物变形，大坝变形，城市地面及资源开发区地面的沉降、滑坡、山崩；还能监测地壳变形，为地震预报提供数据。

(三)在建筑施工中的作用

在建筑施工中，GPS 系统用来进行建筑施工的定位监测。如上海已建成的 8 万人体育

场的定位测量，北京鸟巢国家体育场的定位测量和首都机场扩建中的定位测量都使用了GPS 系统进行定位监测。

小　结

本单元主要介绍了目前各类测绘工程中普遍采用的先进仪器——全站仪和 GPS 定位系统的基本特点、测量原理及其使用方法。

1. 全站仪的认识部分主要讲解了各类全站仪的基本构造及配套的工具，重点介绍了操作界面的显示及按键功能。

2. 全站仪的使用部分主要讲解了全站仪的操作方法、几种基本测量模式和程序测量模式以及全站仪及其电池的保养方法，重点介绍了全站仪的常用程序测量功能：数据采集和坐标放样。

3. GPS 定位系统从 GPS 系统的特点、组成、定位原理及其测量实施等方面进行介绍，最后简要介绍了其在建筑工程测量方面的应用。

技能训练十四　全站仪的认识与使用

一、目的

了解全站仪的构造，熟悉全站仪的操作界面及作用。掌握全站仪的基本使用方法。

二、计划与设备

(1)时间安排:2 学时。

(2)实训设备:全站仪 1 台，棱镜 1 块，测伞 1 把，记录板 1 块。自备铅笔。

三、内容与要求

(1)认识全站仪的基本构造。

(2)用全站仪进行角度测量、距离测量和坐标测量。

(3)上交全站仪测量记录表。

四、注意事项

(1)不得用手指触摸透镜和棱镜。

(2)应保持插头清洁、干燥。在测量过程中不能拔出插头。拔出插头前应关机。

五、实验报告

班级________________ 小组________________ 姓名________________ 学号________________ 成绩________________

全站仪测量记录表

测站点： 仪器高： 测站点已知坐标和高程（X_0 = Y_0 = H_0 = ）

后视点： 后视点已知坐标和高程（X = Y = ）或定向方位角：

测点	测回	棱镜高（m）	竖盘位置	水平角观测		竖直角观测		距离高差测量			坐标测量		
				水平度盘读数（° ′ ″）	水平角（° ′ ″）	竖直度盘读数（° ′ ″）	竖直角（° ′ ″）	斜距（m）	平距（m）	高差（m）	X（m）	Y（m）	H（m）

习　题

1. 简述全站仪的概念。
2. 结合全站仪实物，说出它们每一个部位的名称和功能。
3. GNSS 包括哪些系统？
4. GPS 包括哪几个部分？
5. GPS 测量的优越性表现在哪里？

附录 A　建筑工程测量综合实训

A-1　测量实习计划

一、实习目的与要求

测量实习是教学的重要组成部分，是检验课堂理论、巩固和深化课堂知识的重要环节。通过测量实习，贯彻理论联系实际的原则，使学生形成系统的测量理论知识和基本技能，在实际中培养学生动手能力，训练严谨的科学态度和优良的工作作风，提高观测、绘图、用图和放样能力，培养其独立工作能力和组织管理能力，促进学生由知识向能力的转化，使学生能独立从事小区域地形测量及一般工程测量工作，为今后解决实际工程中的有关测量方面的问题打下良好的基础。通过实习，培养学生艰苦朴素、关心集体、热爱劳动、爱护公物的思想品质，牢固地树立为国家经济建设服务的思想。

二、实习内容

测量实习内容为测绘地形图、地形图的应用、施工放样及精密仪器见习四个部分。其中测图是以学校为基地。

测图比例尺为1∶500。采用城市坐标系统与国家高程系统。其余三部分以及部分实际工程项目内容可结合地形图测绘进行。实习时间为2周。实习结束每组提交实习工作总结一份，地形图一幅，放样平面图一幅及其他实习成果；每人提交实习报告一份。

三、实习领导与组织

为加强实习期间各项管理工作，有效地进行管理和指导，将指导老师分成组织管理组和技术指导组，组织管理组由教研室主任任组长，负责学生实习的政治思想、组织管理、作风、纪律、检查、监督以及参观工地、实际项目的联系等工作。组织管理组分工如下：由任课老师及其他实习指导老师具体管理。

技术组由任课老师及其他实习指导老师组成。技术组负责技术指导和仪器管理工作。技术指导采用“三点链接式”指导法，即在每阶段实习开始前进行“集中辅导”，由任课老师介绍前段实习中存在问题的解决方法和后段实习的技术要点；实习开始后进行“巡回指导”，由技术组指导老师巡回各组进行指导；然后在实习指导办公室进行“定点答疑”，以解决各小组随机发生的技术问题。

学生实习以小组为单位进行，每班学员分为5~6个小组。每组5~6人，设组长1人，由小组成员民主选举。各组成员在实习期间，不准任意更换，抽调人员须经组织管理组组长批准。

各班班委应充分发挥作用。实习期间，配合指导老师，开展班组里各项实习工作，即班里会议召集、人员组织、各组的任务分配、班及组内实习工作进展的联络、统计；技术资料的收集、整理及疑难问题的汇报、处理等。

学生实习小组长在指导老师和班委领导下,担任下列工作:

(1)负责小组的学习、纪律、安全、组织、管理。

(2)负责小组的工作计划、布置、分工、轮换。

(3)负责组织保管好分发的仪器、设备和实习中的技术资料。

(4)负责向班委、指导老师汇报组内工作与学习、思想情况;负责填写"实习成绩分析记录表";写出小组实习工作总结。

四、实习纪律

(1)严格校风校纪,不得无故迟到、早退、缺勤。实习期间不准请事假,如有特殊情况,应报组织管理组老师批准。

(2)讲究文明礼貌,遵纪守法。遵守群众纪律,注意道德修养。不得有打人、骂人、污辱他人等现象发生。

(3)爱护和妥善使用仪器,如有损坏和丢失,应及时向组织管理组老师汇报;老师应及时检验,并根据实际情况,按学院有关规定处理。对于隐瞒事故、知情不报的小组,还要追究组长责任,并对责任人加重处理。

五、注意事项

(1)实习小组成员应服从领导、听从指挥、爱护仪器,管好实习资料,努力工作,争取提前完成任务。

(2)应认真阅读"实习指导书"及其他附件,要保证测图质量,发现错误,及时返工。

(3)加强同学之间、师生之间的团结,注意搞好群众关系;严格作息时间;注意气候变化,及时增减衣服;注意饮食卫生,以保健康;注意交通安全。

(4)提高警惕,防止仪器设备丢失和意外事故的发生,否则,事故责任由当事人负责。

六、实习成绩评定

实习结束后,根据学生的操作技能、完成任务的数量与质量、组织纪律、劳动态度、爱护仪器和工具,以及分析和解决问题的能力等项指标,由指导老师综合考核评定。

七、实习时间安排

实习时间安排建议见表 A-1。

表 A-1　实习时间安排

实习主要内容	时间	备注
1. 实习动员、集中辅导、分组、分发仪器设备、检校仪器、踏勘测区、选点并标记	1 d	实习期间，每周工作5 d，实习时间共计10 d
2. 平面、高程控制测量(外业、内业)，绘制坐标方格网，展绘控制点，集中辅导	2.5 d	
3. 碎部测量、地形图的检查与拼接、集中辅导	3 d	
4. 整图	1 d	
5. 地形图应用、集中辅导	1 d	
6. 施工放样、精密仪器见习	0.5 d	
7. 整理实习报告及各项成果，送还仪器设备，集中辅导及实习总结	1 d	

A-2　测量实习技术指导书

一、测量技术设计和作业方法指导

(一)××省××市××县××乡1:500大比例尺地形图的测绘

1. 测区的自然条件和困难类别

本测区地形较为平坦，多数坡度在3°以下，属平地，但又属建筑区。因居住密集、树林密布，人流车辆繁多，通视亦有困难，故类别为Ⅳ类。

2. 原有测绘资料

测区内有一个已知点(1、2号点)的平面坐标和高程(x_1 = ××××.××× m，y_1 = ××××.××× m；H_1 = ×××.××× m)。已知方位角$\alpha_{1,2}$ = ×××°××′××″。

3. 平面控制测量

各小组可用经纬仪导线分别建立闭合导线以作为图根控制。

1)平面控制测量外业

(1)选点打桩。每组在分配任务范围(200 m×200 m)内选9～11个图根控制点，组成闭合导线，作为小组平面控制。控制点应选在土质坚实、便于保存标志和安置仪器，视野开阔、便于施测碎部的地方；相邻控制点间应通视良好、相对平坦，便于量距和测角；导线边长为50～90 m。

控制点选定后，立即打桩并画十字线或钉小钉标志，还应立即编号、绘制点之记。

(2)导线各内角应用DJ_6经纬仪施测一测回。当前、后半测回角值之差$\Delta\beta \leqslant \Delta\beta_{容} = \pm 40''$时，取平均值为最后结果。导线角度闭合差$f_{\beta应} \leqslant f_{\beta容} = \pm 40''\sqrt{n}$($n$为转折角的数目)。

(3)导线各边长应用钢尺往、返丈量，相对误差$K_d \leqslant K_{d容} = 1/3\ 000$。钢尺量距中，当坡度$i \leqslant 0.02$、温差$\Delta t = t - t_0 \leqslant \pm 10°$，尺长误差$\Delta l_0 / l_0 \leqslant 1/10\ 000$时，可不进行坡度、温度、尺长的修正。

(4)联测：为使控制点的坐标纳入本校统一坐标系统，应与首级控制网点联测，以传递方位角、坐标和高程。为保证联测精度，其连接角的圆周角闭合差应小于等于40″；边长应往返丈量，其往返较差的相对误差应小于等于 1/3 000。

（5）加密控制可用内外分点法或钢尺量距支导线法。支导线边长 D 宜小于等于 100 m，距离用钢尺往、返丈量，相对误差 $K_d \leqslant K_{d容} = 1/3\ 000$；角度应用 DJ_6 级经纬仪施测左、右角各一测回，其圆周角闭合差小于等于 40″，支导线只许伸出 2 站，并只能作为测站点。

当解析图根点不能满足测图需要时，可增补少量视距支点。视距支点只能伸出一站；边长应小于等于 40 m，距离应往、返视距观测，相对误差≤1/150；角度施测 1 个测回。

2）平面控制测量内业

将校验过的外业数据及联测出的起算数据填入导线坐标计算表进行内业计算，当计算导线全长的相对闭合差 $K \leqslant K_{容} = 1/2\ 000$ 时，可进行平差，计算各导线点的坐标。

4. 高程控制测量

高程控制网可选用平面控制网点和高程系统，均采用四等水准测量方法施测。具体要求为：

（1）观测方法为双面尺法。用 DS_3 级水准仪及双面尺施测，观测顺序为"后前前后"。闭合路线中为往一次，与首级网联测为往、返各一次。

（2）每一站精度要求：前后视距差小于等于 5 m；前后视距累计差小于等于 10 m；同一尺黑红面中丝读数常数差误差小于等于 3 mm；黑红面高差之差误差小于等于 5 mm，取平均值。

（3）高程内业：将校核过的外业数据填入"水准高程内业计算表"计算，水准网闭合差 $f_h \leqslant f_{h容} = \pm 20\sqrt{L}$（mm）或 $\pm 6\sqrt{n}$（mm）（n 为测站数；L 为水准路线长，以千米计），然后根据联测点的高程推算出各控制点的高程。

5. 绘制坐标格网和展绘控制点

（1）用对角线法将绘图纸绘成 40 cm×50 cm 的坐标格网。对角线检查：边长误差小于等于 0.2 mm，误差三角形斜边小于等于 0.3 mm。

（2）展绘控制点：先根据本校地形图统一分幅，注记坐标格网外围坐标值，然后将各控制点依其坐标值展绘于坐标格网中。其边长误差小于等于 0.3 mm。

6. 地形测量方法与精度

本测区地形测量采用经纬仪测绘法或全站仪测绘法，比例尺为 1∶500，按照一般地区地形测图方法与技术要求施测。

1）碎部点的选择

碎部测量就是测定碎部点的平面位置和高程。地形图的质量在很大程度上取决于立尺员能否正确合理地选择地形点。地形点应选在地物或地貌的特征点上。地物特征点就是地物轮廓的转折、交叉和弯曲等变化处的点及独立地物的中心点。地貌特征点就是控制地形的山脊线、山谷线和倾斜变化线等地形线上的最高、最低点，坡度和方向变化处，以及山头和鞍部等处的点。地形点的密度主要根据地形的复杂程度确定，也决定于测图比例尺和测图的日的。测绘不同比例尺的地形图，对碎部点间距有不同的限定，对碎部点距测站的最远距离也有不同的限定。表 A-2、表 A-3 给出了地形测绘采用视距测量方法测量距离时的地形点最大间距和最大视距的允许值。

表 A-2　地形点最大间距和最大视距(一般地区)

测图比例尺	地形点最大距离(m)	最大视距(m)	
		主要地物特征点	次要特征点和地形点
1∶500	15	60	100
1∶1 000	30	100	150
1∶2 000	50	130	250
1∶5 000	100	300	350

表 A-3　地形点最大间距和最大视距(城镇建筑区)

测图比例尺	地形点最大距离(m)	最大视距(m)	
		主要地物特征点	次要特征点和地形点
1∶500	15	50	70
1∶1 000	30	30	120
1∶2 000	50	120	200

2)测站的测绘工作

经纬仪测绘法的实质是极坐标法。先将经纬仪安置在测站上,如图 A-1 所示,绘图板安置于测站近旁。用经纬仪测定碎部点方向与已知方向之间的水平角,并测定测站到碎部点的距离和碎部点的高程。然后根据数据用量角器和比例尺把碎部点的平面位置展绘于图纸上,并在点的右侧注记高程,对照实地勾绘地形。用电子全站仪代替经纬仪测绘地形图的方法,称为电子全站仪测绘法。其测绘步骤和计算、绘图过程与经纬仪测绘法类似。经纬仪测绘法测图操作简单、灵活,适用于各种类型的测区。以下所讲的是经纬仪测绘法在一个测站的测绘工序。

3)经纬仪测绘法的步骤

(1)安置仪器和图板。如图 A-1 所示,观测员安置经纬仪于测站点(控制点)A 上,包括对中和整平。量取仪器高 i,测量竖盘指标差 x。记录员在“碎部测量记录手簿”中记录,包括表头的其他内容。绘图员在测站的同名点上安置量角器。

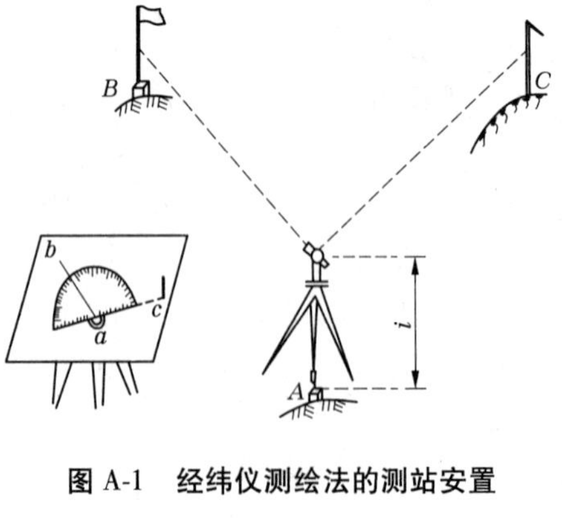

图 A-1　经纬仪测绘法的测站安置

(2)定向。照准另一控制点 B 作为后视方向，置水平度盘读数为 0°00′00″。绘图员在后视方向的同名方向上画一短直线，短直线过量角器的半径，作为量角器读数的起始方向线。

(3)立尺。司尺员依次将标尺立在地物、地貌特征点上。立尺前，司尺员应弄清实测范围和实地概略情况，选定立尺点，并与观测员、绘图员共同商定立尺路线。

(4)观测。观测员照准标尺，读取水平角 β、视距间隔 l、中丝读数 s 和竖盘读数 L。

(5)记录。记录员将读数依次记入手簿。有些手簿视距间隔栏为视距 K_l，由观测者直接读出视距值。对于有特殊作用的碎部点，如房角、山头、鞍部等，应在备注中加以说明。

(6)计算。记录员依据视距间隔 l、中丝读数 s、竖盘读数 L 和竖盘指标差 x、仪器高 i、测站高程 $H_{站}$，按视距测量公式计算平距和高程。

(7)展绘碎部点。绘图员转动量角器，将量角器上等于 β 角值（其碎部点为 114°00′）的刻划线对准起始方向线，如图 A-2 所示，此时量角器零刻划方向便是该碎部点的方向。根据图上距离 d，用量角器零刻划边所带的直尺定出碎部点的位置，用铅笔在图上点示，并在点的右侧注记高程。同时，应将有关地形点连接起来，并检查测点是否有错。

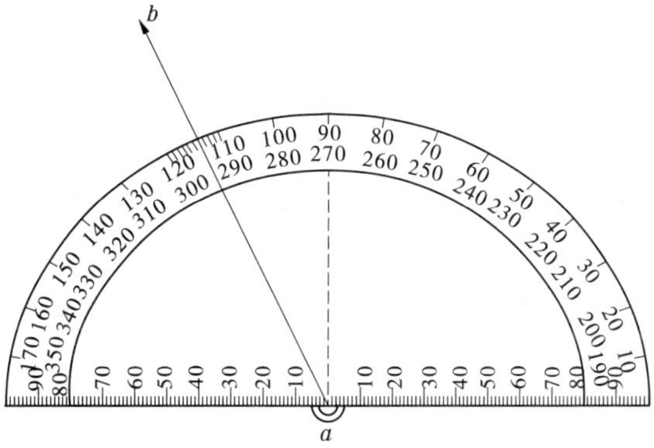

图 A-2　量角器展绘碎部点的方向

(8)测站检查。为了保证测图正确、顺利地进行，必须在工作开始时进行测站检查。检查方法是在新测站上测试已测过的地形点，检查重复点精度在限差内即可。否则应检查测站点是否展错。此外，在工作中间和结束前，观测员可利用时间间隙照准后视点进行归零检查，归零差不应大于 4′。在每测站工作结束时进行检查，确认地物、地貌无错测或漏测时，方可迁站。

测区面积较大，测图工作需分成若干图幅进行。为了相邻图幅的拼接，每幅图应测出图廓外 5 mm。

4)测图过程中的注意事项

(1)为方便绘图员工作，观测员在观测时，应先读取水平角，再读取视距尺的三丝读数和竖盘读数；在读取竖盘读数时，要注意检查竖盘指标水准管气泡是否居中；读数时，水平角估读至 5′，竖盘读数估读至 1′即可；每观测 20～30 个碎部点后，应重新瞄准起始方向检查其变化情况，经纬仪测绘法起始方向水平度盘读数偏差不得超过 3′。

(2)立尺人员在跑点前，应先与观测员和绘图员商定跑尺路线；立尺时，应将标尺竖直，并随时观察立尺点周围情况，弄清碎部点之间的关系，地形复杂时还需绘出草图，以协助绘图人员做好绘图工作。

(3)绘图人员要注意图面正确、整洁,注记清晰,并做到随测点,随展绘,随检查。

(4)当每站工作结束后,应进行检查,在确认地物、地貌无错测或漏测时,方可迁站。

5)光电测距仪测绘法

光电测距仪测绘地形图与经纬仪测绘法基本相同,所不同的是用光电测距来代替经纬仪视距法。

先在测站上安置测距仪,量出仪器高;后视另一控制点进行定向,使水平度盘读数为 $0°00'00''$。立尺员将测距仪的单棱镜装在专用测杆上,并读出棱镜标志中心在测杆上的高度 V,为计算方便,可使 $V=i$。立尺时将棱镜面向测距仪立于碎部点上。观测时,瞄准棱镜的标志中心,读出水平度盘读数 β,测出斜距 D',竖直角 α,并作记录。

将 α、D'输入计算器,计算平距 D 和碎部点高程 H(平距 $D=D'\cos\alpha$,高差 $h=D'\sin\alpha+i-V$)。然后,与经纬仪测绘法一样,将碎部点展绘于图上。

6)精度要求

在测绘碎部时,其精度要求如下:

(1)经纬仪对中误差小于等于 5 mm,归零差小于等于 $4'$。

(2)当竖直角超过 $3°$时,应进行水平距离改正,即

$$D=kl\cdot\cos^2\alpha=100l\cos^2\alpha$$

(3)每一测站必须选择两个明显的地物点与上一站进行校对,若无明显地物,则应用重点法进行检核。误差范围:平距不可超过 0.6 mm,高程不可超过 3 cm。

(4)主要街道及建筑物应用经纬仪直接测绘,一般建筑物可用卷尺丈量标绘。应注意合理取舍,凡建筑物、构筑物轮廓凸凹部分在图上大于 0.5 mm 者,应按实测绘,反之,可用直线连出。

(5)地物按比例表示的,应实测外廓,填绘符号;不能按比例表示的,应准确表示其定位点或定位线。道路及其附属物,均应按实测绘;管线转角均应实测。线路密集时或居民区的低压电力线路和通信线路,可选择要点测绘;当管线直线部分的支架、线杆和附属设施密集时,可适当取舍;多种线路在同一杆时,表示主要的。

(6)地类界及地类界内的符号必须在野外填绘,以使图上地类符号位置与实地情况相符合。

河流宜按实际情况测绘,并应测注河堤顶部、坡脚及河底的高程。

(7)本地形图可采用平面图加高程注记,不勾绘等高线。地形图上高程点注记,应精确到 0.01 m;地形点间距为 15 m。视距长度为:地物点应小于等于 60 m,地形点应小于等于 100 m。地形图注记及地形点高程注记一律平写,字头朝北,文字注记一律自左至右或自上而下书写。

(8)地形图的拼接。地形图测完后,相邻图幅间要互相拼合,每幅图均有与邻幅拼接东、南边的责任。测图时,各图应测出图边外 5 mm,有地物者,应测出 10 mm。地形图拼接误差对主要地物小于 1.6 mm,次要地物小于 2.2 mm 时,可平均配赋。

(9)地形图检查。每幅图测图中及测完后,应组织自检,包括室内检查、巡视检查和设站检查,设站检查不得少于工作量的 10%,各组经严格自检合格以后,方可交指导老师检查验收。指导老师会同班委、组长进行分组检查验收。凡验收中统计大于有关规定的地物点

误差比率超过 2% 检验点数者，为不合格，不予验收。

(10)地形图整饰。根据地形图图式规定符号，描绘出地物、地貌、控制点、坐标格网、图廓及内外注记。提供一幅完美的铅笔原图，要求图面整洁，铅线清晰，质量合格。

整饰顺序：擦去多余的线条、注记、符号—绘制内图廓及坐标格网交叉点(图廓线内长 5 mm，其余各顶点长 1 cm)—绘制控制点、各种注记—独立地物和居民地、道路、线路、地类界等(—等高线)—外图廓、图外注记。

(二)地形图应用

(1)每组在自己测出的地形图上，设计一栋民用建筑，并注出四周外墙轴线交点的设计坐标及一层室内地坪标高 ±0.000 的绝对高程。

(2)为测设该建筑的平面位置，需在图上平行于建筑物主轴线布设一条三点一字形的建筑基线，并图解出其中一点的坐标，推算出其余两点的坐标。

(3)在自绘的地形图上绘制纵断面图一张。

(4)在自绘的地形图上根据长方形 1、2、3、4 点所包围的范围，在考虑填、挖方量平衡的前提下(暂不考虑边坡)，将其修建成水平场地，并概算其土方量。

(三)施工放样

1. 测设建筑基线

(1)根据基线 A、O、B 三点的设计坐标和控制点坐标，推算出测设工作所需的各个数据，并绘出测设草图。

(2)安置经纬仪于控制点上，根据选定的测设方法，将 A、O、B 三点标定于地面上。

(3)检查：平角 AOB 与 180°之差小于等于 24″，AO、BO 平距与设计值之差小于等于 1/10 000，否则应归化改正。

2. 测设民用建筑

(1)根据基线与建筑物定位元素的关系，用直角坐标法将该建筑物外围轴线的交点测设于地面上，并应计算出放样数据、绘制测设草图备查。

(2)检查：边长误差小于等于 1/5 000，角差小于等于 1′。

(3)细部轴线测设。

(4)放线与抄平：在轴线外 1 m 处测设龙门桩，在龙门桩上用水准仪测设室内地坪设计高程 ±0.000 位置，并将龙门桩钉在龙门桩上 ±0.000 处。

(5)检查室内地坪设计高程：在每个龙门板上立水准尺，用水准仪检查实际标高与 ±0.000误差应不超过 ±5 mm。

(6)投测轴线：用经纬仪将各轴线投测到龙门板上，并钉一个小钉子。

(7)用白灰撒出基槽开挖边界线。外墙宽 1 m，内墙宽 0.8 m。

(四)精密测量仪器见习

在作首级控制时，由技术组老师指导见习。主要仪器有：

(1)全站仪。

(2)GPS 全球定位接收仪(动态 RTK)。

(3)DS_1 级水准仪及自动安平水准仪。

(4)其他。

二、组织分工

本次测量实习任务较重，拟根据现有街道情况，将测图范围划分为任务量接近的若干区域，每小组分测一个区域，具体分区抽签决定。由于任务不可能平均，因此各班、组要互相支持、协作和配合。

各组内任务，应由组长统一安排，合理分工，互相协作。分配任务时，应使每项工作都由组员轮流担任，不应片面追求或偏废某项，以使每个人的基本技能都能全面提高。

三、实习报告的书写

每人书写一份实习报告，要求在实习期间编写，实习结束时上交。报告应反映学生在实习中所获得的各方面的知识。要求书写认真，力求完善。参考格式如下：

(1)封面：写实习名称、地点、起讫日期、专业、班级、组别、姓名、指导老师。

(2)目录。

(3)前言：说明实习目的、任务及要求等。

(4)内容：根据实习的项目、程序、方法、精度、计算成果及示意图，按实习的实际情况及发现问题和分析、处理问题的情况书写。

(5)结束语：写实习心得体会、意见、建议。

四、提交成果项目

(一)小组提交

(1)小组实习工作总结。

(2)导线测量手簿(包括控制网草图、水平角观测与量距记录)和内业计算成果表。

(3)水准测量记录表、水准点成果表等。

(4)地形图一张(铅笔原图)。

(5)应用地形图所作的民用建筑设计，以及为放样其平面、高程位置所设计的建筑基线和放样数据、草图。

(6)放样结果自查记录(指导老师检查、学生互查记录等)。

(7)地形图自查及精度评定报告(老师抽查、互查记录)。

(8)各组填写的“实习成绩分析记录表”。

(二)个人提交

实习报告一份，包括地形图应用中的纵断面图、场地平整测量设计草图、土石方工程量计算书等。

地形测量手簿

专业：____________________

班级：____________________

组别：____________________

组员：____________________

学号：____________________

年　　月　　日

填表说明

1. 所有表格均用铅笔认真填写,清晰整洁。
2. 表中各项内容(特别是表头处)均需填写,不得缺项,否则该表以0分计。
3. 表格不够用时可另加附表。

表 1

水准仪检验

（1）一般检查

三脚架是否牢固		校正后情况	
制动及微动螺旋是否有效			
其他			

（2）圆水准器轴平行于竖轴

转 180°检验次数	气泡偏离情况（mm）	校正后情况

（3）十字丝横丝垂直于竖轴

检验次数	误差情况	校正后情况
1		
2		

（4）视准轴平行于水准管轴（$i=\Delta h/D_{AB}\cdot\rho$，应≤20″，$\Delta h=a_2-a_2'$）

仪器在中点求正确高差			仪器在 B 点旁检验校正		
第一次	A 点尺上读数 a_1		第一次	B 点尺上读数 b_2	
	B 点尺上读数 b_1			A 点尺上读数 a_2	
	$h_1=a_1-b_1$			A 点尺上应读数 $a_2'=b_2+h_1$	
				视准轴偏上（或偏下）的数值 i 角	
第二次	A 点尺上读数 a_3		第二次	B 点尺上读数 b_4	
	B 点尺上读数 b_3			A 点尺上读数 a_4	
	$h_2=a_3-b_3$			A 点尺上应读数 $a_4'=b_4+h_2$	
				视准轴偏上（或偏下）的数值 i 角	
第三次	平均高差		第三次	B 点尺上读数 b	
	$h=\frac{1}{2}(h_1+h_2)=$			A 点尺上读数 a	
				A 点尺上应读数 $a'=b+h$	
				视准轴偏上（或偏下）的数值 i 角	

表 2

经纬仪检验

日期__________ 天气__________ 仪器编号__________ 观测员__________ 记录员__________

（1）一般检查

三脚架是否牢固		螺旋等处是否清洁	
仪器转动是否灵活		望远镜成像是否清晰	
制动及微动螺旋是否有效		其他	

（2）水准管轴垂直于竖轴

检验（照准部转 180°）次数	1	2	3	4	校正后
气泡偏离格数					

（3）十字丝竖丝垂直于横轴

检验次数	误差情况	校正后情况
1		
2		

（4）视准轴垂直于横轴（$2C$ 差）四分之一法

	仪器	检查项目	横尺读数		检查项目	横尺读数
检查	在位置 O 后视 A，倒转望远镜前视 B	盘左 B_1		校正后复查	盘左 B_1	
		盘右 B_2			盘右 B_2	
		$B_2 - B_1$			$B_2 - B_1$	
		$(B_2 - B_1)/4$			$(B_2 - B_1)/4$	

（5）横轴垂直于竖轴

第一次检验	记录	第二次检验	记录
瞄准高点时的竖直角		瞄准高点时的竖直角	
仪器离墙面的距离		仪器离墙面的距离	
$P_1P_2 =$		$P_1P_2 =$	
P_1 在 P_2（左、右）		P_1 在 P_2（左、右）	

（6）竖盘指标差

目标	竖盘位置	竖盘读数	竖盘指标差	竖盘水平始读数	
	左			$L_0 =$	
	右			$R_0 =$	

表 3

钢尺检验记录计算表

日期__________ 天气__________ 仪器编号__________ 观测员__________ 记录员__________

钢尺号码：		拉力：			温度：t_0 =	
标准尺长 L_0	尺长误差 ΔL				每米改正数 $\Delta L/L_0$	尺长方程式 $L = L_0 + \Delta L + \alpha(t - t_0)L_0$ $\alpha = 0.000\ 012\ 5$ m/℃
	1	2	3	平均		

表 4(1)

一般方法钢尺量距手簿

日期： 天气： 仪器编号： 观测员： 记录员：

线段名称	测量方向	整尺段数 n	零尺段长度 q(m)	线段长度 $D = nl + q$ (m)	平均长度 $D_{平均} = \frac{D_{往} + D_{返}}{2}$	往返差 $\Delta D = \lvert D_{往} - D_{返} \rvert$	相对误差 $K = \frac{1}{D_{平均}/\Delta D}$	观测磁方位角 (° ′ ″)
	往							
	返							
	往							
	返							
	往							
	返							
	往							
	返							
	往							
	返							
	往							
	返							
	往							
	返							
	往							
	返							
	往							
	返							
	往							
	返							

续表 4(1)

日期__________ 天气__________ 仪器编号__________ 观测员__________ 记录员__________

线段名称	测量方向	整尺段数 n	零尺段长度 q(m)	线段长度 $D=nl+q$ (m)	平均长度 $D_{平均}=\frac{D_{往}+D_{返}}{2}$	往返差 $\Delta D=\lvert D_{往}-D_{返}\rvert$	相对误差 $K=\frac{1}{D_{平均}/\Delta D}$	观测磁方位角 (° ′ ″)
	往							
	返							
	往							
	返							
	往							
	返							
	往							
	返							
	往							
	返							
	往							
	返							
	往							
	返							
	往							
	返							
	往							
	返							
	往							
	返							
	往							
	返							
	往							
	返							
	往							
	返							
	往							
	返							

表4(2)

钢尺精密量距手簿

日期＿＿＿＿＿　天气＿＿＿＿＿　观测员＿＿＿＿＿　记录员＿＿＿＿＿

钢尺号码＿＿＿＿＿　钢尺膨胀系数＿＿＿＿＿　钢尺检定时温度 t_0 ＿＿＿＿＿

钢尺名义长度 l_0 ＿＿＿＿＿　钢尺检定长度 l'＿＿＿＿＿　钢尺检定时拉力＿＿＿＿＿

尺段编号	实测次数	前尺读数（m）	后尺读数（m）	尺段长度（m）	温度（℃）	高差（m）	温度改正数（mm）	尺长改正数（mm）	高差改正数（mm）	改正后尺段长（m）
	1									
	2									
	3									
	平均									
	1									
	2									
	3									
	平均									
	1									
	2									
	3									
	平均									
总和										

$AB_{往} =$ （m）　　　　$AB_{返} =$ （m）

$\overline{D}_{AB} = \frac{1}{2}(AB_{往} + AB_{返}) =$ （m）　　　　$K = \frac{AB_{往} - AB_{返}}{D_{AB}} = \frac{1}{\quad}$

$K_{容} = \frac{1}{\quad}$　　　　$D_{AB} = \overline{D}_{AB} =$ （m）

表 5

导线测量手簿

仪器位置	竖盘位置	目标	度盘读数（° ′ ″）	水平角值（右角或左角）（° ′ ″）	平均角值（右角或左角）（° ′ ″）	边名	边长（m）	备注（示意图）
	左							
	右							
	左							
	右							
	左							
	右							
	左							
	右							
	左							
	右							
	左							
	右							
	左							
	右							

续表 5

仪器位置	竖盘位置	目标	度盘读数（° ′ ″）	半侧回角值（° ′ ″）	一测回角值（° ′ ″）	边名	边长（m）	备注（示意图）
	左							
	右							
	左							
	右							
	左							
	右							
	左							
	右							
	左							
	右							
	左							
	右							
	左							
	右							

表 6

四等水准测量记录手簿

日期__________ 天气__________ 仪器编号__________ 观测员__________ 记录员__________

测段编号	测站	后尺	前尺	方向及尺号	水准尺中丝读数		K+黑-红	平均高差(m)	备注草图
		上丝①	上丝④		黑面	红面			
		下丝②	下丝⑤		后③	后⑧			
		后视距⑨	后视距⑩		前⑥	前⑦			
		视距差⑨-⑩	累计差⑫+⑪						
				后					
				前					
				后-前					
				后					
				前					
				后-前					
				后					
				前					
				后-前					
				后					
				前					
				后-前					
				后					
				前					
				后-前					
每页校核：									
辅助计算：									

表 7

坐标计算

日期________　　　　计算________

点号	观测角 (° ′ ″)	改正数 (° ′ ″)	改正角 (° ′ ″)	坐标方位角 α (° ′ ″)	距离 D (m)	增量计算值		改正后增量		坐标值		点号
						Δx(m)	Δy(m)	Δx(m)	Δy(m)	x(m)	y(m)	
Σ										示意图		
辅助计算												

表 8

水准高程内业计算表

日期＿＿＿＿＿　天气＿＿＿＿＿　仪器编号＿＿＿＿＿　观测员＿＿＿＿＿　记录员＿＿＿＿＿

点号	测段编号	距离（m）	测站数（站）	实测高差（m）	改正数（mm）	改正后高差（m）	高程（m）	点号	备注
Σ									
辅助计算	高差闭合差　f_h = 容许闭合差　$f_{h容}$ =								

表 9

地形测量手簿

日期______ 天气______ 仪器编号______ 立尺______ 观测______ 记录______ 绘图______

测站______ 后视______ 仪器高 i = ______ m 竖盘水平时读数 = ______ 测站点高程 = ______ m

测点	水平角 (°　′　″)	下丝	上丝	视距 (KL)	中丝	竖盘读数 (°　′　″)	竖直角 (°　′　″)	平距 (m)	高差 (m)	高程 (m)	备注

表10

实习评定成绩参考资料

时间________年___月___日　　　　　　班级____________　实习小组____________

学号	姓名	职务	实习表现	自我表现	考勤情况	爱护公物	总成绩

以上几个方面各占25%左右。实习表现、自我表现、爱护公物、考勤情况这几项内容按优、良、中、及格、不及格五个等级评定。

附录 B　案例分析

程泰公司办公大楼工程施工测量方案

1　工程概况

程泰公司办公大楼工程位于天津经济技术开发区，地处五大街与相安路交叉口附近，建筑面积 18 315 m^2，结构形式为全现浇框架结构，建筑物檐高 24.4 m，室内外高差 450 mm，±0.000 相当于绝对标高 4.450 m。

基础为钢筋混凝土承台结构，埋深 -1.700 m，C15 混凝土垫层 100 mm 厚，外轴线尺寸为 64.8 m×57.6 m，内设 3 部电梯。

2　控制点的布置及施测

2.1　从场地实际情况看，连廊后期施工，拟建建筑物的四周场地狭小，故南北向和东西向控制点集中布设在东侧和北侧的原有混凝土路面上，西侧和南侧只布设远向复核控制点。

2.2　布设的控制点均引至四周永久性建筑物或马路上，且要求通视，采用正倒镜分中法投测轴线时或后视时均在观测范围之内。

2.3　根据甲方要求和测量大队提供的控制点形成四边形进行控制。

2.4　对楼层进行网状控制，兼顾 ±0.000 以上施工，设置 1 ~ 9 轴，A ~ K 轴为控制轴。

2.5　根据甲方提供的高程控制点数据，向建筑物的东、西、南、北各引测一个固定控制点。

2.6　水准点按三等水准测量要求施测。

2.7　所有控制点设专人保护，定期巡视，并且每月复核一次，使用前必须进行复核。

3　轴线及各控制线的放样

地面控制点布设完后，转角处线采用 2″经纬仪 TDJ2 - B 进行复测。各轴线间距离采用钢尺量距检测，经校核无误后进行施测。

3.1　基础施工轴线控制，直接采用基坑外控制桩两点通视直线投测法，向基坑内投测轴线（采用三点成一线及转直角复测），再按投测控制线引放其他细部控制线，且每次控制轴线的放样必须独立施测两次，经校核无误后方可使用。

3.2　由于基础挖深为 1.3 m 左右，基础施工时的标高引测可以直接采用基坑外围的 -0.500 m 标高点。

3.3　±0.000 以上施工，采用正倒镜分中法投测其他细部轴线。

3.4　±0.000 以上高程传递，采用钢尺直接丈量法，若竖直方向有突出部分，不便于拉尺时，可采用悬吊钢尺法。每层高度上至少设两个以上水准点，两尺导入误差必须符合规范要求，否则独立施测两次。每层均采用首层统一高程点向上传递，不得逐层向上丈量，且层层校核，因 ±0.000 以上结构采用在固定的柱竖向钢筋上抄测结构 0.500 m 控制点，以供结构施工标高控制，且必须校核无误。

3.5　各层平面放出的细部小线，特别是柱、墙的控制线必须校核无误，以便检查结构浇筑质量和以后的进一步施工。

3.6　二次结构施工以原有控制轴线为准，引放其他墙体、门窗洞口尺寸。外窗洞口采用经纬仪投测，以贯通控制线于外立面上，窗洞口标高以各层50标高线控制且外立面水平弹出贯通控制线，周圈闭合，保证窗口位置正确，上下垂直，左右对称一致。

3.7　室内装饰面施工时，平面控制仍以结构施工控制线为依据，标高控制以建筑50标高线为准，要求交圈闭合，误差在限差范围内。

3.8　外墙四大角以控制轴线为准，保证四大角垂直方正，经纬仪投测上下贯通，竖向垂直线供装饰控制校核。

3.9　外墙壁饰面施工时，以放样图为依据，以外门窗洞口、四大角上下贯通控制线为准，弹出方格网控制线。（方格网大小以饰面块材尺寸而定）

4　轴线及高程点放线程序

4.1　基础工程

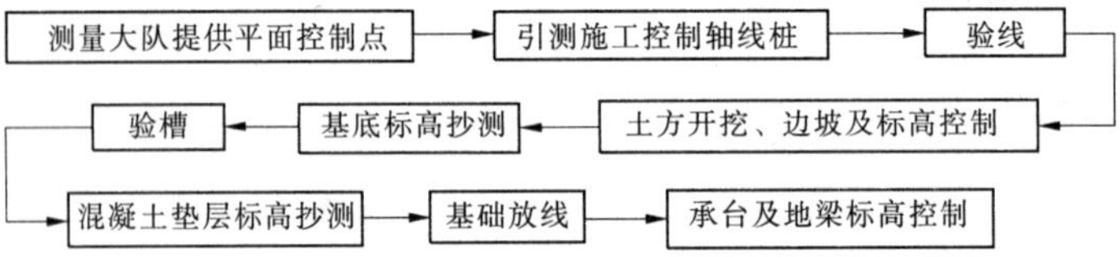

4.2　上部结构工程

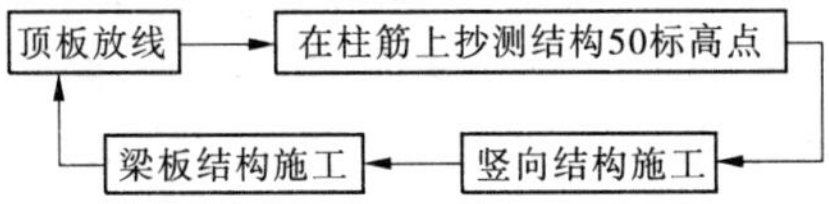

4.3　二次结构及装修工程

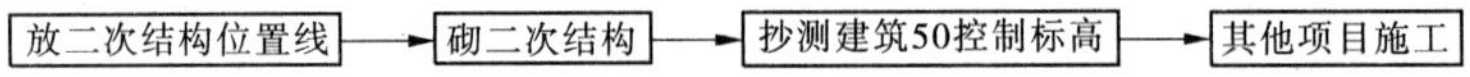

5　施工时的各项限差和质量保证措施

5.1　为保证误差在允许的范围内，各种控制测量必须执行《工程测量规范》（GB 50026—2007），操作按规范要求进行，各项限差必须达到下列要求。

5.1.1　控制轴线，轴线间互差：大于20 m时为1/7 000（相对误差）。

5.1.2　各种结构控制线相对于轴线不超过±3 mm。

5.1.3　标高不超过±5 mm。

5.1.4　垂直度层高≤8 mm，全高1/1 000且不大于3 mm。

5.2　放样工作按下述要求进行。

5.2.1　仪器各项限差符合同级别仪器限差要求。

5.2.2　钢尺量距时，对悬空和倾斜测量应在满足限差要求的情况下考虑垂曲及倾斜改正。

5.2.3　标高抄测时，采取独立施测两次法，其限差为±3 mm，所有抄测应以水准点为后视。

5.2.4 垂直度观测:若采取吊垂球,应在无风的情况下,如有风而不得不采取吊垂球时,可将垂球置于水桶内。

5.3 细部放样应遵循下列原则:

5.3.1 用于细部测量的控制点或线必须经过检验。

5.3.2 细部测量坚持由整体到局部的原则。

5.3.3 有方格网的必须校正对角线。

5.3.4 方向控制尽量使用距离较长的点。

5.3.5 所有结构控制线必须清楚明确。

6 施工时的沉降观测

6.1 建筑物自身的沉降观测。

6.1.1 应设计要求,本建筑物做沉降观测,要求在整个施工期间至沉降基本稳定止进行观测。

6.1.2 本建筑物施工时沉降观测按二等水准测量要求进行,观测精度如表 B-1 所示。

表 B-1 沉降观测精度参考表

等级	标高中误差(mm)	相邻高差中误差(mm)	观测方法	往返较差复合或环形闭合差(mm)
二等	±0.5	±0.3	二等水准测量	$0.6n^{1/2}$(n 为测站数)

6.1.3 沉降观测点的设置:在主楼平面四角及每边中点各一个,竖向位置为 +100 ~ 150 mm。用于沉降观测的水准点必须设在便于保护的地方。观测点采用天津市统一制定的沉降观测标志点(天津市沉降控制测量办公室)。

6.1.4 结构施工期间,每施工一层,复测一次;装修期间每月复测一次,直至竣工。

6.1.5 工程竣工后,第一年测四次,第二年测两次,第三年后每年测一次,直至下沉稳定为止,一般为五年。

6.1.6 观测资料及时整理,并与土建专业技术人员一同分析成果。

7 测量复核措施及资料的整理

7.1 控制材料的复核措施按 2、3 的叙述进行。

7.2 细部放样采用不同人员、不同仪器,或钢尺进行,条件不允许的可独立施测两次。

7.3 外业记录采用统一格式,装订成册,回到内业及时整理并填写有关表格,并由不同人员将原始资料及有关表格进行复核,对于特殊测量要有技术总结和相关说明。

7.4 有高差作业或重大项目的要报请相关部门或上级单位复核并认可。

7.5 对各层放样轴线间距离等采用钢尺量距校核,达到准确无误。

7.6 所有测量资料统一编号,分类装订成册。

8 仪器的配备及人员的组成

8.1 主要仪器的配备情况(见表 B-2)。

8.2 测量人员组成

项目技术负责人和测量技术员(2 名)。

表 B-2　测量仪器配备一览表

序号	测量器具名称	型号规格	单位	数量	备注
1	光学经纬仪	J_2	台	2	工程开工即组织进场
2	自动安平水准仪		台	1	
3	钢尺	50 m	把	2	
4	钢卷尺	5 m	把	10	
5	塔尺	5 m	把	2	

9　仪器保养和使用制度

9.1　仪器实行专人负责制，建立仪器管理台账，由专人保管、填写。

9.2　所有仪器必须每年鉴定一次，并经常进行自检。

9.3　仪器必须置于专业仪器柜内，仪器柜必须干燥、无尘土。

9.4　仪器使用完毕后，必须进行擦拭，并填写使用情况表格。

9.5　仪器在运输过程中，必须手提，禁止置于有震动的车上。

9.6　仪器现场使用时，司仪员不得离开仪器。

9.7　水准尺不得躺放，三脚架水准尺不得作工具使用。

10　测量管理制度

10.1　所有测量人员必须持证上岗。

10.2　上岗前必须学习和掌握《城市测量规范》(CJT/T 8—2011)、《工程测量规范》(GB 50026—2007)、《建筑工程施工测量规程》，公司技术部制订的测量管理制度等基本方案。

10.3　到现场放样前，必须先熟悉图纸，对图纸技术交底中的有关尺寸进行计算、复核、制订具体的方案后方可进场施测。

10.4　所有测量人员必须熟悉控制点的布置，并随时巡视控制点的保存情况，如有破坏应及时汇报。

10.5　测量人员应了解工程进度情况，经常同有关领导和有关部门进行业务交流。

10.6　经常与技术干部保持联系，及时掌握图纸变更洽商，并及时将变更内容反映到图纸上。

10.7　爱护仪器，经常进行擦拭，检查时仪器保持清洁、灵敏，并定期维修。

10.8　有关外业资料要及时收集整理。

10.9　定期开展业务学习，努力提高测量人员素质。

10.10　必须全心全意为项目部服务，必须将所测的点或线向项目部交代清楚。

附录 C 《建筑工程测量》测试题

《建筑工程测量》测试题(一)

一、名词解释(10 分,每题 2 分)

1. 绝对高程

2. 水平角

3. 方位角

4. 等高线

5. 建筑物放线

二、填空题(每空 1 分,共 30 分)

1. 测量工作的基本内容有__________________,__________________和__________________。

2. 在地面上测设点的平面位置常用的方法有____________,____________,____________和____________。

3. 水准仪主要由______________,______________和______________三部分组成。

4. 双面水准尺有黑、红两个尺面,两个尺面的起点分别是__________________和

__________________________。

5. 在水平角测量中影响测角精度的因素很多，主要有____________，______________，以及____________。

6. 距离测量的方法有________________________，________________________，__________________________。

7. 衡量精度的指标有________________________，________________________，__________________________。

8. 对线段 AB 进行往返丈量，两次丈量结果分别为238.685 m和238.635 m，则 AB 的长度＝_________________ m，相对精度 K＝_________________。

9. 等高线的种类有_________________，_________________，_________________，_________________。

10. 测设的基本工作包括______________________，______________________，__________________________。

三、判断题（每题1分，共计10分。正确的打"√"，错误的打"×"）

1. 距离交会法适用于测量控制点与待测设点距离较近，丈量方便时的定位测量。（　）

2. 在进行闭合导线坐标计算时，坐标增量闭合差 f_x、f_y 的分配原则是：将其反符号按与边长成反比例，分配到各坐标增量的计算值中。（　）

3. 槽底标高检查时，槽底对设计标高的允许误差为＋50～－50 mm。（　）

4. 用经纬仪测水平角时，其测角误差的大小与测得的水平角的角值大小有关。（　）

5. DJ_6 级光学经纬仪用测回法测角时，各测回角值之差不得大于40″。（　）

6. 龙门板钉好后还要用水准仪进行复查，误差不得超过±15 mm。（　）

7. 偶然误差可以用计算改正或用一定的观测方法加以消除。（　）

8. 施工放样是将图纸上设计的建、构筑物按其设计位置测设到相应的地面上。（　）

9. 等高线是闭合的曲线，如果不在本幅图内闭合，则必在图外闭合。（　）

10. 高层建筑物全高垂直度测量偏差不应超过 $3H/10\ 000$（H 为建筑物总高度）。（　）

四、简答题（20分，每小题5分）

1. DJ_6 经纬仪上有哪几条轴线？各轴线之间应满足什么几何条件？

2. 导线测量选点时应注意哪些事项？

3. 沉降观测时应尽可能做到哪四固定？

4. 编绘竣工总平面图的目的是什么？

五、试述用测回法测量水平角的全过程。（10 分）

六、计算题（共计 20 分）

1. 设已知直线 *BC* 的坐标方位角为 235°00′，又推算得直线 *CD* 的象限角为南偏东 45°00′，试求小夹角∠*BCD*，并绘图表示。（5 分）

2. 用精密方法测设水平角，其设计角值为 $\beta = 90°00'00''$。测设后用测回法测得该角度为 $\beta_1 = 89°59'12''$。如新测设的角的边长为 50.00 m，问应该如何调整，才能符合要求？并绘图说明。（5 分）

3. 填表计算出各点间高差 h 及 B 点的高程 H_B 并进行计算检核。(10 分)

测点	水准尺读数(m)		高差(m)		高程(m)	备注
	后视	前视	+	−		
BM_A	1.677				158.768	$H_A=158.768$
1	1.575	1.635				
2	1.463	1.460				
3	1.488	1.108				
B		2.458				
Σ						
计算检核	$\sum a-b=$ $\sum h=$ $H_B-H_A=$					

《建筑工程测量》测试题(二)

一、名词解释(20 分,每题 4 分)

1. 测量学

2. 绝对高程

3. 竖直角

4. 方位角

5. 建筑物定位

二、填空题(每空 0.5 分,共 20 分)

1. 测量工作的基本内容有________________________,________________________和________________________。

2. 水准路线的布设形式有________________,________________,________________。

3. 经纬仪主要由________________,________________和________________三大部分组成。

4. 精密量距的三项改正包括________________________,________________________,____________________。

5. 导线的布设形式是________________,________________,________________。

6. 在地面上测设点的平面位置常用的方法为________________,________________,________________,________________。

7. 地物符号有____________________,____________________,____________________,____________________。地貌主要用____________________表示。

8. 标准方向的种类有________________,________________,________________。

9. 对线段 AB 进行往返丈量,两次丈量结果分别为 149.975 m 和 150.025 m,则 AB 的长度 = ________________ m,相对精度 K = ________________。

10. 等高线的种类有____________________,____________________,____________________,________________。

11. 我国位于北半球,x 坐标均为________________,y 坐标则有________,有________。为了避免出现负值,将每带的坐标原点向________________ km。

12. 建筑物沉降观测是用________________的方法,周期性地观测建筑物上的沉降观测点和________之间的________________变化值。

三、简答题(20 分,每小题 5 分)

1. 建筑工程测量的主要任务是什么?

2. 微倾水准仪上有哪几条轴线？各轴线之间应满足什么条件？

3. 等高线有哪些特性？

4. 施工控制网与测图控制网相比，具有哪些特点？

四、试述用经纬仪测绘法在一个测站上测绘大比例尺地形图的过程。(15 分)

五、计算题(25 分)

1. 利用高程为 119.265 m 的水准点 A，欲测设出高程为 119.854 m 的 B 点。若水准仪安置在 A、B 两点之间，A 点水准尺读数为 1.836 m，问 B 点水准尺读数应是多少？并绘图说明。(5 分)